高等学校烹饪与营养教育专业教材

烹饪学导论

（第二版）

冯玉珠 / 主编

PENGRENXUE
DAOLUN
(DI ER BAN)

中国轻工业出版社

图书在版编目（CIP）数据

烹饪学导论 / 冯玉珠主编. --2 版. -- 北京：中国轻工业出版社，2025. 8. --ISBN 978-7-5184-4734-3

Ⅰ. TS972.11

中国国家版本馆CIP数据核字第20258A7U08号

责任编辑：方　晓　　责任终审：唐是雯　　设计制作：锋尚设计

策划编辑：史祖福　方　晓　　责任校对：朱燕春　　责任监印：张　可

出版发行：中国轻工业出版社（北京鲁谷东街5号，邮编：100040）

印　　刷：三河市万龙印装有限公司

经　　销：各地新华书店

版　　次：2025年8月第2版第1次印刷

开　　本：787 × 1092　1/16　印张：18.25

字　　数：416千字

书　　号：ISBN 978-7-5184-4734-3　定价：49.00元

邮购电话：010-85119873

发行电话：010-85119832　010-85119912

网　　址：http://www.chlip.com.cn

Email：club@chlip.com.cn

230574J1X201ZBW

本书编写成员

主　编：冯玉珠

副主编：宫润华　杜密英　张　宇　杨世勇

参　编：王卫民　尹汝龙　王　娜　李　洋

王　浩　闵二虎　吴　晶　高敬严

PREFACE | # 第二版前言

烹饪学是食学的基础和核心，是食学的一个重要分支学科。懂得烹饪学，才能懂得如何选择食材，如何把食材变成美味佳肴，才能理解食材在烹饪加工过程中的变化和作用，才能掌握烹饪的基本规律，做到举一反三，触类旁通。

人类的烹饪行为，早在钻木取火时期就已萌发，此后不断发展，直至在社会生活中出现了专门从事烹饪活动的厨师，出现了餐饮业，才加快了烹饪学研究的进程，并最终成为所有人都用得上的学问。如今，家庭主妇、老人、小孩，都能从烹饪学著作中获得教益，还有可能把食物烹饪得色、香、味、形、质、养等俱佳。作为一个专业的烹饪工作者，特别是作为烹饪专业的大学生，就更要学习烹饪学、研究烹饪学、用好烹饪学，用烹饪学的理论来指导烹饪实践。

“烹饪学导论”是烹饪类专业的一门专业理论课程，在课程体系中处于重要的地位，国内许多院校已把该门课程列为必修课。教材是提高教学质量的关键，教育部副部长吴岩指出，教学改革改到深处是课程，改到痛处是教师，改到实处是教材。教材就像剧本一样，“剧本剧本，一剧之本”，教材对于人才培养就是“一剧之本”。为了不断提高教材质量，锤炼精品，服务烹饪类专业高质量发展，我们在多年教学改革和教材建设的基础上，搜集了大量文献资料，结合现代烹饪学发展，对第一版《烹饪学导论》进行了修订。

本次修订主要包括以下三个方面。

一是在体例上，将每一章开头的“学习目标”“核心概念”“内容提要”调整为“案例导学”“教学目标”和“思维导图”，其中“教学目标”分解为“知识目标”“能力目标”“思政目标”；章中保留穿插“知识链接”；每一章章末的“思考题”调整为“主题讨论”，增加了“课后推荐阅读文献”，便于学生课后讨论与探究。

二是在内容上，将原来的烹饪与烹饪学、烹饪现象的历史考察、烹饪活动的主体、烹饪活动的客体、烹饪工艺、烹饪产品、烹饪非物质文化遗产、烹饪风味流派、世界烹饪概览、中国烹饪走向世界十章内容，调整为烹饪与烹饪学、烹饪活动的历史考察、烹饪活动的主体、烹饪活动的客体、烹饪工艺、烹饪产品、烹饪风味流派、烹饪文化遗产、烹饪教育、烹饪节事活动、世界烹饪概览、中国烹饪走向世界十二章内容。其中，“烹饪教育”“烹饪节事”两章为新增；第一章由原来的“烹饪及其相关概念”“烹饪学的学科属性和体系”两节整合充实为“烹饪的内涵和作用”“烹饪学的概念和研究内容”“烹饪学的学科属性和体系”“烹饪学的研究方法”四节；原第二章的部分内容调整到第一章；原第七章烹饪非物质文化遗产改为现第八章烹饪文化遗产，增加了“烹饪物质文化遗产”等相关内容；原第十章改为现第十二章，内容变化最大。此外，对其他各章节的内容也进行了订正和增补、完善。

三是在思想上，进一步提炼教材内容中的思想政治元素，如文化自信、爱国主义精神、工匠精神、创造能力、审美能力、国际化视野等，将习近平新时代中国特色社会主义思想和党的二十大精神融入教材内容，突出了教材思政性。

总之，新修订的第二版教材，体例上有创新，内容上有拓展，理论上有突破；既具有普及性，又具有学术性和探索性；内容结构更加合理清晰，适合烹饪、餐饮、食品和家政类专业教学使用，也可供餐饮业、食品业、旅游业、家政服务业从业人员和所有烹饪爱好者阅读和参考。

本教材为河北师范大学2024年度教材建设立项项目。在修订过程中，吸取了以往同类教材的某些成果，参考了有关专家学者的相关著述，利用了DeepSeek、讯飞星火、百度文库·智能助手、文心一言、Kimi、海螺AI等AI助手。在此一并致以衷心的感谢!

由于水平所限，不足之处在所难免，恳请读者批评指正。

冯玉珠

2025年2月

PREFACE | # 第一版前言

烹饪学是研究人类烹饪活动产生、发展一般规律的科学。其研究内容广泛，既有技术性，又有理论性；既有科学性，又有艺术性；既涉及自然科学，又涉及社会科学。它以人类的烹饪活动为出发点，以研究烹饪活动的基本要素及其相互关系为核心，通过烹饪现象的历史演进与发展现状，探讨烹饪发展的基本规律，阐述烹饪活动与人民饮食生活、餐饮业发展和社会经济发展的关系。

“烹饪学导论”是高等院校烹饪、餐饮类专业的一门核心课程。通过学习，要求学生了解烹饪科学的博大精深，掌握烹饪学的主要概念、基本理论和基本技能，接受科学的烹饪思想，培养学生分析问题和解决问题的能力，为后续课程的学习和职业生涯发展打下坚实的基础。

本教材结构清晰，内容实用、丰富、具体，共十章：第一章讲述烹饪及其相关概念，探讨烹饪学的研究内容、学科性质和基本体系；第二章为烹饪现象的历史考察，介绍烹饪活动的产生、发展、类型、属性和影响；第三章介绍烹饪活动的主体，包括厨师、餐饮企业、烹饪行业协会、政府部门和烹饪学校；第四章讲授烹饪活动的客体，包括烹饪原料、烹饪设备器具、烹饪环境（厨房）；第五章讨论烹饪工艺的要素、原理和烹调方法的分类；第六章介绍烹饪产品的种类、属性和命名等；第七章简述烹饪非物质文化遗产的概念、项目和保护方法；第八章讲授烹饪风味流派的内涵、成因和特点；第九章介绍世界烹饪概况；第十章探讨中外烹饪交流、中西烹饪差异和中国烹饪的振兴之路。

本书由河北师范大学旅游学院冯玉珠教授任主编，酒泉职业技术学院边振明老师任副主编，河北师范大学旅游学院王亚坤、王会然、刘鑫峰、王莉，云南旅游职业学院韩昕葵，河南牧业经济学院孙耀军，新疆应用职业技术学院王泽盛，广东省韩山师范学院张旭，江苏省泗洪中等专业学校陈勇，甘肃定西工贸中等专业学校张涛参编。本书在编写过程中，吸取了以往同类教材的某些成果，参考了有关专家教授的相关著述。同时，得到了河北师范大学和中国轻工业出版社有关领导、编辑的大力支持。在此一并致以衷心的感谢！

愿使用本书的所有学生都能从中受益。书中不妥之处，恳请读者批评指正。

编者
2015年5月

目 录 CONTENTS

01

第一章 CHAPTER

烹饪与烹饪学

教学目标

◎知识目标

（1）掌握烹饪的定义及其在不同历史阶段的发展变化，清楚烹饪与其他相关概念（如烹调、料理、饮食、食品工程）的区别与联系。

（2）理解烹饪的技术属性、社会文化属性、科学属性和艺术属性，列举并解释烹饪在技术、文化、科学和艺术方面的具体表现。

（3）理解烹饪学的内涵、研究对象和研究内容，清楚烹饪学的学科性质、主要分支学科及其研究内容。

◎能力目标

（1）能够分析烹饪在不同社会、文化背景下的表现形式及其影响，具有应用烹饪学研究的基本方法来分析和解决烹饪学实际问题的初步能力。

（2）能够在团队中有效沟通，共同完成烹饪学相关的研究项目或任务；能够与他人分享自己的学习和研究成果，并接受他人的反馈和建议。

◎思政目标

（1）文化自信：培养对中国烹饪文化的认同感和自豪感，增强文化自信；传承和弘扬中华优秀传统饮食文化，推动中华烹饪文化的国际传播。

（2）社会责任：关注食品安全、营养健康等社会问题，培养社会责任感和职业道德。能将烹饪学知识与实践相结合，为提升公众饮食质量、促进健康中国建设贡献力量。

（3）创新精神：激发创新意识和创造力，在烹饪学领域进行原创性研究和实践；敢于挑战传统、勇于探索未知，为烹饪学的发展注入新活力。

（4）人文关怀：关注烹饪对人类生活的影响，培养人文关怀精神。能够在烹饪实践中关注人们的需求和心理感受，提升服务质量和顾客满意度。

思维导图

- 烹饪与烹饪学
  - 烹饪的内涵和作用
    - 烹饪及其相关概念
      - "烹饪"概念的由来，源于《周易》"鼎卦"，与"亯"字相关
      - 概念内涵与当代诠释，随技术、文化、工业化发展而演变
      - 烹调与烹饪的区别和联系，烹调侧重操作，烹饪更综合
      - 料理与烹饪的区别和联系，料理在中日韩含义有别，与烹饪相关
      - 饮食与烹饪的区别和联系，饮食是消费，烹饪是生产，相互关联
      - 餐饮业与烹饪的关系，烹饪是餐饮业的重要部分
    - 烹饪的基本属性
      - 技术属性，含多种制作技术与工艺
      - 社会文化属性，具民族特色与文化内涵
      - 科学属性，涉及多学科原理与应用
      - 艺术属性，包含艺术因素，但非独立艺术
    - 烹饪的社会作用
      - 促进人类步入文明，以用火熟食为标志
      - 改善饮食生活，提供精美菜品
      - 充当社会活动媒介，与多种活动相关
      - 繁荣市场经济，创造物质财富
      - 促进"德智体美劳"发展，蕴含教育主题
  - 烹饪学的概念和研究内容
    - 烹饪学的内涵
      - 出现时间，20世纪初出现
      - 不同学者的解释，有多种权威解释，研究烹饪劳动规律等
    - 烹饪学的研究对象
      - 以烹饪活动的内在矛盾为研究对象
      - 包括烹饪者和烹饪产业活动的矛盾
    - 烹饪学的研究内容
      - 纵向横向与宏观微观，涵盖历史与各环节关系
      - 广义和狭义，广义涵盖广泛，狭义侧重技术科学
      - 主客关系与内外顺序，分驱动、核心、外延系统
      - 烹饪场景，含家庭、团餐、市肆、差旅烹饪
    - 烹饪学研究的意义
      - 关乎人类生存繁衍，提高饮食质量
      - 推动餐饮业发展，应用新技术
      - 指导实践并丰富理论，相互促进
  - 烹饪学的学科属性和体系
    - 烹饪学的学科属性
      - 食品科学的一个分支，技术、理论等方面相关
      - 属于一门技术科学，符合其定义与特征
      - 是一门交叉学科，与多领域交叉融合
    - 烹饪学的学科体系
      - 理论体系，由技艺、美学、营养学理论构成
      - 知识体系，含核心理论、方法论等多模块
      - 课程体系，有模块化课程与立体化教学
  - 烹饪学的研究方法
    - 理论研究方法
      - 运用"实证性研究"方法探索规律
      - 采用历史学等学科研究方法
    - 实践研究方法
      - 产品生产用实验室和厨房体验法
      - 产品消费用社会观察和实地体验法
    - 理论与实践的协同范式
      - 实验驱动型，量化参数验证假设
      - 文化解码型，解析文化隐喻重构菜谱
      - 工程化，建模优化工艺设计
      - 人机协同创新，AI辅助研发AR训练
      - 可持续协同，评估碳足迹闭环设计

案例导学

第四届世界食学论坛在海口成功举办

2023年10月10日至12日，由世界中餐业联合会、北京东方美食研究院主办，中国国际公共关系协会、中国国际贸易促进委员会商务行业委员会、中国国际贸易促进委员会海南省委员会、海南省商务厅、国际商事争端预防解决组织、巴西零饥饿组织、中国健康管理协会支持，中国出版协会、高等教育出版社、线装书局出版集团协办，海南省酒店与餐饮行业协会承办的“第四届世界食学论坛”在海口开幕。论坛得到海南省人民政府的大力支持，被列为2023年度海南省政府重点会展项目。

第四届世界食学论坛，致力于践行习近平总书记要树立“大食物观”思想，用“大食物系统”“大食物产业”的理念，整体解决可持续发展目标中的“大食物问题”。此次论坛取得了一系列成果，包括发布了食学教育系列图书、成立了《世界食学文库》编辑委员会、推动建立食学国际标准体系、发布了促进联合国可持续发展目标实现的《海南倡议》、在海南建立食学教育基地延伸食学教育等。其中，《海南倡议》的主要内容包括：一是加快食学科学体系建设，倡议全球相关学者积极参与食学科学体系建设。二是推动食学国际标准体系建立，倡议构建食学国际标准体系。三是携手建设全球食事数字平台，倡议全球相关的专家学者、企业家积极参与“世界食联网”的构建，从整体上推进大食物产业高质量发展。四是积极开展食学通识教育，倡议积极推动在全世界的小学使用《食学通识教育圆盘课件》。该倡议的提出和落实，对于人类食事问题的全面认知和整体治理，对于2030年可持续发展目标的实现，具有非常现实、重要的意义。

世界食学论坛是由我国学者于2017年创建的高端国际对话平台，致力于系统解决阻碍人类可持续发展的食事问题，迄今已在中国、日本、土耳其举办了四届论坛以及峰会，产生了良好的反响。

资料来源：海口日报，东方美食公众号，世界食学论坛公众号，中国食品安全网。

食事问题由来已久，至今仍是人类面临的最重大的问题。迄今为止，全球仍有数亿人吃不饱或营养不良，还有许多人因进食过多导致慢性病，同时大量的食物被浪费或用于其他用途。因食物资源分配不均引发的冲突不断，人类为寻求食物与生态的冲突日益加剧。在联合国通过的《2030年可持续发展议程》提出的17个目标中，至少有13个目标与食事问题相关。而这些目标的进展并不顺利，正如联合国秘书长古特雷斯在2023年9月联合国可持续发展目标峰会上所说，“可持续发展目标目前只有15%步入正轨，许多目标甚至出现了逆转”。如果食事问题不能有效解决，可持续发展就不能实现。

食学是一门新兴的科学，是中国学者建构的自主知识体系，是解决人类食事问题的全球公共产品。它改变了传统学科对食物和食事的分散性、割裂性认知，转为以食者健康为中心，将食物生产、食物利用和食事秩序三大食事领域融为一体，着眼于对食事问题的全面认知和整体治理，着眼于“大食物观”“大食物系统”和“大食物产业”理念。

刘广伟先生在其所著的《食学》（第二版）一书中将食学学科体系分为食物生

产学、食物利用学和食事秩序学三个二级学科[1]，其中食物生产学包含烹饪学。那么什么是烹饪？什么是烹饪学，烹饪学的学科属性和体系是什么？这是本课程首要解决的问题。

第一节 烹饪的内涵和作用

一、烹饪及其相关概念

（一）“烹饪”概念的由来

在中国文化的语境里，先人们把“制作饮食”这个过程命名为“烹饪”。那么，烹饪一词是怎么来的？为什么称之为烹饪？在烹饪的语词后面又有着怎样的文明内涵？

据考证，“烹饪”之名，最早见于《周易·下经》“鼎卦”的卦辞：“《彖（tuàn）》曰：鼎，象也，以木巽（xùn）火，亨（pēng）饪也。圣人亨（pēng）以享上帝，而大亨（pēng）以养圣贤。巽而耳目聪明，柔进而上行，得中而应乎刚，是以元亨（hēng）。”

译成现代汉语就是，《彖辞》说，鼎，表现的就是用它烹饪食物来养人的物象。鼎器之下，木料鼓风而燃烧，就是烹饪的景象。所以，凡是圣人都用烹煮的食物来祭祀和进献给上苍，与此同时，圣人还大量地烹煮食物来养活贤才。烹煮食物供养贤良才能使贤人顺从地辅佐帝王而让帝王耳目聪明，此时的帝王就能凭借柔顺谦恭的美德得到更好的发展。居于中位而又能与在下的阳刚贤者相呼应，所以就能十分亨通[2]。

在这段话中，“鼎”就是鼎卦（图1-1），其下卦为木上卦为火，表现的是木熊熊燃烧之象，象征“鼎器”。鼎是烹饪器具，一般三足两耳，方鼎则四足。古人将鼎视为立国的重器，是政权的象征。孔颖达《周易正义》：“鼎者，器之名也。自火化之后铸金，而为此器以供烹饪之用，谓之为鼎。亨饪成新，能成新法。然则鼎之为器，且有二义：一有亨饪之用，二有物象之法，故象曰‘鼎，象也’，明其有法象也。杂卦曰‘革去故也鼎取新’，明其亨饪有成新之用。”由此可知，先民把烹饪作为变化的学问、创新的学问[3]。

图1-1 鼎卦

“巽”代表风，象征轻柔、灵活与无孔不入的力量。前三个“亨”同“烹”字，亨饪即烹饪。亨、享、烹三字皆源自“亯”（xiǎng）字。“亯”是象形字，它的甲骨文就像一座宗庙。清段玉裁在《说文解字注》里简明扼要地表述了“烹”的演进过程：“亯象薦（jiàn）孰，因以为饪物之称，……其形：荐神作亨，亦作享。饪物作亨，亦作烹。易之元亨，则皆

① 刘广伟．食学［M］．2版．北京：线装书局，2020：44-45.
② 白玮．中国美食哲学［M］．北京：商务印书馆，2018：231.
③ 熊四智，唐文．中国烹饪概论［M］．北京：中国商业出版社，1998：2.

作亨。”也就是说“亯”字兼有三义：烹煮食物曰“烹”，献以祭神曰“享”，祭祀可通于神明曰“亨”（图1-2）。《周易正义》曰：“享帝直言‘亨’，养人则言‘大亨’者，享帝尚质，特性（牲）而已，故直言‘亨’。圣贤既多，养须饱饫（yù），故‘亨’上加‘大’字也”①。

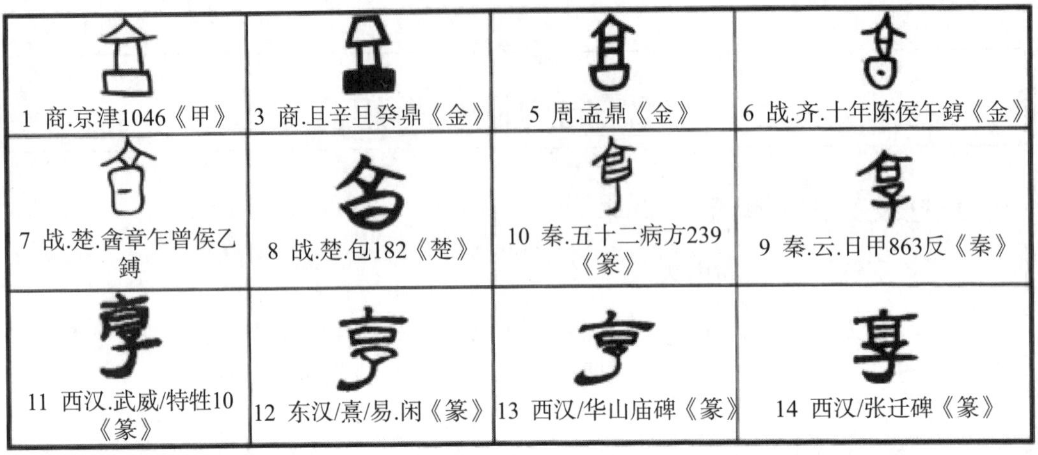

图1-2 “亯”字的演变

“烹”是个形声字。从火，亨声。“烹”字大约出现在唐代，但到宋代才广为使用②。“亨”的本义是将烧熟、煮熟了的食物祭献给神灵或已经故去的先人。下为火，会意为食物是用火烧熟的，本义指烧煮。宋代《集韵》：“烹，煮也。”“烹”，就是煮的意思，是把生食变成熟食的一种基本方法。

“饪”字的出现大约是在春秋时期，孔子说：“失饪不食。”《说文解字》将“饪”释为“大熟也。从食，壬声”。“饪”是使食物熟透，形声字；食为形符，壬为声符。③

“鼎，象也，以木巽火，亨饪也”是对“亨（烹）饪”最原始的解释，即将食物原料放在鼎中，在鼎下顺风点燃木料，使鼎内生食变为熟食。

在古代社会，作为关乎生民们生存最紧要的饮食生活，《周易》以“鼎卦”为象来定义“烹饪”，又以“烹饪”之喻来阐述“鼎”之意义，进而上升到国家帝王治国理政的高度层面，无疑，它将烹饪与治理国家紧密联系在一起。这是古之贤哲对中国古代烹饪的哲学定义，更是中国烹饪思想的起点④。

（二）烹饪概念的内涵演变与当代诠释

烹饪作为动态发展的文化概念，其内涵始终与社会生产力、科技水平及人类文明进程同步演进，形成独特的文明演进轨迹。

1．技术革命驱动下的内涵扩展

在人类社会的早期，饮食生活水平极其低下，与此相适应，烹饪的含义也很简单，就是用火直接烧烤动物以供食用。陶器文明催生了烹饪史上第一次革命性突破，水介质烹饪法的

① （魏）王弼，（晋）韩康伯注；（唐）孔颖达著；余培德点校，周易正义上［M］. 北京：九州出版社，2004：467.
② 李娟. 景祐本《史记》《汉书》用字异文研究［M］. 西安：西北大学出版社，2020：145-146.
③ 吴正格. 阅读“烹饪”［N］. 北京晚报，2020.07.26.
④ 白玮. 中国美食哲学［M］. 北京：商务印书馆，2018：233.

出现使“煮”“蒸”等技法成为可能，人类开始掌握热能调控技术。青铜与铁器的应用推动了油介质烹饪诞生，“炸”“炒”等高温快熟技法丰富了烹饪体系。盐的发现和运用，不仅带来调味革命，更延伸出腌制发酵的食品保存智慧，标志着人类从即时烹饪向食物储备的跨越。

2．文化交融中的内涵增值

随着酿酒业的兴起、茶的饮用，又进一步丰富了烹饪的含义。古人有“煮茶烹酒，弹琴弈棋”之雅。宋代卫宗武《和雪吟》诗云：“夜半烹酒和雪吞，賸喜吾庐银作屋”。《三国演义》第二十一回是“曹操煮酒论英雄，关公赚城斩车胄”。茶既是饮料，又是配料和调味品。马王堆汉墓出土的食料中就有槚，也就是茶。《食宪鸿秘》有“奶子茶”的记载“粗茶叶可煎浓汁，木杓扬之，红色为度。用酥油及研碎芝麻滤入，加盐或糖”。《随园食单》也有“面茶”：“熬粗茶叶汁，炒面兑入，加芝麻酱亦可，加牛乳亦可，微加一撮盐”。酒文化发展出酒糟腌渍、酒酿入馔等独特技法，《齐民要术》详载酒酢制法，酒类既作为独立饮品，更成为调味增香的重要媒介。这种饮馔同源的特性，使烹饪成为物质与精神双重维度的文化载体。

3．工业化进程中的概念分化

19世纪食品工业革命引发烹饪概念的重大嬗变：传统手工烹饪（Culinary Arts）与工业化食品制造（Food Engineering）形成分野。前者保持手工性、即时性与艺术性特征，后者依托机械装备、标准化流程和防腐技术实现规模生产。两者在快餐领域形成交汇，如中央厨房模式既保留烹饪工艺精髓，又融入工业化管控体系，形成“手工技艺工业化”的独特业态。

4．现代烹饪的多元维度解析

在当代语境下，烹饪呈现多维内涵。

技术维度：涵盖食材物性改造（物理切割、热传导、酶解反应等）与风味构建（呈味物质配比、美拉德反应控制）的科技系统。

文化维度：承载地域风土记忆（如发酵食品微生物群落）、维系文化认同的非物质文化遗产。

产业维度：餐饮业核心竞争力构成要素，米其林体系将烹饪技艺量化为可评估的生产力指标。

社会维度：家庭伦理的物化载体，通过“家的味道”维系情感联结与社会关系再生产。

5．未来演进趋势

分子料理技术打破物理形态界限，3D食品打印重构烹饪空间维度，智能烹饪设备实现技艺数据化传承。这些变革推动烹饪从经验技艺向可编码知识体系转化，但其人文内核始终植根于人类对美味本质的追求。烹饪概念的边界将持续扩展，但其作为连接自然馈赠与人类智慧的核心媒介地位将历久弥新。

总之，烹饪既是人类改造自然的实践记录，又是文明基因的物化表达，其概念嬗变史本质上是人类突破生存局限、创造美好生活的文明进化史。

（三）烹调与烹饪

按照食物发展的逻辑规律，人类发明烹饪之始，还说不上“烹调”。只有烹饪发展到一定阶段，也就是调味品出现后，烹调才得以产生。烹饪的最初目的是熟食，烹调的最初目的是美食。

据考证，“烹调”一词的出现不会早于唐代，到宋代使用才渐渐多起来。宋代韩驹《食煮菜简吕居仁》诗中就有“还家不能学，永费烹调功”一句，《新唐书·后妃传上·韦皇后》：

“光禄少卿杨均善烹调”，南宋陆游《种菜》诗：“菜把青青间药苗，豉香盐白自烹调。须臾彻案呼茶碗，盘箸何曾觉寂寥？”这里的“烹”即加热烹炒，“调”谓配料调和。“烹调”就是烹炒调制。

知识链接

宋·韩驹《食煮菜简吕居仁》

晓谒吕公子，解带屠图宫。留我具朝餐，唤奴求晚菘。
洗著点盐豉，鸣刀芼姜葱。俄顷香馥坐，雨声传鼎中。
方观翠浪涌，忽变黄云浓。争贪歙钵暖，不觉定碗空。
忆登金山顶，僧饭与此同。还家不能学，永费烹调功。
硬恐动牙颊，冷愁伤肺胸。君独得其妙，堪持饷衰翁。
异时闻豪气，爱客行庖丰。殷勤故煮菜，知我林下风。
人生各有道，旨蓄用御冬。今我无所营，枵腹何由充。
岂惟台无馈，菜把尚不蒙。念当勤致此，亦足慰途穷。

在相当长的一段时间内，人们把“烹调”中的“烹”理解为“加热”，把“调”解释为“调味”。实际上，“烹”的本义是“烧煮”，近代泛指食物原料用特定方式制作成熟的过程。关于“调”的意义，《现代汉语词典》（第7版）的解释为“配合得均匀合适”“使配合得均匀合适”。“调”不仅包括调味，还包括调香、调色、调质和调形等内容，是人们综合运用各种操作技能（其中也包括“烹”的技能）把食品制作得精美好吃的过程。张起钧先生在《烹调原理》中，把烹分为“正格的烹”（即用火来加热）和“变格的烹”（指一切非用火力方式制作食品的方式）。他认为“用种种方法和设计，把食物调制得精美好吃，而给人带来愉快舒畅的感受谓之调。”“烹调”作为一个专业术语和整体概念，是指人们依据一定的目的，运用一定的物质技术设备和各种操作技能，将烹饪原料加工成菜肴的过程。

“烹饪”和“烹调”是两个在日常生活中经常被提及且容易混淆的词语，它们之间存在着密切的联系，但又有所区别。

从本质上来说，“烹饪”和“烹调”都与食物的制作过程密切相关。它们都是通过加热、调味等手段将食材转化为可供食用的菜肴或食品。例如，无论是“烹饪”还是“烹调”，都可能包括炒、煮、蒸、烤等常见的烹饪技法。目的相同：二者的最终目的都是为了制作出美味可口、营养丰富的食物。无论是家庭厨房中的日常饮食，还是餐厅里的精致菜肴，都离不开烹饪或烹调的过程。在实际操作中，烹饪和烹调都需要掌握一定的火候、调味技巧以及食材处理方法。例如，掌握火候是关键，无论是“烹饪”还是“烹调”，都需要根据不同的食材和菜肴要求来调整火力的大小和时间。

但是，在词源和语义侧重点上，烹饪这个词在语义上更偏向于一种系统化的、综合性的食物制作过程。它不仅包括具体的烹饪技法，还涉及食材的选择、搭配、营养搭配以及食物的文化背景等。例如，在烹饪学校中，烹饪课程会包括食材学、营养学、食品卫生学等多个方面的内容。烹调这个词更侧重于具体的烹饪操作过程，尤其是对火候、调味等技术的运用。它更强调“调”的部分，即通过调味来提升食物的味道。例如，在一些烹饪比赛中，评委更关注选手的烹调技巧，如调味是否准确、火候是否到位。

在使用场景和语境方面，烹饪这个词在书面语和较为正式的场合中使用得更多。例如，在学术研究、烹饪书籍、食品科学领域等，更倾向于使用“烹饪”一词。它给人一种更专业、更系统的感觉。烹调这个词在口语和日常生活中使用得更频繁。例如，家庭主妇在厨房里做饭时，可能会说“今天我烹调了一道红烧肉”，而不太会说“今天我烹饪了一道红烧肉”。

在涵盖范围方面，烹饪一词涵盖的范围更广，除了烹调过程本身，还包括食物的前期准备（如食材的采购、清洗、切割等）以及后期的装盘、摆盘等环节。它是一个从食材到成品的完整过程。烹调主要集中在食物的加热和调味环节，相对更聚焦于烹饪的核心操作部分。

（四）料理与烹饪

“料理”一词最早见于魏晋时期，其基本意义为照顾、安排，料理房屋可释作“修理”，料理人可释作“照顾”，料理事情可释作安排、处理。此外，料理的对象还可以是蔬菜食物，《齐民要术》中有5例“料理”的对象是“菹”，即腌菜。例如“其叶作者，料理如常法。（卷三）”。唐以后的“料理”多与饮食有关。例如，《太平广记》（卷一百三十二）：“遂即杀之，将肉就釜煮。余人贪料理葱蒜饼食，令产妇抱儿看煮肉……”此外，古汉语的“料理”还经常出现在与医药有关的文献尤其是医方中。例如，晋葛洪《肘后备急方》：“取猫狸一物，料理作羹如食法，空心进之。”

“料理”不仅用于饮食、医药，还用于茶饮，因茶的烹制也如做饭一般，需要一道道的工序。这些被料理的对象有各自的功能，如食物可以疗饥，汤药可以疗疾，茶可以消食醒神，因而这些被料理的对象反过来可施之于人。“料理”并逐渐发展为涉及饮食、医药、茶饮等领域的文化现象。

虽然“料理”一词在汉语中从未消失过，明清文献仍不乏用例，但它与饮食的关系日渐疏离，现在活跃在口语和方言中的“料理”主要表示对事情的处理和对人的教育。

日语中表示烹调、肴馔意义的“料理”是汉语的借词。隋唐时期，日本大力学习中国先进的文化和制度，频繁派遣隋使、唐使来到中国，学成回国，同时引进“料理”一词。“料理”一词在日本本土文化的融合过程中逐渐“和化”，丰富了“料理”一词的内涵。在日本，“料理”不仅指烹调的过程，也指烹调的对象。日本丰富的料理内容，如饮食料理、药膳料理、茶料理等，无不打上中华饮食文化的烙印。不仅是日本，韩国也从汉语中吸收了该词，至今仍保留着汉语的音义。

20世纪前后，汉语又从日语中把与饮食意义相关的“料理”反借回来。中华人民共和国成立之后的20多年里，该词再度沉寂。改革开放后，随着中日、中韩经济文化的交流，“日本料理”“韩国料理”又再次输入，家喻户晓，反而使人们忘记了“料理”一词是一个“出口转内销”的国产词。[①]

（五）饮食与烹饪

“饮”，繁体字为“飲”，会意字，在甲骨文中，右边是人形，左上角是人伸着舌头，左下角是酒坛（酉），像人伸舌头向酒坛饮酒，其本义为喝。从《说文解字》的“饮，歠（chuò）也”以及段玉裁的“可饮之物，谓之饮”，可见“饮”既可指“饮”这一动作，又指可饮之物。“食”，会意字，从皀（jí），亼（jí）声，本义饭，饭食。从《说文解字》的食，“米也”，段

① 邢永革. 明代前期白话语料词汇研究［M］. 南京：凤凰出版社，2017：224-229.

玉裁的“集众米而成食也”以及《庄子·德充符》的“适见㹠子食于其死母者”，可见“食”同样具有名词、动词的双重含义。但值得注意的是“饮食”一词早已见诸文献，如北宋司马光《温国文正公文集（传家集）》中就有“饮食之物，所以为味也，适口斯善矣”。由此可知，古汉语中能够同时表达“吃喝”的名词、动词综合含义的词语有两个，分别为“饮食”和“餐饮”。“餐饮”专指为“吃”这一活动而提供食物，出现较晚。而“饮食”由于“食”字意思的广泛，是指为保证生命延续而进食的所有“饭食”，且出现较早。

饮食与烹饪不同。烹饪是生产性的（即烧煮食物），核心是制作；饮食是消费性的（即吃喝），核心是享用。它们的关系如同建筑与居住，纺织与衣着的关系。烹饪活动包括烹饪原料、炊具、技艺的应用、厨师的操作、佳肴美馔的品种质量、烹饪理论的实践和总结、社会烹饪活动间的交流等内容。饮食活动包括食物的品种质量、餐具的使用、环境设施的布置安排，以及食客的口味偏好、服务、礼仪制度、饮食理论的作用和确立、饮食活动的影响等内容。

烹饪与饮食是对立统一的辩证关系。它们相互联系，相互作用，从低级到高级不断地发展变化着。烹饪的产生，引起了人类饮食的革命，火化熟食取代了茹毛饮血。从此，烹饪活动成为人类饮食活动的基础。可以说，烹饪活动对推动饮食活动的发展、进步起着决定性的作用。

同时，人类的饮食活动又反作用于烹饪活动。从人猿相别之后，人类在饮食上对美味及其质、色、形、品种的追求，始终是推动烹饪探索、实践和发展的永恒动力。纵观先秦经典至明清档案，把帝王饮食记录在案，甚至成为“礼”的一部分，一方面是为了满足统治者的口腹之欲，养生之需和明确等级观念；另一方面，就是对烹饪重要性的承认和接受，这有助于烹饪文化的继承和发扬。

（六）餐饮业与烹饪

在改革开放之前，中国的酒楼称饮食店，餐饮业称饮食业。随着饭店的增多，新词汇的丰富，诞生了“餐饮”一词。1987年后，国家统计局将饮食业改称为餐饮产业。顾名思义，“餐饮”，既区别于单纯地对菜点进行烹调制作，也不同于独立地对成品进行销售交易，它既包括有形的物质产品又包括无形的心理愉悦，是经营者生产劳动与消费者欲望满足的紧密结合。

按欧美《标准行业分类法》的定义，餐饮业是指以商业营利为目的的餐饮服务机构。根据《国民经济行业分类注释》，餐饮业是指在一定场所，对食物进行现场烹饪、调制，并出售给顾客主要供现场消费的服务活动。

烹饪是餐饮业的重要组成部分。烹饪的产品质量、烹饪专业人才的水平直接影响餐饮业的发展。随着餐饮业的多元化和现代化的发展，对烹饪的产品质量、烹饪专业人才的水平，提出了更高要求。

二、烹饪的基本属性

（一）烹饪的技术属性

“技术”一词有两层含义：一是泛指根据生产实践经验和自然科学原理而形成的各种工艺操作方法与技能；二是除操作技能之外，还包括相应的生产工具和其他物资设备，以及生产的工艺过程或操作程序及方法等。烹饪的核心是饭菜的制作技术，其本质属性是技术性。

从本质上来说，烹饪是一门实用技术。在经过系统的归纳、整理以后，成为一门技术科学或应用科学。

中国肴馔品种繁多，有各种各样的烹饪技术。这种烹饪技术，经过长期的实践，也形成了一定的基础理论。传统说法的烹饪技术有刀工、火候和调味三大技术要素，具体内容主要包括鉴别与选用烹饪原料的技术、宰杀或加工烹饪原料的技术，切配和保藏烹饪原料的技术，涨发干货原料和制汤的技术，挂糊、上浆、拍粉、勾芡和初步熟处理的技术，加工和运用调味品的技术，运用火候的技术，运用烹调方法的技术，菜点造型和装盘技术，还有制作面点的技术，制作冷餐、烧腊的技术，以及管理厨房的技术，等等。这些各种各样的技术，共同的目的是要制作出色、香、味、形、质俱佳的菜点来，所以我们统称它们为制作菜点的技术，即烹饪技术。这些技术反映在烹饪工作中，就形成一整套的生产流程，我们称这种技术性的生产流程为烹饪工艺。烹饪工艺中包含的每一类技术，都有各自完整的体系。如在烹调方法的技术体系中，包含有炸、烧、炒、爆、煎、煮、蒸、烤、熘等多种不同的烹调方法，每一种烹调方法又有很多分支。比如“炸”这种烹调方法就有清炸、干炸、软炸、松炸、酥炸、焦炸之分，其要求的火候、油温和炸制的时间等各有不同。

当然，菜点的烹饪并不单单是个技术问题，在烹饪过程中还涉及食品设计、美学、色彩学、造型工艺，以及植物学、动物学、物理学、化学等方面的知识，但技术性始终是烹饪最本质的属性。

（二）烹饪的社会文化属性

烹饪文化是人类在烹饪实践活动中创造和积累的物质财富与精神财富的总和，它包含人类烹饪过程中的技术特征、科学蕴含、经验惯例、行为事象、礼俗思想等。中国烹饪文化具有独特的民族特色和浓郁的东方魅力，主要表现为以味的享受为核心、以饮食养生为目的的和谐与统一。将中国烹饪与中国文化结合起来，打造成一种世界共有的文化，应作为当代烹饪工作者的新动力。中国烹饪的创新，不应局限于菜肴调味、用具等形式上的创新，必须重视文化层次上的提高；美味佳肴不但要满足人们的口腹之欲，停留在感官刺激上，而且要让人们在大快朵颐之时，体会到文化的熏陶与享受。

我国有丰富的烹饪文献典籍。《吕氏春秋·本味》，晋朝何曾的《安平公食单》等是世界上最早的烹饪著作。古往今来，有无数文化名人与烹饪结下了不解之缘。孔子说：“食不厌精，脍不厌细”，孟子说：“伊尹割烹要汤”。鲁迅、郁达夫、张大千等对烹饪也都有过论述。

许多菜肴还以历史典故或神话传说而命名，是中国历史文化的结晶。如霸王别姬、火烧赤壁、桃园三结义、油炸桧、鲤鱼跳龙门等，使人们在品菜的同时，回味“秦时明月汉时关”的历史烟云、赤壁鏖兵的壮丽场面、刀枪剑戟逐鹿中原的三国时期，以及根除奸臣消一消积蓄千年的民族之恨，神话传说可以增加大喜之日的欢乐气氛。

此外，烹饪与汉字文化也紧密相关，如羊大为“美”字，鱼羊为“鲜”字，饭失去食为“反”，手肉盘三者合为“祭”字，等等。

烹饪与宗教文化更是唇齿相依，不同教派，都有自己不同的烹饪饮食习俗。

如今，在烹饪中体现文化，已经成为新一代事厨者追求的目标之一。全国各地的风味菜、传统菜、创新菜、江湖菜、民间菜等一系列菜肴，从制作到成菜，不仅仅使人陶醉于色、香、味、形、声，而且还可享受浓郁文化的真谛。当客人可以从某一菜肴开始认识一个地方、一个民族、一个观念、一个名人时，其烹饪与文化便达到了一个高尚的境界。

（三）烹饪的科学属性

烹饪的过程就是用一定的方法使一定的烹饪原料产生符合一定要求的变化过程。这一过程也就是科学意义上的物理变化、化学变化以及生物组织变化的过程。科学地认识烹饪的目的在于，以现代科学发展提供的条件和手段去认识烹饪过程中的各种现象，建立科学的烹饪理论体系，并以此来指导烹饪的实践；建立合理的技术体系，使烹饪更好地符合自然和人类社会发展的一般规律，更好地为人类社会服务。

烹饪在整个科学领域中有着极为广泛的内涵，它不仅是自然科学的一大产物，同时也是社会科学的重要组成部分。

在烹饪过程中，化学、物理学、数学原理得到了普遍应用。众所周知，物质加热可以使分子运动加快，许多食品也就是通过加热促使其内部分子结构发生变化，从而达到理想效果。脂肪与水一起加热时，一部分水解为脂肪酸和甘油，此时加入酒或醋，就能与脂肪酸化合成有芳香气味的酯类。通常在烹饪鱼肉时，加入适量的酒以增加香味，就是根据这个原理；在豆浆中加入石膏或者盐卤后，可凝结成豆腐脑，这也是根据溶液中的电解质对蛋白质有促使凝固作用的科学原理制作的；在烹饪配料时，还离不开数学的运用，如每一样菜的配料，都必须根据不同的分量，按其比例计算用料。烹饪在营养学方面也具有举足轻重的地位。许多美味佳肴，同时也是延年益寿的补品和辅助治病良方。如鲫鱼羹，具有温补脾肾、益气和胃的作用；百合蒸鳗鱼，对肺结核、淋巴结核有一定疗效。有的菜肴，甚至还是美容食品。当然，一些食物若搭配不当，会影响健康，轻者降低或失去营养价值，重者会伤害身体。如菠菜烧豆腐，若不先去掉草酸，就会降低营养价值。因此，菜肴的量、质的科学配搭，是烹饪过程中不可忽视的一大环节。

烹饪同时也是人类社会科学发展的重要标志之一。不同的历史时间、不同的社会阶层，都有不同的烹饪特点。人类的祖先曾长期过着茹毛饮血的生活。火的发明和利用，是人类历史的最大进步。恩格斯说："熟食是人类发明的前提"。有了火才有了熟食；有了盐才开始调味；陶器的发明，人类从烤、炙、炮的烹调方法进入了煮、氽、蒸的水烹阶段；青铜器出现和油脂的利用才有了爆、炒等油烹的烹调方法。据《礼记·天官·食医》载，古代有掌握周王膳食调味的"春多酸、夏多苦、秋多辛、冬多咸"方法。现在各不同国家和地区都有不同的烹饪习惯，在中国就有南甜、北辣、东咸、西酸之说，形成了明显的地方风味。

尽管世界各个国家各个民族都有各自特点的烹饪与饮食传统，但归根结底，都或多或少地受到并将继续受到科学技术的影响与改造，甚至在一定时代和条件下产生世界性的烹饪革命。20世纪中叶，科学文化新时代到来，但是当时即使是顶尖科学家，也都认为科学要应用于或影响到日常生活中的烹饪饮食还为时尚早。一句出自当时著名科学家之口的断语，即"化学家炒鸡蛋，并不能比厨师炒得更好吃"，就是很有力的判据。也正因为如此，在相当长的一段时间里，烹饪艺术与食品科学几乎一直各自为政，不相往来。在这方面，辩证法没有等历史很久，时间才过去了仅仅半个世纪，像化学家一样工作的厨师在21世纪之初就正式宣告诞生了。

2007年9月，面对来自世界各地的厨师，美国纽约曼哈顿下东区某餐厅的厨师怀利·迪弗雷纳先生，兴高采烈地向同行们展示并操作他在菜肴中加入一种称为"水解胶体"的新配料。这种配料帮助迪弗雷纳先生做出了油炸蛋黄酱和可以制作造型的肥鹅肝，他展示的结果令众同行眼前一亮。事实上，不少发达国家的厨师们还在厨房里玩起了激光和液氮，在他们的厨房里，原本只有在科学实验室中才使用的仪器几乎一应俱全，一些水解胶体就像化学品一样，被装在白色的瓶瓶罐罐里。他们仿佛正在把烹饪回归或变成一门化学。这些化学家式的厨师，像科学家一样做实验，并在笔记本上记录实验数据和结果，一方面运用科学知识以更科学地了解烹饪；另一方面则旨在变革与创新传统烹饪方式。

影响传统烹饪饮食的另一门学问是物理学，这里主要谈的是由物理发现而诞生的一种正在影响人类传统烹饪方式的新工具——微波炉。1947年，雷声公司推出了第一台家用微波炉。但是，如同任何技术发明到商业应用都需要一个或长或短的中试与推广过程一样，微波炉真正逐渐走入千家万户，也等了整整20年。1967年，微波炉新闻发布会兼展销会在芝加哥举行，获得了巨大成功。微波炉的基本原理是使食品中的分子产生振动，所以食品变热了。由于用微波烹饪食物又快又好又方便，既无明火，又无油烟；不仅味道鲜美，而且有特色，因此，当时在美国一问世就颇受欢迎，有人甚至诙谐地称之为“妇女的解放者”。

知识链接

溶化、熔化、融化的区别

溶化，指固体溶解，指某固态物质，在另一种液态物质中分散成单个分子或离子的扩散过程。此过程不需加热，但必须有液体，所以用三点水旁“溶”，如把糖放在水中溶化成为糖水等。溶化是在任何温度下都能进行的，一般情况下，溶液的温度越高，溶化就越快，溶化的物质也较多（氢氧化钙$Ca(OH)_2$是例外）。在溶化过程中，有的溶液温度升高，如氢氧化钠（NaOH）在水中溶解；有的溶液的温度要降低，如硝酸钠（$NaNO_3$），氯化钠（NaCl）等在水中溶解。

熔化：是物质从固态变成液态的相变过程。熔化要吸收热量，是吸热过程。晶体有固定的熔化温度，称熔点，与其凝固点相等。晶体吸热温度上升，达到熔点时开始熔化，此时温度不变。晶体完全熔化成液体后，温度继续上升。熔化过程中晶体是固液共存态。非晶体没有固定的熔化温度。非晶体熔化过程与晶体相似，只不过温度持续上升。熔点是晶体的特性之一，不同的晶体熔点不同。同一晶体的熔点与大气压有关。压力越大，熔点越低；压力越小，熔点越高。

融化：化学上指常温时液体的物质由固体变为液体，比如冰融化成水。

进入新的科学文化时代，除去化学、物理学外，已经进入千家万户厨房的还有计算机技术、自动化技术等，或许用不了多久，生物学及生物技术、分子生物学及分子生物技术，甚至基因学及基因技术，还有后PC时代的机器人等亦将跟进。在未来厨房里，或许会诞生一系列新生的交叉科学，诸如烹饪化学、烹饪物理学、厨房自动化、厨房电脑系统、烹饪分子生物学、机器人烹饪学等。①

（四）烹饪的艺术属性

烹饪的艺术表现力是有目共睹的事实，但它能否作为一门独立的艺术表现形式则有待认真地研究与探讨。因为，烹饪的根本目的是制作食物，艺术的表现形式主要是提高产品的观赏价值，并由此影响人们的进食情绪，增进食欲。

---

① 蒋国华．烹饪科学与科学烹饪［N］．科学时报，2008-3-13（7）．

在烹饪活动中确实包含了一些艺术的因素，具有一定的艺术创造能力。人们在烹饪过程中，按照对饮食美的追求，塑造出色、形、香、味、质俱美的食品，提供人们饮食审美的享受，从而使人们得到物质与精神交融的满足。但通常所说的烹饪艺术实际上是多种艺术形式与烹饪技术的结合，即在食物的烹饪过程中吸收相关的艺术形式，将其融入具体的烹饪过程之中，使烹饪过程与相关的艺术形式融为一体。事厨者在烹饪过程中，需要借助雕塑、绘画、铸刻、书法等多种艺术形式（方法），才能实现自己的艺术创作。因此，“烹饪艺术”是烹饪的一种属性而不是烹饪的全部，它只有在一定的消费要求下才能展现出来。

在讨论烹饪的艺术问题时，首先应该把艺术与技艺（技巧、才能）区分开来；其次要确定烹饪具有艺术的属性，但烹饪的本质不是艺术；此外，烹饪艺术的表现是烹饪活动的高级形态，它必须与一定的消费要求相适应。

拼盘和雕刻，是烹饪绘画、雕塑艺术的杰出代表。中国名菜“雄鹰展翅”“鸳鸯戏水”“双喜临门”“断桥残雪”等艺术拼盘，其名如诗，其形似画，利用食物原有的色泽，摆出栩栩如生的动物，让宾客“不忍下箸”。食品雕刻与木雕、石刻、泥塑等工艺品有着同样的艺术欣赏价值，它利用瓜、菜、萝卜、水果等雕龙刻凤。这一神奇的烹饪艺术作品，通过以虚带实的手法，烘云托月、点缀菜肴，洋溢着浓厚的艺术感染力。

三、烹饪的社会作用

（一）促进人类步入文明阶段

烹饪的诞生是以用火熟食为标志的，用火熟食作为人类最基本的生存技能之一，自它开始便标志着人类与动物划清了界限，摆脱了茹毛饮血的野蛮生活，步入文明阶段。烹饪自诞生以来，历经若干万年，由简单走向复杂，由粗糙走向精细，使人类饮食生活逐步由果腹升华为一项文明享受。一般情况下烹饪技艺的高低，可以反映出人类社会的文明程度和经济繁荣状况。

（二）改善人类饮食生活

饮食是人类赖以生存的需要，烹饪则向人类提供饮食成品。烹饪渗透到每一户人家，其技术的高低直接关系到提供的食品质量的优劣，涉及人类饮食生活的好坏。高超的烹饪技艺可以为人类提供源源不断的精美菜品，使人们感受到妙不可言的饮食文化的真正内涵，极大地改善人类的饮食生活，满足人们物质文化生活的需要，给人以隽美的精神享受。

（三）充当社会活动媒介

随着人类社会的进步，经济建设的发展，社会文明程度的提高，交际性的社会活动日益增多，一般的社会活动大都贯穿着饮食生活，而饮食生活质量的根本保证是烹饪技艺。因此，烹饪技艺在社会活动中起着牵线搭桥的媒介作用，推动着许多社会活动的开展。

中国烹饪与政治、哲学和传统观念有着密切关系。中国烹饪中所体现的唯物辩证因素，充满了民族的睿智和对事物的深刻认识。烹饪中所体现的传统观念，几千年来一直是指导中国烹饪发展的理论基础。这些都体现着中国烹饪文化内涵的精深之处，也是中国烹饪文化与其他烹饪文化相区别的基本特征之一。可以说，不了解中国烹饪中所体现的政治、哲学思想和传统观念，还不能说真正理解了中国烹饪的精髓。

（四）繁荣社会市场经济

烹饪工作是将食物原料加工成人类需要的菜点的劳动过程，这种劳动过程不断为社会创造物质财富，满足了人们饮食生活的需要。烹饪劳动的产品是饮食市场的主要商品，其数量和质量是直接关系到饮食市场的繁荣与否，并影响到整个社会市场的繁荣。烹饪行业属于第三产业，为社会提供服务性劳动，在社会经济建设中有着重要的地位。

（五）促进“德智体美劳”全面发展

烹饪中蕴含着关于“勤劳、安全、付出、节俭、沟通”等大量的教育主题，烹饪是一项非常受重视的教育内容。烹饪本身就是一门系统的科学文化知识、技能，烹饪教育也是智育。

舌尖与指尖、饮食与运动是保持身体健康的重要因素。烹饪关系到膳食营养，营养的吸收关键也在于身体的运动，体育运动有助于骨骼与肌肉生长和营养的吸收。

劳动教育是指通过在实际劳动过程中强化学生劳动观念，弘扬勤俭、奋斗、创新、奉献的劳动精神。劳动教育强调的是过程教育，这点与烹饪不谋而合，都是指在过程中实现价值塑造，且在劳动过程中体现了匠心精神。课程实践能让学生体验劳动，培养纯熟的动手能力，在劳动中巩固知识，在劳动中发挥创造力，在劳动中获得成就感。最终产品的呈现是学生脑力与体力劳动相结合的成果，在劳动中既培养学生逻辑思维，又使学生经历体力锻炼，体会劳动艰辛，培养学生珍惜劳动成果的良好习惯。

美育是指审美教育、情操教育及心灵教育，也是想象力和创新意识的培养教育。原材料、加工工艺对产品口感的影响，体现了味蕾的鉴赏；产品造型及包装则体现对外界事物美及适应性的感知，最终产品的呈现则培养设计感与美感。

第二节 烹饪学的概念和研究内容

一、烹饪学的内涵

“烹饪学”这个名词，大约出现在20世纪初。1916年，张籥（niè）云翻译了一本由马可德夫人和柏来安夫人编辑的《英华烹饪学全书》（图1–3）①，该书书名原文“*The Anglo-Chinese cook book*”，内分甲集、乙集，介绍烹饪学和烹饪法则，包括中西菜肴烹饪、汤类、饼类、冷布丁、蜜饯类，另有育儿烹饪法及病人食品。1936年，《导光》杂志第8期刊登有《奇异的烹饪学》一文。之后，1976年武汉市第二商业学校编写的《烹饪学·试用教材》和天津市财贸学校、天津市饮食服务公司主编的《烹饪学教材·基础知识·修订本》也较早使用了“烹饪学”一词。

什么是烹饪学？比较权威的解释有以下几种：

---

① 马可德、柏来安编，张籥云翻译，英华烹饪学全书（第2册华文华英文合璧），出版者不详，1916年，中国历史文献总库·民国图书数据库.

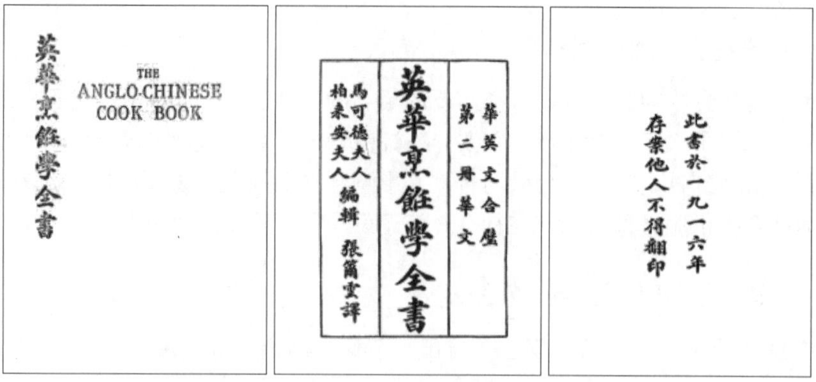

图1-3 《英华烹饪学全书》

季鸿崑先生认为“烹饪学是研究烹饪劳动规律性的技术科学”。[①]

刘广伟先生认为“食物烹饪学是研究利用加热的方法提高食物利用效率的学科。食物烹饪学是研究食物受热度与适口性和养生性之间关系及其规律的学科。食物烹饪学是解决食物加热过程中的各种问题的学科。如何在加热过程中减少营养素的损失并获得卫生安全的食物，如何维护食物原生性，如何合理使用化学添加剂等都是食物烹饪学的研究范围。”[②]

杨铭铎先生认为，广义的烹饪学则是有关烹饪的知识体系，狭义的烹饪学是研究手工食品食物原料的选取、预加工、切配（成型）、成熟、调味，使之成为符合人体需求，味、触（口感）、香、色、形等感官状态符合人们审美习惯的成品——菜肴、面点一般规律的技术科学。[③]

二、烹饪学的研究对象

烹饪学以烹饪现象的基本矛盾为核心，研究其发生的基础、原因、性质、形态和结构特征，探究其发展规律及其形成的复杂影响因素。显然烹饪现象的这种基本矛盾存在于烹饪活动之中，因此烹饪学要以研究烹饪活动所展示的矛盾为研究对象。这里的烹饪活动包括烹饪者的活动和烹饪产业的活动。这两种活动恰好构成了烹饪现象基本矛盾的两个方面，并由此衍生出烹饪期望与烹饪感受、烹饪动机与烹饪体验、烹饪需求与烹饪供给等一系列的矛盾形式和矛盾运动，这些矛盾所展示的立体的、丰富多彩的烹饪现象构成了烹饪学科综合性的研究领域。

因此，烹饪学的研究对象是烹饪活动的内在矛盾，烹饪学的任务就是要通过研究来认识这种矛盾的性质及其发生原因、形态结构、运动规律和它所产生的各种外部影响。

三、烹饪学的研究内容

研究内容是研究对象的具体化，是按照一定的视角和层面对研究对象所作的进一步的分类。烹饪学的研究内容非常广泛，涵盖了众多理论视角。

① 季鸿崑．烹饪学基本原理［M］．北京：中国轻工业出版社，2016：17.
② 刘广伟．食学［M］．2版．北京：线装书局，2020：219.
③ 杨铭铎．烹饪学的界定［J］．四川旅游学院学报，2021（02）：94-97.

（一）纵向横向与宏观微观

从纵向来看，宏观层面涵盖烹饪各个历史时期的发展规律，微观则聚焦于一年四季、一日三餐烹饪的各自特点；从横向来看，宏观层面涉及烹饪科学与自然科学、社会科学之间的关系，微观层面则关注烹饪工艺流程中各个环节之间的关系。在各种错综复杂的变化与发展中，各种因素的相互关系中，寻求烹饪发展的普遍规律。

（二）广义和狭义

从广义上讲，烹饪学是从历史、现实和未来的角度全面审视烹饪活动的发展变化规律，总结历史、研究现实问题、展望未来发展，涵盖一切与烹饪相关的内容。从狭义上说，主要侧重于自然科学和技术科学方面的研究，如原料的选择加工与切配、风味的调制、加热成熟方式、火候的掌握与控制，以及造型与装盘等方面的技术和营养，同时也涉及卫生方面的要求。

（三）主客关系的不同和内外顺序的差异

烹饪学的研究对象是烹饪活动（烹饪现象），按照主客关系的不同和内外顺序的差异，可进一步将烹饪活动即烹饪学研究内容分为三个层面：形成烹饪活动的驱动系统、烹饪活动自身的核心系统和烹饪活动对外造成影响的外延系统。

1．烹饪活动的驱动系统

烹饪活动的开展需要一定的动力驱使，其驱动系统包括烹饪活动外部系统和内部系统。外部动力包括经济、社会、政治等宏观因素以及市场需求、市场竞争、科学技术推动等。内部动力则涉及企业利益、企业家和企业家精神、企业职工产生的创新动力、企业文化、企业内部激励机制以及烹饪者自身的家庭饮食需求、收入水平、时间因素、身体状况等微观条件。

烹饪是人类社会发展到一定阶段的产物，并随着历史的发展不断改革与创新。烹饪史与饮食史侧重点有所不同，关于中国烹饪史发展阶段的划分，目前还存在不同的观点。为了更清楚地认识现代烹饪活动的发展，深入学习人类烹饪发展历史是非常必要。

在不同区域范围内，烹饪的类型、形式、特征等存在差异。在一定区域内，烹饪活动有着较高的近似性，较接近的文化背景或类似的烹饪产品形式，表现出地理共同性及资源结构上的相似性。烹饪学需要研究一定区域烹饪活动的形成条件、影响因素及流动特征。

2．烹饪活动的核心系统

烹饪活动的核心系统包括烹饪活动的本体、主体和客体。

烹饪活动的本体可以从不同的层面来解读，烹饪活动内容的丰富性、烹饪形式的多样性决定了烹饪特征的复杂性，烹饪活动具有社会性、休闲性、消费性、综合性等的特征。

活动的主体主要是烹饪者，烹饪学要研究烹饪活动的需要、动机及体验过程。烹饪的动机多种多样，包括果腹充饥、赚钱谋生、追求美味、追求营养健康、追求文化、追求新奇等，追求触发了人们的烹饪需要。在烹饪动机的引导下，烹饪者或居家入厨，或从事餐饮行业，进行不同场景的烹饪活动。

烹饪客体是烹饪活动中外在于烹饪主体的一种客观存在，是烹饪者操作和体验的对象。它主要包括三个方面：一是烹饪资源，也就是烹饪原材料；二是烹饪技术与工艺；三是烹饪产品，如菜肴、面点。除此之外，还涵盖了烹饪技术与工艺、烹饪产品、食品安全与卫生等多方面。

3．烹饪活动的外延系统

烹饪活动的外延系统主要研究烹饪活动的外在影响。具体包括烹饪活动对经济、文化、社会及其环境等方面的影响。正确认识烹饪与经济、社会文化的互动效应，以及烹饪与生态环境的相互影响，对于推动烹饪与经济、文化及生态环境的协调发展具有重要意义。

从产业的视角看，同其他产业相比，烹饪产业有着较为特殊的内涵，是一个范围非常广泛的、跨部门、跨行业、跨产业的集合体。烹饪产业发展的主要思路与对策包括：注重文化内涵的塑造，树立大食品大市场观念，建立产业集群，实现产业和区域的整合，从而促进餐饮业的高质量发展。

（四）烹饪活动开展的场景

1．家庭烹饪

家庭烹饪是涉及面最广的烹饪类型，它在保障居民日常营养摄入方面发挥着关键作用，进而对一个国家、一个民族的整体健康状况产生深远的积极影响。

家庭烹饪的主要特点：一是高度分散。家庭烹饪是以家庭为单位进行的，因民族习惯、地理气候、物产状况、经济条件以及个人偏好等因素的影响，呈现出类型繁多，情况各异的特点，只能引导，难以控制。二是大众化，家庭烹饪的技术相对单调，设备较为简单，注重实用、实惠、经济、方便。

2．团餐烹饪

团餐是团体供餐、团体膳食的简称，包括大型工业企业、商业机构、政府机构、学校、医院、部队等社会活动团体以及会展活动、旅游团的餐饮供应和社会送餐等。近年来，我国团餐社会化、市场化、企业化已成为主旋律，专业团餐公司应运而生，团餐市场逐渐成形。

团餐烹饪的特点，一是以提供健康营养的膳食为主要任务，要求配菜合理，平衡膳食。日常供应的品种以主副食为主，品种花色较为单调。二是以批量供应为主要特色，在菜肴制作上，以“大锅菜”为主，制作方法、设备条件要与之相适应。三是注重实用、实惠、方便、经济，与家庭烹饪有相似之处。四是不以盈利为主，但由于服务对象具有持久性，其影响也是长期的，因此也必须考虑经济效益。此外，团餐烹饪在许多场合下提供的菜点是强制性的，即个人挑选的自由度要受到一定限制，比如在部队中。

3．市肆烹饪

市肆烹饪即餐馆烹饪、酒店烹饪、商业烹饪，它植根于广阔的餐饮市场。市肆烹饪是随着贸易的兴起而发展起来的。早在商朝时期就已经出现了餐饮行业的雏形。到了汉代，餐饮业的发展迅速，除了京都，临淄、邯郸、开封、成都等地都形成了商贾云集的餐饮市场。进入唐代，农业生产以及商业、交通空前发达，星罗棋布、鳞次栉比的酒楼、餐馆、茶肆、小吃摊成为都市繁荣的主要特征。宋元以后，社会经济的兴盛，商品流通条件的改善，使得市肆烹饪有了进一步的发展。

市肆烹饪的主要特点是技法多样，品种繁多，应变力强，适应面广。在激烈的市场竞争中，餐饮店铺为了自身的生存、发展，在制作菜肴时大量吸取了宫廷、官府、寺院、民间乃至各民族的烹饪文化，形成了自己的特点。

4．差旅烹饪

差旅烹饪是为流动人群提供餐饮服务的烹饪类型。通常出现在民航飞机、火车、游轮、游船等交通工具上，为旅游者或出差在外的人员提供餐饮服务。它提供的菜点主要用于及时补充身体内的营养需求，也兼有小憩时享受饮食美的功能。

四、烹饪学研究的多重意义与价值

（一）文化传承与交流方面

烹饪学承载着一个民族或地区的历史文化。通过研究烹饪学，可以挖掘和保护这些珍贵的文化遗产，让后代了解先辈们的饮食文化智慧，有助于保留地方特色菜肴的制作工艺和文化内涵，防止它们在现代化进程中逐渐失传。烹饪学是跨文化交流的重要桥梁。通过研究烹饪学，可以促进不同国家和地区之间饮食文化的相互了解和借鉴。烹饪学还能帮助人们更好地理解不同文化背景下人们的饮食习惯和价值观，从而促进不同文化之间的相互尊重和包容。

（二）经济方面

烹饪学是餐饮业的核心知识基础。餐饮业作为第三产业的重要组成部分，对经济增长有着巨大的贡献。通过烹饪学的研究，能够开发出更多新颖、美味的菜品，满足消费者日益多样化的需求。烹饪学还能帮助餐饮企业提高菜品质量和服务水平。例如，通过对烹饪原料的研究，企业可以更好地选择优质食材，降低成本；通过对烹饪工艺的优化，可以提高菜品的出品效率和一致性，从而增强企业的市场竞争力。烹饪学与农产品加工密切相关。通过研究烹饪学，可以开发出更多农产品的加工方法，提高农产品的附加值。

（三）健康与营养方面

烹饪学能够帮助人们更好地理解食物的营养成分以及如何通过烹饪方式来保留这些营养。通过研究烹饪学，人们可以根据自身营养需求，合理搭配食材和选择烹饪方法，从而实现营养均衡的饮食。烹饪学还能指导人们如何通过食物搭配来补充人体所需的营养。对于一些特殊人群，如老年人、儿童、孕妇、病人等，烹饪学具有重要的意义。例如，老年人的消化系统功能减弱，烹饪学可以研究出适合老年人的软烂、易消化的菜品，如炖菜、蒸菜等。对于孕妇，烹饪学可以提供富含叶酸、铁等营养成分的食物制作方法，以满足孕妇和胎儿的营养需求。对于患有糖尿病等慢性疾病的人群，烹饪学可以帮助他们选择低糖、低脂的烹饪方式，如清蒸、水煮等，从而更好地控制病情。

（四）教育与人才培养方面

烹饪学是职业教育的重要学科。通过烹饪学的学习，学生可以掌握专业的烹饪技能，为进入餐饮行业就业做好准备。例如，烹饪专业的学生在学校里学习各种烹饪技法、食材知识、菜品创新等内容，毕业后可以成为厨师、餐饮管理人员等。而且随着烹饪教育的不断发展，烹饪专业的学生还可以在餐饮教育、食品研发等领域找到工作机会。烹饪学的学习还能培养学生的综合素质。在烹饪过程中，学生需要具备耐心、细心、创造力等品质。例如在制作蛋糕时，需要精确地称量食材，按照正确的步骤进行操作，这可以培养学生的耐心和严谨的科学态度。同时，烹饪学还涉及美学知识，如菜品摆盘、色彩搭配等，可以培养学生的审美能力。

综上所述，烹饪学不仅关系到餐饮业，而且关系到人民生活和民族素质，有着广阔的研究领域和深远的发展前景。每个从事烹饪教育、科研、生产、流通的工作者都应学习和掌握烹饪学的基本理论和技能，把我国的烹饪事业推向前进。

第三节

烹饪学的学科属性和体系

正确认识烹饪学的学科性质，不仅可以解决学科的归属问题，而且对于深入推进烹饪学的理论研究和实践应用具有重要意义。现代科学突出的特点是一方面高度分化，另一方面互相渗透，趋向一体化，或说学科体系一方面在不断细分，另一方面不断综合，细分的过程即综合的过程。

一、烹饪学的学科属性

学科概念的理解有很多种，但主要有两层意思。其一，学科是专业知识领域的划分以及学术活动开展的组织形式，以学科为牵引促使相关专业人群汇聚形成团体，便于开展同行评价；其二，学科是指高校培养高水平人才与研究生学位授予的口径，是国家权威部门的制度规范，如国务院学位委员会与教育部发布的《研究生教育学科专业目录（2022年）》，将学科划分为14个门类，113个一级学科。

烹饪学自奠基以来，人们对烹饪学的学科性质有过不同的认识。近几十年来，围绕烹饪学科属性问题的争论一直不断，有人说它属于文学，有人说它属于理学，有人认为它是工学，还有人说它是文、理、工学科的综合。那么，烹饪学的学科属性到底是什么呢？

（一）烹饪学是食品科学的一个分支

根据国际食品科学技术联盟（IUFoST）白皮书，食品科学是应用化学、生物学、物理学、工程学、微生物学、营养学和其他相关学科的原理，研究食品的组成、加工、安全性、营养、感官特性及其对人类健康影响的综合性学科①。

季鸿崑先生在《烹饪学基本原理》中从技术体系、理论构建、教育传承和产业实践四个维度，深刻揭示了烹饪学与食品科学的本质联系，其逻辑严谨且具有现实针对性②。

1．技术体系的科学化转型：从“经验技艺”到“工程科学”

手工技艺的机械化本质是食品工程的应用。传统烹饪的刀工、火候、调味虽依赖手工，但机械化（如自动切菜机、恒温烹饪设备、精准调味配比系统）已属于食品工程范畴。例如，火候控制：现代电磁炉通过PID算法精准控温，其原理基于食品工程中的热传递模型；调味标准化：连锁餐饮使用食品科学的“风味指纹”技术，通过气相色谱-质谱联用仪（GC-MS）量化风味物质浓度，实现口味一致性；刀工机械化：3D食品打印技术将传统雕刻转化为数字建模与材料挤出控制，依赖食品流变学理论。这种技术升级的本质是将烹饪经验转化为可量化、可复制的工程参数，完全符合食品科学的工业化逻辑。工业革命后，食品加工技术（如罐头杀菌、冷冻干燥）从家庭烹饪中分离并科学化，烹饪学的机械化正是这一进程的延续。例如，19世纪尼古拉·阿佩尔（Nicolas Appert）的罐头技术最初源于家庭保存食物的需求，后被食品科学理论化并工业化。

---

① Food Science and Technology: Sustaining Global Food Security (IUFoST白皮书, 2020).

② 季鸿崑．烹饪学基本原理［M］．北京：中国轻工业出版社，2016：020-021.

2. 理论体系的科学构建：从“隐性知识”到“显性学科”

烹饪理论的科学化需依赖食品科学三大支柱。季鸿崑先生提出烹饪理论需以分子生物学、现代化学和营养科学为基础，这实质上是将食品科学的核心学科嵌入烹饪学。分子生物学解析发酵过程中微生物代谢路径，如酱油酿造中米曲霉的蛋白酶作用；现代化学的美拉德反应（Maillard Reaction）解释烤肉风味的形成机制；现代营养学的基于能量代谢模型，可设计低GI（升糖指数）食谱，如糖尿病膳食。中医“药食同源”理念（如枸杞抗氧化、姜黄抗炎），需通过食品科学的生物活性成分分析（如HPLC检测多糖、黄酮）验证其有效性。例如，现代研究证实“四性五味”中的“辛温发散”与辣椒素（Capsaicin）激活TRPV1受体促进代谢有关。

3. 教育系统的范式转型：师徒制与学科教育的协同发展

现代烹饪技术的传承系统已经成为现代教育体系的重要组成部分，其在教育方法、教学手段和管理理念上，已经不再局限于传统的师徒相授模式，而是广泛吸收了学科教育的系统性和科学性。这种转变与现代食品工程教育的发展方向高度一致，都强调理论与实践相结合、标准化与个性化相统一，以培养适应现代社会需求的高素质烹饪人才。

4. 产业实践的工业化逻辑：从“作坊”到“标准化生产”

餐饮业的工业化本质是食品科学的应用。季鸿崑指出，餐饮管理受工业化熏陶，其核心是食品科学的标准化与质量控制。如HACCP体系，在中央厨房中监控烹饪关键点（如巴氏杀菌温度、冷却时间），防止微生物污染；供应链管理，基于食品物流学优化冷链运输，确保食材新鲜度；产品研发，利用食品质构分析仪（如TA.XT Plus）量化植物肉口感，替代传统试错法。

近年来，预制菜（Ready-to-Eat Food）爆火，依赖食品科学的冷链技术（玻璃化转变理论）、抗冻剂（如海藻糖）开发，以及微波复热中的介电加热模型——这些技术均属于食品工程范畴，而非传统烹饪技艺。

总之，烹饪学是食品科学的“应用界面”，是食品科学从实验室走向消费终端的“最后一公里”。它既将食品科学的理论转化为可操作的技术（如将蛋白质变性理论应用于牛排熟度控制），又从实践中反馈科学问题（如中式炒菜油烟中的PM2.5生成机制）。二者的关系如同“芯片设计与半导体物理”——前者是后者的工程实现，后者是前者的理论基石。在此框架下，烹饪学的学科独立性并不否定其作为食品科学分支的归属，反而凸显了应用科学的典型特征。

（二）烹饪学属于一门技术科学

烹饪学是否属于一门技术科学（Technological Science），需要从技术科学的定义、烹饪学的学科属性以及两者的契合点进行论证。

1. 技术科学的定义与特征

钱学森指出，技术科学是以自然科学的理论为基础，针对工程技术中带普遍性的问题，即普遍出现于几门工程技术专业中的问题，统一处理而形成的[①]。

技术科学是介于基础科学与工程技术之间的学科，其核心特征有五个：一是系统性，即基于科学原理构建理论体系；二是应用性，以解决实际问题为目标，注重技术转化；三是实

① 钱学森. 钱学森文集中文著作系列论系统工程典藏版［M］. 上海：上海交通大学出版社，2023：102.

验性，通过实验验证理论并优化技术；四是创新性，结合科学与工程手段推动技术发展；五是标准化，形成可重复、可推广的操作规范。技术科学的典型代表包括食品工程、材料科学、机械工程等。若某一领域具备上述特征，即可被归类为技术科学。

2．烹饪学的技术学科属性分析

第一，科学原理的支撑。烹饪学需要食品化学、营养学、微生物和物理学的科学原理来支撑。食品化学，如烹饪过程中涉及蛋白质变性、美拉德反应、乳化作用等化学机制；营养学，如食材搭配需符合营养平衡原则（如氨基酸互补、维生素保留）；微生物学，如发酵、防腐、食品安全均依赖微生物控制技术；物理学，如传热学（煎、炸、蒸的热传导方式）、流体力学（酱汁调配）等直接影响烹饪效果。

第二，烹饪学具有自身的系统性技术体系，如烹饪工艺学涵盖刀工、火候控制、调味技术等标准化操作流程。食材科学研究食材的物理性质（质地、含水量）与化学特性（酶活性、氧化反应）。菜品研发需要通过实验设计优化配方（如正交实验法确定最佳配料比例）。

第三，烹饪学具有应用性与实践导向，如烹饪学需要将烹饪科学理论转化为可操作的烹饪技术（如分子料理中的球化技术）；需要解决实际问题，如提升口感（嫩肉酶的应用）、控制成本（标准化食谱设计）等。

第四，烹饪学离不开实验验证与技术创新。比如，通过对比实验确定烹饪参数（如水温对拉面筋度的影响），3D打印食品、低温慢煮（Sous-vide）等新兴技术依赖科学原理突破。

第五，烹饪学离不开标准化与教育体系。行业标准，如餐饮业对菜品分量、加工流程、卫生规范等有明确要求；专业教育，如烹饪院校开设食品科学、营养学、管理学等课程，培养复合型技术人才。

需要指出的是，技术科学不排斥艺术性。烹饪的审美表达（如摆盘设计）属于艺术范畴，但食材处理、火候控制等技术环节需严格遵循科学规律，二者可以共存。此外，经验本质上是隐性知识（Tacit Knowledge）的积累，而现代烹饪学通过科学方法将其显性化。例如，传统“少许盐”可量化为“食材重量的1.5%”。总之，烹饪学符合技术科学的定义，它以自然科学为基础，构建了系统化的技术体系，并通过实验和创新推动行业发展。其目标是通过科学方法优化烹饪技术、提升食品质量、解决实际问题，完全符合技术科学的核心特征。因此，烹饪学是一门典型的技术科学，兼具理论深度与实践价值。

将烹饪学归类为技术科学，有助于提升其学术地位，促进跨学科研究（如食品工程与人工智能相结合开发智能厨房），并推动餐饮行业的标准化与可持续发展。

（三）烹饪学是一门交叉学科

烹饪学作为一门研究食物制作、风味创造与文化传承的学科，其本质具有高度的实践性与综合性。随着现代社会对饮食需求的多元化，烹饪学已不再局限于传统的技艺传承，而是通过与自然科学、工程技术、人文社科等领域的深度交叉，形成了多维度的研究框架。这种跨学科融合不仅推动了烹饪理论的革新，更在解决全球性挑战（如粮食安全、健康危机、环境可持续性）中展现出独特价值。

1．学科交叉的逻辑：烹饪学的天然开放性

烹饪学的核心目标是将食材转化为满足人类需求的食物，这一过程涉及多重维度。如物理化学维度：食材的加工与风味形成（如美拉德反应、乳化作用）；生理维度：食物与人体代谢、营养吸收的互动；文化维度：饮食习俗的社会建构与符号意义；生态维度：食物生产与自然资源的可持续平衡。这些复杂性决定了烹饪学必须借助其他学科的理论工具。例如，食品科学解析分子层面的变化，营养学评估健康效应，人类学解码饮食文化，而环境科学则关注生态代价。这种开放性使烹饪学成为连接科学与人文的枢纽。

2．学科交叉的路径：从工具借鉴到范式重构

随着社会的发展，烹饪学在科学技术驱动下正经历革命性突破。比如，借助生物化学（如酶解技术）、材料科学（如可食用膜），揭示烹饪过程中分子结构与功能的关系。分子料理的“球化技术”即源于胶体化学的凝胶化原理。工程学与计算机科学的介入，使烹饪从经验主导转向数据驱动。例如，AI通过分析数万份菜谱，生成风味平衡的创新组合；3D打印技术实现食物形态的精准控制。同时，生物学（细胞培养肉）与环境科学（垂直农业）的结合，重构了食物生产链条，减少对自然资源的依赖。

烹饪学通过人文社科的浸润，从单纯技艺升华为承载文化意义的实践场域。如历史与哲学研究揭示饮食背后的权力隐喻（如欧洲贵族宴会的阶级符号），经济学与管理学优化餐饮供应链并塑造品牌价值（如米其林评级驱动的消费经济）。艺术与设计学科则通过食物美学（日本怀石料理的季节意象）与沉浸式空间体验，将用餐转化为多维度文化叙事。这种浸润使烹饪不再局限于物质功能，转而成为身份认同、经济行为与审美表达的复合载体，构建起“舌尖上的文明史”。

此外，新兴烹饪技术引发的伦理争议也催生了跨学科治理框架。比如，基因编辑食品的伦理争议需生命伦理学提供风险评估范式，人造肉商业化依赖法律政策科学建立监管标准，而个性化营养方案涉及的数据隐私问题则要求信息技术与伦理学的协同治理。这种多维度介入既保障了烹饪创新的可能性，又通过制度设计规避技术异化风险，在“创造—约束”的动态平衡中推动行业可持续发展。伦理与治理的交叉，标志着烹饪学从技术本位转向社会责任导向的范式升级。

3．学科交叉的意义：回应人类社会的核心命题

摆脱健康与营养困境。烹饪学与生命科学的交叉正重塑人类健康管理范式。基于基因组学的精准营养学技术，为糖尿病、肥胖症等慢性病患者定制个性化膳食方案，实现“对症烹饪”；生物工程赋能功能性食品研发，例如通过定向发酵技术增强益生菌活性，将传统食疗升级为科学干预手段。多学科协作不仅优化了营养摄入效率，更推动饮食从饱腹需求转向健康治理工具，直面现代社会的慢性病危机与亚健康挑战。

重构食物系统可持续性。跨学科研究为食物系统注入循环经济与低碳转型理念。食品加工副产物的高值化利用（如咖啡渣转化可降解餐具）串联起材料科学与环境工程，减少资源浪费；基于碳足迹计算的菜单设计，结合生态学与数据分析，推动昆虫蛋白替代红肉的饮食结构变革。这种从生产端到消费端的系统性创新，正在破解粮食安全、资源枯竭与气候变化的“三重矛盾”，重构人与自然的新型共生关系。

守护文化多样性。技术手段与人文研究的融合为饮食文化遗产提供双重保障。数字孪生、动作捕捉等技术对非遗技艺（如刀削面机器人对人工削面动作的精准复刻）进行活态保存，防止技艺断代；跨文化比较研究则通过解构不同饮食体系的美学逻辑（如中西融合菜对火候与酱料的创造性重组），在全球化语境中激活传统文化的现代生命力。这种“技术存续+创新转化”的模式，使饮食文化既避免同质化消亡，又获得跨文明对话的当代价值。

推动产业革命。多学科交叉催生餐饮业从生产到消费的全链条变革。智能制造技术（如中央厨房的AI分拣系统）通过物联网与机器人技术提升标准化效率，降低人力成本；元宇

宙空间融合VR与区块链技术，构建数字餐厅的虚拟味觉交互与NFT菜品收藏体系，重塑消费场景。这场由数据、智能与虚拟现实驱动的产业革命，正在突破物理世界限制，开创“从农田到云端”的餐饮新生态。

值得注意的是，尽管跨学科为烹饪学注入活力，但仍面临知识整合壁垒（如科学家与厨师的术语差异）、伦理争议（基因编辑食品的安全性）与技术鸿沟（中小餐饮企业难以承担智能化成本）等挑战。

总之，烹饪学的多学科交叉融合，本质上是一场“食物革命”——从单纯追求美味到系统性回应人类生存与发展需求。它打破了学科界限，将厨房变为实验室、文化场域和创新枢纽。这种融合不仅重塑了烹饪学的学科范式，更深刻影响着人类文明的未来图景：我们如何吃，决定了我们如何生存、如何思考，以及如何与自然共处。

二、烹饪学的学科体系

学科体系是指一个学科的内部框架结构，它体现一个学科内部各个组成部分之间的相互关系，以及凭借这些关系建构而成的有别于其他学科体系的总体标志[①]。一个完整的学科体系通常有三种相互联系的不同体系，即理论体系、知识体系（经验体系或工作体系）和课程体系（教材体系）。

（一）理论体系（科学维度）

学科的理论体系是指该门学科的概念和联结这些概念的判断，通过推理、论证，形成一个层次分明、结构严密的逻辑系统，它的建立是一门学科成熟的标志[②]。学科的理论体系要按照从抽象上升到思维的具体的思路展开。首先，要找出该门学科的最基本、最抽象的科学概念作为理论体系展开的逻辑起点。其次，从作为逻辑起点的最基本、最抽象的概念推演出能够抵达逻辑终点的中介概念，形成与之相联系的相应的判断，即该门学科的基本原理和规律，揭示事物的本质。最后，从基本原理和规律向逻辑终点推进，推演出基本原理和规律具体地体现，得出各种具体的逻辑结论。在应用性学科中，逻辑终点就是基本原理和规律在实践中的应用。一般说来，学科理论体系的形成往往需要经历很多学者的研究积累和漫长的过程才能完成。

就烹饪学而言，其学科的理论体系主要由烹饪技艺理论、烹饪美学理论和烹饪营养学理论三大支柱构成。烹饪技艺理论深入探讨了烹饪的基本工艺、各种烹饪方法和技巧，这些内容是烹饪实践不可或缺的基础。它涵盖了食材的处理、烹饪时间的掌控、火候的调节等关键环节，为厨师们提供了一套行之有效的操作指南。烹饪美学理论则着眼于烹饪的艺术性和审美价值，强调食物不仅应满足口腹之欲，更应追求视觉上的美感，以实现味觉与视觉的双重享受。这一理论鼓励厨师们运用色彩、造型和盛器等元素，创造出令人赏心悦目的菜品。烹饪营养学理论关注的是食物中的营养成分及其对人体健康的影响，它提倡合理搭配食材，确保饮食的均衡和营养，为人们的健康生活保驾护航。

---

① 张秀梅. 远程教育学研究导论［M］. 广州：中山大学出版社，2011：11.

② 潘懋元. 潘懋元文集卷2 理论研究上第2版［M］. 广州：广东高等教育出版社，2020：393.

（二）知识体系（实践维度）

一门学科的知识体系是指该学科在长期发展过程中形成的系统化、结构化的知识集合，其核心在于对特定领域内知识要素的逻辑整合与组织。这种体系不仅是静态的知识集合，更是动态的认知框架。

烹饪学作为一门融合科学与艺术的交叉学科，其知识体系在全球化、科技化背景下持续重构，形成独特的认知框架（表1-1）。

表1-1 烹饪学的知识体系结构

<table>
<tr><th>知识模块</th><th>子模块/维度</th><th colspan="2">具体内容列举</th></tr>
<tr><td rowspan="3">核心理论架构</td><td>物质转化科学</td><td colspan="2">食材分子动力学：蛋白质变性（鸡蛋凝固温度曲线）、美拉德反应机理
传热学应用：水/油/空气的热传递数学模型
微生物控制论：发酵菌群代谢途径分析（面包酵母与乳酸菌共生）</td></tr>
<tr><td>感官工程学</td><td colspan="2">风味拓扑学：呈味物质协同效应（鲜味放大器原理）
质地控制系统：胶体化学调控酱汁浓稠度
色彩稳定技术：叶绿素护色、花青素pH响应机制</td></tr>
<tr><td>文化符号学</td><td colspan="2">饮食人类学编码：祭祀宴席仪式化程式
地域风味图谱：北纬35度线酱油发酵菌群分布
饮食禁忌系统：宗教律令的营养生态学解读</td></tr>
<tr><td rowspan="3">方法论矩阵</td><td>实验烹饪学</td><td colspan="2">参数化烹饪：真空低温烹饪（Sous-vide）温度-时间模型
解构主义重构：分子料理球化/凝胶化技术
感官计量学：电子舌/鼻数字化解析风味物质</td></tr>
<tr><td>传承与创新机制</td><td colspan="2">传统技法基因库：中国炒功的锅温与动作频率数据库
跨文化嫁接：意面与川辣融合创新
技术考古学：复原青铜时代酿酒工艺</td></tr>
<tr><td>标准化工程</td><td colspan="2">中央厨房模块化：热链便当HACCP控制节点
风味定量描述分析（QDA）：麻婆豆腐7维度感官评价
智能菜谱算法：深度学习火候自适应调节模型</td></tr>
<tr><td rowspan="5">知识拓扑网络</td><td>层级</td><td>传统维度</td><td>现代拓展</td></tr>
<tr><td>基础层</td><td>刀工刀法、火候掌握</td><td>食材分子数据库</td></tr>
<tr><td>中间层</td><td>八大菜系工艺谱系</td><td>3D食物打印参数库</td></tr>
<tr><td>应用层</td><td>宴席设计原则</td><td>太空食品工程学</td></tr>
<tr><td>交叉层</td><td>药膳配伍禁忌</td><td>功能性食品生物合成</td></tr>
<tr><td rowspan="3">动态演化特征</td><td>科技渗透重构</td><td colspan="2">超声波嫩化技术
CRISPR编辑定制化食材
区块链食材溯源系统</td></tr>
<tr><td>可持续发展导向</td><td colspan="2">昆虫蛋白加工技术
厨余垃圾生物炼制
气候智慧型烹饪碳排放模型</td></tr>
<tr><td>认知科学介入</td><td colspan="2">脑神经成像解析“妈妈的味道”
VR模拟失重味觉感知
情绪化饮食神经调控图谱</td></tr>
</table>

续表

知识模块	子模块/维度	具体内容列举
伦理价值系统	食物公平伦理	饥饿地区营养干预方案设计
	文化原真性保护	非遗烹饪技艺数字化存续
	生命伦理争议	培养肉技术接受度阈值研究
	生态责任框架	海洋捕捞可持续配额算法

中国烹饪学的知识体系是中华文明数千年饮食智慧的结晶，其构成不仅包含技术层面的操作规范，更融合了哲学思想、生态智慧、社会伦理与文化认同，形成了一套独特的认知系统。呈现出“技艺为体、文化为魂、科学为用”的立体架构。其核心构成见表1–2。

表1–2　中国烹饪学的知识体系结构

主类	子类	具体内容列举	案例/文献/技术说明
哲学根基	宇宙观味觉投射	《黄帝内经》“五谷为养”天人对应	麦（春/肝）、黍（夏/心）、稷（长夏/脾）、稻（秋/肺）、豆（冬/肾）
		宋代《山家清供》“食时五观”	禅食哲学：通过饮食修行实现人与自然能量交换
		“鼎中之变”微观宇宙论	炒锅为天地缩影，火候调控对应阴阳平衡
	辩证思维具象化	“水火既济”烹饪辩证法	水（阴）火（阳）相生相克的动态平衡
		袁枚《随园食单》烹调法则	“有味者使之出，无味者使之入”
		“以柔克刚”食材处理术	文火慢炖化解老韧（如东坡肉），对应道家刚柔哲学
	伦理秩序空间编码	宴席座次“尚左尊东”	源自《周礼》的方位等级制度
		祭祖“三牲五鼎”制度	通过食物形制构建人神沟通符号系统
		筷子使用禁忌	不可插饭等禁忌体现生命敬畏
技术体系	隐性知识口诀系统	火候控制秘语	“鱼眼泡”（60℃）、“蟹目泡”（80℃）、“涌泉泡”（100℃）
		刀工心法	“直刀求脆，斜刀取嫩，滚刀保形”
		调味秘诀	“盐是骨头糖是筋”的渗透压调控
	显性技术现代解析	拉面“三遍水三遍灰”	碳酸钾改变面筋蛋白交联度（流变仪检测）
		爆炒“镬气”生成	美拉德反应与脂质氧化协同（电子鼻检测）
		老汤“百年老卤”	菌群演替（宏基因组测序）
	工具演进认知进化	新石器时代陶甑	蒸汽烹饪对消化系统的革命性影响
		宋代铁锅普及	引发“炒法革命”：营养保留与时间平衡
		智能炒菜机	PID温度控制算法与传统“掂勺”技艺对接
生态智慧	物候历法饮食映射	二十四节气食俗	清明青团（艾草抗氧化）、冬至饺子（面皮护阳气）
		《齐民要术》发酵时间表	利用环境温湿度调控酱曲微生物活性
		长江流域“腌腊文化”	冬季低温干燥气候下的蛋白质保存策略

续表

主类	子类	具体内容列举	案例/文献/技术说明
生态智慧	地域生态味觉密码	山西陈醋	芽孢杆菌与醋酸菌共生体系
		川菜麻辣圈	盆地潮湿气候与花椒驱湿功能的耦合
		潮汕牛肉丸	亚热带牛肉肌纤维特性开发捶打工艺
	可持续饮食古代实践	《救荒本草》野菜系统	饥荒时期的生态适应智慧
		江南“一鱼多吃”	全食材利用：鱼头豆腐到鱼鳞冻
		游牧民族风干肉	零能耗食物保存技术
文化符号	语言文字味觉建构	汉字“美”的会意	从“羊大”上升为美学范畴
		诗词中的饮食隐喻	苏轼“蒌蒿满地芦芽短”暗含河豚时令
		菜名修辞学	佛跳墙（夸张）、蚂蚁上树（比喻）
	仪式空间饮食剧场	孔府宴	菜品数量对应“礼有隆杀”等级秩序
		满汉全席	108道菜构建帝国疆域想象
		婚宴“四喜丸子”	圆形意象与圆满观念互文
	饮食记忆传承机制	家族食谱密码	“适量”“文火”等模糊表述保护技艺私密性
		节庆食物传递	月饼模子雕刻技艺延续文化基因
		方言味觉词汇	“鲜甜”“咸香”构建地域认同
知识传承	古代知识管理	官府菜谱加密	“龙肝凤髓”等虚指保护技术
		商帮菜系传承	晋商面食密码通过镖局传播
		寺院素食隐喻	“素火腿”“罗汉斋”突破宗教限制
	现代教育重构	职业院校学徒制	“三年墩台五年灶”转化为模块化课程
		烹饪动作数字化	运动捕捉解析“蓑衣刀法”角度参数
		风味化学实验室	建立香辛料挥发性成分数据库
	数字时代传承革命	非遗4D扫描	记录大师微观操作轨迹
		区块链食谱NFT	确保传统配方知识产权
		元宇宙烹饪学院	虚拟历史场景沉浸式教学
当代挑战	工业化文化解构	速冻水饺	面团发酵微生态破坏与复原技术
		预制菜锅气再造	美拉德反应加速技术
		分子料理挑战	液氮芝麻球是否属于传统点心
	健康诉求碰撞	古法猪油	中链脂肪酸的发现与心血管健康再评估
		高盐腌制食品	利用嗜盐菌替代氯化钠技术
		药膳标准化	量化“温补”“去火”等传统概念
	全球化身份重构	海外中餐杂糅性	左宗棠鸡的文化翻译机制
		米其林标准冲突	技艺量化与意境表达平衡
		食材原产地保护	宣威火腿PDO认证的地理标志知识产权化

续表

主类	子类	具体内容列举	案例/文献/技术说明
未来范式	计算烹饪学	机器学习风味预测	分析5000种传统配方味型规律
		量子传感应用	纳米级温度监测提升烹饪精度
		数字孪生厨房	虚拟仿真优化工艺流程
	合成生物学革命	工程酵母生产风味食品	制造老抽呈味肽
		细胞培养复原食材	复原宋代“黄雀鲊”
		3D生物打印技术	分子级复刻传统菜肴
	饮食人类学拓展	脑机接口解码乡愁	分析味觉神经机制
		元宇宙宴饮	构建跨文化饮食体验
		太空烹饪学	微重力环境下中式烹调创新

中国烹饪学的知识体系正处于数字文明与农业文明的知识范式转换期，其发展轨迹呈现出三个显著特征：技艺的算法化（从手感经验到数据模型）、知识的可视化（从口诀心传到VR再现）、价值的全球化（从地域智慧到人类共同遗产）。这种知识体系既是传统文化的活态载体，也是未来食品科技创新的灵感源泉，更是理解中华文明深层结构的独特密码。其演变过程生动诠释了“守正创新”的现代性命题，在守护“锅灶间的中国”的同时，持续书写着人类饮食文明的新篇章。

（三）课程体系（教育维度）

课程体系是传播学科知识的载体，通过它来培养从业人员的专业素养，来延续知识体系的研究。

1. 模块化课程架构

基础模块：如食学导论、食材学、烹饪化学、烹饪营养学、烹饪卫生与安全学、烹饪微生物学、烹饪风味学等。

核心模块：如烹饪设备器具学、烹饪原料加工工艺学、营养配餐、烹调工艺学、面点工艺学、宴席工艺学等。

拓展模块：如烹饪史学、烹饪哲学、烹饪美学、烹饪社会学、烹饪经济学、烹饪管理学、烹饪教育学、烹饪心理学、烹饪文献学、烹饪文学、餐饮服务学等。

2. 立体化教学体系

虚拟仿真系统：VR厨房安全训练平台。

项目制教学：从菜单设计到成本核算的全流程实践。

大师工作坊：非遗传承人驻校授课机制。

3. 教材迭代机制

动态知识更新：每两年修订食材数据库和工艺标准。

多媒体教材：AR技术呈现分子级烹饪过程。

案例库建设：收录米其林餐厅创新案例与失败教训。

烹饪学的学科体系需以科学理论为根基，以技术创新为驱动，融入文化、管理、伦理等多元视角，并通过持续迭代来适应行业变革（如预制菜、智能厨房）。其核心目标是为社会培养兼具科学素养、文化底蕴和实践能力的复合型烹饪人才，同时推动饮食文明的可持续发展。

第四节 烹饪学的研究方法

任何一门学问，都有它特定的研究方法；任何一个学术研究者，都有自己的研究思路。而且研究并非都是学者的专利，任何人要想把自己所从事的事业，做出与众不同的成绩，那一定要动脑筋，设想出各种不同的实践方案，并且从中选择出自己认为是最好的方案来完善自己的事业，这便是研究。①

烹饪学作为一门融合自然科学、人文社科与技术工程的交叉学科，其研究方法既包含理论层面的抽象模型构建与逻辑推演，也强调实践维度的技术验证与应用创新。

一、理论研究方法：构建认知框架与规律探索

理论研究是人们认识客观世界并使认识的结果系统化的活动。理论研究是人类的主观见之于客观，并从客观中获得主观知识的活动。因此，人类的一切认识活动，都可以看作是理论研究的一个方面，烹饪学的理论研究也包括其中。

烹饪学理论的研究过程，应该是人们利用大脑这一特殊思维的工具，通过对烹饪活动本身的感觉、知觉、抽象、概括、归纳、演绎等思维形式，全面探索烹饪技术的变化与运动规律，并将认识的结果进行系统化、理论化处理的过程。

烹饪学理论的研究主要是运用“实证性研究”方法，从对烹饪变化与运动规律的观察出发，对所研究的问题进行归纳整理，进而形成逻辑化的理论观点和知识体系。因此，中国烹饪理论的研究包括：对烹饪的感知过程，即人们通过感觉器官对烹饪的客观现象进行观察、收集、整理、分析并形成判断的过程；进而达到认知的过程，即人们通过分析，在判断的基础上，对所认识的烹饪现象与运动规律进行进一步的抽象、归纳、概括，从现象到本质、再从本质到现象，从个别到一般、再从一般到个别，从抽象到具体的过程；最后，通过逻辑思维过程，在对烹饪现象认知的基础上，对烹饪研究的问题进行从部分到整体的完形化，最终形成完整的理论观点或知识体系。

在烹饪理论研究中，历史学、考古学、人类学、社会学等方面的研究方法早已为大家所采用，尤其是田野调查法，为越来越多的青年学者所采用。

二、实践研究方法：技术验证与场景应用

烹饪学是一门应用科学，理论研究是为烹饪学实践服务的，而烹饪实践的研究是烹饪产品服务于人们生活和社会活动的最终目的。就烹饪产品的生产而言，烹饪实践研究包括实验室研究法与生产车间（厨房）体验研究法，但在实际应用中往往是先从实验室到生产车间、再从生

① 季鸿崑. 烹饪学基本原理［M］. 北京：中国轻工业出版社，2016：19.

产车间到实验室的反复研究，才能够得到真实有效的研究成果。就烹饪产品的消费而言，烹饪实践研究主要包括社会观察法与实地体验法，研究中也往往是二者密切联系，因为运用单一的方法不可能得到完全的实践结果，这类似于人类学实地考察与田野采风相结合的研究方法。[①]

观察和实验是自然和技术科学研究的核心手段。观察是指对事物天然存在状态的直接感受，而实验则是研究者设定专门的观察点，人为创造符合事物本身发展规律的观察条件，从而获得可信的能反映事物自然面貌的变化规律。在这个问题上，科学家的诚信和良知是绝不可少的，人为地修改实验结果或造假都是不可饶恕的。为了验证实验成果的可信度，复演是必不可少的，这在科学上叫作证伪，唯有证伪，才能确保科研成果的可靠，才能获得真正的科学规律。苏联时期，李森科在遗传变异方面的造假行为，勒帕辛斯卡娅关于控制衰老的方法被夸大，已是科学史上的笑话。当然也有对实验结果解读的错误而导致误判行为，也应该通过复演和证伪来纠正。这方面的一个著名例证是1928年德国化学家温道斯（A.Wiudaus）因在甾体化合物结构方面的研究获得诺贝尔化学奖，可是后来证明温道斯关于胆固醇的结构推定是错误的，他的诺贝尔奖虽然受到非议，但他并非存心造假。因此，也只能作为一个历史教训。所以说科学研究成果要经得起时间的检验，并非一句空话。

三、理论与实践的协同范式

在烹饪学研究中，理论与实践协同方法的核心在于打破学科壁垒，建立双向互馈的动态系统。这种协同不仅体现在方法论层面，更贯穿于研究设计、知识生产和技术转化的全过程。

（一）实验驱动型协同方法

科学化烹饪实验设计：将传统烹饪经验转化为可量化参数（如温度梯度、时间函数），通过受控实验验证理论假设。如Modernist Cuisine团队通过热成像技术重构煎牛排的热传导模型，建立厚度—温度—时间的数学关系式，价值：为“火候”这类模糊经验提供科学解释框架，指导智能烹饪设备算法开发。

感官—仪器联用技术：结合质构仪、电子舌等物理检测与感官盲测，建立主观体验与客观指标的映射关系。如日本酱油发酵工艺优化中，通过GC-MS分析挥发性物质与鲜味感知阈值的相关性。

（二）文化解码型协同方法

民族志厨房研究法：采用参与式观察记录传统烹饪技艺，结合符号学理论解析文化隐喻。如对潮州卤水老店进行田野调查，提炼“卤水生命周期”理论模型，揭示风味迭代的文化逻辑。

饮食记忆重构技术：通过口述史采集与分子风味分析，复现濒危传统菜谱。如西班牙El Bulli实验室用气相色谱还原20世纪地中海渔村汤品的风味指纹。

① 赵建民，梁慧. 中国烹饪概论［M］. 北京：中国轻工业出版社，2014：14-15.

（三）工程化协同方法

烹饪系统建模：运用计算流体力学（CFD）模拟烤箱内热场分布，优化食物摆放策略。如麦当劳通过数字孪生技术将薯条油炸时间缩短15%，同时保持脆度标准。

模块化工艺设计：将复杂菜品拆解为标准化操作单元（SOU），实现传统技艺的工业化转化。如广州酒家将虾饺制作分解为12个参数化步骤，保留手工质感的同时提升生产效率40%。

（四）人机协同创新方法

AI辅助研发系统：训练深度学习模型预测食材配伍可能性，如IBM Chef Watson生成章鱼-咖啡豆等非常规组合。如新加坡Foodpairing平台已建立含3万种食材的风味网络图谱。

增强现实（AR）训练系统：如米其林三星餐厅采用HoloLens指导学徒掌握分子料理的液氮操作时序。

（五）可持续协同范式

生命周期评估（LCA）应用：量化从农田到餐桌的碳足迹，指导厨房流程再造。如英国Silo餐厅通过零废弃烹饪系统，使食材利用率达98%。

生物闭环设计：利用发酵工程理论将厨余转化为可食用材料，如用面包废料培养食用菌菌丝体。

这种多维协同方法正在重塑烹饪学的知识生产模式：理论突破源于对实践的系统性解释，而技术创新又催生新的理论生长点。其本质是通过建立“实验室—厨房—餐桌”的闭环生态系统，使烹饪学真正成为连接物质科学与人文价值的跨界学科。

主题讨论

1. 烹饪与饮食、食品工程有何关系？
2. 烹饪的社会作用是什么？
3. 为什么说烹饪学属于交叉学科？
4. 如何构建中国烹饪学自主知识体系？

课后推荐阅读文献

1. 杨铭铎. 烹饪学的界定［J］. 四川旅游学院学报，2021（02）：94-97.
2. 季鸿昆. 烹饪学是食品科学的一个分支［J］. 中国烹饪，1997（11）：11-18.
3. 白文杰. 烹饪学研究的边界［J］. 餐饮世界，2004（12A）：52-53.

02

第二章 CHAPTER

烹饪活动的历史考察

教学目标

◎知识目标

（1）了解人类烹饪活动的起源及其发展过程。

（2）掌握中国烹饪技术的形成和发展历程。

（3）理解现代食品科学技术对传统烹饪的影响。

◎能力目标

（1）能够运用大历史观探究中国烹饪的发展历史。

（2）分析不同时期中国烹饪发展的主要成就及其背后的条件和原因。

（3）评估现代食品科学技术在传统烹饪中的应用及其影响。

◎思政目标

（1）树立科学的时空观，理解历史发展的连续性和阶段性。

（2）增强对中华饮食文化和烹饪历史的认同感和自豪感。

（3）认识到科技进步对传统文化的积极作用，培养创新意识和科学精神。

思维导图

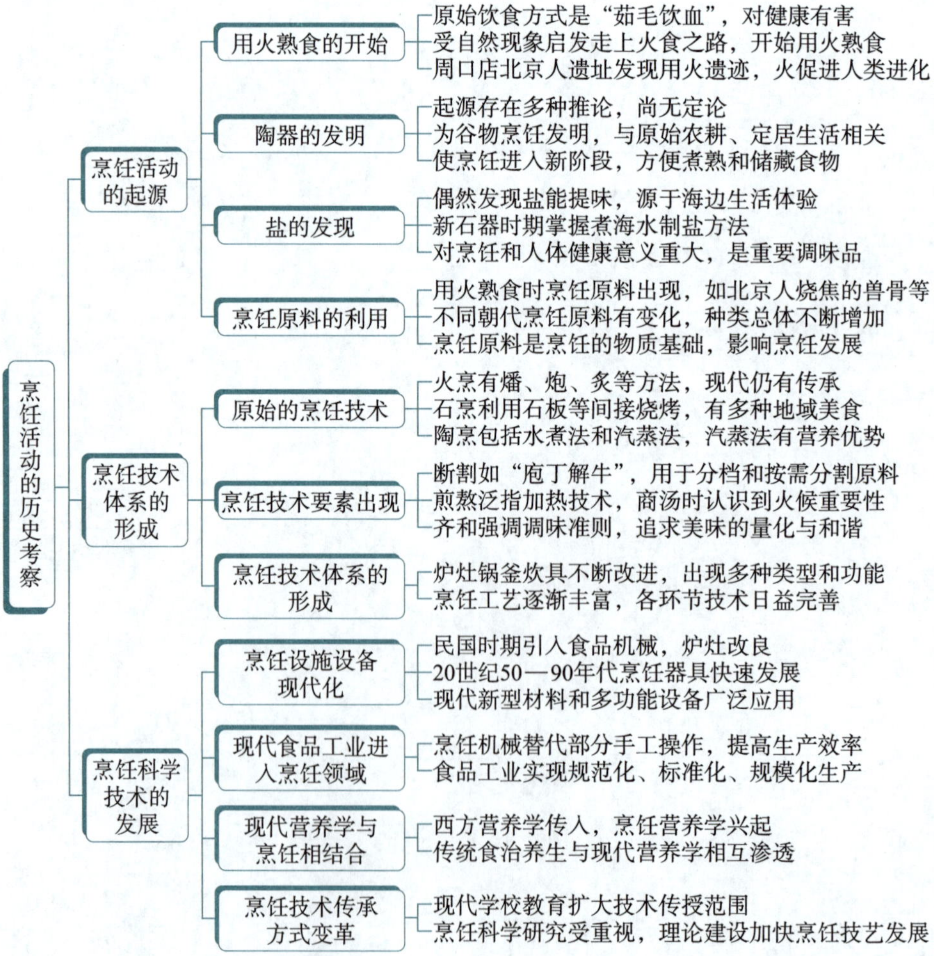

案例导学

一个人与一千道菜：还原千年古菜中的风雅美味

三千年前的一鼎白煮肉何以保存至今？两千多年前的叫花鸡菜谱竟是帛书？学者王仁兴积三十年之功，从传世典籍、出土文献和考古出土的古炊器及墓室壁画中，梳理出自商代至清代一千多道代表性名菜的相关记录及做法，还原中国古菜的风雅美味。

2014年，学者王仁兴看到一篇新华社记者采访安阳殷墟博物馆的报道，文中提到该馆展品中有两件曾用来蒸人头的青铜甗（yàn），头骨至今仍在甗内。这让潜心研究中国饮食文化的王仁兴很是意外，因为根据古代文献记载，甗大多是用来蒸谷粮的。

这则报道无疑颠覆了以往民间及学界对甗的认知，也让王仁兴想到了1976年安阳殷墟5号墓出土的一件罕见巨型炊器——妇好三联甗。这件炊具由并列的三个大圆甑和一长方形承甑器组成，因为其腹、足有烟炱痕，被考古专家认定为实用之器，也就是商王武丁的妻子妇好用来蒸食的炊器。但此器出土时三个甑内没有食材遗迹，且甑底部有扇面形透气孔，显然不适合蒸谷粮，因而妇好三联甗究竟用来蒸何物，一直成谜。

蒸人头的青铜甗给了王仁兴启发。看过报道的第二天，他从北京赶往安阳博物馆，找到文中提到的两件青铜甗，隔着玻璃用皮尺测量尺寸：甑高约12厘米，口径约21厘米，底径约8厘米。

根据公开数据，妇好三联甗的甑高26.2厘米，口径33厘米，底径15厘米，两个人头甗均比三联甗小，用三联甗蒸人头明显是大甑小用。

从安阳返回后，王仁兴又到北京牛街、河北三河等处，找到售卖的羊头、牛头、猪头，分别量出尺寸，经比对，三联甗的甑蒸羊头、猪头都有富余，只有蒸牛头与其形状、大小匹配。

王仁兴推测，此甗应当是同时蒸三个牛头，熟后先用于祭祀，然后享用。此后，他在甲骨文中找到了相关佐证。另外，此甗架面四角的牛头纹和甑上的牛头环耳，除了是一种族徽或王权的象征，铸在实用蒸食器上，也不排除是对特定食材的一种提示。例如，广州西汉南越王墓出土的用于烤乳猪的青铜烤炉，其四角即铸有四头乳猪。

经过以上种种考证，王仁兴判断，妇好三联甗证明，至迟在商王武丁时代，就已有清蒸牛头，它也正是今日众多牛头类菜肴的源头。

自20世纪70年代以来，王仁兴一直做着类似考证工作。他从传世典籍和甲骨文、马王堆简帛、敦煌古医书等出土文献与古炊器、古墓壁画、画像石中，梳理出自商代至清代一千多道代表性名菜的相关记录、做法等，最终完成70万字的《国菜精华》一书。

资料来源：罗屿. 一个人与一千道菜：还原千年古菜中的风雅美味. 新周刊，(2018-10-23)。

2021年2月20日，习近平总书记在党史学习教育动员大会上强调，了解历史才能看得远，理解历史才能走得远。要教育引导全党胸怀中华民族伟大复兴战略全局和世界百年未有之大变局，树立大历史观，从历史长河、时代大潮、全球风云中分析演变机理、探究历史规律，提出因应的战略策略，增强工作的系统性、预见性、创造性。

烹饪活动映照着鲜活的历史，它不仅存在于某个国度或民族的历史发展中，而且普遍存在于人类全部活动的历史中。毫不夸张地说，人类文明就是在对食物和味道的追寻探索过程中完成的。中国烹饪有着悠久的历史，它的产生和发展，反映了中华民族文明史的一个重要侧面。中华民族的祖先历经数千年，究竟创造了多少美味佳肴？这些美食佳肴蕴含着先人怎样的创意和智慧？款式纷呈的历代名菜佳肴可为今日中国烹饪的创新提供哪些启示与指导？本章我们站在大历史观的角度来对烹饪活动进行历史考察。

第一节 烹饪活动的起源

烹饪是人类文化发展的产物，也是人类生活演进的标志。烹饪随着人类社会的出现而产生，同时又随着人类物质和精神文明的发展而不断丰富自身的内涵。

关于烹饪活动的起源，目前主要有两种观点：一种观点认为烹饪起源于先民学会用火进行熟食时期，距今50多万年；另一种观点则认为烹饪诞生于发明陶器并开始用盐调味的陶器时代，距今约1万年。烹饪的产生离不开用火熟食，但人类开始用火熟食时，只能说进入了准烹饪时代。完备意义上的烹饪必须具备火力、炊具、调味品和烹饪原料四个条件。火是烹饪之源，调味品是烹饪之纲，陶器为烹饪之始，原料为烹饪之本。

一、用火熟食的开始

人类最初的饮食方式，与一般动物无异，即还不知烹饪为何物。人们长期过着“茹毛饮血”“生吞活嚼”的原始生活。因食用生冷腥臊之物，对肠胃造成极大损害，身体健康者寥寥无几。

虽然生食可以维持人的生活，但先民也不甘愿长久吃生食。当他们认识了火以后，就跨入一个新的饮食时代，这便是火食时代。人类掌握了取火与保存火种等方法后，其生活水平得到了极大地提高，这不仅表现在照明与取暖，更体现在用火熟食上。人类最早使用的是天然火，包括火山熔岩火、枯木自然火、闪电雷击和陨石落地所燃之火等。人类起初见到熊熊烈火，同其他动物一样，总要避而远之。但是人与动物毕竟不同，他们在余烬中感到了温暖后，可能会有意收集一些柴草，将火种保存下来，以便借此度过难熬的寒冬。有时在烈焰吞噬的森林中，也会发现一些烧死的野兽和烤熟的坚果，待取过一尝，别有一番滋味，由此受到启发，开始走上火食之路，烹饪由此诞生。

中国最早用火的确凿证据还没有找到，所以开始用火的年代尚不能知晓。周口店北京人洞穴遗址发现过用火遗迹，考古发掘见到厚达4～6米的灰烬层，中间夹杂着一些烧裂的石块和烧焦的兽骨，还有烧过的朴树籽。美国《生活科学文库·食物和营养》（1981年版）一书中这样写道：“烧煮至少是40万年以前现代人类的祖先发明的。证据来自中国北京附近的一个远古洞穴（即周口店），烧焦的骨头遗迹表明，居住在那里的北京猿人早已发明了一种有史以来最伟大的技能。”这种伟大的技能，就是用火将食物加热制熟的技能。

火的使用，是人类烹饪发展史上的一个里程碑。它不仅使食物更易消化吸收，促进了人类体质和脑力的发展，扩大了食物来源（例如可以烹饪植物块茎、坚果等原本难以食用的食物），也促进了人类社会的形成（例如围绕火塘的聚集促进了交流和合作）。火的使用标志着人类第一次真正意义上掌握了改变自然的力量，而这种力量在烹饪活动中得到了最直接地体现，它不仅改变了人类的饮食方式，也推动了人类社会的进步。

二、陶器的发明

古语有云："工欲善其事，必先利其器。"然而，人类在最初学会用火熟食时，并未拥有炊具，仅将鱼和兽肉等直接放在火上烧烤。这种缺乏炊具的烹饪方式仍属原始范畴。

考古发现，人类最早使用的炊具是陶器。关于陶器的起源，学术界有过一些推论，认识并不一致，没有可靠的结论。但普遍认为，陶器的发明与原始农耕和定居生活密切相关。农耕部落有相对稳定的生活来源，定居生活促使人们需要储存食物和烹饪的器具，在长期实践中，逐渐发明了陶器。陶器在很大程度上是为谷物烹饪而发明的，是原始农耕部落的创造。

陶器的发明是人类自发明人工火以后完成的又一项以火为能源的科学革命。陶器的出现使人们能够更有效地控制火候和烹饪时间。陶器促进了煮、炖、蒸等烹饪方法的发展，丰富了人类的饮食种类，它标志着人类的烹饪历史从此进入了新的时代。同时，陶器作为储存容器，延长了食物的保存时间，促进了食物的储存和运输。所以说，自从有了陶器，"火食之道始备"（《古史考》），人类生活面貌为之一新。

三、盐的发现

人类自从掌握了火的运用，使食物由生变熟，便开始了最初的烹饪。但是这种烹饪，只能尝到食物的本味，不知用调味品，只能说是烹而不调。没有调味品的烹饪，是原始的烹饪。

那么最早的调味品是什么？又是如何产生的呢？研究发现，我国最早的调味品是盐。在人类远古时期，盐的发现纯属偶然，源自自然环境的启发。活动在海边的人，偶然将吃不完的动物无意间放在海滩上。海水涨潮时，将这些动物浸泡在海水中。海水退潮的时候，他们想到还有没吃完的动物，于是将这些动物从海滩边取来，用火烤熟了吃。他们惊异地发现，这种经咸的海水浸泡过的动物表面粘上了一些白色的晶粒，而且比没有海水浸泡过的动物好吃。这种情况经过无数次的重复，使原始人渐渐懂得这些白色小晶粒能够起到增加食物美味的作用，就开始收集并食用这种晶粒。

陶器发明之后，我们的祖先才渐渐地发明烧煮海水以提取盐的方法。虽然《世本》和《事物纪原》等古籍有"夙沙氏煮海水为盐""古者夙沙初作，煮海为盐"的记载，但这多为传说。从考古和研究来看，新石器时期，随着人类生活范围扩大和对自然物质认识加深，先民们可能逐渐发现并开始食用盐。目前考古发现和研究成果为这一推测提供了一定线索。

盐的使用，在人类的生活进程中，是继用火以后的又一次重大突破。盐和胃酸结合，能加速分解肉类，促进吸收，改善人类体质。盐的化学构成为氯化钠，是人体氯和钠的主要来源，这两种元素，对维持细胞外液渗透压，维持体内酸碱平衡和保持神经、骨骼、肌肉的兴奋性，都是人体不可缺少的。盐又是烹饪的主角，"五味调和百味香"，盐于五味之首，没有盐，什么山珍海味都要失色，机体的吸收也大受限制。所以，盐的产生，对烹饪技术的发展，对人类的进步有着极为重要的意义。

四、烹饪原料的利用

人类用火熟食的同时也有了烹饪原料。此前人类还处在生食阶段，直接食用从自然界获得的食物。自从人类掌握了用火把生料加工成熟食的技巧，即掌握了烹饪技术以后，才出现了烹饪原料。

在周口店北京人遗址中发现有大量被敲碎的烧骨和烧过的朴树籽。考古学家断定，北京人时代人类已经掌握了把食物的生料加热成熟食的技术，也就是说烹饪技术在那时已经诞生了。那些原来用作生食的原料，就变成为烹饪原料，时间距今约50万年。

中华民族历史悠久，在不同朝代和时期，由于生产力和科学水平的差异，人们对烹饪原料的认识和利用各不相同，此外，自然生态的变化和各朝各代体制、礼俗、饮食风尚等的差异，使烹饪原料的构成不断变化。如古代的烹饪原料天鹅（古称鹄）、熊掌、虎、驼鹿（犴达罕）、麋鹿等，如今都成了珍稀保护动物。但从总的趋势来讲，可供烹饪的原料是随着历史的发展而不断增加的。

综上所述，人类学会了用火，开始了熟食；发现了盐，产生了调味技术；发明了陶器，使烹饪技术的发展有了新的可能；人类在长期的生活、生产过程中，认识了世间各种各样可供烹饪的原料，使烹饪有了丰富的物质资料。火、盐、陶器、烹饪原料的综合运用，标志着完备意义上烹饪的开始。

第二节 烹饪技术体系的形成

烹饪技术的发展首先得益于社会生产力的进步，其次是社会消费水平的提高和消费层次化的发展，它促使人们不断提高自己的水平，以适应家庭和社会的要求。中国烹饪技术体系在其形成和发展的全过程中，始终与饮食文化的交流同步进行。

一、原始的烹饪技术

在极其漫长的原始社会，烹饪技术曾发生过三次大的革命。第一次是火的应用带来了熟食生活。第二是陶器的发明使煮食普及开来。第三是陶甑的发明，促进了人类从煮食向蒸食的过渡。主要的烹饪技术有火烹、石烹、陶烹三种。

（一）火烹

人类自从用火熟食，就意味着烹饪的开始。最初，人们将食物直接放在火上进行熟制和烧烤，此法被称为“火烹法”。烧烤有许多讲究，将食物直接在火上燎，曰“燔”；将食物包裹起来烤，曰“炮”。将食物挂起来连熏带烤，曰“炙”。燔法，如今天的燎玉米，烧核桃，先民也是如此，这是最原始的熟食方法之一。炮法，相传先民在燧人氏时代，“人始裹肉而燔之”，有的裹以蕉叶，有的涂泥，也有的编个草袋将鱼、肉等装在里面，再以火煨。如今的叫花鸡、荷叶童鸡、纸包鸡，都是这一古老烹调技艺的遗风。炙法，今日仍盛行，但已不叫炙，而叫烤。如烤鸭、烤肉片、烤乳猪等特产名肴，就都是古老炙法的佳作。

（二）石烹

把食物直接在火上烧烤，尽管熟化过程短，但是对食物浪费多，而且容易烧焦，因此，人类从很遥远的时代起，就在探求一种既可熟化又不易烧焦的烧烤方法。《礼记·礼运》：“其燔黍捭豚，污尊而抔饮。”郑玄注：“中古未有釜甑，释米捭肉，加于烧石之上而食之耳，今北狄犹然。”孔颖达疏：“中古之时，饮食质略，虽有火化，其时未有釜甑也，其燔黍捭豚者，燔黍者，以水洮释黍米，加于烧石之上以燔之，故云燔黍；或捭析豚肉，加于烧石之上而熟之，故云捭豚。”这样把石板架在火上，可以缓和火势，进行间接烧烤，石板是人类最早发明的重要炊具。今天云南怒族、独龙族、纳西族，都用一种石板烤制粑粑。这种粑粑，味道香酥，久放不霉，已成为民族风味食品。陕西的石子馍、山西的莺莺饼，也都是以古老的石燔法制成的。石子馍是先将卵石烧热，将馍放在上面烘烤。莺莺饼也叫砂子饼。山西永济有座普救寺，据说《西厢记》的故事即发生在此。寺前有沟名莺莺沟，沟中有细净的黄砂，人称莺莺砂。当地人们以火炒砂，将饼埋入热砂里烤至焦黄，故名莺莺饼，也是当地的传统名食。河西走廊的名肴“西夏石板烤羊”，也是以石燔法制成的。

（三）陶烹

陶器的问世，使烹饪得以确立为一项人类特有的技艺。这意味着通过烹饪操作，人与食物原料的互动关系日渐扩展和复杂化。陶烹可以直接理解成以水为传热介质的食物加热成熟法。其中，水在炊具中直接与食物原料混合，通过不断吸收火的热能达到沸点或一定温度，将食物煮熟的方法称“水煮法”。《文子缵义·上德篇》：“水火相憎，鼎鬲在其间，五味以和”。陶烹的另一种基本方法是“汽蒸法”，即利用水蒸气作为传热介质，使食物加热成熟食物的方法。汽蒸法的出现依赖于陶甑和甗的发明，其起源时间应当与陶器发明的时间相近。这一点可以从谯周《古史考》中“黄帝作釜甑”“黄帝始蒸谷为饭，烹谷为粥”的记载中得到佐证。汽蒸的特点是使用封闭的炊具，通过温度高于100℃的水蒸气来蒸熟食物。在蒸的过程中，原料只吸收了少量水分，所含营养成分不会因溶解和分解于水中而损失掉，有效保持了原形和原味，较高的温度又能使食物更为柔软、熟烂、鲜嫩和易于消化吸收；尤其是汽蒸时蒸汽对空气中氧的隔绝作用，能够减少食物营养物质（如维生素）的氧化破坏，因此就营养学角度而言，蒸是比煮更为完善的烹饪方法。

二、烹饪技术要素出现

先秦时期是我国烹饪技术的初步形成时期。在夏商周三代（特别是商代），随着青铜的发明和青铜器的大量使用，出现了鼎、鬲、釜、甗等加热炊具和锋利的切割刀具，这为烹饪技术的发展提供了物质基础。在此基础上，调味技术逐渐兴起，成为厨师的又一大技能。至此，以刀工、火候、调味三者为基本技术要素的中国烹饪技术体系初步形成。《韩非子·难二》中有一则晋平公与叔向、师旷讨论齐桓公称霸的原因时，师旷就以烹饪之道作比喻。这则故事在刘向《新序·杂事》篇说得更为详尽，原文是：“师旷侍曰：臣请譬之以五味，管仲善断割之，隰朋善煎熬之，宾胥无善齐和之，羹以熟矣，奉而进之……”其中的“断割（刀工）”“煎熬（火候）”“齐和（调味）”三者便是中国烹饪的三大技术要素。

（一）断割

断割指的是烹饪中的刀工技术，包括分档取料和按需分割两种方式。在先秦的文献中，有关断割的故事，可以说是屡见不鲜，《庄子·养生主》中“庖丁解牛”和《管子·君臣》中屠牛坦解牛等故事，都是生动地反映了当时的刀工技术。“庖丁解牛”描述了庖丁宰牛出神入化的分解技术，“手之所触，肩之所倚，足之所履，膝之所踦，砉然向然，奏刀𬴃然，莫不中音。合于《桑林》之舞，乃中《经首》之会。”厨师宰杀整头活牛时技艺之娴熟、动作之美妙、发出的声响之悦耳，就像欣赏商王专享的歌舞《桑林》，或帝尧创作的乐曲《咸池》中的篇章《经首》。这个典故生动地反映出当时厨师对刀工技术的理想化要求。当时烹饪中的刀工主要运用在两个方面：一是分档取料，即根据牲体不同部位的肉质进行分割，如《招魂》中的“肥牛之腱”，根据文献记载，当时已经有“七体”（脊、两肩、两拍、两髀）、“九体”（肩、臂、臑、肫、胳、正脊、横脊、长肋、短肋），乃至“二十一体”分割法，以供适合的各种烹饪方式使用；二是按需分割，即根据烹饪的各种需要将挑选好的原料解切成块、片、丁、丝、末、泥等，如《大招》中“脍苴蒪只”的脍（丝），其目的不仅在方便食用、利于入味、丰富口感，尤在通过各种原料及食器的配合，使成菜取得赏心悦目的效果。

（二）煎熬

煎熬泛指食物的一切加热技术，早在《诗经》《楚辞》等古文学名著中多次出现，魏晋以后，从道教炼丹术中移来了“火候”的概念，“火候”成为中国烹饪技术体系中的最重要的技术要素。

在商汤时代，我们的祖先对火候与烹饪的关系就有了初步的认识：“三群之虫；水居者腥，肉玃者臊，草食者膻。臭恶犹美，皆有所以。凡味之本，水最为始。五味三材，九沸九变。火之为纪，时疾时徐，灭腥去臊除膻，必以其胜，无失其理。”把火候说成灭腥去臊除膻的“纲纪”。

这一时期，烹饪技法有了进一步的创新，如臛（红烧）、酸（醋烹）、濡（烹汁）、炖、羹法、齑法（碎切）、菹法（即渍、腌）、脯腊法（肉干制作）、醢法（肉酱制作）等。另外此时所出现的滫瀡（xiǔsuǐ）煎、炸、熏法、干炒是一个飞跃。《礼记·内则》中有“滫瀡以滑之”之语，意即勾芡，让菜肴口感滑爽。同书说的“和糁”，有人认为也是勾芡。书中还提到“煎醢”“煎诸（之于）膏，膏必灭之”（将原料放入油中煎，油必漫过原料顶部）、“雉，芗，无蓼（野鸡用苏叶烟熏，不加蓼草）”，“鸳，鷃之蓼（鹌鹑用蓼末塞入后蒸）”。《尚书·誓》中说的“糁”这种面食，有人认为类似今天的炒米（麦），说明干炒已从烙中演变而出。特别是《周礼》里说的八珍中的“炮豚”等菜，开创了用炮、炸、炖多种方法烹制菜肴的先例，对后代颇有影响。

（三）齐和

“齐（jì）”是指在烹饪过程中对各种调味料和烹饪条件进行精确控制和量化的过程，是实现“和”的科学方法。“和”则强调各种味道之间的平衡与和谐，是饮食文化的价值追求。如果说“和”是饮食文化的价值体系问题，那么“齐”就是实现这一价值的技术手段。

较早提出“齐”“和”概念的主要是《周礼》，诸如：“内饔，掌王及后、世子膳羞之割烹煎和之事”；“亨人，掌共鼎镬以给水火之齐”；“食医，掌和王之六食、六饮、六膳、百羞、百酱、八珍之齐。”“齐”是实现“和”的科学方法，是美味的量化准则。如果说“和”是饮食文化的价值体系问题，那么，“齐”就是饮食文化的技术体系问题。当然，在中国传统烹饪过程中，“齐”的形态往往表现为变化而并非常化，其量化本性与西方烹调所强调的量化标准及精密的科学思辨差异很大，它往往表现为感觉经验，甚或是一种对“技”的超越。这一点，正是中国传统烹饪实现“和”的关键所在。三代时期，由于统治者对美味的重视，调味已成为厨师的又一大技能，《周礼·食医》：“凡和，春多酸，夏多苦，秋多辛，冬多咸，调以滑甘。”这就是当时厨师总结出的在季节变化中的运作规律。而《吕氏春秋·本味》所论则更为精妙，认为调味水为第一，“凡味之本，水最为始”，而调制时，“必以甘酸苦辛咸，先后多少，其齐甚微，皆有自起。”故调味之技、之学很高深：“鼎中之变，精妙微纤。口弗能言，志弗能喻。”这样制出的菜肴才能达到“久而不弊（败坏），熟而不烂，甘而不哝，酸而不酷，咸而不減，辛而不烈，淡而不薄，肥而不腠（腻）”的效果。

可以说，在青铜时代，以刀工、火候、调味三者为基本技术要素的中国烹饪技术体系已经初步形成。

三、烹饪技术体系的形成

秦汉以后，随着铁制工具的广泛采用，刀工日益精细，烹制方法和调料逐渐增多，中国烹饪技术体系日臻完善，特别是魏晋南北朝时期，以浅层油脂为导热介质的炒法发明以后，中国烹饪技术体系基本成熟，《齐民要术》就是这个体系成熟的里程碑式的文献记录。到了隋唐五代时期，食品雕刻和冷盘技术起了锦上添花的作用，五代尼姑梵正的“辋川小样”是中国花色冷盘的先河。自此以后，中国烹饪技术体系再也没有取得质的突破。清代乾隆年间，袁枚的《随园食单》对中国烹饪技术体系作了历史性的总结。

（一）炉灶锅釜炊具的改进

这一时期，由于灶、炉等烹饪设备相继出现并不断地得到改善，炊具种类不断增多并形成较为完整的功能体系。

汉初，人们开始在地面上用砖砌制炉灶。当时炉灶的造型和种类繁多，但以长方形为主。东汉时，炉灶出现了南北分化。南方炉灶多呈船形，与南方炉灶相比，北方灶的灶门上加砌一堵直墙或坡墙作为灶额，灶额高于灶台，既便于遮烟挡火，也利于厨师操作。不论南方式还是北方式，炉灶对火的利用更加充分合理，如洛阳和银川分别出土了有大、小二火眼和三火眼的东汉陶灶。南北朝时期，可能受北方人南迁的影响，南方火灶也出现了挡火墙。汉代炉灶的形式有很多，有盆式、杯式、鼎式等，魏晋南北朝时出现了烤炉，可烘烤食物。其他一些炉灶辅助工具如东汉时可置釜下架火的三足铁架、唐代火钳等也在考古发掘时被发现。

战国以来，特别是秦汉以后，铁器逐步取代铜器，炊具中的铁器也多了起来，釜、甑、鼎、镬均有了铁制品。三国时期魏国已出现了“五熟釜”，即釜内分为五档，可同时煮多种食物。蜀国还出现了夹层可蓄热的诸葛行锅。至西晋时，蒸笼又得以发明和普及，蒸笼的发明使中国的面点制作技术发生了相应的变化。唐朝的炊具中还有比较专门和奇特的，如有专烧木炭的炭锅，还有用石头磨制的“烧石器”，其功用很似今天的“铁板烧”。宋代以来，炉灶又有了改进，出现了“镣炉”（见岳珂《桯（tīng）史》）。此种镣炉，在小火炉外镶木架，可以自由移动，不用人力吹火，炉门拔风，燃烧充分，火力很旺，清洁无烟，安全防火，且节约时间、人力和燃料，又易于控制火候。外形美观大方，足登大雅之堂，所以庙堂廊宴，肆上行庖，均可以此作“行灶”。这就是我国最早的“铜火锅”。

（二）烹饪工艺逐步丰富

秦汉以后，厨膳劳动分工日趋周密精细，出现了割烹合作、炉案分工的新局面。据《汉书·百官公卿表》记载，少府属官包括汤官、导官、庖人等，根据《汉旧仪》《汉官仪》，汤官分掌饼饵与酒醴，导官负责谷物择选和加工，庖官则专门掌管宰割和烹调[①]。山东博物馆陈列的两个汉朝厨夫俑，一个治鱼，一个和面，各司其职，相当于现在的红案厨师与白案厨师。四川德阳出土的东汉庖厨画像砖上画着厨师烹饪劳动的情形，有人专事切配加工，有人专事加热烹调，炉、案分工明显。而从山东诸城前凉台村汉墓出土的“庖厨图”画像石更可以看出烹饪规模巨大和分工精细。

这一时期，烹饪技术有了新发展。其一是烹饪方法增多了。周代有“五齑”法，到了南北朝时又出现了“八和齑”（即八宝菜），在菜肴制法方面有鱼鲊法、脯腊法、羹臛法、蒸炰法、胚腤煎消法、菹绿法、炙法、脺奥糟苞法、素食法、菹藏生菜法等，在主食小食方面有饼法、粽糧法、煮粿法、醴酪法、飧饭法、饧铺法等。

在加热上，由于铁器的使用，出现了许多高温快速成菜的油熟法，最典型、最具特色的是炒、爆法。在调味方面，不少人“善均五味”，创制出许多复合味型，甚至在宋代还创制出方便调料“一了百当”。《事林广记》记载，它是用甜酱、醪糟、麻油、盐、川椒、茴香、胡椒等熬后炒制而成，接着放入器皿中随时供烹饪之用，“料足味全，甚便行饔”。

在烹调方法上，再值得一提的是“烧烤”技术的发展和“涮”的烹调法的改进。烧烤技术历史悠久，源远流长。远在周代就有“炮牂”“肝膋”等烧烤食品。到宋元时代，已经出现了“爊（āo）鸭（可能就是民间传说的‘汴梁烤鸭’）”“烤全羊”等烧烤技艺。前代只有类似火锅的炊具，但没有“涮”的具体做法。宋代林洪在《山家清供》上卷“拨霞供”中写道：“偶雪天得一兔，……薄批，酒、酱、椒料沃之，以风炉安坐上，用水少半铫，候汤响一杯后，各分以箸，令自策入汤，摆熟啖之，乃随宜各以汁供，因用其法，不独易行，且有团栾热暖之乐。”上述吃法，实为涮兔肉，和后世的涮羊肉吃法大致相同。可见在餐桌上使用边煮边吃的暖锅，在宋代各地已相当流行，这种炉锅俱备的暖锅，实即后世风行的火锅。

元、明、清时期，烹饪技术不断发展创新，形成了较为完善的体系。在菜肴制作上，刀工处理、配菜、烹饪、调味、装盘等技术及其环节都已相对完善。如刀工处理方面，不仅有柳叶形、骰块、象眼块、对翻峡蝶、雪花片、凤眼片等诸多刀工刀法名称，而且在明代出现了整鸡出骨技术，在清代筵席上有了体现高超刀技的瓜盅。在烹饪方法上，此时已经发展为三大类型：一是直接用火熟食的方法，如烤、炙、烘、熏、火煨等；二是利用介质传热的方法，其中又分为水熟法（包括蒸、煮、炖、汆、卤、煲、冲、汤煨等）、油熟法（包括炒、爆、炸、煎、贴、淋、泼等）和物熟法（包括盐焗、沙炒、泥裹等）；三是不用火而直接利用化学反应制熟食物的方法，如泡、渍、醉、糟、腌、酱等。而每一种具体的烹饪法下还派

---

①（汉）班固著；程新发译．白话汉书卷1［M］．北京：新世界出版社，2015：138.

生出许多方法，如同母子一般，人们习惯上把前者称为母法，后者称为子法，有的子法还达到相当数量。到清朝末年，烹饪方法的“母法”已超过50种，“子法”则达数百种。如炒法，到清朝时已派生出了生炒、熟炒、生熟炒、爆炒、小炒、酱炒、葱炒、干炒、单拌炒、杂炒等十余种。又如烧法，除直接用火熟食的烧法外，还有用铁锅的烧，并且因色泽、味质、辅料、水分多少的不同衍生出红烧、白烧、葱烧、酱烧、软烧、干烧、生烧、熟烧、酒烧等20余种方法。

在主食制作上，面团制作、成形和成熟等技术及其环节也形成了一定的体系。如面团的制作方面，不仅用冷水、热水、沸水和面，而且用酵汁法、酒酵法、酵面法等发酵面团，还用油制油酥面团。面点的成形技术已达到很高水平，有擀、切、搓、抻、包、裹、捏、卷、模压、刀削等成形方法。据清代薛宝辰的《素食说略》载，当时“抻面”已经可以拉成三棱形、中空形、细线形。面点成熟方面，常见的有蒸、煮、炸、煎、烤、烙等方法，并且朝多种方法综合运用的方向发展，清代扬州的“伊府面”就是将面条先微煮、晾干后油炸，再入高汤略煨而成的，形式和风味类似于当今的方便面。

第三节 烹饪科学技术的发展

近代以来，现代理论科学和技术科学的发展，给烹饪技术的革新带来了希望。现代食品科学技术的有关理论和实践，如食品工程、营养学、微生物学等，使人们能够从更高的层次，以新的观点和思维方式来审视烹饪技术发展的一般规律，从物质变化的角度研究烹饪的整个过程。中国烹饪以全新的姿态进入了开拓创新的时代，走上了与世界各民族烹饪文化广泛交流的道路。

一、烹饪设施设备现代化

民国期间，我国烹饪的热加工器具以生铁、熟铁、黄铜、紫铜等金属器为主。20世纪20年代，一些食品机械被引入大型厨房，进而发展成为烹饪设备，如小型绞肉机、切肉机、和面机、磨浆打浆机、粉碎机、面点成形机等。炉灶此时也有一些实质性的改良，使用风箱或小风机助燃以提高温度，并出现一些新炉灶。

20世纪50—60年代，随着城市手工业和机械业的发展，烹饪器具和烹饪加工机械也得到较好的发展，煤灶在中小城市普及，一些地方开始使用带鼓风机或加气压的专业柴油炉、煤油炉和燃气炉。1965年，广州电饭煲厂（前身为穗源五金生产社）推出我国第一批电饭煲，随后，电饭煲在国内迅速兴起。此后，其他电热器如电阻式电热炉、电烤炉、电热管、电热煮器等也相继面市。20世纪70年代中期，我国开始出现专业电热灶，各类电热设备在这一时期打下良好的基础。进入20世纪80年代，随着市场经济的发展和工业技术的进步，我国烹饪器具及设备进入快速发展阶段，各种规格、层次和功能类别的新器具及设备不断出现，以自动电饭锅、电炒锅、红外线电热炉等为代表的各种电热设备大量进入餐饮企业。到20世纪90年代，由于新材料、新工艺和新技术的大量应用，烹饪器具及设备的发展速度很快，并且出现了空前繁荣的局面，烹饪专业设备的结构体系日趋完善。除传统器具不断发展外，现代新型陶瓷、仿瓷、新型塑料、金属合金和复合材料等新材料器具也不断涌现，如锅具就有铁制锅、不锈钢锅、铁合金锅、铝合金锅、复合金属锅等。在加热设备方面，各式电饭锅、高压锅、不粘锅、多功能电子锅和具有蒸、煮、扒、炖、煎、炸、烤、焗等多种专业功能的人工或自动控制的设备已普遍使用，燃油炉灶和燃气炉灶向结构更合理、功能更先进、更节能的方向发展。同时大量使用新型电能设备，包括各种电灶、红外线烤箱、电磁炉、微波炉等，其中具有卫生、清洁、节能、方便、快捷等特点的电磁炉和微波炉，成为近年的流行时尚，它在一定程度上改变了传统的烹饪工艺。另外，还有一些地方开始使用太阳能设备，如太阳能热水器、太阳能炉、太阳能灶、太阳能煮锅等。在原料预处理设备方面，各种不同用途的手动或电动机械设备十分齐全，如处理果蔬有清洗机、去皮机、切制机、造型机、磨浆机、打浆机、粉碎机等；处理肉类有绞肉机、切肉机、斩拌机和禽类拔毛机等；制作面点有粉碎机、搅面机、和面机、打蛋机和各种面点成形机等。

二、现代食品工业进入烹饪领域

烹饪工具的现代化，不仅促使传统烹饪工艺的某些手工操作环节被机械加工取代（如切肉机、绞肉机代替厨师手工进行切割、制蓉，用和面机、压面机制作面食）还推动了食品工业的逐渐兴起，出现了食品工厂，采用机械化甚至自动化生产食品。食品工业不仅能减轻生产者的劳动强度，而且使食品生产具有规范化、标准化、规模化的特征。如在食品工厂，全部用机械制作火腿、香肠、面条、包子等食品，产量大、品质稳定。可以说，食品工业是从传统烹饪脱胎而来，是现代科学技术进入烹饪领域的产物，也是传统烹饪技艺和生产方式走向现代化的最佳途径。

三、现代营养学与烹饪相结合

西方现代营养学大约在1913年传入中国，到20世纪20年代后，中国现代营养学逐步发展起来。一些营养学专家开始将营养与烹饪结合起来研究，并在20世纪80年代前后发展成为一门新兴学科，即烹饪营养学。许多高等烹饪学府都开设了烹饪营养学，使学生能够运用营养学的知识科学合理地烹饪，制作营养丰富、风味独特的菜点。中国预防医学科学院营养与食品卫生研究所与北京国际饭店合作，对淮扬菜、鲁菜、粤菜和川菜系的一批菜肴成品进行营养成分测定。当然，中国烹饪与现代营养学密切结合的同时，仍然没有，也不可能放弃长期指导中国菜点制作的传统食治养生学说。正是由于传统食治养生学说与现代营养学的相互渗透，宏观把握与微观分析两种方法的相互配合，使得中国烹饪向现代化、科学化迈出了更快的步伐。

四、烹饪技术传承方式变革

现代科学理论和现代教育的发展使人们从根本上对旧的传承方式进行革命性的改造。在这个改革过程中现代学校教育的方式发挥了重要的作用。现代教育方式改变了传统的一对一师徒模式，扩大了技术传授的范围和技术传承的基础。教育方式的多样化和内容的层次化，满足了不同层次的需求，显著提升了从业人员的专业水平和文化修养。

与开展学校教育相适应，烹饪的科学研究日益受到重视。学校教育与传统方式不同之点在于，不但要使学生知其然，还要让学生知其所以然。师傅教给徒弟的是一个个具体的菜点，教师教给学生的应该是经过理论总结的菜点制作的一般规律，不但要知道怎样做，还要知道为什么要这样做，还可以怎样做，怎样做最好。因此，把相关的科学理论与具体的烹饪实践相结合，从中找出烹饪加工的一般规律的任务就落到了学校教育的肩上。经过教师和专业人员的努力，一批适合现代教育需要的教材和著述相继问世。在烹饪理论方面的建设，为烹饪的发展提供了良好的条件。

烹饪的理论建设打破了技术的保守与封闭，一些“秘诀”“绝招”在科学面前已无秘密可言。它使得不同的烹饪技术体系可以在更高层次上、更广的范围内进行交流。烹饪的理论建设也使得技术传承的速度加快，效率提高，从而加快了烹饪发展的步伐。

主题讨论

1. 完备意义上的烹饪应具备哪几个条件？
2. 如何从大历史观来分析中国烹饪的发展历史？
3. 现代食品科学技术对传统烹饪有哪些影响？

课后推荐阅读文献

1. 张海林. 中国烹饪通史：第二卷［M］. 北京：中国商业出版社，2022.
2. 陶文台. 中国烹饪史略［M］. 南京：江苏科学技术出版社，1983.
3. 周光武. 中国烹饪史简编［M］. 北京：科学普及出版社，1984.
4. 陈光新. 中国烹饪史话［M］. 武汉：湖北科学技术出版社，1990.
5. 罗屿. 一个人与一千道菜：还原千年古菜中的风雅美味［J］. 新周刊，2018（17）：84–89.

03 第三章 CHAPTER

烹饪活动的主体

教学目标

◎知识目标

（1）了解家庭烹饪者的重要性及其历史演变。

（2）掌握烹饪工作者的称谓、种类、等级及古今名厨事迹。

（3）掌握烹饪工作者劳动的特点、社会地位及职业道德与规范。

（4）理解餐饮企业的种类、组织机构和烹饪特点。

（5）弄清政府在烹饪行业中的作用和主要政策法规。

（6）理解烹饪行业组织的作用，了解国内外主要烹饪行业组织。

◎能力目标

（1）能够用事例说明烹饪工作的重要性和职业特点。

（2）具有调查分析烹饪行业现状和发展趋势的初步能力。

（3）能够分析不同类型餐饮企业的经营特点和竞争优势。

（4）能够识别烹饪行业组织在行业发展中的具体作用。

◎思政目标

（1）正确认识烹饪工作者的职业特点和社会作用，增强荣誉感和责任感。

（2）树立正确的职业道德观念，养成崇尚先进、学习先进、追赶先进的品德。

（3）增强社会责任感，理解烹饪工作对社会的贡献。

（4）培养团队合作精神和集体主义观念。

思维导图

- 烹饪活动的主体
  - 家庭烹饪者
    - 角色
      - 营养守护者、情感联结者、
      - 文化传承者、家庭管理者
    - 技能
      - 烹饪技术技能、食材处理技能、
      - 膳食规划技能、创新与应变技能
    - 影响
      - 家庭层面：促进和谐、保障健康、培养后代
      - 社会层面：文化传承、推动健康饮食、助力餐饮业发展
  - 烹饪工作者
    - 称谓
      - 古代称谓多样，有不同等级和类别
      - 现代分为多种类型，有明确等级划分
    - 职业特点
      - 服务性与创造性相统一
      - 技术性、科学性、艺术性融合
      - 体力与脑力劳动相结合
    - 社会地位
      - 古代地位有高有低，部分受尊重
      - 新社会地位提升，发挥重要作用
    - 职业道德
      - 忠于职守，爱岗敬业
      - 讲究质量，注重信誉
      - 遵纪守法，讲究公德
      - 尊师爱徒，团结协作
      - 积极进取，开拓创新
  - 餐饮企业
    - 内涵
      - 具备固定场所接待顾客
      - 提供菜点酒水及优质服务
      - 以盈利为经营目的
    - 种类
      - 商业综合型集多种经营项目于一体
      - 商业单一型专注餐饮，有多种经营形式
      - 非完全商业型为特定人群提供服务
    - 经营形式
      - 独立经营自主决策，风险自担
      - 连锁经营包括多种形式，有统一标准
      - 作为饭店部门受饭店经营制约
      - 依附经营分自主经营和出租经营两种模式
  - 烹饪行业协会
    - 概念和作用
      - 民间组织，沟通政府、企业和市场
      - 提供多种服务，促进行业发展
    - 主要组织
      - 中国烹饪协会开展多项工作，促进交流
      - 世界中餐业联合会弘扬中华饮食文化
      - 世界厨师联合会组织重要烹饪活动
  - 政府主管部门
    - 主管部门
      - 行政综合执法部门负责市场监管
      - 商务部门负责行业规划和管理
    - 政府作用
      - 改善资源条件，提供人才和信息支持
      - 制定政策营造良好发展环境
      - 引导市场需求，组织营销活动
      - 优化竞争环境，规范市场秩序
    - 促进表现
      - 出台政策支持餐饮经济发展
      - 商务部门扶持本地烹饪事业
      - 举办节庆活动拉动餐饮消费

案例导学

杨贯一的烹饪精神也是香港精神

2023年7月31日，香港富临饭店公布，富临饭店创办人，有“鲍鱼大王”之称的名厨杨贯一因病辞世，享年90岁。

杨贯一自20世纪50年代只身南下到香港打拼，除了终其一生为钻研美食努力不懈，更创下无数显赫成绩。他是世界御厨、世界杰出华人，曾获铜紫荆星章，富临饭店也在2019年摘下米其林三星。

1932年，杨贯一出生于广东中山石岐，其父是乡村教师，家境清贫。1948年，年仅16岁的杨贯一前往香港，做着从清洁工、侍应生到饭店经理的餐饮工作。1974年，杨贯一与朋友合股，集资60万港币，开设了“富临饭店”。

这时的香港，餐饮业蓬勃发展，大小餐馆食肆近8000家，竞争异常激烈。

起初的富临饭店是艰难的。它历经了股东退股，主厨辞职，人心涣散的跌宕。而此时的杨贯一观察发现，香港那些专门为高级食客服务的餐馆，生意非常红火。其中最贵的是粤菜中的“鲍、参、翅、肚”，也以做这种菜最拿手，虽然价格不菲，但是食客盈门。

于是，杨贯一前后购置了价值十几万元的鲍鱼，进行有系统的研究——在当时的香港，这笔钱可以买下一层楼。

他还对鲍鱼的烹制进行了前所未有的大胆革新。

杨贯一选取最好的日本干鲍鱼，使用传统的烹饪工具瓦煲和木炭。在传统的配料中，保留老鸡汤、排骨等精华，并掌握火候，他还在店内设立了专门的鲍鱼厨房。最终呈现出原只上席的鲍鱼，中间呈现微似粉状的金黄色，如今被称为“阿一鲍鱼”。

但他的成功并非一蹴而就，这道名菜在当时并没有立刻给他带来事业高峰。

直到1985年在香港著名食评家唯灵、梁玳宁、韩中旋等人的推荐下，杨贯一南下新加坡表演，名声开始远扬海外。而香港名人王亭之在品尝了杨贯一的鲍鱼后，即席泼墨挥毫，写下“阿一鲍鱼，天下第一”八个大字，这一道菜也随即在香港本地流传。

1986年5月，杨贯一受钓鱼台国宾馆的邀请，来到北京向钓鱼台的厨师传授技艺，并亲自掌勺烹制菜肴。

此后，杨贯一先后被菲律宾、泰国及欧洲多国领导人邀请，前去烹调鲍鱼，法国、加拿大、瑞典及南非的领导人，都曾经是他的食客。1996年，他获得国际御厨协会颁发最高荣誉Club Des Chefs Des Chefs（C.C.C.）金章。

在荣誉背后，杨贯一与他的富临饭店在香港经济起落间屹立了数十年。

富临饭店也经历过至暗时刻。在2013年，它曾因业主大幅加租至135万港币，于当年底被迫迁至邻近的信和广场。2014年，富临饭店还曾控告另一餐饮公司香港富临集团“撞名”侵权。

不过，富临饭店最终仍在时代洪流中坚挺屹立。

2015年，富临饭店获得米其林一星餐厅评价，2019年，富临饭店由米其林二星升为三星餐厅，即使是眼下，三星中餐厅在香港也是极少见的——此时，杨贯一已经87岁了。

杨贯一的徒弟，如今富临饭店的行政总厨黄隆滔曾向媒体表示，他跟着师傅学习了28年，学习到不少精神，其中一点是，愿意并实现了中西文化的交流。

在他生命最后的一段时间里，杨贯一仍会不时出现在富临饭店的楼面，为客人亲手传菜，或聊聊平生。虽然今后他不会再出现于此，但这间饭店与“阿一鲍鱼，天下第一”这个牌匾，始终驻守在铜锣湾的闹市，向人们呈现着一位香港大厨的经历与传奇。

资料来源：界面新闻，记者：卢奕贝，（2023-07-31）

烹饪活动的主体是指在烹饪活动中承担主要责任、发挥主导作用，并具有主动性、自主性和创造性等特点的个体或群体。它是烹饪活动中的首要因素，对烹饪活动的形成及其诸要素的结合方式起着决定性的作用。

烹饪活动主体应有以下四个方面的特征：一是具有对烹饪活动自主的决定权；二是具有进行烹饪活动所要求的能力；三是承担烹饪活动的责任与风险；四是获取烹饪活动的收益。

烹饪活动的主体十分广泛，就家庭来说，每个家庭成员都可能是家庭烹饪的主体。从整个餐饮市场来看，烹饪活动的主体可分为烹饪工作者个人主体和烹饪活动群体主体，其中群体主体包括餐饮企业、烹饪行业协会和政府主管部门等。

第一节 家庭烹饪者

家庭作为社会的基本单元，承载着诸多重要功能，而家庭烹饪者则是家庭运转中的关键角色。从每日膳食的准备到特殊节庆饮食的操持，家庭烹饪者的付出贯穿于家庭生活的方方面面。他们的行动背后有着复杂的动机驱使，所具备的技能也各有差异，并且这种看似微观的家庭行为，实则承载着远超食物本身的意义。

一、家庭烹饪者的定义与角色

家庭烹饪者是指在家庭环境中，负责准备和制作食物的个体。他们可能是家庭主妇或主夫、父母、子女，甚至是其他家庭成员。家庭烹饪者的角色不仅仅是满足家庭成员的饮食需求，还承载着家庭情感、文化传承和健康生活的多重意义。

（一）营养守护者

家庭烹饪者肩负着保障家庭成员营养摄入的重要责任。他们需要根据不同成员的年龄、性别、身体状况以及活动量等因素，合理搭配食物，确保膳食中包含充足的蛋白质、碳水化合物、脂肪、维生素和矿物质等各类营养素。例如，为成长中的孩子提供富含钙、铁等微量元素的食物以促进骨骼发育和身体造血；为老年人准备易于消化且营养丰富的餐食，预防营养不良等相关疾病。他们如同家庭健康的把关人，通过精心挑选食材、科学烹饪方式，为家庭成员构筑起抵御疾病、维持良好身体状态的第一道防线。

（二）情感纽带维系者

在家庭环境中，烹饪过程往往伴随着情感的交流与传递。家庭烹饪者通过操持厨房事务，将关爱与温暖融入每一道菜肴之中。一家人围坐在餐桌旁，分享着由家庭烹饪者精心制作的美食，这种场景是家庭凝聚力的生动体现。例如，在逢年过节时，传统美食的制作不仅是为了满足口腹之欲，更是承载着家族记忆与亲情，让分散各地的亲人在熟悉的味道中找回归属感，拉近彼此的距离。平日里，一顿家常便饭也蕴含着对家人辛勤工作或学习的慰藉，成为家庭成员间沟通情感、舒缓压力的重要契机，使得家庭关系得以在一日三餐中不断稳固与升温。

（三）文化传承者

家庭烹饪是文化传承的重要载体，而家庭烹饪者则是这一传承链条中的关键一环。每个地区、民族都有其独特的饮食文化，从食材的选择偏好到烹饪技法，再到菜品背后的寓意与故事，都蕴含着深厚的文化底蕴。家庭烹饪者将这些祖辈流传下来的烹饪技艺、饮食习俗代代相传。比如，北方家庭在春节期间必不可少的饺子，它象征着团圆与吉祥，从面粉的揉制到馅料的调配，再到包饺子的手法，都是长辈向晚辈传授的传统技艺；又如某些少数民族家庭特有的腌制食品、特色菜肴，通过家庭烹饪者的言传身教，让后代了解并延续本民族的饮食文化，使其在家庭这个小社会中得以生生不息，进而丰富了整个社会文化的多元性。

（四）家庭管理者

从某种程度上来说，家庭烹饪者也是家庭事务的管理者之一。除了烹饪本身，他们还需要进行食材采购、预算规划等工作。合理安排家庭的餐饮支出，在保证营养与口味的前提下，根据家庭经济状况选购食材，避免浪费。同时，还要协调好做饭时间与其他家务活动以及家庭成员日常生活节奏的关系，确保一日三餐按时供应，维持家庭生活的正常秩序。例如，制定每周的食谱计划，既能充分利用食材，又能兼顾家庭成员的饮食需求，使家庭运转有条不紊。

二、家庭烹饪者的技能

（一）烹饪技术技能

这是家庭烹饪者最基础也是最关键的技能范畴。包括对各种烹饪技法的熟练掌握，如煎、炒、烹、炸、蒸、煮、炖、焖等，不同的技法适用于不同类型的食材和菜品制作，能够呈现出各异的口感与风味。例如，煎制肉类可使其外皮金黄酥脆，内部鲜嫩多汁；蒸制则能最大程度地保留食材的营养成分和原汁原味。此外，还需要掌握火候的控制，何时用大火快炒锁住营养，何时用小火慢炖使肉质软烂，都需要精准把握。同时，对于调料的使用也是一门学问，懂得如何巧妙搭配盐、糖、酱油、醋、料酒等各种调味料，才能调制出恰到好处的美味。

（二）食材处理技能

优质的食材处理是做出美味佳肴的前提。家庭烹饪者需要具备识别新鲜食材的能力，无论是蔬菜的嫩绿饱满、水果的香气扑鼻，还是肉类的纹理细腻、海鲜的鲜活灵动，都能准确判断。在食材清洗环节，要知晓不同食材的清洗方法，如蔬菜需浸泡去除农药残留、海鲜要用盐水冲洗等。切割食材时，也要根据菜品需求掌握切丝、切片、切块、切末等不同刀法，使食材大小均匀、形状美观，便于烹饪过程中受热均匀且入味一致。例如，做鱼香肉丝时，猪肉需切成细长均匀的肉丝，配菜也要相应切丝，这样才能保证成菜的口感和外观。

（三）膳食规划技能

为了更好地满足家庭成员的营养需求和饮食喜好，家庭烹饪者要具备膳食规划的能力。要综合考虑一周内的食谱安排，做到荤素搭配、粗细结合，保证每餐都有适量的主食、蛋白质来源以及蔬菜水果。例如，根据季节变化调整食谱，夏季多吃清淡解暑的菜品如凉拌黄瓜、绿豆汤等，冬季则增加温热滋补的羊肉汤、红烧肉等。同时，还要照顾到家庭成员的特殊饮食需求，如有素食主义者、糖尿病患者等，为其单独设计合适的餐食，确保整个家庭的膳食结构合理平衡。

（四）创新与应变技能

在现代饮食文化日益丰富的今天，家庭烹饪者也需要具备一定的创新能力。不能局限于传统的菜品和做法，要敢于尝试新的食材组合、引入新的烹饪元素，为家庭餐桌带来新鲜感。比如将西式的烘焙手法融入中式面点制作中，创造出别具一格的美食。而且，在面对突发情况如家中食材短缺、临时有客人造访等时，能够灵活应变，利用现有的食材快速构思并制作出可口的饭菜，展现出良好的烹饪应变能力。

三、家庭烹饪者对家庭和社会的影响

（一）家庭烹饪者对家庭的影响

1. 促进家庭和谐

如前文所述，家庭烹饪者通过烹饪这一行为，在情感交流方面发挥了重要作用。当一家人围坐在一起享受美味的饭菜时，那种温馨的氛围有助于缓解家庭成员之间的矛盾与压力，增进彼此的理解和包容。大家在餐桌上分享一天的经历、交流思想感情，使得家庭关系更加融洽亲密。而且，共同参与一些烹饪活动，还能增强家庭成员之间的互动与合作，进一步凝聚家庭力量，营造和谐稳定的家庭环境。

2. 保障家庭成员健康

凭借其专业的营养守护角色，家庭烹饪者能够确保家庭成员获得科学合理的饮食。通过精心搭配的食物，为家人提供生长发育、工作学习以及身体修复所需的各类营养素，有效预防因营养不良或饮食不当引发的各种疾病,提升整个家庭的生活品质。

3. 培养后代生活技能

对于家庭中的子女来说，观察长辈的日常烹饪过程就是一种潜移默化的生活技能培养。孩子们可以从父母或长辈那里学到如何挑选食材、简单的食物处理方法以及一些基础的烹饪技巧。随着年龄增长，他们还可以参与到实际的烹饪操作中，逐渐掌握生活自理能力。这种在家庭环境中传承的生活技能，不仅让后代懂得珍惜食物、热爱劳动，更使他们在未来独立生活时能够更好地照顾自己，传承家庭的饮食文化与生活方式。

（二）家庭烹饪者对社会的影响

1. 文化传承与传播

每个家庭都是社会文化的一个小细胞，家庭烹饪者所传承的饮食文化汇聚起来便构成了丰富多彩的地域文化乃至民族文化。当他们将传统的烹饪技艺、特色菜品一代代传下去时，实际上是在守护和延续社会的文化血脉。而且，随着人口流动、文化交流的频繁，一些家庭的独特饮食文化可能会传播到其他地区，被更多人所了解和喜爱，从而丰富了整个社会的文化景观。

2. 推动健康饮食观念普及

如今，越来越多的家庭烹饪者注重健康饮食，这种理念不仅影响着自己的家庭，也在社会上形成了良好的示范效应。周围的人会通过观察、交流等方式学习到他们关于食材选择、营养搭配等方面的知识，进而带动更多人关注健康饮食。尤其是在社区邻里之间，家庭烹饪者分享的健康食谱、烹饪心得等能够迅速传播开来，促使整个社区乃至更大范围的人群提升健康意识，改善饮食习惯，在一定程度上推动了全社会健康饮食观念的普及和发展。

3. 助力餐饮行业发展与创新

虽然家庭烹饪与餐饮行业看似是两个不同的领域，但实际上存在着密切的联系。许多家庭烹饪者的创新想法、对食材的新用法以及独特的调味方式等，都可能为餐饮行业提供灵感和借鉴。一些新兴的餐饮业态或菜品就是源自民间家庭厨房的创新尝试，后来经过专业厨师的改良和推广，受到了广大消费者的青睐。同时，家庭烹饪者对于美食的高要求也促使餐饮企业不断提升自身品质和服务，以满足消费者日益多样化的口味需求,从而推动整个餐饮行业的良性竞争与发展。

第二节 烹饪工作者

烹饪工作者是以烹饪为职业，通过制作菜点为社会提供餐饮服务的专业技术人员。随着经济的发展，社会的进步，对烹饪工作带来了越来越高的要求，除了技术上，更多的是对职业道德的要求。

一、烹饪工作者的称谓

（一）中国古代烹饪工作者的称谓及名人

1. 中国古代烹饪工作者的称谓

在中国，烹饪工作者的历史悠久。相传在新石器时代的晚期，已存在为氏族部落首领服务的专职厨师。《楚辞·天问》云：“彭铿斟雉，帝何飨”这里提到的彭铿，便是为帝尧服务，以善于烹制野鸡羹而闻名的人。相传他活了800余岁，后人尊称为“彭祖”。此后，又相继涌现出在有虞氏部落做过“庖正”的少康，因“鹄羹”获得商汤赏识的伊尹，不得意时“卖炊”为生的姜尚，擅长调味的齐桓公宠臣易牙，精通“炙鱼”的太和公，用“鱼肠剑”的计谋刺死吴王僚的专诸等精于烹饪的历史名人，他们在发迹之前也以烹饪作为谋生手段。

周代，宫廷重视饮馔，餐饮市场也有一定的发展，所以在《周礼》《礼记》等书中，有关烹饪工作者的称谓已经较为丰富。仅在周王室的管理机构中，直接同饮食和烹饪事务相关的职位，就有“膳夫”“食医”“庖正”“内饔”“外饔”“亨人”“鳖人”“腊人”“酒人”“浆人”“醢人”“醯人”等10余种。在民间，称烹饪工作者通常被称为“庖子”“庖丁”“宰夫”“庖人”“庖”等。这些人的身份较为特殊，既不同于一般的农奴或家奴，也不同于一般的属吏或工匠。如“膳夫”有官秩，属于下大夫，“庖丁”为中士，“烹人”为下士，还有不少是役作之人。

东汉三国时期，烹饪工作者的称谓除了延续以往外，“灶下养”“厨下儿”等说法也出现。东汉末年有民歌“灶下养，中郎将。烂羊胃，骑都尉。烂羊头，关内侯。”主要是嘲讽当时官职授予混乱，并非专门针对厨师的侮辱性称呼，不过从侧面反映出当时厨师社会地位不高的状况。

从三国后，烹饪工作者的称呼并未发生大变化，一直到唐朝时仍然被称为“膳夫”“供膳”“厨人”。不过值得一提的是，在唐朝已经正式出现了“御厨”这样的称呼，杜甫在《丽人行》里就有诗句：“黄门飞鞚不动尘，御厨络绎送八珍。”《旧五代史·唐书·明宗纪二》记载，后唐明宗李嗣源登基厉行节约，下令削减皇宫的太监宫女人数等，经过一番精简后“后宫内职量留一百人，内官三十人，教坊一百人，鹰坊二十人，御厨五十人”。

在唐朝还出现了女性厨师，比如唐朝的名厨膳祖，在唐穆宗时期的宰相段文昌府第工作。宋陶穀《清异录》载：“段文昌丞相，尤精馔事，第中庖所榜曰‘炼珍堂’，在涂号‘行珍馆’。家有老婢，掌修脔之法，指授女仆，老婢名膳祖。四十年阅百婢，独九者可嗣法。文昌自编《食经》五十卷，时称《邹平公食宪章》”。

宋朝时期的女厨师在厨师史上更加光耀夺目。宋五嫂是南宋时期著名的女厨师，靖康之乱时追随宋高宗南逃至临安，在钱塘门外摆摊卖鱼肉料理，高宗和孝宗都对醋熘鱼赞不绝口，而这道美食也流传至今久盛不衰。

与宋五嫂齐名的刘娘子，炒得一手好菜让宋高宗赞不绝口，被任命为“尚食”，所以人们又尊称其为“尚食刘娘子”，升级为正五品。刘娘子也是有史籍记载的第一位女御厨。

到了明朝时期，为便于统治，明太祖朱元璋在全天下推行户籍制度。所谓户籍，即正式将百姓们分为三六九等，《明史·食货志》记载：“凡户三等：曰民，曰军，曰匠。民有儒，有医，有阴阳。军有校尉，有力士，弓、铺兵。匠有厨役、裁缝、马船之类。濒海有盐灶。寺有僧，观有道士。毕以其业著籍。”户籍内容不但包括姓名、年龄和籍贯等，连职业也必须登记在案，是农民还是军人，抑或是工匠，都得写得明明白白。

而值得一提的是明清以后，人们开始逐渐称呼厨师为“厨役”或“厨子”了，比如沈德符《野获编》就记载“有光禄卿蔚能，则由厨役起家，且曾以盗膳物问罪者。”明清时期的笔记小说也有不少关于厨子的记载，《儒林外史》中就有“丫头一会出来要雨水煨茶与太太嗑，一会出来叫拿炭烧着了进去与太太添着烧速香，一会出来到厨下叫厨子蒸点心、做汤，拿进房来与太太吃。”①

2. 中国古代烹饪工作者的种类

在古代，根据工作地点不同，烹饪工作者被分为“御厨”“衙厨”“街厨”“火头军”等。

御厨，即皇家的厨师，服务对象是帝王后妃，从业场所在御膳房内。

官厨，也称衙厨，即官府衙门的厨师，服务对象是文武大臣和州郡百官，从业场所在大小官邸。

家厨，即豪门权贵、文士、名流、乡绅、商贾家中的厨役。

街厨，也称肆厨、当局、铛头、着案、师公、量酒博士等，即在茶楼、酒肆、饭庄、宾

---

①（清）吴敬梓著. 儒林外史［M］. 广州：新世纪出版社，2022：216.

馆值铛献艺给食客们做饭的厨师。

舟厨，乃肆厨中的一个特殊分支，服务对象是五光十色的游客，从业场所在船上。

斋厨，即经办素菜（又称斋食）的厨师，其服务对象主要是出家人和善男信女，也不乏吃腻油荤想调换一下口味的各方人士。

军厨，即军旅中的厨师，服务对象是官兵，从业场所在经常移动的军营。古代军营，军厨为炊家子、炊子、伙夫、火头、火头军等。

俗厨，包括的范围颇广，有主持中馈的家庭妇女，马帮船夫中的做饭伙计，村学文庙的司膳仆役，祠堂会馆的掌勺师傅，手工作坊的炊事人员，以及乡间小宴的业余厨工等。

3．中国古代名厨

中国古代绝大多数厨师都是无名英雄，很多优秀厨师的名字被埋没，很少有留下只言片语的。现今人们只能遍搜经史子集，乃至山野笔记，寻觅中华烹坛厨者的踪迹，尽管详细资料很少，大多为零星记载，但拾遗补缺，从这些历史记录中管窥蠡测，对于数千年来中华厨者的聪明才智和艰辛劳动，以及创造的灿烂饮食文化仍可一览概貌（表3-1）。

表3-1 历代名厨一览表（商至民国时期）

朝代	姓名	简介
商	伊尹	商代名厨、贤相，曾辅佐商朝五代帝王。据传，其由一名厨师抚养成人，从小熟悉烹饪、掌勺挥刀，还当过酒保，逐渐精于烹饪之道。夏朝末年，他为有幸氏的家奴，随有幸氏陪嫁到商汤处，背负玉鼎砧板进寓，烧制一羹酱献给汤，并以烹饪之术比喻治国之道，向汤进谏，汤食之有味，听之有理，终于听从伊尹之言而取得天下，遂封伊尹为相。据晋人皇甫谧《甲乙经·序》记载，伊尹对本草的药性及食品卫生也有研究，曾著《汤液经》
春秋	太和公	春秋末年吴国名厨，长期生活在太湖之滨，擅烹水产原料的菜肴。他烹制的炙鱼，名噪天下，曾得到吴王僚的赞赏。吴公子光为了谋夺王位，设计刺僚，就派专诸到太湖向太和公学烹炙鱼手艺，学成后，吴公子设宴请僚，并令专诸在献炙鱼时刺杀吴王僚。僚虽死，专诸也被吴王卫士杀死，成了王公贵族争权夺利的牺牲品。太和公的超凡手艺，竟被用于宫廷之乱，是连他自己也始料不及的
唐	膳祖	唐朝丞相段文昌的家厨，烹调技艺本就精湛，又得段的调教，如虎添翼，身手更加不凡。她对原料修治，滋味调配，火候文武，无不得心应手，具有独特本领。她烹制的名食，后来大多记载在段文昌之子段成式编的《酉阳杂俎》中
五代	梵正	五代时的著名尼姑厨师，以创制《辋川小样》风景拼盘而驰名天下。辋川小样是用鲜臛、脍、肉脯、肉酱、瓜果、蔬菜等原料雕刻、拼制而成。拼摆时，她以王维所画辋川别墅20个风景图为蓝本，制成别墅风景，使菜上有风景，盘中溢诗情。宋代陶毂在《清异录·馔羞门》中备加夸赞："比丘尼梵正，庖制精巧，用鲜臛脍脯，醢酱瓜蔬，黄赤杂色汁成景物，若坐及十人，则人装一景，合成辋川图小样"
宋	刘娘子	南宋高宗宫中女厨，主管皇帝御食。刘娘子手艺高超，虽宫中规定作为"五品"官的"尚食"，应由男厨师担任，但她以烧得一手皇帝喜爱的好菜，而被破格任用。人们尊称她为"尚食刘娘子"
	宋五嫂	南宋民间著名女厨师。据南宋《武林旧事》记载：1179年春，宋高宗乘船游西湖，特命过去在东京（河南开封）卖鱼羹的宋五嫂上船侍候。宋五嫂用鳜鱼为皇帝烩制一碗鱼羹，遂使龙颜大悦，倍加赞赏，消息不胫而走。此后，人们争赴钱塘门外点吃鱼羹，"宋嫂鱼羹"一举成名，宋五嫂也由此被后世奉为"脍鱼师祖"
明	董小宛	明末名妓，才貌出众，厨艺也颇有造诣。董小宛所制桃膏、瓜膏、花露、腌咸菜、乳腐及各种糖食糕点，闻名遐迩。人们为纪念她对丈夫冒辟疆的忠贞爱情和敢于反抗投降清廷后被封为九门提督的洪承畴的权势，把她制的糖称为"董糖"

续表

朝代	姓名	简介
清	萧美人	乾隆年间著名女点心师。据清文学家袁枚在《随园食单》中记载："仪真南门外萧美人善制点心，凡馒头、糕饺之类，小巧可爱，洁白如雪"。乾隆五十二年（1787年）重阳节，年过七旬的袁枚，特地请人在仪真代购3000只共8种花色，由萧美人亲手制作的点心，运至南京分送亲友。不少文人盛赞她的杰出手艺，其中吴煊赋诗："妙手纤纤和粉匀，搓酥糁拌擅奇珍。自从香到江南日，市上名传萧美人。"还有人把萧美人制作的糕点与唐代名点红绫饼相媲美："红绫捧出饶风味，可知真州独擅长。"有的甚至把她的糕点比成与黄金一样贵重
	王小余	文学家袁枚的家厨。治厨认真，对原料采购、选用、切配、掌勺，自己事必躬亲，火候掌握、调味运用也一丝不苟。他还善于揣摩食客心理，做到浓、淡、正、奇各投所好；上菜先后见机而行。并以辛辣兴奋吃客食欲；以酸味帮助食客减食。他认为原料不在于名贵，而在于烹技和调味，即使一盘芹菜，一碟泡菜，只要能做到食客之所好，也属珍品。袁枚著《随园食单》，有许多方面得力于王小余的见解。王小余死后，袁枚以《厨者王小余传》一文寄托哀思，成为我国历史上第一篇属于厨师的传记
	陈麻婆	同治年间成都万福桥边一家饭铺的女主人，因她面有麻斑而得此名。她烧的豆腐有麻、辣、鲜、香、烫五大特点，价廉物美，深受消费者欢迎。"陈麻婆豆腐"从此名噪远近，盛传百余年
民国	赵荔凤	清末官僚、谭家菜创始人谭宗浚的儿媳。她虚心好学，广采博纳各派名厨特长，融会贯通，独辟蹊径，从而使谭家菜有近二百种奇馔佳肴，并以海味菜最为著名。名画家张大千对谭家菜甚为赞赏，他住南京时曾多次托人到北京谭家买刚出锅的"黄焖鱼翅"，立刻空运回宁，上桌享用。各种传媒对谭家菜也推崇备至。20世纪30年代报上有"其味之鲜美，虽南面王而不及"的评价；《四十年来之北京》一书，还记载争吃谭家菜的盛况："谭家菜继而声名越做越大，耳食之德，震于其代价之高贵，觉得能以谭家菜请客是一种光荣，弄到后来，简直不但无'虚夕'，并且无'虚昼'，订座的往往要排到一个月以后，还不嫌太迟"

（二）中国现代烹饪工作者的种类和等级

现代从事烹饪工作的专业人员通常被称为厨师，负责厨房的烹饪事务。厨师的职业资格设有不同等级，这些等级主要根据厨师的资历、技能水平及工作经验进行评定。不同国家的厨师等级体系存在差异。

我国在20世纪50年代中后期，全国统一工资制度形成后，烹饪技术等级制度也开始建立。有关资料显示，1960年，全国有45名厨师获得技师称号，其中中餐烹饪技师34名，西餐烹饪技师11名。1963年又评选一批，全国有109人获得特级厨师称号。

改革开放后，厨师技术职称评定得以重新恢复并逐步规范，厨师可以根据自己的技术水平，从事厨师年限，依序报考不同级别的职称。1979年，商业部颁发《商业企业职工业务技术等级标准》，将厨师分为红案厨师、白案厨师（点心师）。按技术难度划分三个等级，即三级厨师、二级厨师、一级厨师。三级厨师为厨师职称中最低一级。

1983年，劳动部颁发《工人技术等级考核暂行条例（试行）》，对工人培训和考核作出了制度性规定。商业部也颁布了《饮食业业务技术等级标准》，对厨师等级重新作了调整，其中红案（烹调）部分调整为二级厨工、一级厨工；三级厨师、二级厨师、一级厨师；特级厨师、特一级厨师7个等级。

1988年，商业部在参照过去标准的基础上，重新修订了《饮食服务业业务技术等级标准》，其中餐部分的烹调专业分为二级烹调技工、一级烹调技工，五级烹调师、四级烹调师、三级烹调师、二级烹调师、一级烹调师，特三级烹调师、特二级烹调师、特一级烹调师

10个等级；面点专业分为二级面点技工、一级面点技工，五级面点师、四级面点师、三级面点师、二级面点师、一级面点师，特二级面点师、特一级面点师9个等级。

1993年，劳动部颁发了包括饮食服务业中式烹调师、中式面点师等8个工种在内的《中华人民共和国职业技能标准》。根据该标准，厨师分为中式烹调师、中式面点师、西式烹调师、西式面点师、厨政管理师等类型。每种类型按技能高低分为初级（国家职业资格五级）、中级（国家职业资格四级）、高级（国家职业资格三级）、技师（国家职业资格二级）、高级技师（国家职业资格一级）共5个等级，技能要逐级递增。

2020年7月20日，人力资源社会保障部印发《人力资源社会保障部办公厅关于做好水平评价类技能人员职业资格退出目录有关工作的通知》，其中，76项水平评价类技能人员职业资格全部退出目录，不再由政府或其授权的单位认定发证。自此，中式烹调师、中式面点师、西式烹调师、西式面点师等餐饮服务人员的职业技能鉴定正式退出国家职业资格目录，由“国家职业资格证书”变为“职业技能等级证书”。由经人社部门备案的用人单位、技工院校和社会培训评价组织具体实施职业技能等级认定工作。证书样式全国统一，由评价机构盖章颁发，但需录入国家技能人才评价信息服务平台，全国联网可查，效力基本等同（可用于积分落户、技能提升补贴、职称评定等）。

二、烹饪工作者的职业特点

（一）服务性与创造性相结合

烹饪工作者作为普通的职业劳动者，既是被群众服务的对象，又是为群众服务的主体。烹饪工作者劳动的主要目的是为顾客提供美馔佳肴，因而具有商业服务的性质。但“菜是烹饪工作者的儿子”，烹饪工作者的劳动不是单纯的服务劳动，而是创造性的劳动。杰罗尔德说过：“人类中最具创造性的，当推厨师。”烹饪工作者被誉为“火之艺术的创造者”“火焰上的舞蹈家”。

（二）技术性与科学性、艺术性相结合

烹饪是一门技艺，烹饪工作者劳动是以手工操作为主的技术工作。从原料的鉴别到初加工，从手工切配到掌握火候、调味，都有其特定的技术要求和操作规程。除了技术要素外，烹饪还是一门科学，一门以食物造型为主要表现形式的艺术。烹饪工作者的劳动过程，实质上就是将烹饪的技术性、科学性、艺术性三者有机结合的过程。

（三）体力劳动与脑力劳动相结合

烹饪工作者的劳动主要以体力劳动为表现形式，有时甚至表现为重体力劳动，如某些烹饪原料的初加工、炉台上的翻锅等。烹饪工作者的劳动也包含着大量的脑力劳动，特别是随着烹饪工艺的科学化、现代化，烹饪工作者的脑力劳动的比重将越来越大，如宴席设计、菜点创新、营养分析等，无不凝聚着比较复杂的脑力劳动。

知识链接

烹饪艺术的创造者

饮食离不开烹饪，烹饪则离不开厨师。一个民族的饮食文化应该是全民族共同创造的精神财富，但从具体的烹饪技艺来看，最主要的还得归结为厨师的创造性劳动。家常便饭中虽然积淀了不少烹饪的真谛，组成了饮食文化的最基本层面，但是最终最高的烹饪技艺体现还取决于厨师及其创造性劳动。纵观中国烹饪的发展史，一个最明显的特点就是民间烹饪与专业厨师烹饪的交相辉映。许多厨师都出自民间，都受到民间饮食文化的滋养和熏陶；同时也正是他们，集中了民间烹饪的精华，并加以提炼、改造和提高，使民间烹饪上升为一门专门的技艺。因此，在一定程度上，厨师的水平，往往代表着一个时代、一个地区的烹饪水平。

说厨师是美食的创造者，是受之无愧的。

从烹饪的本质来看，它不仅是一门技术、一门手艺，更是一门艺术。因此，严格意义上的厨师，不是工匠，而是大师，是烹饪艺术家。

以艺术家的素质要求厨师，并不过分。如果厨师缺乏艺术眼光，没有艺术修养，他烹饪的作品就很难有艺术的品格，人们所向往的美食就会黯然失色。

当然，在实际生活中的厨师并非都具备艺术家的素质。正如搞文学的不一定都是文学家，会书法的并非都是书法家。能够代表一个地区、一个时期或者一家酒家烹饪水平的烹饪艺术家毕竟是少数，大量的则是工匠型的烹饪工作者。从这个意义上说，当一个真正的厨师是不容易的，厨师工作并不如人们所想象的那样简单。那么，工匠型的厨师和艺术家型的厨师，他们之间的区别又在哪里呢？黑格尔在谈到工匠时曾说过，工匠的劳动“是一种本能式的劳动，就像蜜蜂构筑它们的蜂房那样”。在这里，蜜蜂构筑蜂房的主要特点，是缺少领悟力和创造意识，尽管这种劳动不失精巧和严密。工匠型厨师的主要弱点，是否也有类似之处呢？

厨师烹饪技艺的提高，其实也可以理解为自觉或不自觉地从工匠型厨师向艺术型厨师的逐步转化。令人遗憾的是，不少厨师毕其一生，不乏苦心经营，但仍无法实现这一转化、这一跨越。这又是什么道理呢？

厨师水平的高低，除了先天素质的差异外，恐怕最主要的还在于其对烹饪的理解能否超越工艺技术的层次。因为只有意识到缺什么，才会主动地去填补什么，才会从较高的层次上去要求自己。

实践证明，完成从工匠到艺术家的跨越，不能仅仅依靠量的积累，即不能仅仅依赖于技术上的熟练程度。技术的熟练程度诚然可以使量变走向质变，即所谓的“熟能生巧”。但更关键的还得通过对烹饪的“领悟”来达到真正的“得道”。因此工匠型厨师与艺术家型厨师最主要的区别不在于烹饪的工龄，而更多地反映在文化素养、知识结构、思维方式、创造能力等的差异上。这些看起来似乎是非烹饪技艺方面的因素，却常常从总体上决定了一个厨师的烹饪水平和发展前途。

对烹饪工匠来说，按照师父传授的做法或者传统的手艺进行烹饪，这当然可以达到一定的水平；而对烹饪艺术家来说，却能以自己对烹饪的独特感受、认识和领会，超越原有的烹饪规范，进入一个更高的境界，即艺术创造的境界。一个高明厨师的最可贵之处，在于能按照美的规律而不是按照程式来进行烹饪，正是在这一点上，体现出可贵的艺术家气质。①

① 徐兴海．食品文化概括［M］．南京：东南大学出版社，2008：73-75.

三、烹饪工作者的社会地位

在人类社会发展的不同阶段，由于社会经济、政治制度不同，特别是生产力发展水平不同，烹饪工作者所处的地位是不同的。

（一）古代烹饪工作者的地位

在古代，烹饪工作者的社会地位不能一概而论，有时备受尊敬；有时却处于社会底层，遭受不公待遇。烹饪工作者是中国古代饮食文化的主要创造者之一，他们的劳作、他们的成就，理应得到公正的评价。

据说，我们的祖先伏羲，即一个与庖厨有关的人物，《帝王世纪》记载，“太昊伏羲养牺牲以庖厨，故曰庖牺。”我们的初祖是厨人出身，而且还以这个职业取名，说明在中华文明初期，当厨还是一件较好的事情，并不会被人瞧不起。

殷商时，汤王在伊尹辅佐下，推翻了夏桀的统治，奠定了商王朝的根基。伊尹就是一个厨师出身的政治家，他以烹饪原理阐述安邦立国的大道，是古代中国的一个伟大的烹饪工作者。

后世也还有人因厨艺高超而得高官厚禄的。《宋书·毛修之传》记，毛修之被北魏擒获，他曾做美味羊羹进献尚书令，尚书“以为绝味，献之武帝”。武帝拓跋焘也觉得美不胜言，十分高兴，于是授毛修之为太官令。后来毛氏又以功擢为尚书、封南郡公，但太官令一职仍然兼领。又据《梁书·循吏传》所记，孙谦精于厨艺，常常给朝中显要官员烹制美味，以此密切感情。在谋得供职太官的机会后，皇上的膳食都由他亲自烹调，深得赏识，“遂得为列卿、御史中丞、两郡太守”。还有北魏洛阳人侯刚，也是由厨师进入仕途的。侯刚出身贫寒，年轻时“以善于鼎俎，得进膳出入，积官至尝食典御”，后封武阳县侯，晋爵为公。

烹饪工作者进入仕途的现象，在汉代曾一度成为普遍现象。据《后汉书·刘圣公传》说，更始帝刘玄时所授功臣官爵者，不少是商贾乃至仆竖，也有一些是膳夫庖人出身。由于这种做法不合常理，引起社会舆论的关注，所以当时长安传出讥讽歌谣，所谓“灶下养，中郎将；烂羊胃，骑都尉；烂羊头，关内侯”。历代烹饪工作者更多的是服务于达官贵人，能有做官机会的不会太多。

烹饪工作者受尊重，也表现在战乱时期。《新五代史·吴越世家》说，身为越州观察使的刘汉宏，被追杀时“易服持脍刀”，而且口中高喊他是个厨师，一面喊一面拿着厨刀给追兵看，他因此蒙混过关，免于一死。又据《三水小牍》所记，王仙芝起义军逮住郏城县令陆存，陆诈言自己是庖人，起义军不信，让他煎油饼试试真假，他也因此捡回一条性命。这两个事例都说明，烹饪工作者在战乱时属于重点保护的对象，否则，这两个官员都不会装扮成烹饪工作者逃命了。

知识链接

厨者王小余传

小余王姓，肉吏之贱者也。工烹饪，闻其臭者，十步以外无不颐逐逐然。初来请食单；余惧其侈，然有颖昌侯之思焉，唶曰：“予故窭人子，每餐缗钱不能以寸也。”笑而应曰：“诺。”顷之，供净饮一头，甘而不能已于咽以饱。客闻之，争有主孟之请。

小余治具，必亲市物，曰：“物各有天。其天良，我乃治。”既得，泔之，奥之，脱之，作之。客嘈嘈然，属餍而舞，欲吞其器者屡矣。然其簋不过六七，过亦不治。毕，乃沃手坐，涤磨其钳铦刀削笮帚之属，凡三十余种，庋而置之满箱。他人掇汁而捼莎学之，勿肖也。

或请授教，曰："难言也。作厨如作医。吾以一心诊百物之宜，而谨审其水火之齐，则万口之甘如一口。"问其目，曰："浓者先之，清者后之，正者主之，奇者杂之。视其舌倦，辛以震之；待其胃盈，酸以厄之。"曰："八珍七熬贵品也子能之宜矣嗛嗛二卵之餐子必异于族凡何耶?"曰："能大而不能小者，气粗也；能啬而不能华者，才弱也。且味固不在大小、华啬间也。能，则一芹一菹皆珍怪；不能，则虽黄雀鲊三楹，无益也。而好名者有必求之与灵霄之炙，红虬之脯，丹山之凤丸，醴水之朱鳖，不亦诬乎?"曰："子之术诚工矣。然多所炮炙宰割，大残物命，毋乃为孽欤?"曰："庖牺氏至今，所炮炙宰割者万万世矣。乌在其孽庖牺也? 虽然，以味媚人者，物之性也。彼不能尽物之性以表其美于人，而徒使之枉死于鼎镬间，是则孽之尤者也。"曰："以子之才，不供刀匕于朱门，而终老随园，何耶?"曰："知己难，知味尤难。吾苦思殚力以食人，一肴上，则吾之心腹肾肠亦与俱上；而世之贪声流歠者，难奇赏吾，而吾伎且日退矣。且所谓知己者，非徒知其长之谓，兼知其短之谓。今主人未尝不斥我、难我、掉磬我，而皆刺吾心之所隐疚，是则美誉之苦，不如严训之甘也。吾日进矣，休矣，终于此矣。"

未十年卒。余每食必为之泣，且思其言，有可治民者焉，有可治文者焉。为之传以咏其人。

资料来源：（清）袁枚著；李梦英编. 袁枚散文选集［M］. 天津：百花文艺出版社，2005：27-32.

（二）新社会烹饪工作者的作用

在中华人民共和国成立前，烹饪工作者社会地位普遍较低。如谚语"有女不嫁厨子郎，一年四季守空房，有朝一日回家转，带回一包油衣裳。"反映出当时厨师工作的辛苦与社会地位不高的状况。那时，多数烹饪工作者出身低微、文化水平有限，多为劳苦民众，在社会中处于弱势地位，但也有部分厨师凭借精湛厨艺获得一定认可。

1949年以后，劳动人民翻身做了主人，烹饪工作者也和其他众多职业一样，得到了尊重和重视，广大烹饪工作者的社会地位与旧社会相比，发生了翻天覆地的变化。在今天的烹饪工作者中，有的当选为人大代表，有的成了宾馆、饭店的总经理或部门负责人，有的成为劳动模范，有的还走上了高等学府的讲坛。有些名厨的年薪已经超过了写字楼里的白领，直逼金领，烹饪工作者的社会地位有了很大提高。

1．为丰富人民的生活、增进人们的健康提供美味佳肴

随着社会主义现代化建设的不断发展，我国人民的生活水平有了很大提高，人们的饮食方式和食品结构也发生了较大的变化。现在许多人追求的已不再是吃饱肚子，而是如何吃得有味道、有营养、符合卫生。烹饪工作者运用自己所掌握的烹饪技艺，创作出色、香、味、形俱佳的佳肴，可满足人们在这方面的需要，丰富人民的生活。这些年来逐步发展起来的药膳，更是集食、医于一体，大大有益于增进人们的身体健康。

2．促进餐饮服务社会化

随着生产和文化事业的发展以及人们物质文化生活的改善，千家万户举炊的劳动将日益依赖于社会化、专业化的饮食服务系统。烹饪工作者是提供这种服务的重要专业人员，他们不仅可为人们在提高烹饪技艺方面提供示范，而且可直接提供膳食和半成品，减少人们用于饮食方面的家务劳动，从而使人们有更多的时间和精力用于其他有益的活动。

3. 饮食文化的继承者和传播者

我国烹饪技艺历史悠久，是中华民族灿烂文化的重要组成部分，在世界上享有极高的声誉。正如前人所言：中国文化中，一个是烹饪，一个是中医，是值得我们自豪的东西。中国优秀的饮食文明和烹饪技术，靠谁去继承并发扬光大？主要靠烹饪工作者。中华人民共和国成立以来，一批批既具有精湛技艺，又具备烹饪科学知识与艺术理论的烹饪工作者已经成为中国烹饪文化的优秀继承者。同时，随着我国改革开放的不断深入，大批中国烹饪工作者走出国门，将中国优秀的饮食文化传播到世界各地。因此，中国烹饪工作者在世界上已成为传播中国优秀文化的出色使者。

4. 全球食物系统的核心

在中国，烹饪行业对经济和环境的影响似乎被严重低估。事实上，烹饪工作者在全球食物体系中扮演着非常重要的角色。烹饪工作者，包括每个家庭中负责烹饪的成员，可以影响我们种什么，我们把什么放到餐盘，是连接农场与餐桌的桥梁，以及我们如何思考和谈论食物产生的影响。可以说，烹饪工作者是全球食物系统的核心。

四、烹饪工作者职业道德

道德是构成人类文明，特别是精神文明的重要内容。烹饪工作者职业道德是烹饪工作者在烹饪职业活动中所应遵循的行为规范的总和。职业道德不仅对个人的生存和发展有着重要的作用和价值，而且与企业的兴旺发达甚至生死存亡也密切相关。烹饪工作者职业道德的基本要求包括以下几个方面。

（一）忠于职守，爱岗敬业

忠于职守，就是要求把自己职责范围内的事做好，合乎质量标准和规范要求，能够完成应承担的任务。尽职尽责的关键是“尽”。“尽”就是要求用最大的努力，克服困难去完成职责。爱岗就是热爱自己的工作岗位，热爱本职工作；敬业就是用一种恭敬严肃的态度对待自己的工作。社会主义职业道德提倡的敬业有着相当丰富的内容。投身于社会主义事业，把有限的生命投入无限的为人民服务当中去，是爱岗敬业的最高要求。

忠于职守，爱岗敬业的具体要求就是：树立职业理想、强化职业责任、提高职业技能。

（二）讲究质量，注重信誉

质量即产品标准，讲究质量就是要求企业员工在生产加工企业产品的过程中必须做到一丝不苟、精雕细琢、精益求精，避免一切可以避免的问题。

信誉即对产品的信任程度和社会影响程度（声誉）。一种商品品牌不仅标志着这种商品质量的高低，标志着人们对这种商品的信任程度的高低，而且蕴含着一种文化品位。注重信誉可以理解为以品牌创声誉，以质量求信誉，竭尽全力打造品牌，赢得信誉。

餐饮业烹制菜点的目的是卖给顾客，因此菜点就具有商品的特点，和其他一切商品一样，具有使用价值和价值的二重性。作为商品的生产企业，生产者和经营者有着自己的独立利益，这种利益得到尊重，才能调动商品生产者的积极性。然而要求人们尊重商品生产和经营者的利益，并非指商品经营者想怎么干就怎么干。它必须接受国家宏观指导，要依法经营。越是有独立的利益，就越是要正确处理国家、企业、职工、他人（消费者）的利益关系。这种利益调整是通过买与卖的交易形式实现的。也就是说，具有商品属性的菜点，只有能够卖得出去，才能是商品，才能实现价值。因此，货真价实就成为职业道德重要的组成部分。而以次充好，粗制滥造，定价不合理等，实际上就是无偿占有别人的劳动成果，是不道德的。

一分价钱一分货，这是自古以来商业工作者的职业规则。讲究质量并不是在任何情况下都要求必须是绝对高的质量。在商品经济条件下，衡量质量标准的尺度是价格，比如花很少钱，要求吃高档菜席或特色菜品，是不可能的，因为它不符合等价交换原则。但是讲究公德是餐饮业从业人员必须具备的品质，“德”即思想品德，公，指国家、民族的利益；讲究公德要求从业人员公私分明，不损害国家和集体利益；要求有大公无私的品格，秉公办事的精神，决不能把工作岗位当成谋取私利的工具。

（三）遵纪守法，讲究公德

俗话说：家有家规，行有行规，国有国法。作为一名烹饪工作者，能否遵纪守法，讲究公德，是衡量职业道德好坏的重要标志。遵纪守法指的是每个烹饪工作者都要遵守纪律和法律，尤其要遵守职业纪律和与职业活动相关的法律法规。烹饪工作者要遵守《中华人民共和国食品安全法》，确保菜点符合卫生要求。餐饮业属于卫生性行业，从原材料采购、运输、储存保管、加工、销售各个环节都有卫生要求。作为烹饪工作者，必须身体力行，带头遵守。不符合卫生要求的菜点不能出厨房上餐桌。把好“病从口入”关，杜绝食物中毒事故发生，对消费者身体健康负责。个人卫生方面，要衣冠整洁，不留长发，不酗酒，操作时不吸烟。社会公德是全体公民在社会交往和公共生活中应该遵循的行为准则，主要内容为：文明礼貌、助人为乐、爱护公物、保护环境、遵纪守法。一个优秀的烹饪工作者必须讲究社会公德。

（四）尊师爱徒，团结协作

尊师爱徒是指人与人之间的一种平和关系，晚辈、徒弟要谦逊，尊敬长者和师傅；师傅要指导、关爱晚辈、徒弟。即社会主义人与人之间平等友爱、相互尊敬的社会关系。团结协作也是指从业人员之间和企业集体之间关系的重要道德规范，系指顾全大局、友爱亲善、真诚相待、平等尊重，搞好部门之间、同事之间的团结协作，共同发展。其具体要求包括平等尊重、顾全大局、相互学习、加强协作等几个方面。

尊师爱徒，是烹饪工作者的传统职业道德，必须继承和发扬。团结协作还表现在工作中的相互支持与配合上，厨房内部有不同的分工，上一道工序要为下一道工序作准备，为下一道工序提供方便。只有相互配合和协作，才能完成任务。因此，团结协作是一种团队精神，是社会主义集体主义的具体体现，是职业道德的重要内容。

（五）积极进取，开拓创新

积极进取即不懈怠，追求发展，争取进步。开拓创新是指人们为了发展的需要，运用已知的信息，不断突破常规，发现或创造某种新颖、独特的有社会价值或个人价值的新事物、新思想的活动。

知识经济时代，学习是永恒的主题，知识是推动行业发展的动力之一。作为烹饪从业人员，要不断地积累知识，更新知识，适应原料、工艺、技术不断更新发展的需要，适应企业竞争、人才竞争的需要。

第三节 餐饮企业

在餐饮市场中，餐饮企业是烹饪活动中的核心主体。因为在烹饪活动的具体实施中，餐饮企业不仅是烹饪原料、设备、人员投入的主体，而且也是烹饪产品产出及收益的主体。如果没有企业的参与，烹饪活动就没有具体实施者和最终的实现者。

一、餐饮企业的内涵

餐饮企业是依靠其拥有的场所、设施、设备及服务等资源，通过提供菜品和饮料以及优质服务，来满足顾客的饮食需求，从而获取利益的经济实体。餐饮企业有以下几个特点。

（一）固定的场所

餐饮企业应该具有一定的餐饮空间和营业场所，具备一定的接待能力。餐饮企业的规模、质量不同，对场所的要求也不同。

（二）提供菜点酒水及其服务

食品、饮料是餐饮企业最基本的产品，食品、饮料的质量、数量和品种等直接影响到顾客利益，也是餐饮企业竞争制胜的前提条件。服务是保证，尽管服务并不能掩盖或完全弥补餐饮产品的不足，但如何提供优质的服务，赢得顾客的满意度、追随度、美誉度，往往是现代餐饮企业竞争的焦点。

（三）以盈利为目的

餐饮企业与其他企业一样，都以盈利为经营目的，利润始终是企业追求的中心。因此，每个餐饮企业都应积极努力地扩大客源市场，降低成本，提高资金运营效率和效益，提高产品质量，使企业更具特色和魅力。

二、餐饮企业的种类

（一）商业综合型餐饮服务企业

商业综合型餐饮服务企业，即指为满足餐饮市场需求和获取商业利润而销售餐饮产品的工商企业。其综合型主要表现为集住宿、餐饮、康乐、购物、休闲、演艺等经营项目和业务活动于一体，其中，餐饮经营是企业的主要功能之一。其典型类型有以下几种。

1. 综合型宾馆（饭店、酒店）企业

宾馆、饭店、酒店作为旅游产业的主要行业，是以有形的空间、设施、设备、产品和无形的服务为凭借，为消费者提供食、住、行、游、购、娱等多种产品和服务的综合性服务企业，其中餐饮服务是其主要经营业务活动。其基本特点为：有的为消费者提供无限餐饮服务，有的为消费者提供有限餐饮服务；餐饮设施是根据企业的规模和规格，而具备相应的中西餐厅、宴会厅、咖啡厅、多功能厅等，并提供相应的客房送餐与康乐用餐服务。

2．餐饮与娱乐、休闲等结合经营的企业

这是指以餐饮经营为主或为特色，附带经营洗浴、棋牌、茶饮、演艺等业务的餐饮企业，是一种组合式联动经营方式。其基本经营特点为：餐饮或与洗浴结合，或与茶饮结合，或与棋牌结合，或与演艺结合等，能更方便地满足餐饮消费者多元化的消费需求，有利于目标客源的细分，能更好地扩大营业收入，一定程度上形成了商业的良性循环。

3．购物中心式的新型餐饮企业

这是指当今世界最高级商业组织模式——shopping mall（大型购物中心），紧密与品牌餐饮结合而形成的新型购物式餐饮业态。所谓大型购物中心，即指在一个毗邻的建筑群中或一个大型的建筑物中，由一个管理机构组织、协调和规划，把一系列的零售商店、各类服务机构组织在一起，提供购物、旅游、娱乐、餐饮、康体、文化、艺术等各种服务的一站式消费中心。大型购物中心餐饮主要包括品牌性的中西特色风味小吃和美食，休闲式茶吧、水吧、咖啡吧式餐饮，中外品牌餐饮，西餐及高级茶餐厅等。

（二）商业单一型餐饮服务企业

商业单一型餐饮服务企业，指以经营餐饮获取商业利润为目的的餐饮企业。这类企业多独立经营，规模可大小不一，经营内容多样，有的以提供某种风味食品为主，也有经营多种风味或综合性餐饮的，部分企业还会采用连锁经营方式发展。其典型类型有以下几种。

1．主题式餐饮企业

这是指餐饮企业将特定的文化和艺术融入餐饮的建筑、环境、布局、菜单和服务等设计中，使消费者在餐饮消费的过程中感受特定文化或艺术带来的精神享受；同时，也使文化艺术所体现的“主题”和“概念”深入人心，从而得到消费者的认可。主题式餐饮企业的最大特点是：赋予企业某种主题，并围绕这种主题构建具有全方位差异性的企业氛围和经营体系，从而营造出一种无法模仿和复制的独特魅力和个性特征，实现提升企业产品质量和品位的目的。独特性、文化性、新颖性是主题餐饮企业生存与发展的基础。

2．风味式餐饮企业

这是指经营具有典型地域性特色或民族特色的菜点、酒水，并以其特定口味、风味与服务来吸引目标客源的特色餐饮企业。其最大的特点是：引入了独特的自然、文化资源以及现代科技成果。其基本特点为：专门经营某一单一风味的系列菜点，菜点的种类较少，但风味特色突出，如海鲜餐馆、素食餐馆等；或专门经营具有地方风味的某一菜系的菜点，如川菜餐厅、粤菜餐馆、潮州小吃坊等；或经营某一国家或民族的风味菜点，如法国餐馆、韩国料理等。

3．连锁餐饮企业

这是指多家餐馆以某种特定方式联系在一起的餐饮企业，或由多单位组成的公司组织中的分支机构。连锁餐饮企业近年来发展迅速，它以能够分散风险，发展集约化经营为核心。其基本经营形式有直营经营、特许经营和自由连锁经营。其基本特点为：有的连锁企业是同一个所有者，拥有两家或几家餐馆，虽然风格各异，但因所有者相同，因而冠以连锁经营的名称；有的共同使用同一名称，有相同的门店、相同的菜单、相同的产品并且集中或联合采购，统一配送，经营管理程序基本一致，有区域性或全国性连锁总部。

（三）非完全商业型餐饮服务企业

非完全商业型餐饮服务企业，是指在诸如公共性或民营的工商企业、医院、学校、幼儿园或监狱等机构内，为某一特定人群提供有限食品服务的营利性、非营利性或非完全营利性餐饮服务设施。

1．学校餐饮服务机构

基本特点是以师生员工和一定的外来人员作为特定服务对象；服务设施多样化，特别是现代化高标准食堂，既有配送中心、综合食堂，也有风味餐厅、特色餐厅或宴会厅、多功能厅等；目标利润期望值较小，以微盈利为主，有限服务方式；其设施可以由学校经营，也可由外部承包商代为经营；现代化经营管理手段逐步加强，经营属性与服务属性日益突出，经营方式与经营目标要受限于学校。

2．医院餐饮服务机构

基本特点是以各类医务人员、病人和一定的外来人员作为主要服务对象；综合餐饮设施多样化，特别是现代大型综合性医院，具有普通餐厅、综合食堂、小吃部、营养食疗配送中心等多类固定餐饮设施，提供病房送餐有限服务；不同规模、档次和类型的医院各自营利性差异较大，经营目标不一致；经营方式与经营目标要受限于医院。

3．工商企业餐饮服务机构

这是指工矿企业、银行、保险公司等工商企业的餐饮设施，旨在配套、支持、保证工商企业的经营活动和生产运作不间断，少受影响，或为提高工作效率，有效改善员工生活福利而提供的餐饮服务。其基本特点为：以各低、中、高级员工作为主要服务对象；餐饮设施门类配置齐全，档次差异性较大，有高、中、低档餐饮设施；经营管理模式日益现代化、集团化，直管或委托式管理模式较为突出；有限服务与有偿服务和福利性服务相结合。

三、餐饮企业的经营形式

餐饮企业的组织形式是多种多样的，由于不同的经营形式有不同的管理方式和其自身的特点，所以每一个餐饮企业的组织形式都有与自身经营形式对应的管理方式。

（一）独立经营方式

独立经营指企业不依附于其他企业的经营场所，不受其他经营活动的限制，具有独立的法人资格和经营自主权，独立面对经营风险，自负盈亏，独立核算。这种餐饮企业占我国餐饮企业总数的绝大部分，其中很多为前店后院的小作坊式企业。规模小，经营灵活。

（二）连锁经营方式

连锁经营首先在美国出现，然后迅速传到欧洲、日本等国家和地区。20世纪80年代，连锁经营方式在我国的沿海城市开始出现并迅速地得到发展，成为一种风险相对较小的经营方式并受到人们的喜爱。采用这种经营方式的典型是美国的麦当劳、肯德基等餐饮企业。连锁经营是指在核心企业领导下，将众多分散的企业通过特定的方式组合起来，规范经营、统一标准、实现比单一企业更大的规模优势。核心企业成为企业总部，其他企业被称为分店。连锁经营的前提条件是某一企业有某项成功的产品和管理模式，以此作为向外扩展的条件，成为企业的总部。连锁经营的最大特点是菜品供应、培训、装潢、服务规程等要素都是统一和标准的。在经营形式上，连锁经营可以分为拥有形式连锁、租赁形式连锁和特许经营连锁。

1．拥有形式连锁

拥有形式的连锁指餐饮企业对于所属的餐饮企业或餐厅拥有所有权和经营权。这种餐饮企业的组织形式有利于节省费用，如注册费用以及经营中的人工费用。例如，同属于一个连锁的企业可以合用采购人员、财务人员、维修人员等。如以快餐为特点的餐饮企业，可以通过连锁的形式设立中心厨房进行配送，可以有效扩大经营面积并保证出售菜肴的质量。但这种经营形式风险较大，如果由于一家经营不善或经营失败，则其他集团内的餐饮企业资产得不到保护，可能会被动用来偿还债务。另外，由于扩张规模需要大量资金，这种连锁经营方式的餐饮企业发展的速度会比较慢。

2．租赁形式连锁

连锁餐饮公司为了发展业务、开拓市场，在资金有限的条件下，可以考虑采用租赁的方式。租赁形式的连锁管理方式，就是承租公司使用餐馆的建筑物、土地、设备等，进行经营管理，根据协议按时向餐馆硬件设施方缴纳租金。

3．特许经营连锁

特许经营又称为特许经营权让渡，指让渡者企业向其他企业转让营销某种成功产品的权利。这是目前国际上比较流行，也比较成功的经营形式，可以使成功的企业以较低的成本迅速扩张。但是，让渡者必须拥有较强的实力和良好的知名度，才可能向其他企业出售特许经营权。受让者企业（即获得特许经营权的餐饮企业）可以使用让渡者企业的名称、标志、经营程序、服务标准、操作流程等，所有连锁企业进行统一营销，成为集团的一员。商标等的让渡者有责任为受让者进行开业前的选址、设计、可行性研究、资金筹措、人员培训等方面提供帮助。受让者有责任确保企业达到集团公司要求的经营标准，并向对方缴纳特许经营权转让费和使用费。

（三）作为饭店一个部门的经营方式

饭店是向消费者提供住宿、饮食、服务等产品的企业，其中餐厅是饭店的主要生产部门之一，在饭店组织结构中餐饮一般以饭店餐饮部的形式出现。由于这样的餐厅不具备独立的法人资格，它的经营思想、经营种类、管理方式等都必须顾全饭店大局，受到饭店经营思想、经营方式和管理方式的制约。所以，这样的餐饮首先必须满足住店顾客对饮食的需求，然后再对外经营。由于饭店顾客来自不同的地方和国家，这类餐厅在设计和管理时比独立的餐饮企业有更大的难度，往往通过豪华的装修、周到的服务、独特的风味来取得较强的竞争力。

（四）依附经营方式

依附经营方式是指那些设在商场娱乐中心的餐厅。这种餐厅是商场、娱乐中心的一部分，一般不具备法人资格。在经营上有以下两种形式。

1．自主经营

自主经营即商场和娱乐中心自己根据整体的功能来设计和经营餐厅，这种经营方式便于管理，有利于商场或娱乐中心良好形象的树立，但风险比较大。

2．出租经营

出租经营即商场或娱乐中心根据整体功能设计，向外招租，收取固定的租金，这种经营方式风险较小，但业主和承租人很难形成风雨同舟、患难与共的经营意识，业主考虑的是更多的长期效益，而承租人考虑的是短期利益。所以采用这种方式的餐饮企业必须订立严密的合同，尽量在经营方式上达成共识。

第四节 烹饪行业协会

一、行业协会的概念和作用

（一）行业协会的概念

行业协会是由同行业的企业基于自愿的原则，自下而上组建的民间组织。在我国，行业协会是一种具有悠久历史的民间组织，其雏形是早期的商会或商行。

行业协会是一种民间组织，不属于政府的管理机构系列，是政府与企业的桥梁和纽带。根据《中华人民共和国民法典》，行业协会属于社团法人，是我国民间组织社会团体的一种，即国际上统称的非政府机构，属非营利性机构。

（二）行业协会的作用

行业协会作为政府与企业以外的“第三部门”，既是沟通政府、企业和市场的桥梁纽带，又是社会多元化利益的协调机构，也是实现行业自律、规范行业行为、开展行业服务、维持行业管理、保障行业公平竞争的社会组织。

在现代市场经济中，行业协会在增值服务、政企沟通、行业自律、力量整合、企业维权、商业协调、纠纷仲裁、国际交流、推动行业健康发展等方面扮演着不可替代的重要职能。具体体现在以下几个方面。

1．服务

在为会员企业服务方面，行业协会一是提供信息服务，降低企业信息成本；二是通过举办各种讲座、研讨会、培训班来提供培训服务，使企业员工的技能和知识不断更新；三是通过培训人员、提供信息、促进商机和辅助商务等职能，提供中介服务，为企业牵线搭桥，增加成员的交易机会；四是积极开展创业辅导、政策咨询、技能培训等服务，鼓励和支持个人创业，积极配合政府建立和经营“孵化器”。

2．沟通

行业协会作为一个“上情下达”“下情上传”的中介，发挥宏观与微观的沟通作用。政府的意愿通过行业协会转达到广大的会员，会员的想法、要求和需要通过行业协会转达到政府。行业协会也可以组织企业与政府主管部门沟通对话活动，在工商、税务、金融、资本市场、行业准入、权益保护等众多重要话题上反映民营企业的呼声。

3．整合

行业协会作为一种中介组织，要提高企业的内部资源组织化水平和外部竞争能力整合程度。从企业层面来看，行业协会可以推行客户资源共享制度，客户前来订货时由行业协会负责接待，并带领其逐户到各会员企业考察。从企业与企业之间的关系来看，行业协会应该通过功能组合，为企业的产权交易和股权转让，实施企业之间的兼并、重组，提供中介服务作用，通过增量资源与存量资源的整合，使企业迅速达到滚动式资本集聚，实现资本的扩大效应和产业集聚的规模效应，从而提高产业组织化程度，实现资本的扩大效应和产业集聚的规模效应。

4. 维权

长期以来，非公有制企业处于一种体制外生存的状态，处于弱势地位，特别是这些企业涉及法律和经济方面的纠纷问题不能够及时有效地反馈到政策的制定中，自身合法权益不能得到保障。行业协会组织作为会员利益代表，积极参与立法活动，主要是通过各类活动影响公众政策、法律的制定和结果。在非公有制经济的地位和作用、私人财产权利的法律保护、市场进入壁垒合理化等方面，行业协会负有维护会员正当合法权益的重要任务。

5. 协调

通过建立企业间和行业协会内部利益协调机制，行业协会可以在制定行业标准、协调市场、协调价格、破除贸易壁垒、规范用人制度、规范市场秩序、组织反倾销和反补贴等行动中发挥重要作用，避免或解决各行业协会组织之间、行业协会内部成员之间在竞争过程中的利益冲突，协调其成员的经营活动在不限制竞争的前提下，防止不正当竞争和抑制恶性竞争。

6. 仲裁

由于行业协会具有自律性和他律性，因此，它天生就是市场竞争和秩序规范的“仲裁者”。行业协会是一种内行人管行内事，局内人管局内事，对会员纠纷能够有效地自行调解，往往使竞争对手变成合作伙伴，在对外销售中形成合力。企业之间遇到纠纷往往公说公有理、婆说婆有理，经常争执不休。有的纠纷“上法院，似乎不值；找政府，似乎不管用；上门打一架，似乎不妥；就这么认了，似乎太窝囊……”而行业协会这些内行人和行业巨头来协调解决纠纷会起到事半功倍的效果。

7. 引导

一是作为组织的力量，引导非公有制经济健康发展和非公有制经济人士健康成长，积极发动非公有制企业参与国有企业改制和国家再就业工程，帮助非公阶层树立正确的利益观，培养爱国、敬业、诚信、守法意识。

二是依托行业协会组织中的信息优势，引导企业在对内、对外两个市场竞争中树立比较优势，在社会化大生产和专业化分工中进行准确定位，在产业结构高级化中提高创新能力，培养核心竞争力。

三是引导企业走可持续发展道路，提高企业发展素质。在无组织化力量引导的市场中，企业自身无法形成持续发展能力，行业协会要承担起企业特别是民营科技企业之间的技术转让、学术成果交流、管理经验引进的职责，通过信息、人才、金融等资源的开发，企业的文化交流，提升企业发展素质。

二、主要烹饪行业组织简介

中国范围内的主要烹饪行业组织有中国烹饪协会以及各省、市烹饪协会等；世界范围内较具影响力的有世界厨师联合会（简称“世厨联”）、世界中国烹饪联合会等。这些组织在推动行业发展、促进国际交流等方面发挥重要作用。

（一）中国烹饪协会

中国烹饪协会成立于1987年，是经国家民政部门正式批准成立的全国餐饮业行业协会，由从事餐饮业经营、管理与烹饪技艺、餐厅服务、饮食文化、餐饮教育、烹饪理论、食品营养研究的企事业单位、各级行业组织、社会团体和餐饮经营管理者、专家、学者、厨师、服务人员等自愿组成的餐饮业全国性的跨部门、跨所有制的行业组织。该协会自成立以来，在政府部门、广大企业会员和各省市烹饪餐饮行业协会的支持配合下，积极开展行业组织、行业自律、资源整合、企业维权、商业协调、国际交流、人才培训等方面的工作，为社会、政府、会员和企业服务，对促进行业进步与发展起到了积极的作用。

中国烹饪协会于1988年加入世界厨师联合会，成为第40个国家级会员单位以来，与世界上60多个国家和地区的餐饮与厨师组织建立了广泛的联系和良好的合作。每年组织国内餐饮企业相关人员到餐饮业发达国家考察交流，引进国外先进的餐饮管理经验与烹饪技术，提高国内餐饮企业的竞争力。同时，还与世界各地的中餐行业组织保持密切的联系，通过组织各种形式的行业交流和技术交流，不断弘扬中华烹饪文化，提高中餐在世界的地位和影响，为中国餐饮业的国际化和现代化进程而努力。

（二）世界中餐业联合会

世界中餐业联合会是1991年经中国政府批准成立，致力于世界中餐业发展的国际性组织，由全世界各个国家和地区从事中餐服务、中餐理论研究、中餐咨询服务及餐饮相关产业的企事业单位、社会团体和个人自愿组成，总部设在中国北京。

世界中餐业联合会秉承弘扬中华优秀饮食文化、促进全球中餐繁荣发展的宗旨，业务涵盖国际交流、教育培训、理论研讨、赛事展览、美食节庆、品牌培育、媒体宣传等多个领域。会员遍及中国、美国、加拿大、法国、英国、德国、西班牙、荷兰、意大利、比利时、瑞典、俄罗斯、捷克、日本、新加坡、马来西亚、韩国、菲律宾、斯里兰卡、澳大利亚、秘鲁、墨西哥等50多个国家。

世界中餐业联合会下设秘书处、专委会管理办公室、大型活动办公室、行业研究与品牌建设办公室、会员部、教育培训部、综合办公室（财务）、21个分支机构以及《餐饮世界》杂志社。世界中餐业联合会在弘扬中华饮食文化、推动民间国际交流、传承创新烹饪技艺、培养餐饮专业人才、提升中餐业国际地位等方面做出了卓有成效的工作。

（三）世界厨师联合会

世界厨师联合会（简称“世厨联”）的英文名字为World Association of Cook’s Societies，缩写形式为WACS，1928年在巴黎的索邦成立，是一个全球国家厨师联合会的代表组织。每个国家只能有一个厨师联合会作为代表，而且必须是具有全国性的、重要的协会才能入会。个人不能直接成为世界厨师联合会的国家会员，但是可以通过国家会员的资格参与。所有会员在经济和组织上保持独立。

世厨联由选举产生的主席团共同管理，其中包括世厨联的主席、副主席、司库、秘书长和大使名誉主席，以及由亚洲、欧洲、非洲、大洋洲和美洲的各位执委组成的执委会负责管理竞赛、教育、培训以及救灾等相关事务①。协会总部设在当选会长所在国，有一个永久办公地点设在瑞士厨师联合会。档案和财产由瑞士厨师联合会监管。官方语言为德语、英语、法语和西班牙语。

---

① 世界厨师联合会简介. 中国烹饪协会官网，2014-07-07。

迄今为止，世厨联已经发展为包括72个官方厨师协会在内的全球性协会组织。世厨联每两年举行一次的代表大会是最具影响力的烹饪活动，被誉为“世界餐饮业奥运会”，在世界烹饪中具有举足轻重的地位，迄今为止已经在全世界20多个国家和地区举办。

第五节 政府主管部门

一、主管餐饮业的政府部门

作为餐饮行业政府部门主要包括两部分：一是行政综合执法部门，如工商管理部门、卫生防疫部门、城管部门、税务部门、计量部门、物价部门、环保部门等；二是行业行政主管部门。

改革开放以来，餐饮业的行业行政主管部门经历了从国家商业部、国内贸易部到国家国内贸易局的变化。尽管政府机构不断改革，但餐饮业的政府管理部门一直较为明确，近年来，随着政府机构的进一步调整，这种归口管理逐渐淡化，直至2003年，十届全国人大一次会议批准了国务院机构改革方案和《国务院关于机构设置的通知》(国发〔2003〕8号)，决定组建商务部，作为主管国内外贸易和国际经济合作的国务院组成部门，在机构设置中设有商业改革发展司，其职能明确为：拟订国内流通服务业的发展路线、行业规划；拟订优化流通产业结构、深化流通体制改革的方针政策；拟订连锁经营企业改革；负责餐饮业、住宿业的行业管理；按有关规定对成品油流通进行监督管理。目前，商务部下设服务贸易和商贸服务业司，其业务三处的主要职能是：制定餐饮、住宿等生活性服务行业的政策、规划、法规、标准等。

二、政府在烹饪活动中的作用

在烹饪活动中，政府凭借其崇高的社会威望、强大的管理能力和丰富的行政资源，能够在烹饪事业的发展中发挥重要的主导作用。与其他烹饪主体相比，政府可以通过有效的宏观调控机制，在市场机制无法发挥作用的情况下，利用其特殊身份完成其他主体难以实现的功能。

(一)改善资源条件

改善道路、电、水、燃气、交通等基础设施，为地方烹饪活动竞争力的培育与提升提供基本前提；通过政府有关部门发布烹饪活动的动态信息，为餐饮企业提供信息服务；大力兴办厨师职业技术教育，提高职业厨师的素质，投入适当资金，为餐饮企业提供人才培训；建立区域烹饪技术创新体系，组织力量进行烹饪基础理论研究，促进产学研的合作；设立烹饪技术发展专项基金，选择部分重点企业进行直接投资，培育区域餐饮业的龙头企业；完善金融体系，为产业发展拓宽融资渠道，解决餐饮企业融资难的问题。

（二）提供良好政策环境

依据区域餐饮业的特色及其在国内外餐饮市场中的地位，制定发挥区域餐饮业优势的产业发展战略；围绕区域社会经济发展规划及餐饮业政策，制定相应的市场政策、科技政策、引资政策、人才政策等，改善区域烹饪活动发展环境。

（三）刺激和引导市场需求

通过媒体舆论，引导消费者正确的饮食消费观念；组织实施区域餐饮业的整体营销，鼓励和帮助餐饮企业在国内外市场上进行营销；在政府部门的相关网站上进行区域餐饮业烹饪活动的宣传；与行业协会合作定期举办烹饪技术比赛、美食节等，为企业营销创造条件和机会。

（四）优化市场竞争环境

建立符合市场规律的经济运行体制，保证企业充分自由竞争；通过经济、法律和行政手段为产业发展创造一个规范的市场秩序，促进自由公平竞争机制的有效发挥。加快政府职能转变，推进行政审批制度改革，释放餐饮发展活力，减轻企业行政负担；规范市场行为，保障消费者与经营者的合法权益；建立市场准入和退出机制，使产业资源得到合理配置，维护有效竞争。

三、政府促进烹饪活动的主要表现

（一）以政策的形式支持发展餐饮经济

政府既是产业发展的引导者，又是产业发展的规制者。近年来，越来越多的地方政府开始重视餐饮业的发展，认识到餐饮产业对地方经济的作用。我国各省市都相继出台了鼓励餐饮业发展的政策文件，如重庆市政府为了促进当地餐饮业发展，减轻餐饮企业负担，先后出台了《重庆市人民政府关于加快餐饮业发展推进美食之都建设的意见》和《重庆市人民政府办公厅转发市商委关于进一步加快餐饮业发展的意见的通知》，制定了支持餐饮业发展的16条政策，从而为当地餐饮业的发展营造了良好政策环境，为餐饮业持续、快速、健康发展提供了有力保障。南宁市政府发布了《南宁市人民政府关于加快餐饮业发展的意见》，要求经过10年的精心打造，把南宁建设成为在全国乃至东南亚极具魅力和较高影响力的“美食天堂”，使餐饮业成为南宁市新的经济增长点；确定50家企业作为全市重点扶持企业，以此帮助企业进一步树立品牌意识，培育一批餐饮名店，培养一批本地名厨，提升南宁餐饮业的品牌效应。为扶持餐饮企业发展，南宁市还将在税收、用地及资金等方面给予政策倾斜。如对符合条件的新办餐饮企业，3年内免征企业所得税；持有《再就业优惠证》人员从事餐饮业个体经营，在规定期限内按每户每年8000元为限额等。

（二）商务主管部门大力扶持餐饮经济

随着各地政府对餐饮经济重视程度的加大，各地商务主管部门也越来越重视发展本地烹饪事业。如2007年4月，陕西省商务厅制定了《“陕菜品牌创新工程”工作方案》，成立了由省商务厅厅长任组长的“陕菜品牌创新工程”领导小组，协调陕菜品牌发展和创新政策，制定“陕菜品牌创新工程”工作方案，全面指导陕菜品牌创新工作。并于2007年7月召开

“陕菜品牌创新工程”理论研讨会，提升陕菜品牌知名度，扩大餐饮消费，促进当地经济的发展。

2007年8月，河南省商务厅、餐饮协会等八家单位为振兴“豫菜”，联合发出了《关于振兴“豫菜”工作实施意见》，明确指出经过三至五年的努力，要力争培育一批在省内乃至在全国叫得响、能代表河南形象的“豫菜”品牌企业。为鼓励和支持品牌企业投入发展，将加大政策扶持力度，对“豫菜”品牌示范店用于公益性设施的投资，项目按照有关规定申报和验收后，可享受贴息支持或资金补贴。“首批豫菜传统菜点代表性品种”已确定，包括十大传统名菜、十大传统面点、十大风味名吃、五大传统名羹（汤）和五大传统卤味。地方商务主管部门的重视对本地餐饮经济的发展起到了重要的推动作用。为加大餐饮业人才培育，河南省举办了1949年以来最大规模的烹饪技术比赛，上千名选手同场竞技交流，省委书记徐光春特致函表示支持餐饮业做强做大。

（三）以节庆活动的形式拉动餐饮经济

许多地方的政府部门还十分重视与烹饪相关的节庆活动，并将其作为品牌活动进行打造。如每年在长沙举办的中国湘菜文化节、在苏州举办的苏州美食节、在合肥举办的中国徽菜（合肥）美食文化节、在淮南举办的淮南豆腐节等。各地的美食节庆活动，既推动了地方烹饪事业的发展，同时由于其趣味性及参与性，受到群众的广泛欢迎。

主题讨论

1. 烹饪工作者的职业特点是什么？
2. 烹饪职业道德包含哪些内容？
3. 随着烹饪机器人和机器的应用，厨师会是未来淘汰率最高的职业吗？
4. 餐饮行业的主要业态有哪些？
5. 举例说明本地烹饪行业协会的作用。
6. 烹饪行业有哪些主要政策法规？

课后推荐阅读文献

1. 朱上上，贾璇，董烨楠．家庭烹饪中的社交行为研究与设计应用［J］．设计，2019，32（23）：113-115.
2. 陈治果，吕颜峰．烹饪职业道德与素养［M］．北京：中国轻工业出版社，2022.
3. 潘江东．中国餐饮业祖师爷［M］．广州：南方日报出版社，2002.
4. 《中华人民共和国反食品浪费法》（2021年4月29日第十三届全国人民代表大会常务委员会第二十八次会议通过），人民网—人民日报，2021年4月30日。
5. 《中华人民共和国食品安全法》（2021年修订）。

04

第四章 CHAPTER

烹饪活动的客体

教学目标

◎知识目标

（1）了解厨房的演变历史、发展趋势，以及不同类型厨房（按规模、烹制风味、生产功能等）的特点、布局和环境要求。理解厨房在烹饪活动中的核心地位，以及厨房设计对烹饪效率和质量的影响。

（2）掌握食材的概念、属性（安全性、营养性、可口性、生态性、文化性）以及分类方法。理解食材博采、细分和保护的意义，以及不同地域食材的文化内涵。了解常见食材的特性、营养价值、烹饪方法和食用禁忌。

（3）了解烹饪设备器具的演变历史和发展趋势，以及不同类型设备器具（按用途、原理等）的特点、结构和功能。掌握常见烹饪设备器具的名称、用途和使用方法，以及先进设备器具的应用对烹饪技术的影响。理解烹饪设备器具在提高效率、保证质量、改善工作环境等方面的重要作用。

◎能力目标

（1）能够运用调查、观察、实验等方法，对当地的食材资源进行调查研究，并撰写调研报告。

（2）能够识别常见厨房设备器具，并熟练掌握其使用方法。

（3）能够根据不同食材的特性，选择合适的烹饪方法和设备器具，并进行合理的烹饪操作。

（4）能够运用信息技术手段，搜集、整理和分析烹饪活动客体相关的信息，并进行有效的表达和交流。

◎思政目标

（1）增强对中华优秀传统饮食文化的认同感和自豪感，树立传承和弘扬中华饮食文化的意识。

（2）培养学生的社会责任感，关注食品安全、生态环境保护等社会热点问题，并积极参与相关公益活动。

（3）引导学生树立正确的职业道德观念，例如尊重食材、注重食品安全、追求精益求精等。

（4）培养学生的创新精神，鼓励学生勇于创新，将传统烹饪技艺与现代科技相结合，推动烹饪行业的发展。

（5）培养学生的团队合作精神，在烹饪活动中学会与他人协作，共同完成任务。

思维导图

- 烹饪活动的客体
  - 厨房
    - 形态演变：历经远古“天然厨房”到当代整体厨房的6个阶段
    - 种类划分：按规模、烹制风味、生产功能分多种类型
    - 环境要求：卫生安全、布局合理等6个方面
  - 食材
    - 概念属性：是烹饪原料，有5种属性
    - 名称文化：名称复杂，含多种命名方式
    - 博采细分：范围广泛，分类方法多样
    - 资源保护：中国有传统，现状有挑战
    - 基本特点：选材广泛等4个方面特点
  - 烹饪设备器具
    - 与烹饪关系：与技术发展相关，影响产品质量
    - 各类介绍：临灶设备、切配用具等多种类别

案例导学

追逐美食就应珍惜食材

《舌尖上的中国》开播后收视率居高不下，还带火了一些地方特产的网络销售。这部纪录片不仅讲述了食物之美，也道出了食材的来之不易。我们在为一道道美味叫绝之余，不能只停留在流口水的层面，而忘记人文情怀和生态文明。

大自然孕育了人类，滋养了万物。保护自然资源，提倡生态文明，应成为现代人的一种自觉追求。有科学家推测，按照目前的捕捞规模，再过几十年，海洋里的鱼可能就会被人吃完。这深刻地警示我们，不能只向自然索取，如果把子孙后代的食材都“吃干榨尽”，人类还有什么幸福可言。

有人可能会说，这太空洞、太遥远了。实则不然，自然资源和每个人息息相关。在有限的自然资源下，很多浪费让人感到可悲可叹。对一些人而言，倒掉食物并不心疼，上很多菜不吃也无所谓。不敬畏自然，不尊重食材，恣意浪费，不仅是对辛勤劳动的亵渎，是对自然资源的破坏，更是缺少现代文明的表现。

在资源日益短缺、物种不断消亡的今天，能否留住纯朴、美味、原生态的乡愁中国，能否留住山美、水美、人更美的美丽中国，需要我们每一个人给出答案。

资料来源：桑林峰．经济日报，2014年5月8日第5版。

对于烹饪来说，食材是客体。食材的选择和利用尤为重要，新鲜、原味即珍馐。食材之于味道的重要性，清代美食家袁枚就这样说过：“凡物各有先天，如人各有资禀。人性下愚，虽孔、孟教之，无益也；物性不良，虽易牙烹之，亦无味也。”“一席佳肴，厨司之功居其六，买办之功居其四。”美食是烹饪师的心意和对食材的珍惜，忠于食材，尊重食材，才是品质生活。

在烹饪活动中，客体是居于被动地位的一方，是烹饪主体所指向的对象。烹饪活动的客体主要包括烹饪原料、烹饪设备器具和烹饪环境场所。烹饪原料就是食材，是烹饪活动的物质基础；烹饪设备器具是完成或促进烹饪活动的手段，是保证烹饪质量的技术基础；烹饪环境广义上是指围绕烹饪活动并对烹饪活动产生某些影响的所有外界事物，狭义上主要指的是厨房。

第一节
厨房

厨房是专门从事菜点制作的场所，它不仅是烹饪的舞台，更是厨师们实现梦想的地方。在国外，厨房常被形象地称为“烹调实验室”或“食品艺术家的工作室”，这充分体现了厨房在美食创作中的重要地位。

厨房的高效运作离不开专业人员、先进设备、优质原料等关键要素。首先，它需要具备专业技术的厨师、厨工及相关工作人员，他们凭借精湛的技艺和丰富的经验，将食材转化为令人垂涎的佳肴。同时，厨房还需要配备完善的设施设备、充足的空间场地、优质的原材料以及适用的能源，这些是实现烹饪梦想的基础保障。

从本质上讲，厨房的运作与工厂生产有着相似之处：烹饪原料输入其中，经过厨师的精心加工处理，最终输出为形态和质感均发生显著变化的美味烹饪产品。然而，厨房与工厂最大的不同在于，它不仅生产美食，更承载着厨师的情感与创意。在这里，每一道菜都蕴含着厨师的心血与梦想，每一次烹饪都是一场充满激情与创造力的艺术创作。厨房，无疑是厨师们实现梦想的梦工厂。

一、厨房形态的演变

中国厨房的演变历程可大致分为四个阶段：远古的“天然厨房”、古代的独立厨房、近代的厨房、当代整体厨房。远古时期的“天然厨房”以篝火为中心，体现了人类对火的初步利用。随着社会的发展和人口的增长，厨房逐渐从居住空间中分离出来，形成了独立厨房，这不仅提高了烹饪效率，也改善了居住环境。近代厨房的出现，标志着厨房功能的进一步细化和专业化。而当代整体厨房的兴起，则是现代科技和设计理念相结合的产物，它不仅提高了厨房的使用效率，也提升了烹饪的舒适性和安全性。

（一）远古的“天然厨房”

在还没有进入文明社会时期，猿人从吃生肉到吃烤熟的食物开始，第一代厨房——“天然厨房”就这样诞生了。猿人运用钻木取火的技术，在柴枝上搭起一座火堆上烤肉，吃熟食的习惯极大增强了人类体质，是人类进化的保证。

石器时代的人类主要处于游居和迁徙的状态，他们在生火炙食的时候会有较为固定的聚集点，利用火来烹饪的方式也比较简单，通常是将食物架在篝火的上方进行烧炙。由于篝火还有抵御野兽、取暖、祛湿和夜间照明等功能，因此族群夜间便会环绕在篝火四周。

（二）居室中央设立火塘

随着人类对熟食的需求越来越大，野外篝火炙食已经不能满足人类的生活需要了。原始人类居无定所的生活方式令火种的保留更加困难，因此选择一处合适的洞穴或搭建简陋的棚子来保留火种和防风避雨，成了新时期人类生活的需求。由于居住条件的限制（洞穴内空气不流通，以及棚子不便于点燃较大的火焰），远古的人类开始试图将火种保留于居室之中（图4–1）。从已有的史料记载中发现：在新石器时期，人类住宅（洞穴或棚子）的中央已有设立的火塘。火塘，又称火坑，周围是用石块裹立，中间生火，用木柴作为燃料。这样的情景已在中国上演了上千年，火塘就是厨房的雏形，至今在一些较为古老的村落里还在延续着。这种厨房用木材或者枯枝作为燃料，卫生条件极差，每每使油烟弥漫整个房间，烟熏火燎，让人难耐。

图4-1　洞穴内保留火种

（三）炉灶处于房间一隅

火塘位于住宅中央（之间并无隔断），终年不熄，导致火炭烟雾蔓延在整个住宅之中，极大地危害了人类的健康。为解决炉灶排烟及操作方便起见，火塘开始逐步由房间正中移向一角，地灶（火塘）也作相应的提高而成砖砌灶头，锅子架设在灶台上，并设有沿外墙面砌筑的烟囱，较为卫生、安全而整洁。但从根本上看，这种厨房仍从属于其他空间，未彻底解决对其他部分的干扰。如过去北方的连坑灶、南方的砖砌大灶、城镇住宅中的煤灶、煤球炉等。夏朝时期，当开始出现简易的烟囱时，厨房还是位于住宅的角落处。

（四）独立厨房的出现

由于厨房操作中有许多专用器皿、工具、粮食、原料和燃料，需要较大的存放面积。同时，也为了减少厨房对其他空间的干扰，便逐步发展到厨房从整栋房屋中分离出来，成为独立厨房。

春秋时期的住宅建筑中已经开始出现独立的厨房，《孟子·梁惠王》便有记载“是以君子远庖厨也”；直到秦代时期，独立的厨房才逐渐开始普及。独立出来的厨房，空间普遍增大，用于存储烹饪工具、餐具、食材和燃料等。在汉代，绝大部分的家庭都已经将厨房按照“庖”和“厨”分为两间；宫廷中更是将厨事精确分工，除了“庖”和“厨”之外，还有生火、清洗食材等。“庖室”主要负责对禽畜的屠宰和切配等，《庄子·养生主》记载的“庖丁解牛”便是说庖丁屠宰和切配的技术已经登峰造极的故事。同时因为刀等工具放置于庖室，所以也涉及其他类型食材的处理；许多较为讲究的家庭还将切配食材的案板分为“红案”和“白案”，红案主要用于禽畜等肉类的切配，白案则负责蔬果植物的切配，如此一来更加干净卫生。“厨室”主要负责对已经准备好的食材进行烹饪。

明清时期是中国古代厨房发展的成熟期。厨房的使用空间变大，在功能上还融入了就餐，实现了餐厨一体化。这时候的厨房灶具多采用集烧柴、烹饪、温菜、祭祀等功能于一体的高大土灶；厨房家具主要涉及餐桌、板凳、碗柜、菜柜等；另外厨房还有水缸、吊挂架、案板等。至今还能在部分老宅中见到一些保存较为完善的明清时期厨房，或从一些传世的画作之中找到较为清晰的厨房形态。

（五）整体厨房的兴起

20世纪70年代以后，人们对厨房的需求逐渐从单一的功能性需求转变为追求美观性、整体感等。国内的一些企业便开始深入研究西方整体厨柜先进的生产制造技术、加工工艺、设计开发等，其中个别企业率先开始尝试生产厨柜产品和经营厨柜业务。中国厨房的形态开始从“炉灶+水槽+碗柜”逐渐转化为集烹饪、洗涤、切配、器皿储存区和食物储存区（冰箱）五大功能区于一体的“整体橱柜”。随着社会的发展，人们对厨房越来越重视，越来越期望厨房的定制化，换言之便是对橱柜的需求量越来越大，要求也越来越高。各大橱柜企业为了平衡自身和用户之间的利益，也开始制定标准来批量生产标准柜，对个别特殊柜进行定制化生产。

现代科技的发展使工程技术人员有可能针对厨房操作各主要环节中的各种不利因素，采取相应的措施加以改善。诸如燃料废气、油烟气、水蒸气等的污染，劳动强度过高，主副食品的贮藏，环境脏乱等等问题都能妥善地加以解决，使厨房的环境有极大的改变。①

（六）智能高效精致厨房发展

随着科技的不断进步和人们对生活品质的追求，餐饮业正经历一场由技术驱动的深刻变革，其核心战场便是厨房。融合智能化、高效化与精致化理念的现代化厨房，正在重塑餐饮运营模式，提升顾客体验，并引领行业走向可持续发展的未来。

智能高效精致厨房并非对传统技艺的替代，而是对餐饮业核心价值——美味、体验与效率——的重构与升级。它通过科技赋能，在降本增效的同时，为追求卓越品质和独特体验提供了前所未有的可能。面对挑战，拥抱变革，餐饮业将在这轮厨房革命中迈向更高效、更可持续、更具创造力的未来。这不仅是效率的提升，更是餐饮业在工业化时代中对“匠心”的重新定义与回归——让科技承载标准，让人回归创造与温度。

二、厨房的种类

（一）按厨房规模划分

厨房按规模可分为大型厨房、中型厨房、小型厨房、超小型厨房等。

1．大型厨房

大型厨房是指生产规模大、能给众多顾客同时提供用餐的厨房。一般餐位在1500个以上的综合型饭店，大多设有大型厨房。这种大型厨房是由多个不同功能的厨房组合而成的，各厨房分工明确，协调一致，承担饭店大规模的生产出品工作。单一功能的餐馆、酒楼，其经营面积在2000平方米或餐位在800个以上，其厨房也多为大型厨房。这样的厨房场地开阔，大多集中设计、统一管理经营数种风味的大型厨房，多需归类设计、细分管理、统筹经营。

2．中型厨房

中型厨房是指能同时生产、提供300～500个餐位的厨房。中型厨房场地面积较大，大多将加工、生产与出品等集中设计，综合布局。

3．小型厨房

小型厨房多指同时生产、提供200个左右餐位甚至更少餐位的场所。小型厨房多将厨房各工种、岗位集中设计、综合布局，占用场地面积相对节省，其生产的风味比较单一。

4．超小型厨房

超小型厨房是指生产功能单一、服务能力十分有限的烹饪场所。比如在餐厅设置面对客人现场烹饪的明炉、明档，综合型饭店豪华套间或总统套间内的小厨房，商务行政楼层内的小厨房，公寓式酒店内的小厨房等。这种厨房虽然小，但其设计都比较精巧、方便、美观，与其他厨房配套完成生产出品任务。

---

① 张映琪，吴志军，辛林岭．中国传统厨房形态的演变历程［J］．家具，2017，38（06）：1-5+21.

（二）按烹制餐饮的风味类别划分

1．中餐厨房

中餐厨房是生产中国不同地方、不同风味、不同风格菜肴、点心等食品的场所，如广东菜厨房、四川菜厨房、江苏菜厨房、山东菜厨房、宫廷菜厨房、清真菜厨房、素菜厨房等。

2．西餐厨房

西餐厨房则是生产西方国家风味菜肴及点心的场所。如法国菜厨房、美国菜厨房、俄国菜厨房、英国菜厨房、意大利菜厨房等。

3．其他风味菜厨房

除了典型的中餐风味、西餐风味厨房，还有一些生产制作特定地区、民族的特殊风格菜点的场所，即其他风味厨房，如日本料理厨房、韩国烧烤厨房、泰国菜厨房等。

（三）按厨房生产功能划分

按厨房主要从事的工作或承担的任务，可分为加工厨房、宴会厨房、零点厨房、冷菜厨房、面点厨房、咖啡厅厨房、烧烤厨房、快餐厨房等。

1．加工厨房

加工厨房是负责对各类鲜活烹饪原料进行初步加工（宰杀、去毛、洗涤）、对干货原料进行涨发，并对原料进行刀工处理和适当保藏的场所。

加工厨房在国内外一些大型餐饮企业、大饭店中又称为主厨房、中央厨房，负责餐饮企业内各烹调厨房所需烹饪原料的加工；在特大型餐饮企业或连锁、集团餐饮企业里，加工厨房有时又被切配中心取代，其工作性质和生产功能仍基本相同。由于加工厨房每天的工作量较大，进出货物较多，垃圾和用水量也较多，因而许多餐饮企业都将其设置在建筑物的底层或出入便利、易于排污和较为隐蔽的地方。

知识链接

“硬杠杠”生效！两项中央厨房国标10月起实施

新华社北京10月1日电（记者邹多为）守护“舌尖安全”的“硬杠杠”生效！自2024年10月1日起，首批中央厨房推荐性国家标准——《中央厨房建设要求》《中央厨房运营管理规范》实施。

中央厨房，根据市场监管总局《食品经营许可和备案管理办法》中的定义，是指由食品经营企业建立，具有独立场所和设施设备，集中完成食品成品或者半成品加工制作并配送给本单位连锁门店，供其进一步加工制作后提供给消费者的经营主体。具体来看，《中央厨房建设要求》给出了中央厨房选址与总体布局、加工区场所设置、主体建设、设施设备四个方面的要求，引领中央厨房合理建设、科学投资。

《中央厨房运营管理规范》则从设施设备管理、经营加工过程、安全与追溯、应急与召回、人员管理、信息记录与档案管理，以及监督、评价与改进等方面，为中央厨房的运营管理提供指导，并对原辅料采购与验收、经营加工、检验与留样、仓储、配送、交付等环节提出具体细化要求。

据悉，此次实施的两项国家标准经市场监管总局（国家标准化管理委员会）批准，由中国饭店协会牵头制定。“这两项国家标准的实施，标志着我国中央厨房在包括选址布局等硬件方面和经营加工等管理方面的标准化将有据可依。”中国饭店协会会长陈新华说，国标作为落实反食品浪费法的重要配套措施，也将为中央厨房绿色化、集约化、智能化发展写下新注脚，推动餐饮等行业高质量发展。

资料来源：新华网，2024-10-01。

2. 宴会厨房

宴会厨房是指为宴会厅服务、主要制作宴会菜点的场所。大多餐饮企业为保证宴会规格和档次，专门设置此类厨房。设有多功能厅的餐饮企业，宴会厨房大多同时负责各类大、小宴会厅和多功能厅开餐的烹饪出品工作。

3. 零点厨房

零点厨房是专门用于制作客人临时、零散点用菜点的场所，即该厨房对应的餐厅为零点餐厅。零点餐厅是供客人自行选择、点食的餐厅，故列入菜单经营的菜点品种较多，厨房准备工作量大，开餐期间工作也很繁杂。这种厨房多设有足够的设备和场地，以方便制作和及时出品。

4. 冷菜厨房

冷菜厨房又称冷菜间，是加工制作、出品冷菜的场所。冷菜制作程序与热菜不同，一般多为先加工烹制，再切配装盘，故冷菜间的设计在卫生和整个工作环境温度等方面有更加严格的要求。冷菜厨房还可分为冷菜烹调制作厨房（如加工卤水、烧烤或腌制、烫拌冷菜等）和冷菜装盘出品厨房，后者主要用于成品冷菜的装盘与发放。

5. 面点厨房

面点厨房是加工制作面食、点心及饭粥类食品的场所，中餐又称其为点心间，西餐多叫包饼房。由于其生产用料的特殊性，操作工艺与菜肴制作有明显不同，故又将面点生产称为白案，菜肴生产称为红案。各餐饮企业分工不同，面点厨房生产任务也不尽一致，有的面点厨房还承担甜品和巧克力小饼等制作。

6. 咖啡厅厨房

咖啡厅厨房是负责生产制作咖啡厅供应菜肴的场所。咖啡厅相对于扒房等高档西餐厅，实则为西餐快餐或简餐餐厅。咖啡厅经营的品种多为普通菜肴，甚至包括小吃和饮品。因此，咖啡厅厨房设备配备相对较齐全，生产出品快捷。也正因为有此特点，许多综合性饭店将咖啡厅作为饭店内每天经营时间最长的餐厅，咖啡厅厨房也就成了生产出品时间最长的厨房。有的咖啡厅厨房还兼备房内用餐食品的制作出品功能。

7. 烧烤厨房

烧烤厨房是专门用于加工制作烧烤类菜肴的场所。烧烤菜肴如烤乳猪、叉烧、烤鸭等，由于加工制作工艺、时间与热菜、普通冷菜程序、时间和成品特点不同，故需要配备专门的制作间。烧烤厨房一般室内温度较高，工作条件较艰苦，其成品多转交冷菜明档或冷菜装盘间出品。

8. 快餐厨房

快餐厨房是一种专门生产快餐食品的场所，根据其提供的食物类型，也可归入相应的风味类别厨房中。快餐食品是相对于餐厅经营的正餐或宴会大餐食品而言的。快餐厨房大多配备炒炉、油炸锅等便于快速烹调出品的设备，其成品较简单、经济，生产流程的畅达和生产节奏的快捷是其显著特征。

三、厨房的基本环境

（一）卫生安全

厨房卫生，首先是外部环境无污染，有清洁的水源、空气、地面。在厨房内部，设备、地面应整洁、干净、易清洗，并具有抵御污染的能力。特别要防止苍蝇、蚊子、蟑螂、老鼠、蚂蚁等进入厨房，以免对食品造成污染，防止病从口入。因而，必须定时对厨房进行打扫、消毒。

（二）布局合理

厨房面积对顺利进行厨房生产至关重要，它影响到工作效率和工作质量。面积过小，会使厨房拥挤和闷热，不仅影响工作速度，而且还会影响员工的工作情绪；面积过大，员工工作时行走的路程就会增加，工作效率自然会降低。厨房面积的确定一般考虑原材料的加工作业量、经营的菜式风味、厨房生产量的多少、设备的先进程度与空间的利用率、厨房辅助设施状况等因素。在一个中型的酒店，中心厨房的整体面积一般与整个餐饮经营服务面积的比例为3∶5或4∶5，天花板与地面之间的高度为3～4米，设备之间的主要通道宽度不少于1.6米，进货口和出菜口通道不少于2.2米。

厨房应有适当的高度，一般应在4米左右。如果厨房的高度不够，会使厨房生产人员有一种压抑感，也不利于通风透气，并容易导致厨房内温度增高。反之，厨房过高，会使建筑、装修、清扫、维修费用增大。依据人体工程学要求，根据厨房生产的经验，毛坯房的高度一般为3.8～4.3米，吊顶后厨房的净高度为3.2～3.8米为宜。这样的高度，其优点是便于清扫，能保持空气流通，对厨房安装各种管道、抽排油烟罩也较合适。

厨房的空间有限，烹饪工艺需要有合理流程，因而在布局上，应按流程的顺序排列。如原料进口储藏、生料加工处理，案板设置，冷菜、热菜烹制炉灶设置，调味品的放置，炊具的放置，出菜口与进食间的联结处置，器皿盥洗间与灶台堂口的位置安排，废气、污水、下脚料和残羹的处置，都有一个“最佳”选择点问题。

（三）通风良好

厨房未充分燃烧的煤炭、燃油或城市煤气及菜肴制作过程中的热油烟气（其中含有一氧化碳、氮氧化合物、飘尘，以及致癌物苯并芘等），对人体的危害很大，直接影响厨房的清洁和厨师的身心健康。为此，必须解决厨房的排油烟和通风问题，维持良好的室内空气。

（四）光线适宜

厨房在生产时，操作人员需要有充足的照明，才能顺利地进行工作，特别是在炉灶上烹调时，若光线不足，容易使员工产生疲乏感和劳累感，产生安全隐患，降低生产效率和质量。要保证菜点的色泽和档次，厨房的灯光，不仅要从烹调师正面射出，没有阴影，而且还要保持与餐厅照射菜点的灯光一致。通常，厨房照明应达到10瓦/米^{2}以上，在主要操作台、烹调作业区照明更要加强。

（五）噪声控制

噪声一般是指超过80分贝的强声。厨房噪声的来源有排油烟机电机风扇的响声、炉灶鼓风机的响声，还有搅拌机、蒸汽箱等发出的声音，其噪声一般在80分贝左右。特别是在开餐高峰期，除了设备的噪声，还有人员的喊叫声。强烈的噪声不仅破坏人的身心健康，还容易使人性情暴躁，工作不踏实。因此，对噪声的处理也是一件很重要的工作。

（六）温度、湿度舒适

绝大多数餐饮企业的厨房内温度太高。在闷热的环境中工作，不仅员工的工作情绪受到影响，工作效率也会变得低下。在厨房安装空调系统，可以有效地降低厨房环境温度。在没有安装空调系统的厨房，也有许多方法可以适当降低厨房内温度，例如在加热设备的上方安装排风扇或排油烟机；对蒸汽管道和热水管道进行隔热处理；散热设备安放在通风较好的地方，生产中及时关闭加热设备；尽量避免在同一时间、同一空间内集中使用加热设备；通风降温（送风或排风降温）等。

湿度是指空气中的含水量多少；相对湿度是指空气中的含水量和在特定温度下饱和水汽中含水量之比。厨房中的湿度过大或过小都是不利的。湿度过大，人体易感到胸闷，有些食品原料易腐败变质，甚至半成品、成品质量也受到影响；反之，湿度过小，厨房内的原料（特别是新鲜的绿叶蔬菜）易干瘪变色。厨房内较适宜的温度应控制在冬天22～26℃，夏天在24～28℃，相对湿度不应超过60%。

第二节 食材

巧妇难为无米之炊，食材是烹饪活动的物质基础和首要条件。它不仅是味的载体、构成菜点的基本内容，而且其本身就是美味的重要来源。袁枚在《随园食单》中说：“司厨之功居其六，买办之功居其四”“物性不良，虽易牙烹之，亦无味也。”伴随着经济的发展，我国食材市场空前繁荣，具有国际性的食材大量进入，而我国具有民族性的食材也得以广泛地开发，食材从品种、规格、品质、数量等方面都有很大的发展和提高。具有时代特色的食材，与现代和传统的烹饪技艺相结合，转化成潮流美食，满足人们对饮食的物质和精神的需求。

一、食材的概念与属性

（一）食材的概念

食材是指用于烹饪加工的原材料，包括未经加工的天然食材和经过初步加工的半成品食材，但不包括可直接食用的成品食品。食材是食物原料、食品原料的简称，在餐饮业也称烹饪原料、烹调原料。如萝卜、白菜是食材，蚯蚓、蚂蚁也是食材；水是人体必需的营养物质之一，可直接饮用，又是构成食物的主要成分之一，所以水是食材。食材主要来源于动植物，如粮食、蔬菜、果品、畜类、禽类、鱼类等。但馒头、米饭、粥、蒸饼等属于可直接食用的成品食品，一般不属于食材的范围。

“食材”一词早在南宋就已出现。南宋史学家郑樵在《食鉴》四卷中倡导“食养六要”，提出了食物从选材到加工，直至入腹的整个过程的六点要求，并在不同的过程中提出了食物、食品、食材、食料、食制、食用的不同概念。“食材”一词在古代文献中较少出现，20世纪80年代以来才逐渐被广泛使用。

食材是烹饪活动的物质基础，是构成菜点的核心要素，其选择和利用直接影响菜品的质量、口味和营养价值。食材是烹饪活动的核心客体，其他客体都是为食材的加工和转化服务的。

（二）食材的属性

食材具有安全性、营养性、可口性等基本属性和生态性、文化性等衍生属性。

1．安全性

食材的安全性是指食材在合理加工和食用条件下，不会对人体健康造成危害。有些动植物体虽具有营养价值，且具有良好的口感和口味，但含有有害物质，就不能用作食材，如毒蘑菇、毒大米；有些贮存保管不善的原料因失去安全性而不能食用，如死螃蟹、死甲鱼等，就不能作为食材。

2．营养性

作为烹饪利用的食材，必须具有一定的营养价值，即含有一定的营养素。食材中营养物质含量的高低是决定食材食用价值的一个非常重要的方面。不同的食材品种各类营养素的组成和比例差别很大，通过品种和数量的选择可以使食材之间的营养得以互相补充，从而满足人体的正常需要，达到膳食平衡。

3．可口性

可口性即适口性，是指食材的口感和口味，它是影响食材食用价值高低的一个重要因素。有些东西含有一定量的营养素且对人体无害，但不一定能用于烹饪。如有些因组织粗糙无法咀嚼吞咽的老母猪肉、公猪肉，或者因本身污秽不洁、恶臭难闻的动植物。食材的口感、口味越好，其食用价值也越高。

4．生态性

生态食材是指在生产、加工、流通等环节中，遵循生态学原理和可持续发展原则，不使用化学合成的农药、化肥、生长调节剂、添加剂等物质，符合相关标准的食材。生态食材通常具有更高的营养价值和更纯正的口味。食用生态食材有利于减少化学物质对人体的危害，促进身体健康。

生态兴则文明兴，生态衰则文明衰。不敬畏自然，不尊重食材，恣意浪费，不仅是对辛勤劳动的亵渎，是对自然资源的破坏，更是缺少现代文明的表现。

5．文化性

不同国家、不同民族、不同宗教信仰和不同地域的人们，有着不同的风土人情和饮食习惯，在历史的长河中形成了具有浓厚地域特色的食材，代表着一个地方的文化品格，浓缩着一个地方的风土人情，能在一定程度上反映出某种文化的区域性。比如，提到青稞，人们往往会想到西藏的特色农业；而高粱在山东等地有着悠久的种植历史。这些食材与当地文化紧密相连，反映了一定的地域特色和文化内涵。食材文化是烹饪文化的重要组成部分，不同的食材文化孕育了不同的烹饪技法和饮食习俗。食材文化影响着人们对食材的选择和利用，例如某些食材在特定文化中被赋予特殊含义。

二、食材名称的文化现象

（一）食材名称的复杂性

每一种食材都有自己的名称，比如萝卜、白菜、豆腐、鸡鸭鱼肉等。但很多食材，存在一物多名、多物一名等混乱的现象。原因主要有三个方面：一是地域差异，不同地区对同一种食材的称呼不同；二是文化差异，不同文化背景下，人们对食材的认知和命名方式不同；三是历史演变，随着时间推移，食材的名称可能会发生变化。

一物多名，同物异名的，如：玉米，又称为玉蜀黍、苞米、苞谷、玉豆、棒子等；番茄，在我国南方称番茄，北方称西红柿；马铃薯，在我国南方称洋山芋或洋芋，北方称土豆；鳓鱼，又称响鱼、白鳞鱼，广东称鲙白鱼，山东称火力鱼，浙江称鲞鱼、福建称力鱼等；红薯也称红苕、白薯、甘薯、朱薯、金薯、番薯、红山药、唐薯、玉枕薯、山芋、地瓜、山药、甜薯等。

多物一名、异物同名的食材，如：肉桂、天竺桂、香桂、川桂等树的皮都称为“桂皮”。以张家口为集散地而得名的“口蘑”，其实包括了许多种类，其中有属于口蘑科的，也有属于蘑菇科的。属于口蘑科的种类大约有7种，属于蘑菇科的主要有4种。鱼肚又称鱼胶、白鳔、花胶、鱼鳔，是许多种类的通称，如黄鱼肚、鮰鱼肚、鳗鱼肚等。民间将石斑鱼属的40多种鱼均称为“石斑鱼”。

还有名称错乱的，如菜豆、扁豆、刀豆是三种不同的豆类蔬菜，但各地民间常将三者在名称上互相指代。“比目鱼”可泛指鲽、鲆、鳎、舌鳎四类，或仅指其中某一类或某一种。

有些食材，单从名称上看，很难知道是什么东西，若望文生义，容易导致错误理解，甚至以讹传讹，形成笑话。如西米，不是西方的小米、大米或玉米。西米也称西谷米、沙谷米、沙弧米，由西谷椰树的树干髓部提取的淀粉加工而成。淡菜，不是蔬菜，而是海产贻贝肉的熟干品，也称壳菜或青口，雅号“东海夫人”，因其味道清淡而得名。淡菜在中国北方俗称海红。由于贻贝产量大，收获后不易保存，历来多煮熟后加工成干品“淡菜”。

食材中的天鹅蛋，也不是鸟类天鹅的卵，而是软体动物帘蛤科的紫石房蛤，它的贝壳形态酷似天鹅蛋。

还有一种食材称西施舌，又名沙蛤，广泛分布于东南沿海一带的浅滩泥沙中，尤以福建出产为最。这种扇形小贝类，外壳黄褐色，顶端有点紫，没有外界干扰时，就会从壳里吐出一小截白嫩的肉来，看上去很像一条丁香小舌。宋胡仔《苕溪渔隐丛话》后集引《诗说隽永》中的话说：“福州岭口有蛤属，号西施舌，极甘脆。”

此外，马蹄，不是马的蹄子，而是荸荠。虾油、蚝油，都不是油，而是增鲜调味品。鱼肚，不是鱼的胃，而是鱼的沉浮器官，鱼鳔的干制品。

（二）以产地命名的特色食材

我国地域广袤，美食众多，其中有许多以产地命名的特色食材。比如，粮食类的有盘锦大米、武安小米、新疆木垒鹰嘴豆等；蔬菜类的有洪山菜薹、荔浦芋头、连州菜心、潍坊萝卜等；果品类的有京东板栗、宣化牛奶葡萄、赵州雪花梨等；畜禽类的有文昌鸡、清远鸡、巴马香猪等；水产类的有阳澄湖大闸蟹、盱眙龙虾、长岛海参等。

许多国家对于有特色的食材，都实行了严格的产地保护。例如，法国的AOC，也就是“原产地控制制度”，是法国原产地名称管理委员会制定的，针对特定区域的产品的一项法律证明，包括葡萄酒、奶酪、黄油和其他农产品。再比如，意大利的DOP（原产地保护）和IGP（地理名称保护），目的都是对地标特色产品进行保护。

我国也有地理标志产品保护制度。从1999年开始，我国将地理标志产品保护制度作为应对“入世”、扶优扶强的重要措施，正式予以实施。

2005年6月，为了规范地理标志产品名称和专用标志的使用，保证地理标志产品的质量和特色，国家质检总局在总结、吸纳原有《原产地域产品保护规定》和《原产地标记管理规定》成功经验的基础上，制定发布了《地理标志产品保护规定》，并于2005年7月15日开始施行。2024年1月正式公布《地理标志产品保护办法》，并于2024年2月1日起施行。

地理标志产品，是指产自特定地域所具有的质量、声誉或其他特性，本质上取决于该产地的自然因素和人文因素，经审核批准以地理名称进行命名的产品。

地理标志产品包括两部分：一是来自本地区的种植、养殖产品；二是原材料全部来自本地区或部分来自其他地区，并在本地区按照特定工艺生产和加工的产品。

国家地理标志保护产品中的食材，也可称地理标志食材，简称地标食材，它是一个国家地理、文化和传统工艺的结晶，也是食材优良品质的代表。比如，阳澄湖大闸蟹、五常大米、宁夏枸杞等等。

地理标志是保护特定地区产品的特性、声誉和其他特征的重要知识产权，对于提高产品附加值和农民收入、保障消费者权益、促进地方经济发展、保护传统文化遗产具有重要作用。

（三）外来文化与食材名称

我国食材的种类很多，其中以“胡”“番”“西”“洋”等字开头的食材反映了中外文化交流的历史。如以“胡”字命名的食材有胡瓜（黄瓜）、胡豆（蚕豆）、胡桃（核桃）、胡麻（芝麻初名）、胡椒、胡蒜（大蒜）、胡萝卜等。以“番”字命名的食材有番茄、番薯、番杏、番瓜、番椒、番木瓜、番荔枝、番石榴等。以“西”命名的食材有西瓜、西葫芦、西红柿、西芹、西番莲、西梅、西柚等。以“洋”字命名的食材有洋白菜、洋葱、洋芋艿、洋橄榄等。还有些食材，是直接以国家或地区命名的，如荷兰豆、夏威夷果等。

烹饪原料是烹饪活动的物质基础和首要条件。它不仅是味的载体、构成菜点的基本内容，而且其本身就是美味的重要来源。具有时代特色的烹饪原料，与现代和传统的烹调工艺相结合，必将转化成潮流美食，满足人们日益增长的物质和精神的需求。

三、食材的博采与细分

（一）食材博采

中华烹饪的食材范围十分广泛，究其原因，既有自然方面的，也有社会方面的。

首先，生态环境的复杂性和多样性特征，决定了食材品种分布的差异性和丰富性。中国幅员辽阔，由北向南跨越寒温带、中温带、暖温带、亚热带、热带，由东向西递变为湿润区、半湿润区、半干旱区、干旱区，高原、山地、丘陵、平原、盆地、沙漠等各种地形地貌交错。

西部黄土地、东北黑土地、南部红土地，都是世界著名的农作区；江南是著名的鱼米之乡；青藏高原、内蒙古高原是世界著名的畜牧区；云贵高原和东南山地，是世界上不可多得的生物物种基因库；渤海、黄海、东海、南海，盛产各类海鲜；河湖山林中，繁衍生长着成千上万种的动植物。正是这种地理和气候特征，造成了生态环境的区域差异，从而决定了我国食材品种分布的差异性和丰富性。

其次，中华民族具有顽强的求生欲望和可歌可泣的探索精神，主要表现在善于发现，善于创新；一物多用，废物利用；善于吸收，善于消化。

最后，中外文化交流促进了食材的引进和传播，经济发展推动了食材贸易的繁荣。

总的来说，中国食材的广泛性，是在中国杂食思想指导下，广采博取、兼收并蓄的结果，是历代劳动人民同大自然作斗争，求生存的结果，是中国饮食文化的重要体现。

（二）食材的分类

食材有多种分类方法，按食材的性质和来源，可分为植物性食材、动物性食材、矿物性食材、人工合成食材；按加工与否，可分为鲜活食材、干货食材、复制品食材；按在烹饪中的地位，可分为主料、配料、调味料；按食材的商品学特点分为粮食、蔬菜、果品、肉类及肉制品、蛋奶、野味、水产品、干货、调味品等；按食材来源，可分为农产食材、畜产食材、水产食材、林产食材、其他食材。我国的营养学家把各种各样的食物分成了五类，包括谷类；蔬菜和水果；鱼、禽、肉、蛋类；奶类和豆类；油脂类，并设计了一个平衡膳食宝塔（图4-2）。

食材细分不仅有助于更精准地选择和利用食材，提高烹饪效率和质量，也促进了烹饪技法的创新和发展。

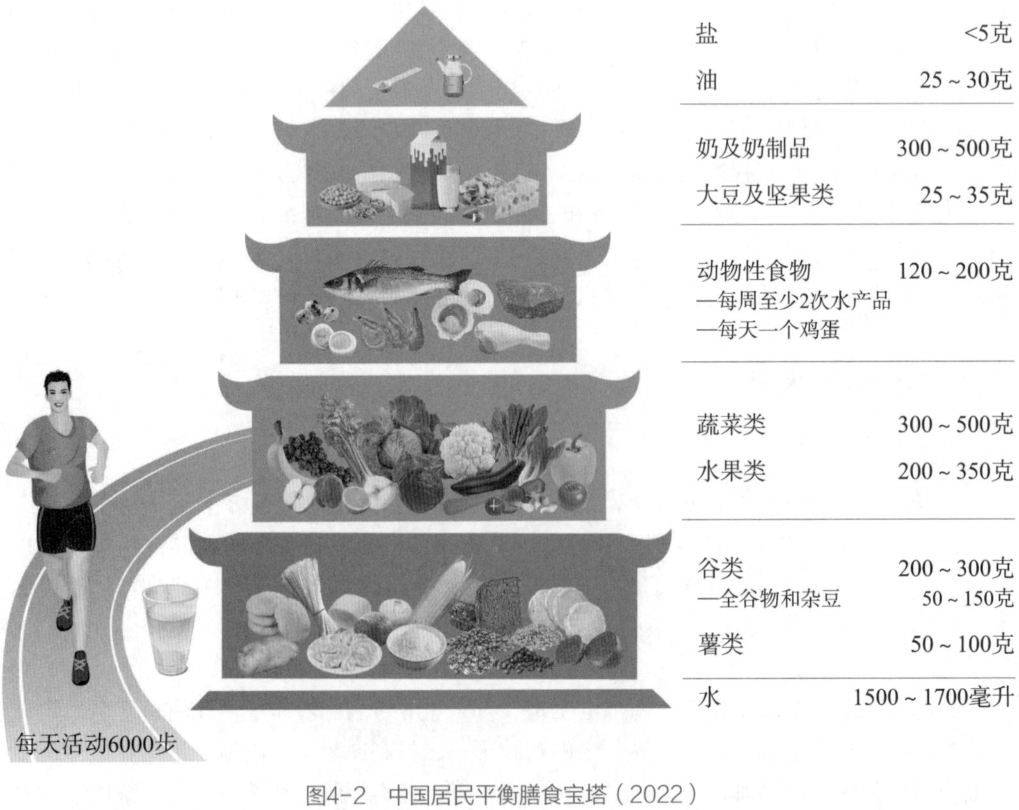

图4-2 中国居民平衡膳食宝塔（2022）

四、食材资源的保护

民以食为天，食以安为先。吃是人类最本质、最核心的刚性生存诉求。面对饮食健康这一关乎生存状态的巨大问题，我们必须以高度的责任感去思索，既要合理开发食材资源，又要加强对食材资源保护。

中国自古就有保护食材资源的优良传统。西周初年的统治者，已意识到滥捕滥杀给自然食库造成的危机，及其与国家兴亡的关系。《逸周书・文传解》："山林非时，不升斤斧，以成草木之长；川泽非时，不入网罟，以成鱼鳖之长；不麛不卵，以成鸟兽之长。"这是中国生态理论的萌芽，到今天仍有参考价值。在秦代的法律条文《秦律・田律》中，也规定了在某些季节里禁止捕猎幼兽、捕食鸟，禁止毒杀鱼鳖，设网阱等条文。

近年来，我国政府还颁布了保护野生动植物的一系列法规，规定禁猎限猎种类，设置了野生动物保护区。对某些因气候、环境或滥捕滥猎等原因，造成数量逐年减少，甚至濒于绝种的稀有动物，予以绝对保护；对某些日渐减少，而又未列入保护条例的动物，则采取了其他的相应措施。限捕限猎不仅是中国食材选择严格性的一个表现，而且与保护野生动物，维持生态平衡，保障人民生活息息相关。

大自然孕育了人类，滋养了万物。保护自然资源，提倡生态文明，应成为现代人的一种自觉追求。不敬畏自然，不尊重食材，恣意浪费，不仅是对辛勤劳动的亵渎，是对自然资源的破坏，更是缺少现代文明的表现。

五、中国食材的基本特点

（一）选材广泛，品种多样

"山中走兽云中雁，陆地牛羊海底鲜。"几乎所有能吃的东西，都可以作为中国的烹饪原料。唐段成式《酉阳杂俎》记载，"物无不堪吃，唯在火候，善均五味"。因此，很多动物、植物都曾被人们食用过，甚至一些矿产也被用作烹饪原料。历史上曾有过食用猩猩、犀牛、狼、孔雀、鹦鹉、猫头鹰、燕、大鼋、鳄和金鱼等的记载，用过的野生植物更是不计其数，矿物中的丹砂、雄黄、磁石等曾被信奉道教者视为延寿之食，麦饭石则在南北朝时已有一定的应用记录，主要用于制作药石或作为保健用品。至今，仍有若干原料为世人引以为异。如广东的龙虱、禾虫，福建的鲎、土笋，山东的蝎子、海肠子，湖北的桃花水母，江苏的豆蚕和傣族的青苔，布朗族的红土，苦聪人的松鼠等。正因中国地域广袤，选用原料又不拘一格，从而构成了中国烹饪原料广采博取的格局。

（二）精工再制、特产丰富

中国烹饪除取用天然原料外，还将天然原料进行精细加工制成新的原料，形成颇有特色的原料品种，如火腿、腊肉、风鸡、板鸭、粉丝、粉皮、皮蛋、糟蛋、榨菜、笋干菜等。这些原料不仅风味别致，历史悠久，而且各地又有特产，数量可观，质量也很优良。其中的许多品种行销海外，颇受欢迎，如豆芽、豆腐，因其利于健康，在一些国家兴起豆芽热、豆腐热；再如酱与酱油，早已传往日本等国，近年又因发现其有助于增强人体的某些免疫功能，从而使一些西方学者极为关注。这许多加工性原料，是中国烹饪原料中很富有民族特色的品种。

（三）综合利用、物尽其利

对若干天然性原料，中国常将其他国家视为废弃物或不可食的部分加以充分利用，或加工成新的原料而应用。如猪等畜兽的肝、胃、肺、心、肾、胰、脾、大小肠、膀胱、气管、食道、主动脉、筋、骨、髓、血、皮、头、尾、爪、脑、眼、耳、颚软骨、舌、鼻等，都可在中国烹调师手中制成美味食品；其他鸡等禽鸟类均可如法炮制；鱼中的青鱼肠可制成烧汤卷，青鱼肝可制成烧秃肺，还有烧头尾、烧划水、烧中段、烧肚裆、烧活络（头后一小段）、烧下巴、烧白梅（眼部的一小块肉）等。一些软骨鱼类的骨、唇、皮、髓等也都是席上珍品，还有些鱼的鳔可制成鱼肚，有些鱼的肠可制成龙肠。这是烹饪原料中又一富有中国特色的内容。

（四）追求美食、讲究养生

中国烹饪原料在漫长的发展过程中，美食与养生始终是追求的目标。美食包括味美与滋感的美。其中滋感的美可用若干珍贵原料为例，如海参、鱼肚、燕窝、蹄筋等。这些品种都富含胶质，均以其舒适的滋味、口感取胜，还有若干原料则以味与香取胜。这些味与香是形成众多不同烹饪风味流派的重要因素。

美食不仅是享受，最终须达到养生的目的。据中医药学理论，中国烹饪的每一种原料往往又是一种药材，历代本草著作对它们的性味、功效，都有经过实践后获得的养生保健知识的记述。人们常常根据养生的需要来选用原料，一方面由中医师指导人们选用；另一方面人们根据祖辈传下来的经验来选用。食品与药物有着巧妙的结合与分工，这是中国烹饪原料又一特色，是中华民族在烹调、饮食中智慧的结晶。例如豆制品，蛋白质的利用率比其原料大豆本身提高将近300%。这正是人们对烹饪原料追求美食、讲究养生所取得的成果，而中华民族以植物性原料为主体的膳食结构，又足以显示出这一追求与讲究的养生本质及其目的。

中国烹饪原料的这些特点，是使中国烹饪享誉世界的坚实丰厚的物质基础。其中的不少原料不仅早已走向世界，而且有很多原料已经引起了当今世界烹饪界、营养界和医药界的重视，甚至对它们展开了深入的研究。

第三节 烹饪设备器具

在“梦工厂”般的厨房中，食材是基础素材，而烹饪设备器具则是厨师将想象转化为现实的“魔法工具”。正如画家需要画笔与调色盘，厨师依赖锅铲、烤箱、刀具等器具，赋予食材形态、温度与风味，完成从原料到佳肴的蜕变。这些工具不仅是操作的媒介，更是灵感的延伸，让厨房的创造力得以精准落地。

一、烹饪设备器具与烹饪的关系

（一）烹饪设备器具与烹饪技术的发展密切相关

火的使用，不仅孕育了原始的烹饪，而且为后世烹饪方法的多样化积累了原始经验。同时，有了火，才可能烧制出使中国烹饪具有划时代进步的陶器，并为烹饪技术的飞跃打下了必不可少的坚实基础。

随着陶器的出现和制陶业的兴起，人们用陶器来盛装食物，便有了盛器或餐具；用陶器来加热制熟食物，便有了炊具，又由于陶器拥有远胜于石材的传热力和较高的耐火性能，可以在陶器内加水煮熟食物，就出现了严格意义上的烹饪，可见陶器的使用在中国烹饪史上具有划时代的意义。其后出现的青铜器及其在烹饪中的使用，对中国烹饪历史同样影响巨大，它既象征着中国烹饪器具已进入金属时代，也展示着中国烹饪技术从水煮汽蒸向油炸油煎过渡过程，促进了中国烹饪技术的发展和提高。接踵而至的薄型铁器的发明和使用，使众多的烹饪方法，特别是复合烹饪法得以实现；锋利的金属薄形刀具出现后，才可能有精细的刀工技法，食雕和工艺菜才开始兴起；只有石磨和机磨等加工设备的出现，才有了精制的面点和其他主食。随着时代的进步和科技的发展，新型的烹饪器具和先进的机械设备大量涌现，可以生产出灶具、调理、储藏、洗涤、冷藏、加热烘烤六大类几百种规格和品种的烹饪设备，向以手工为主的传统烹饪注入新鲜血液。

在现代烹饪加工过程中，每个加工单元都可以利用烹饪器具与设备来改进传统的烹饪技术。例如，在原料的切配环节，传统的方法是要求厨师练就过硬的刀工，才能快速切配出符合要求的原料。如果选用切配机械，不仅可以大大提高工作效率，而且可以保证切配质量的稳定性，不受厨师刀工技术的影响，使切配的原料整齐、均匀（切片厚度最小仅有1毫米）。又如，面点制品“千层酥”的制作，可以利用起酥机在4毫米厚度内叠加96层面皮，从而使制品产生更加丰富的层次，大大改善生产技术。再如烹饪加热环节，为了满足菜肴的口味外焦里嫩，可以使用万能蒸烤箱，烤出“外焦”，蒸出“里嫩”，从而改变传统的挂糊油炸方法。

（二）烹饪设备器具影响烹饪产品的质量

工欲善其事，必先利其器。烹饪设备器具的使用，有利于在烹饪加工中控制菜品的生产标准，最终保证菜品工艺质量。例如，传统的燃气、燃油设备，由于使用明火加热，火力大小靠调节油阀或气阀来控制，菜肴制作中准确的油温无法显示，只是靠经验判断火候，成品质量难以保持稳定。而使用先进的电热设备，将油温控制、炒焖的时间以及放多少调料都进行精确的设定，然后通过机械操作，真正保证菜品工艺质量的始终如一。

同时，设备的使用有利于保证菜品的卫生质量。用电热烘烤的方式代替烟熏火烤的加热方式，可以有效降低化学致癌物的产生。当然充分地利用烹饪设备代替手工操作，本身就有利于减少手工操作中引入污染物的风险。

烹饪设备还有利于改善食物的营养质量，例如，烹饪中常见的“打糁”，通过设备搅拌桨叶的高速旋转使食物组织破碎，所得的糁质感细腻，易于菜肴的制作，也有利于人体的消化吸收，而这种特殊的加工手段是手工难以达到的。再如，在热加工设备中，由于独特的加热原理，微波炉烹饪原料时，其营养素的损失是最小的，尤其是热敏性的营养素维生素C，常规加热最多只能保存30%，而微波加热几乎可以保存100%。

二、烹饪设备器具的种类

烹饪中使用的设备器具很多（图4-3），主要有临灶设备和切配用具两大类，此外还有制冷设备、清洁和消毒设备等。

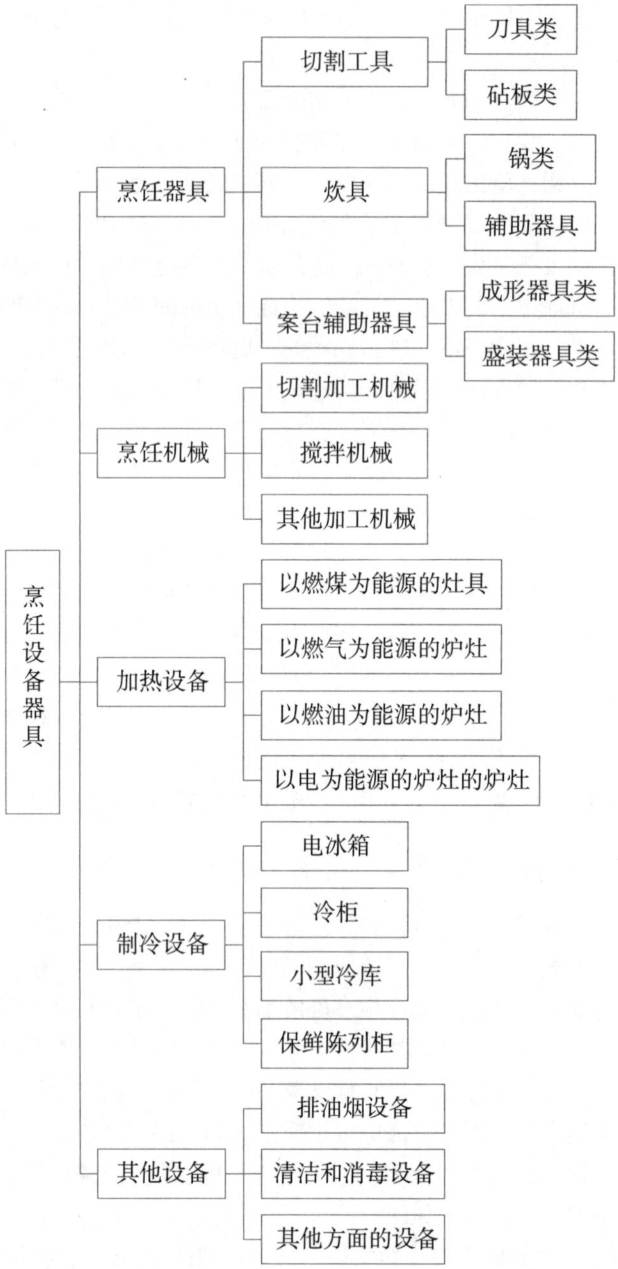

图4-3 烹饪设备器具的种类

（一）临灶使用的厨具设备

临灶使用的厨具设备是指在不同炉灶台岗位（比如灶台岗、蒸锅岗、发制原料岗等）工作中。

使用的各种烹饪设备器具以及辅助器具等。广义上它包括蒸锅、大锅灶的煮锅在内的各种加热炊灶器具；狭义上专指临灶岗位工作中所用的加热器具和辅助器具，如炒锅（炒勺）、手勺、滤器、调料罐等。

1. 炉灶设备

炉灶设备按使用热源的不同可分为固体燃料炉灶、液体燃料炉灶、气体燃料炉灶、电热炉灶和其他热源炉灶五大类。其中，固体燃料炉灶有柴草炉、煤炉、新型固体燃料炉、炭炉等；液体燃料炉灶有柴油炉、煤油炉、酒精炉等；电热炉灶较多，包括电灶、电烤箱、电磁炉、微波炉等。炉灶以节约能源和能自由控制火候者为佳。

知识链接

我国炉灶的演变史

几千年来，我们的祖先为了烹饪出美食，一直不断地探索研制炉灶，力求达到最佳的烹饪效果。正因如此，我国的炉灶有着极其漫长的发展历史。

炉火的起源——远在几万年前的人类祖先以野菜、野果、野兽肉为食，所谓“食草木之实，鸟兽之肉，饮其血，茹其毛”，说的正是那个时候。偶然一场天火，祖先们尝到了一只被雷劈而烧死的野兽，忽然发现原来被火烧熟的食物比生的更美味！从此，祖先们踏上了一条漫长的追求美味之路！

火塘时代——新石器时期的祖先们在房子中间挖坑，在其中烧火，称为火塘。每天都在家里野餐烤肉固然很有情趣，然而家里常年烟熏火燎，火力难以控制，做出来的食物总是会焦煳。

高台灶时代——经历了火塘的烟熏火燎，聪明的祖先们试着用陶土做炉灶，高出地面，从此，可移动的灶炉取代火塘。但还是没有解决食物焦煳问题，美食还是那么遥不可及。

列鼎而食时代——春秋战国时期，贵族们流行列鼎而食，料理用的炊具格外花哨，然而火候的运用并没有明显的提高，纯属大锅饭时代，食物仍充斥着烟熏味！

多灶眼时代——秦汉以后，带有排烟管道的炉灶应运而生，解决了食物的烟熏味。而且它多达6个灶眼，煲汤、炒菜可同时进行，大幅提升了烹饪效率。然而，不同的灶眼需要不同的火候，操作难度也大大提高，一不留神没掌控好火力，也只能与美味失之交臂。

风箱时代——明朝，宋应星的《天工开物》中就记载了活塞式的风箱，通过向火塘内送风，使灶火更旺盛。风箱的诞生，提高了厨房工作的效率，高台灶由单灶门向多灶门转变，同时应运而生的还有蒸笼、铁锅等普及使用。

煤炉时代——世界工业革命以后，煤的开采和使用影响着人们生活的方方面面，煤炉也随之产生，这在炉灶的发展中起到了革命性的作用，并很长时间陪伴着我们。近代中国的许多地方已经用煤炭做燃料，但灶具没有实质改变，只是加了炉条，炉膛收圆。对较小的炉灶，有的直接在上面的灶口添煤。

燃气灶时代——现代厨房时代终于到来，其实早在电磁炉出现前，燃气灶就早已出现，然而人们探索火候，追求美味的脚步从未停歇，于是燃气加热的灶具一步步地不断改进，成了绝大多数厨房的主角。在1980年之前，中国燃气事业的发展处于起步阶段，所以那个年代的燃气灶产品结构非常简单，功能也非常单一，就是人们所说的铸铁灶。点火方式也非常落后，用的是火柴点燃方式。随着改革开放的浪潮，国外燃气灶不断涌入中国，中国燃气灶企业从几家扩张到几百家的规模，带动了中国燃气灶的进化，在材质上由“铸铁”演变为“不锈钢”；在点火方式上，由“火柴点火”演变为“压电陶瓷式点火”和“脉冲式点火”两种；在燃烧系统上，不断提升热效率。

电磁炉时代——20世纪90年代，智能型电磁炉登场，不仅火力可大可小，而且可以定时，打个比方，如果你想煲2个小时的汤，只要定时2小时，它就能自动烹饪，自动调节火候，自动结束烹饪。然而受限于工艺和技术的瓶颈，电磁炉普遍采用疏绕线圈盘，它的火力疏疏散散，加热非常不均匀，以至于做出来的食物不是半生不熟，就是焦焦煳煳。

21世纪高速发展的现代社会，厨房的发展更是日新月异，各种现代化厨房设备进入了人们的生活，涌现出电磁灶、太阳灶、微波炉等多种新型灶具。

2．锅具

锅是用于煎、炒、烹、炸、烧、扒、炖、蒸等各种烹调方法的加热工具。按质地可分为铁锅（生铁锅、熟铁锅）、铜锅、铝合金锅、不锈钢锅、砂锅、搪瓷锅等；按用途可分为炒锅、蒸锅、卤锅、汤锅、煎锅、笼锅、火锅、压力锅等。此外，炊灶具合一的电锅、微波炉也属此类。

3．其他器具

其他器具是指在临灶烹饪过程中使用的烹调辅助器具，如手勺、手铲、锅刷子、锅勺枕器、锅盖、钩、叉、签、筷、铁丝网、油罐、漏勺、笊篱、罗筛、调料罐等。

（二）切配用具

切配用具主要包括刀具、磨刀石、砧板、案板等。

1．刀具

刀具指专门用于切割食物的工具，其种类繁多，形状各异。除了一些专用刀具，如雕刀、刮刀、刨刀、涮羊肉刀、烤鸭刀等，最常见的刀具（俗称菜刀）大致可分为四类，即片刀、切刀、砍刀、前切后砍刀。在使用时，应保持刀具锋利，每隔一段时间要进行磨刀。每次使用后必须擦洗干净，挂在刀架上以免生锈，且刀刃不可碰到硬物上。

2．磨刀石

磨刀石主要有粗磨刀石和细磨刀石。粗磨刀石的主要成分是黄砂，因其质地粗糙，摩擦力大，多用于给新刀开刃或磨有缺口的刀。细磨刀石的主要成分是青沙，颗粒细腻，质地细软，硬度适中，因其细腻光滑，刀经粗磨刀石磨后，再转用细磨石磨，适于磨快刀刃锋口。这两种磨石属天然磨石。还有采用金刚砂合成的人工磨刀石，同样有粗细之分，也有人称之为油石。

3．砧板

砧板属切割枕器，是指对烹饪原料加工时使用的垫托工具，包括砧墩和案板。砧板的种类繁多，主要有天然木质、塑料、复合型制品三类，通常使用天然木质的。砧板还可分为生食砧板与熟食砧板。近年来，英国生产出一种以耐震的天然橡胶为原料制成的无声砧板，不仅切剁时无声，且不易因刀刃滑动而伤到手指，切完后还可把砧板对折存放，安全且实用。砧板在使用时应保持其表面平整，且保证食品的清洁卫生；使用后要及时刮洗擦净，晾干水分后用洁布罩好。

（三）烹饪加工机械

在现代厨具设备中，食品加工机械占有重要位置，它大大减轻了厨师的劳动强度，使工作效率成倍增长。包括初加工机械、切割加工机械、搅拌机械等。初加工机械主要是指对原料进行清洗、脱水、削皮、脱毛等设备，如蔬菜清洗机、脱毛机、蔬菜脱水机、蔬菜削皮机等。切割加工机械主要有切片机、锯骨机、螺蛳尾部切割机等。切片机采用齿轮传动方式，外壳为一体式不锈钢结构，维修、清洁极为方便，所使用的刀片为一次铸造成型，刀片锐利耐用。切片机是切、刨肉片以及切脆性蔬菜片的专用工具。该机虽然只有一把刀具，但可根据需要，调节切刨厚度。切片机在厨房常用来切割各式冷肉、土豆、萝卜、藕片，尤其是刨切涮羊肉片，所切之片大小、厚薄一致、省工省力，使用频率很高。搅拌机械主要有绞肉机和多功能搅拌机。绞肉机由机架、传动部件、绞轴、绞刀、孔格栅组成，使用时要把肉分割成小块并去皮去骨，再由入口投进绞肉机中，启动机器后在孔格栅挤出肉馅。肉馅的粗细可由绞肉的次数来决定，反复绞几次，肉馅则更加细碎。该机还可用于绞切各类蔬菜、水果、干面包碎等，使用方便，用途很广。多功能搅拌机结构与普通搅拌机相似，多功能搅拌机可以更换各种搅拌头，适用搅拌原料范围更广。

（四）菜点盛装器具

我国菜点的盛器种类特别多。按质料的不同分，有瓷器、陶器、玻璃器皿、搪瓷器皿，以及铜器、锡器、铝器、银器、不锈钢器皿等。其中以瓷器应用最为普遍。实际应用中，一般按盛器的形状和用途将它们分为盘、碟、碗、盆、锅、钵、铁板、攒盒、竹器、藤编等。其中以盘的种类最为丰富，有平盘、凹盘等品种；有圆盘、腰盘、长方盘、异形盘（如船形盘、叶形盘、方形盘、蟹盘、鸭盘、鱼盘盛器）等形状。碗有汤碗、蒸碗（扣碗）、饭碗、口杯；锅有品锅、火锅、汽锅、砂锅。每一种又有型号不一的各种规格。

主题讨论

1. 厨房的起源和发展历史是怎样的？
2. 厨房的种类、布局和环境要求有哪些？
3. 食材的博采、细分和保护有什么意义？
4. 烹饪设备器具在烹饪中有哪些重要性？

课后推荐阅读文献

1. 俞为洁. 中国食料史［M］. 上海：上海古籍出版社，2011.
2. 刘文斌. 中式菜肴食材数据集的构建及其分类算法研究［D］. 武汉：武汉轻工大学，2019.
3. 张映琪，吴志军，辛林岭. 中国传统厨房形态的演变历程［J］. 家具，2017，38（06）：1-5+21.
4. 王侨，沈灿铎，刘永新等. 电磁烹饪设备发展现况分析［J］. 粮油食品科技，2023，31（03）：112-119.
5. 曹仲文. 烹饪工程与设备［M］. 北京：中国纺织出版社，2021.
6. 张景明，王雁卿. 中国饮食器具发展史［M］. 上海：上海古籍出版社，2011.

05 第五章 CHAPTER

烹饪工艺

教学目标

◎知识目标

（1）精准阐述烹饪工艺的概念，深入分析其即时性生产、手工操作为主等特点，并能结合实例说明。

（2）详细解析烹饪工艺流程的概念，准确识别中国烹饪工艺一般流程中的各环节，理解其构成要素的相互关系。

（3）深入理解烹饪工艺安全卫生、五味调和等基本原理，能剖析这些原理在烹饪过程中的具体应用。

（4）系统阐述烹调方法的分类依据，准确描述各类烹调法（如热菜、冷菜、面点烹调法）的特点，并能区分不同烹调法的差异。

◎能力目标

（1）准确识别并阐述烹饪工艺中食材、厨者、厨具等核心要素，能根据不同烹饪需求合理选择和运用核心要素。

（2）运用所学知识，从安全卫生、营养保健等方面，对中国烹饪的基本原理进行深入分析，并能针对实际烹饪案例提出合理的改进建议。

◎思政目标

（1）通过了解烹饪工艺的发展历程和文化内涵，树立探索烹饪工艺奥秘的志向，培养对烹饪行业的热爱与专注精神。

（2）在学习烹饪工艺的过程中，激发对烹饪技术的兴趣，增强对中华优秀传统饮食文化的认同感和自豪感，树立传承和弘扬中华饮食文化的意识。

（3）培养学生的创新精神和工匠精神，鼓励学生在烹饪工艺中勇于创新，追求精益求精的品质，同时注重团队协作，在实践中学会与他人合作完成烹饪任务。

（4）引导学生关注食品安全、生态环境保护等社会问题，培养社会责任感，在烹饪活动中践行绿色烹饪理念，养成节约食材、注重环保的良好习惯。

思维导图

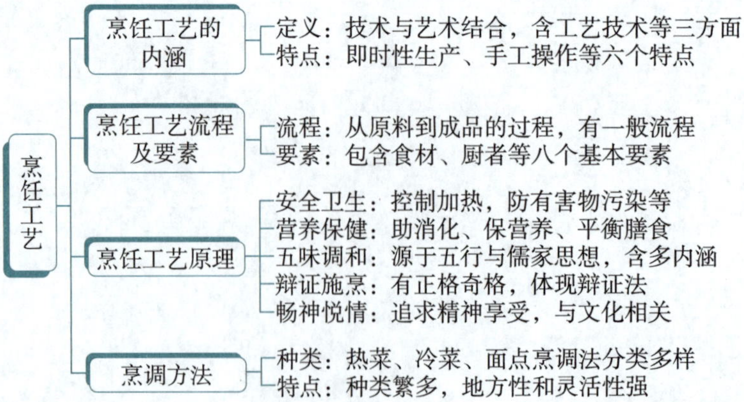

案例导学

当传统遇上科技：预制菜的守正与创新

近年来，预制菜市场规模迅速增长，《2023年中国预制菜产业发展蓝皮书》显示，2023年中国预制菜市场规模为5165亿元，到2026年有望超过10720亿元。随着各省市出台相关的预制菜政策和措施，不断有多元化的企业跨领域入局，挖掘特色食材、传统美食和菜系文化，发展的模式各有不同。归因于政府层面的大力引导，相较于之前的自我萌芽和无序生长，预制菜产业逐渐走向了务实与创新。

菜肴本是餐饮界的主业，但“宅经济”“懒人经济”的兴起，加上传统菜肴工业化转移技术的进步，让我们在家只需稍微动手，就能客串一把“星级大厨”，在朋友家人的崇拜目光中将美食大餐端上桌。

中餐文化内涵丰富，无论哪个菜系都有经典菜品与历史掌故，品尝美食既是口腹之享，更是品味文化、解读传统。现代科技是解决理论和实际问题的一种方法与手段，善于改造事物，当传统遇上科技，必然擦出创新的火花。

创新在很大程度上丰富了预制菜的内涵，增强了预制菜的实际价值——新技术是产业内生创新的破题之道，新模式是业界提质增效的发展方向，新理念让市场接受变得更容易。随着发展的持续推进，预制菜却时不时被拎出来讨论：产品单一、风味雷同、营养流失、安全焦虑……最后的矛盾又转回产品，产品才是最核心要素。

用科技创制精品，让预制菜产业走向更大的未来，这是江苏预制菜产业的发展之路。预制菜发展也是一个在继承中发展、在守正中创新的过程，只有在创新基础上的守正，才能与时俱进、推陈出新；而守正基础上的创新，才能源远流长、行稳致远。

预制菜将手工制作的菜肴转化为工业食品，复热后的保真还原度与现场烹调的美食还有一定差距，而越是崇尚本源风味的菜肴，在产品还原上就越是困难。

通过科技创新，未来的预制菜会朝着用料优质、风味自然、营养丰富的方向发展，但当下我们必须承认工艺转化的艰巨性，抛开餐饮与工业食品的标准差异不谈，单要把依靠厨师个人技艺的“小锅炒”转变为依赖标准参数控制的“大锅造”，还要保持色香味形不变，难度可想而知。

当一包预制菜在微波炉“叮”声中重现经典风味，当流水线上的标准化生产试图复刻大厨的“锅气”，我们不禁思考：传统烹饪的精髓如何在工业时代延续？预制菜的爆发式增长，既展现了科技对餐饮业的颠覆性改造，也暴露了标准化生产与手工技艺之间的鸿沟。

案例中提及的“保真还原度不足”“小锅炒变大锅造”等难题，本质上是烹饪工艺从经验传承向科学转化的挑战。火候的毫厘把控、调味的精准配比、食材的质地变化，这些依赖厨师感官与经验的技艺，如何在工业化中被解构、量化并重构？这不仅关乎预制菜的未来，更触及中华饮食文化传承的核心命题。

本章“烹饪工艺”将带你回归烹饪的本质，从食材的选择与处理，到烹饪方法的运用；从传统烹饪技艺的传承，到现代科技在烹饪中的应用；从单一菜肴的制作，到整个餐饮产业的发展。我们将一起走进烹饪的世界，感受它的魅力，理解它的复杂，探索它的未来。

资料来源：江苏省预制菜产业创新联盟，2023-09-09。

烹饪工艺技术的复杂性表现在很多方面，例如淮扬名菜清炖狮子头，光是狮子头的制作，就至少有选料、预处理、制馅、定型、蒸制等工序，还不包括辅料应用、工艺参数优化，甚至风味发育等新技术的应用，多方面的复杂构成了预制菜产品生产复杂性的组合。

当然，理解预制菜科技创新的复杂性，我们也要有信心，不要急于求成，让我们的节奏适当“慢”下来，多担一点研发投入的容错空间和沉没风险，聚焦有市场价值的经典名肴，把产品做厚、做透、做强，让精品预制菜的良好口碑提高消费端的认可度和接受度。

第一节 烹饪工艺的内涵

一、烹饪工艺的定义

要理解烹饪工艺的内涵，首先必须理解什么是工艺。在英语中，工艺和技术是同一个词technology，也就是说，简单地看工艺即技术。但是，从工艺在实际生产过程中的作用来看，此时的“工艺即技术”中的“技术”应作广义的理解。一般来讲，工艺不仅指将原料转变为现实产品所要采取的技术手段，而且也包括在原材料、半成品变成产品过程中使之达到产品要求的方法和过程。因此，工艺实施的全过程实际上可以说已经包含了产品从投入到产出的全过程。

烹饪工艺是人类在烹饪活动中积累起来并经过总结的操作技术经验，是烹饪技术的积累、提炼和升华，是有计划、有目的、有程序地利用烹饪工具和设备对烹饪原料进行初加工、切配、调味、加热与美化，使之成为能满足人们生理需求和心理需求的菜肴、面点等成品的工艺过程。烹饪工艺包括两方面内容：一方面是“工”，即烹饪技术；另一方面是“艺”，即烹饪艺术，两方面都与科学结合，形成科技与艺术的统一，成为完备意义上的烹饪工艺。

二、烹饪工艺的特点

烹饪工艺与食品工程既有区别，又有联系，有时还相互交叉（图5-1）。烹饪工艺侧重于手工操作和艺术性，注重菜品的色香味形；食品工程则侧重于工业化生产，注重效率和标准化。两者在现代食品加工中相互补充，例如预制菜的生产就是将烹饪工艺与食品工程技术相结合的产物。烹饪工艺是食品工程得以产生和发展的基础，它与食品工程相比，主要有以下特点：

（一）即时性生产

所谓即时性生产，通俗地说就是现制现食。成品一旦生产出来，其与消费间隔的时间很短。这一特点与食品工程相比较非常明显。

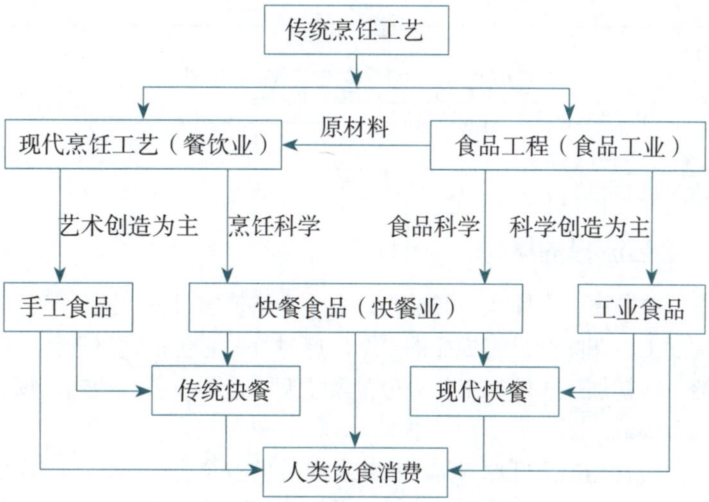

图5-1 烹饪工艺与食品工程的关系

（二）手工操作为主

食品的机械化和自动化程度甚高，故而其效率也比烹饪工艺要高。但烹饪工艺的手工操作特性又是其必然的特点，它与烹饪工艺产品的多样化和操作的经验性相适应。

（三）工艺的灵活性

烹饪工艺有很大的灵活性，受加工的条件、原料品种等的影响和限制较小。烹饪工艺可以在设备齐全的大饭店厨房里进行，而在设备简单的家庭小厨房里也能做出美味的肴馔，即使在偏僻的乡间村寨，也能偶尔品尝到人间至味。

（四）原料的广泛性

烹饪工艺的灵活性较高，通过一套基本器具可以适应多种原料的加工需求，但同时也依赖于食材的选择、厨师的技艺和经验等因素。人们对日常饮食的多样性需求，首先是以原料品种的多样性为前提的，从这个意义上说，烹饪工艺的主导地位是其他的食物加工技术所难以取代的。

（五）产品的多样性

烹饪工艺产品种类和品种的多样性，给其自身的机械化和自动化带来了一定难度。一条食品工程生产流水线，一般只能生产一个种类或一个品种的产品；而一个厨房往往要能生产出几百个不同种类的产品，才能适应市场的需求。

（六）质量控制的模糊性

烹饪工艺产品的质量控制在传统上具有一定的“模糊性”，难以像食品工程那样完全量化。然而，随着现代技术的应用，烹饪工艺也在逐步引入标准化和量化控制手段，以提高产品质量的稳定性。

第二节 烹饪工艺流程及要素

一、烹饪工艺流程

（一）烹饪工艺流程的概念

流程是做事情的顺序，有输入，有输出，是一个增值的过程。烹饪工艺流程是指从原料选择、预处理、加工、调味到最终成品的整个生产过程，它包括食材选择、初步加工、干制原料涨发、鲜活原料初加工、解冻工艺、分割及成型、组配工艺、加热调味、冷却、改刀、盛装、点缀等多个环节。

烹饪工艺流程，就是把烹饪原料加工成成品菜肴的整个生产过程。它是根据烹饪工艺的特点和要求，选择合适的设备，按照特定的工艺顺序组合而成的生产作业线。具体烹饪产品的生产必须通过若干不同工序的有序组合才能完成，这种根据一定的目的而形成的工序的有机组合，即构成了一个完整的工艺流程。烹饪工艺流程随具体成品的要求而定。烹饪工序是烹饪工艺流程中各个相对独立的加工环节，不同的工序有不同的目的和操作方法。

（二）中国烹饪工艺的一般流程

一个烹饪工艺流程的形成，不是随心所欲的简单工序的拼凑，而是根据一定的加工要求，选择适合的加工条件，采用恰当的工序组合形式而形成的。一个烹饪工艺流程实际上就是不同烹饪工序间的恰当的组合形式，它应该有明确的烹饪目的。为达到不同的烹饪目的，需要对不同的烹饪工序进行组合；为了实现不同的烹饪工序的目的，就需要选择相应的加工条件。

每个具体的菜式均有与之相对应的基本工艺流程。每一个具体产品的加工制作则是在基本工艺流程的基础上加以一定的工序组合来完成的。中国菜点风味流派众多，品类繁杂，其制作工艺流程一般随具体成品的要求而不同。中国烹饪工艺的一般流程见图5-2。

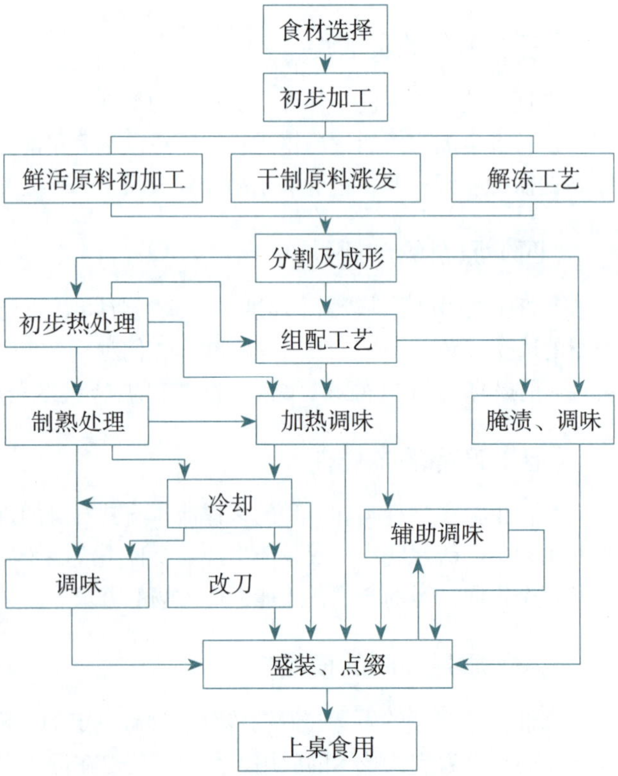

图5-2 中国烹饪工艺的一般流程

二、烹饪工艺要素

烹饪工艺要素是实施烹饪工艺所必须具备的基本因素，主要包括选料、刀工、火候、风味调配、勺工、盛装等。

（一）食材

俗话说“巧妇难为无米之炊”，没有食材，再高明的厨师也做不出什么菜点。从烹饪工艺的角度研究食材，关键问题是三个：一是选择食材范围；二是选择食材的原则，三是选择食材的方法。

中国的食材范围极其广泛，唐代段成式的《酉阳杂俎》中就说“物无不堪吃，唯在火候，善均五味”。自古以来自然界的诸多动植物都曾是中国人的桌上之食，而一些矿物质则被信奉道教或道家炼丹术的人当作了灵丹妙药。此外，一些一般人看来难以入口的东西，却是某些地区/人群所欣赏的美味。不过，曾经是桌上美味的不少食物，现在已看不到或很难看到了；而正在被一些人食用的美味，是本不该放上餐桌的。

选择食材要遵循因时、因地、因质、因菜、因人以及宗教信仰、国家法律法规和维护生态平衡的原则。

选择食材的方法有两种：一是根据一定的要求选择合适的食材；二是根据一定的食材选择恰当的加工和烹调方法。在具体的选择过程中，主要是对食材的品种、质量、数量和形态进行确定。

（二）厨师

在物质条件具备了之后，厨师的能耐将决定烹饪产品的优劣。同样的食材，在不同的厨师手中做出来的菜肴是不一样的。但是，要成为一个好厨师并非易事，要成为一个有创造力的厨师则更难。

要成为一个好厨师，既需要天分、钻研和勤劳，也需要师承和经验，更需要对烹饪艺术的热爱和敬业。一般说来，没有10年、20年的工夫是很难有所成就的。时下年纪轻轻就被冠以“名厨”“大师”头衔的厨师实在不少，但名副其实者不多。袁枚在《随园食单·戒单·戒苟且》中一段话虽然说得有些刻薄，且对厨师有不敬之嫌，但其所说的道理还是值得今天从厨之人深思的。其文云：

“凡事不宜苟且，而于饮食尤甚。厨者，皆小人下材，一日不加赏罚，则一日必生怠玩。火齐未到而姑且下咽，则明日之菜必更加生。真味已失而忍含不言，则下次之羹必加草率。且又不止空赏罚而已也。其佳者，必指示其所以能佳之由；其劣者，必寻求其所以致劣之故。咸淡必适其中，不可丝毫加减；久暂必得其当，不可任意登盘。厨者偷安，吃者随便，皆饮食之大弊。审问、慎思、明辨，为学之方也。随时指点，教学相长，作师之道也。于味何独不然？”

袁枚批评俗厨之辞显然有些过激和不当，但袁枚对于好厨师还是能友善对待的。否则，大概也不会写下中国历史上第一本厨师传记《厨者王小余传》。[①]

---

① 李维冰，华干林. 中国饮食文化概论［M］. 北京：中国商业出版社，2006：164.

（三）厨具

工欲善其事，必先利其器，烹饪亦然。出神入化的庖丁解牛固然得益于庖丁对牛骨骼和筋络的透彻了解，但如果没有锋利的刀刃恐怕也无济于事。

不同的炉灶适用于不同的烹调方法，炉灶是否安全、高效、好用，直接影响烹饪工艺的实施。如果炉灶不能得心应手，厨师的技艺就难以正常发挥。厨师外出表演或参加比赛时先须“试灶”，便是这个道理。

不同的炊具有不同的效用，可以形成不同的技法。作为生产工具，炊具属于生产力的范畴；它在烹饪工艺中往往是最活跃、最有创造性的因子，可以引起连锁反应。

比如，勺工是中国烹饪特有的一项技术，它把烹饪工艺过程中的加热、调味、勾芡等各道工序巧妙有机地结合起来，要求操作者既要顾及锅具的特点，又要考虑到火力的情况、温度的变化以及烹饪原料的变化，依法（技法）使力施艺，实施烹与调的活动。勺工包括晃勺、翻勺、出勺三大环节，其中翻勺是最重要的环节。

中国厨师做菜时，其所用的传统工具主要是一把好刀和砧板，再加上炒瓢（锅）、汤锅、手勺、漏勺和蒸笼等器具。简约是非常明显的，但当烹饪要求越来越高时，简单化而形成的“掣肘”也就无法避免。近年来中式厨具的面貌大为改观，现在的中式厨房与传统的厨房相比已不可同日而语，厨炊具的专用化、机械化、电气化、自动化已是大势所趋。

知识链接

优美潇洒大翻勺

翻勺技法是我国厨师的独特创造，翻勺技法的优劣高低直接影响着菜肴烹制的成败。翻勺的方法多种多样，而其中的大翻勺则难度最大，历来受到厨师的重视。

所谓大翻勺，就是把炒锅（勺）中的原料一次翻个底朝天（即一次性全部翻过来），并保持形整不散。它讲究上下翻飞，左右开弓，要求整个动作灵活敏捷、稳准协调、优美潇洒。我国厨师在长期的烹调实践中，总结出了各种各样的大翻勺方法，并赋予它不少趣称，现介绍如下。

怀中抱月：也称“百鸟朝凤”，即通常所说的前翻（顺翻）大翻法。具体方法是；先将炒锅放在炉口边晃动，使原料在锅内旋转，边晃勺边拉向胸前，让肩部放松，肘与臂的夹角为45°~90°，然后迅速向前上方推送到一定高度（约与眼部同高），顺势将炒锅的前端向里猛勾一下，使原料脱锅而出，在空中整体翻转180°自动落下，随即用锅将已翻身的原料接住，并顺势下移一段距离至胸前。

珍珠倒卷帘：这种翻法也称“逆水推舟”，实际上就是通常的倒翻（后翻）大翻勺。即先晃炒锅，使原料在锅中旋转起来，待转至或接近锅柄位置的一瞬间，将炒锅突然后拉（拉的同时使前端略低），再把后端猛地抬起，并同时将炒锅向前方推送，这样，原料即从锅柄处抛起，向前翻过，这时再将锅的前端抬起接住原料。

白鹤亮翅：也称“空中摘月”“九霄通天”翻勺法，即左侧大翻勺。方法是：左手握炒锅，晃动原料，然后将炒锅向左前上方轻松提臂，把炒锅举过头顶，伸展左臂与身体呈45°角，随即抖腕，向上抛送，借用腕力和臂力将原料腾空向上而起，来一个180°的大翻身，同时，轻轻收腕，把原料稳稳接住，顺势下移一段距离，使原料整齐地光面朝上落入炒锅中。

顺手牵羊：就是右侧大翻勺。方法是：先将原料在锅中晃动，然后将炒锅向右前上方举起，伸展左臂，就势抖腕，使原料从锅中右侧抛起，翻转，再准确地接住原料，顺势下移至胸前。

当天划月：这种方法是右侧大翻勺的变化形式，不同处是其运动幅度更大，原料随炒锅从胸前至右前上方，从右前上方弧行至左前上方，然后再行至胸前。具体方法是：先使原料在炒锅中逆时针旋转，然后将炒锅迅速推送至右前上方，左臂伸直，抖腕，使原料从炒锅右侧向上翻起，这时炒锅要紧随原料向左运动的方向向左运动（以左臂为半径在头部前上方弧形），待至左前上方时稳稳接住原料，就势移至胸前即可。

海底捞月：这种大翻勺方法称上翻下接法，也称大拉勺技法。就是先晃动原料，欲翻勺时，将身体后移蹲成骑马蹲裆式（或左脚退后半步，右腿下蹲），迅速把炒锅从灶上顺势拉下，当锅即将触地面的一瞬间，马上提起，整个原料便从前往后翻了过来。

以上介绍的是几种常见的大翻勺方法。当然，大翻勺的方法也没有固定不变的模式，其运用之妙，存乎一心，具体采用什么方法，随各自的习惯和实际效果而定。

资料来源：冯旭. 中国烹饪. 1996（7）：23-24.

（四）刀工

刀工是根据烹调和食用的要求，使用各种不同的刀具，运用各种不同的刀法将不同质地的烹饪原料加工成特定形状的一项技艺。俗话说“三分灶，七分案”“良厨一把刀”，这话虽有些夸张，但确也道出了刀工在烹饪中的重要作用。精妙绝伦、变幻无穷的刀工艺术，赋予了中国烹饪艺术旺盛的生命力。

通过刀工的作用，可以使原料便于成熟、便于入味，使菜肴便于美化造型，可以改进菜肴的质感，丰富菜点品种。

刀工操作时要注意安全卫生，与烹调密切配合，做到均匀整齐，物尽其用，综合利用。

（五）配菜

配菜又称配料，就是根据菜肴的质量要求，把各种加工成形的原料加以适当的配合，使其可以烹制出一份完整的菜点，或配合成可以直接食用的菜点的过程。

配菜分为生配和熟配。前者主要用于制作热菜，是刀工与烹饪之间的承接环节；后者主要用于制作凉菜，是刀工与烹饪之后的收束环节。尽管二者顺序和作用不同，但都能使菜点定量、定质、定级和初步定形。原料怎样组配，就得怎样制作，确定配什么，做什么，配多少，做多少。所以，配菜就是确定各类原料的组合比例，完成菜点的设计过程。

配菜在烹饪工艺中具有重要作用，它不仅可以奠定菜肴的质量基础和风味基础，还能使菜点的营养价值基本确定，控制菜点的成本。此外，配菜还是菜点创新的基本手段之一。

配菜一般包括原料色彩的组配、滋味的组配、形状的组配、质地的组配、营养的组配和性味的组配等内容。

（六）火候

火候就是根据烹饪原料的特点及烹饪方法和食用的要求，通过一定的烹制方式，在一定时间内给予烹饪原料的热量。这些热量能使原料分子在规定的高温中按规定时间作高速运动，从而产生物理变化和化学反应，完成由生到熟的质变。如果加热量把握得准确，就可以排异味、增鲜香、改善原料组织、促使养分分解、味料均匀吸附，制出理想的菜品。

“火候”这个词，本义就是指火力大小久暂的“度”。先秦叫作“火齐”,《周礼·月令》讲酿酒中一个重要条件是“火齐必得”。《吕氏春秋·本味》篇说：“凡味之本，水最为始。五味三材，九沸九变，火为之纪。时疾时徐，灭腥去臊除膻，必以其胜，无失其理。”就是讲在水、五味、火三者之中，用火是个“纲”，原料异味的消除，美味的产生，靠用火实现。

一般情况下所说的火候，指的是“最佳的火候”，即把烹饪原料烹制到最理想的程度。所谓理想的程度，有内外两层意思：就外在来说，就是多少原料需要多少热量，达到多高的温度，才能烹熟烹饪原料，这一程度是可以精确计算出来的，如现在的微波烹饪，红外线烤箱烹饪等都可如此。至于内在的程度，则是指通过加热，把烹饪原料烹制得鲜美香嫩恰到好处，这是烹制工艺的最高要求，也是最难把握的。

烹饪中的火候含有三个层次的意义，它们分别由热源、传热介质和烹饪原料三者通过一定的表现形式（外观现象或内在品质）呈现出来。对热源而言，火候就是热源在一定时间内向原料或传热介质提供的总热量，它由热源的温度或其在单位时间内产生热量的大小和加热时间的长短决定；对传热介质而言，火候就是传热介质在一定时间内产生的总热量，它由热源及传热介质的种类、数量、温度和对原料的加热时间所决定；对烹饪原料而言，火候就是原料达到烹饪要求时所获得的总热量，它由热源、传热介质、原料本身的状况及其受热时间所决定。

（七）调味

调味就是把组成菜肴的主、辅料与多种调味品恰当配合，在不同温度条件下，使其互相影响，经过一系列复杂的理化变化，去其异味，增其美味，形成各种不同风味菜肴的过程。准确地讲，调味应当包括原料拼配与调料组合两个方面。前者是“调本味”，即将不同性味的原料巧相配伍，使其“本味”彼此扩散、渗透或融合，衍生出新的美味（如皮蛋拌豆腐、绿豆煮稀饭、苦瓜炒辣椒、藜蒿炒腊肉）；后者是“调他味”，即利用调味品中呈味物质的相互作用，协调组合，收到除异味、树正味、添滋味、广口味的效果（如鱼香腰花、麻婆豆腐、蚝油牛肉、糖醋鲤鱼）。调料组合必须在原料拼配的基础上进行，即先配后调，依据配料来调味。只有这样，才能以“本味”为主，“他味”为辅，因料制菜。许多厨师重视原料的鲜活，正是用其“本味”的纯正。当然，“本味”也不是万能的，在需要施加“他味”时，还须施用。

调味是中国传统烹饪的核心，配组、火候都是为调味服务而最终体现在调味中的。五味调和如宫、商、角、徵、羽五音协调产生优美的旋律一样，是一种技术，更是一种艺术。

（八）盛装

菜点作为一种特殊的商品，在厨房烹饪好以后必须盛装在一定的器皿中才能上桌供人食用。顾客在饮食时不仅注重菜品的香、味、质等，还注重菜品的色、形。而菜肴的色、形是否美观，除了与刀工、配菜、加热、调味等有关外，与造型和盛装技巧也有很大关系。一般认为，菜肴的精致来源于刀工，菜肴的口味取决于烹调，菜肴的美化依赖于盛装。因此菜肴的盛装是产品的包装，是评判菜肴质量的一项指标，也是体现厨师精湛厨艺的一个重要方面。

第三节 烹饪工艺原理

原理通常指某一领域、部门或科学中具有普遍意义的基本规律。科学的原理以大量的实践为基础，经过归纳、概括而得出的，既能指导实践，又必须经受实践的检验。烹饪工艺过程中每个工序都有自己的基本原理，如烹饪原料分割原理、刀工原理、配料组合原理、加热成熟原理、风味调配原理、盛装与造型原理等。但总的来说，烹饪工艺应符合安全卫生、五味调和、奇正互变、畅神悦情的原理。

一、安全卫生

烹饪工艺要符合食品安全卫生原理，实施绿色烹饪，保证所生产的食品安全卫生，有利于身体健康。

（一）控制加热时间和温度

烹饪的重要目的之一便是对烹饪原料杀菌、消毒，使烹饪原料由生变熟，既卫生安全，又易于人体的消化吸收。

采用适当的火候烹制食品，不仅能杀菌消毒，还能确保食物营养，使菜品色、香、味俱佳。若温度过高或加热时间过长都可能会产生有害成分。高温、长时间加热对食物产生的有害物质主要来源于两个方面：一是来自加热的客体——原料；二是来自加热的主体——油脂。在长时间高温情况下，原料中的蛋白质和碳水化合物都极易转变产生有害物质。另外，随着加热温度升高、时间延长，糖类等其他物质亦发生分解炭化，并随着加热时间的延长，糖焦化过程由表及里，这也是我们看到食物烧煮时间太长造成炭化的原因。故此，烹饪过程中也应严格控制高温，切忌将原料烧焦或烧煳。油脂在高温下反复使用，经各种复杂的反应后，生成的物质对人和动物有害。其中，三聚体因分子质量大、不易被机体吸收而毒性较小；分子质量较小、易被机体吸收的环状单聚体和二聚体的毒性较强，可使动物生长停滞、肝脏肿大，甚至可能有致癌作用。此外，油脂在高温发生热聚，还可形成致癌性较强的多环芳烃类物质，值得引起重视。

烹饪过程中要尽量避免持续高温煎炸食品，一般烹饪用油温度最好控制在200℃以下。反复使用油脂时，应随时加入新油，并随时沥尽浮物杂质。

（二）保证食物安全，谨防*N*-亚硝基化合物对食品的污染

一些食材中含有合成*N*-亚硝基化合物的前体物质仲胺及亚硝酸盐，烹饪不当或在微生物作用下，可形成亚硝胺或亚硝酰胺。影响*N*-亚硝基化合物合成的因素，主要有pH、反应物浓度、胺的种类及催化物的存在等。

亚硝胺合成反应需要酸性条件，如仲胺亚硝酸基化的最适pH为3.4。在中性及碱性条件下，如果增加反应浓度，延长反应时间或有催化剂卤族离子及甲醛等羧基化合物存在时，也可形成亚硝胺。合成亚硝胺的反应物包括胺类和亚硝酸盐等。凡含有–N=结构的化合物均可参加合成反应，如胺类、酰胺类、氨基甲酸乙酯、氨基胍类等。胺类中伯胺、仲胺、叔胺均

可亚硝化，但仲胺速度快，仲胺比叔胺快大约200倍。

大肠杆菌、普通变形杆菌等硝酸盐还原菌也可将仲胺及硝酸盐合成亚硝胺。但这常在人体胃内及食品发酵过程中发生。香肠、腊肉、水晶蹄制作过程中，加入硝酸盐或亚硝酸盐作护色剂的盐腌干鱼，也会含有*N*-亚硝基化合物；腌制腊肠用作料事先将黑胡椒、辣椒粉等香料与粗制盐、亚硝酸盐等混合，腊肠中就会有亚硝酸基吡咯烷、亚硝基哌啶检出。因此应禁用事先混合的盐腌作料来腌制腊肠，盐和香料要分别包装。烟熏肉和鱼、煎炸咸肉片、暴露于空气中的直接烤制也会形成一部分亚硝胺。

（三）慎防多环芳烃对食品的污染

烹饪过程中，产生有害化学物质中危害性最大的便是多环芳烃。多环芳烃是指具有2个以上的苯环的一系列芳烃化合物及其衍生物。它们对人有致癌作用，特别是具有5个苯环的苯并芘更具强的致癌性。据研究，烹饪过程中产生多环芳烃的主要途径：一是上述已提到的油脂经高温聚合而产生多环芳烃苯并芘；二是主要源于烟熏和烘烤食品。人们在用煤、汽油、木炭、柴草等有机物进行高温烟熏烤制食品时，有机物的不完全燃烧将产生大量的多环芳烃类化合物，而被熏烤的食物原料往往直接与火、烟接触，直接受到所产生的多环芳烃的污染，随着熏烤时间的延长，多环芳烃由表及内，不断向原料内部渗透。尤其是含油脂和胆固醇较多的食品熏烤时，由于内部所含油脂的热聚作用，也能产生苯并芘。据相关统计发现，熏烤食品中苯并芘的含量大致为：一般烤肉、烤香肠内含量0.1～10微克/千克，广东叉烧肉和烧腊肠用柴炉加工使苯并芘数量上升最多，其次为煤炉及炭炉，电炉烧制的量最少；新疆烤羊肉如滴落油着火后，则含量为4.7～95.5微克/千克；至于烟熏、烧烤食品所含多环芳烃较多且具有强致癌作用，特别是容易导致胃癌这一特点，已被一系列事实所证明。

为防止多环芳烃对食品的污染，可采用以下措施：一是熏烤食品时，不要离火太近；二是避免食物与炭火直接接触；三是温度不宜高于400℃；四是不让熏制食品油脂滴入炉内，因为烟熏时流出的油含苯并芘多；五是设法改进烟熏和烘烤的烹饪过程，改用电炉；六是改良食品烟熏剂或使用冷熏液等。

（四）有效消除原料中对人体不利的成分，确保食品安全

针对菠菜、苋菜等富草酸植物，采用（100±2）℃沸水焯制工艺，水料比不低于5∶1，持续90～120秒，可使水溶性草酸溶出率达82%～95%。此处理可有效阻断草酸与钙离子在消化道内结合生成不溶性草酸钙结晶，降低泌尿系统结石风险。

发芽马铃薯含有龙葵素，加工需执行“三度控制”标准，即削除度，去除芽体及周边15立方毫米组织；热加工度，100℃湿热处理≥15分钟；酸处理度，添加1.5%～2%食用醋酸协同灭活。白果含银杏酸，烹制白果制品需经≥30分钟湿热处理（中心温度≥85℃），促使银杏酸分解率>99%。

豆科食材（四季豆等）加工应满足：热穿透条件（中心温度≥85℃持续10分钟）、热稳定性处理（沸水处理≥30分钟）、灭活验证指标（血细胞凝集活性检测阴性）。

木薯、苦杏仁等含氰苷原料处理需经过湿热处理，100℃持续蒸煮≥30分钟；挥发控制，放置烹饪容器，保持蒸汽压差>5千帕；前处理，切片厚度≤3毫米，浸泡换水（4次/12小时）。

针对寄生虫污染食材，执行WHO推荐的“温度-时间”协同灭活方案：绦虫类，中心温度≥65℃维持3分钟；吸虫类，60℃湿热处理≥15分钟；线虫类，55℃持续加热≥10分钟。

二、营养保健

烹饪可以使食物发生一系列的理化变化，提高食物的感官性质，增加人们的食欲，促进营养物质的消化和吸收。相反，不科学的烹饪方法会极大地破坏食物中的营养素，降低其生理价值。

（一）帮助消化，促进食欲

人们常用的烹饪方式有炒、爆、熘、烤、炸、炖、焖、煨、蒸、煮、涮等。这些烹饪方法的采用，不但增加了食物的风味，同时也有助于人体对食物中营养素的利用。经过烹饪，动物性原料中的蛋白质会变性凝固，部分分解成氨基酸和多肽类，增加了菜肴的鲜味；而芳香物质的挥发、水溶性物质的渗出，使食物具有了鲜美的滋味和芳香的气味；另外食物中的营养素往往被组织所包含，通过烹调，部分营养素会发生不同程度的水解，如淀粉加热后变化为糊精，部分淀粉分解成双糖，更易被人体所吸收。

（二）保护营养素，减少流失

烹饪过程中也会导致部分营养素流失、破坏。比如，烹饪可使食物所含的维生素受到不同程度的破坏，其中受到破坏最大的是维生素C和维生素B_2，其次为维生素B_2和维生素E，而维生素D的稳定性较高。

不同的烹饪方法所带来的营养素流失也不同。如水煮食物，会使水溶性维生素和矿物质溶于水；若在烹煮食物时加入碱，则几乎全部的B族维生素和维生素C都会被破坏。焖的时间长短同营养素损失的多少成正比，而炒对维生素C的破坏较大。

为减少营养素的损失，我们可以在烹饪中采用各种防护措施，如对过油的原料尽可能上浆或挂糊，避免原料直接与高温油接触；在炒制含水分较高的蔬菜时，通过勾芡的方法把汤汁变浓，使流入菜汤中的水溶性维生素等营养物质靠浓汤汁的吸附作用粘在菜肴上，以尽量减少营养素的损失。

另外，还可以通过改变烹饪方法来保留更多营养素。例如水、高温都是营养的“杀手”，如果采用“低温免水煮食法”，就能减少营养的流失。所谓“低温免水煮食法”，就是通过锅具良好的闭合性，将水蒸气和热量“锁”在锅内，以蒸汽热力的均匀循环来烹煮食物。由于“低温免水煮食法”不需要大火，只需要加少量的水或不加水，所以煮出的食物可保留更多的维生素及矿物质，口感也更佳。表5-1为常用烹饪方法对营养素的作用和影响。

表5-1　常用烹饪方法对营养素的作用和影响

烹饪方法	时间	选料特点	优点	缺点	措施
烧	中、长	大块原料	油脂乳化，部分蛋白质水解，有利于消化吸收	B族维生素、维生素C损失较大	控制添加水量及加热时间
煮	长	荤素皆宜	蛋白质、脂肪酸、无机盐、有机酸和维生素、淀粉等充分溶入汤汁中	水溶性的维生素和矿物质易流失	汤汁合理利用

续表

烹饪方法	时间	选料特点	优点	缺点	措施
氽、涮	短	植物原料为主，其次是羊肉、丸子等	营养素破坏较少	水溶性成分易流失	严格控制加热时间并防止外熟里生
炖、焖、熬、煨	中、长	大块动物原料为主	油脂乳化，部分蛋白质水解，有利于消化吸收	维生素损失较多	宜用胶原蛋白质和膳食纤维含量丰富的原料，适当搭配植物原料
炸	短、中	适用于各种原料	热能和脂肪含量高，饱腹作用强，促进维生素A、维生素E吸收	易脱水，水溶性维生素破坏大，蛋白质过度变性，脂肪酸被破坏	油温不宜过高，可采用拍粉、上浆、挂糊等方式处理，不宜将油脂反复多次使用
煎、贴、煽	短、中	宜选用蛋白质含量丰富的原料	营养素流失较少	受热不均匀	防止外焦里生
炒、爆、熘	短	原料切配后较细小，易熟	营养素流失少，B族维生素损失也少	维生素C损失较大	有些原料需经过上浆、挂糊等方式处理，成熟后内部温度不低于70℃
熏	长	动物原料	防腐，形成特殊香味	水溶性成分易流失，有致癌物产生	可采用“液体烟熏法”
烤	中、长	整只原料	营养素流失少	维生素损失大，蛋白质过度变性	防止外焦里生，不可在燃油或明火上烤
蒸	中、短	新鲜原料	营养素流失少	B族维生素破坏较多	选择蛋白质和纤维多的原料

（三）合理搭配，平衡膳食

中国烹饪工艺注重营养平衡的理念，并在很多传统菜谱中体现了这一思想，但实际操作中，营养平衡的实现还需要根据具体情况进行调整。《黄帝内经·素问》：“五谷为养，五果为助，五畜为益，五菜为充。气味合而服之，以补精益气。此五者，有辛酸甘苦咸，各有所利。”这段话的大意是，人的肌体要靠五谷杂粮养育，鱼肉禽蛋增加营养，用蔬菜补充消耗，以瓜果助其不足。按照身体需要选用不同的食料，就可以补充精力、增强真气。这些食料有寒、热、温、凉和辛、酸、甘、苦、咸等区别，各有不同功用。由于这段话中包含了中医学阴阳平衡、脏腑协调、性味和谐、因异制宜等养生观点，故被视作古代的平衡膳食学说；还因为它符合中国国情和民情，能够益身长寿，经过数千年的验证而得到了肯定。所以不少学者又认为，谷、果、畜、菜的有机配合，便是中国传统的营养卫生理论。

在这一思想指导下，中国烹饪历来讲究烹调原料的组配。如饭配菜、荤配素、干配湿、粗配精、点心包馅料、面条加臊子、素菜荤油炒、荤菜素油炒、“每食不用重肉”、节假日“打牙祭”、饭前吃蜜脯、饭后用水果等。更值得注意的是，中国不仅三餐和四时注意调配饭菜，而且菜点几乎都不是用一种原料制成的，而是2种、3种、4种乃至更多，如“全家福”“佛跳墙”“白菜肉馅饺子”“牛肉拉面”之类，这样，膳食平衡思想就直接落实到每一道菜点之中。显然，这对营养摄生是有利的。还由于相当多的中药材都是可以直接食用的动植物，如绿豆、木耳、燕窝之类，而西药多是不同元素的化合物，不可作为食品原料，因此中国有药膳，而西方则没有药食合一的菜品。这既是养助益充营养卫生理论的又一种表现形式，也是中国餐饮与西方餐饮的一个重大区别。中国膳食一贯重视食医结合。早在先秦，医生和厨师就配合默契，药品与食物常常一致。后来食与医虽然分了家，但是饮膳仍以医学作指导，医家也多用食方来治病。特别是古医学的药物炮制、饮食洁净、力戒偏嗜、调味禁忌、食物中毒、季节进补等学说，都被菜谱食经直接吸收，充实了烹饪理论的内容。所以中国烹饪选料十分注重药食兼用的飞禽动植，将它们的根、茎、叶、花、果与皮、肉、骨、脂、脏巧妙配合，以达到满足食欲、滋补身体、疗疾强体、养生延年等目的。中国烹饪中以药入馔的菜品（如燕窝粥、人参鸡、枸杞鸭子）备受欢迎，道理也在于此。

三、五味调和

中国烹饪中，五味是本体，调是手段，和是目的。五味调和是烹饪目的和手段的统一体。

（一）五味调和源于五行学说和儒家中庸之道

中国烹饪重“味”，源自中国古典哲学中的五行学说。原始五行学说将自然现象和人的活动归结为水、火、木、金、土五种物质的运动，并且认为存在着阴与阳两个对立面。在五行与生活各方面的对应关系中，由于动植物大都依赖土地而生存，因而把饮食归于“土”的范畴。五行学说还认为：水、火、木、金、土在性味上的属性，分别是咸、苦、酸、辛、甘，合称“五味”。它们也存在着阴阳对立、互相制约的关系。厨师欲使五味调和，就必须掌握“调”的本领，以达到“和”这一饮食审美的极致。

古代先民还根据五行学说中春、夏、秋、冬分别与木、火、金、水相对应的关系，认为饮食的季节性应当与五味相吻合，这就是“春多酸，夏多苦，秋多辛，冬多咸，调以滑甘”的季节调味规律的由来。还由于地理上的东、南、西、北、中分别与木、火、金、水、土相对应，所以饮食口味的地区差异，古人同样认为与五行相关，并由此总结出“北咸、南甜、东淡、西浓、中和”的地域嗜味规律。

中国烹饪重“和”，则与儒家的中庸之道和古典美学的最高境界有关。“和”的实质，就是中庸之道追求的持中、协调、适度与节制，要求人们按照一定的道德原则和规范，自觉地调节个人的思想感情和言论行动，使之不偏不倚，中规中矩。它体现在饮食中，便是菜品的软硬、甜咸、厚薄、大小、多少、生熟、冷热、荤素、浓淡等对立因素的恰当统一，色、香、味、形、器、名、时（时令）、疗（疗效）等审美标准的相成相济，加热量与施水量以及调味料的适度均衡等，以求取整体上和谐统一的审美效果。

中国烹饪“和五味以调口”不仅仅是为了“甘而不哝，酸而不酷，咸而不减，辛而不烈，淡而不薄，肥而不腴”（《吕氏春秋·本味》），更重要的是“宰夫和之，齐之以味，济其不及，以泄其过。君子食之，以平其心。”（《左传·昭公二十年》）。五味食物在通过调和、调节五脏阴阳平衡的同时，滋养人体生命协调运动，对于人体健康长寿有着重要意义，“谨和五味，骨正筋柔，气血以流，腠理以密，如是则骨气以精。谨道如法，长有天命。”（《黄帝内经·素问·生气通天论》）。这种中国人独立于世界民族之林的饮食营养观，经历了两千多年世世代代的实践检验，至今仍为真理。

（二）五味调和中“和”的内容

在中国烹饪中，和包括的范围十分广泛。和既是烹（加热手段）饪（炙熟过程）的统一，也是菜肴色、香、味、形、器的整体性协调。

第一，和是存异。不同味（五味）的存在是五味调和的起点和基础。异，是酸、苦、甘、辛、咸及其所代表的千差万别的食物，和是无限多样食物的统一。异与和既相对立，又统一，相互依存，无异就无所谓和。

第二，和是协调。和是烹饪的最终目的，是不同味相配合、相和谐、相统一，形成高于本味的“至味”或复合味的肴馔。五味调和是烹制出多样菜肴不可缺少的重要条件，有了调和原则就开拓了创新菜肴的途径，在这里关键是在烹调过程中如何建立味与味的平衡机制。

第三，和是折中。和是菜肴组配中味与味的平衡机制。任何菜肴配伍中的味相对整体菜都具有共性与个性，折中就是取其共性，宽其个性，达到五味调和，各种异味在菜肴中不可固执于绝对的对立，即“无太过亦无不及”。

第四，和是融变。和的功能是将原料中的原生味在烹饪中融合生成菜肴的综合新味，如牛肉中的氨基酸、肽、核酸、糖类和脂类，加热后通过化合反应，形成含有醇、酮、醛、酸、酯香的复合味；烤鸭经炭火烤制发生羰氨反应与调料融合渗透产生芳香味。即在肉存本味、鸭存本味、菜存本味的同时，形成菜肴本身自在的独特新味。一道菜肴的制作，调配、刀工、火工，都是融变过程。

五味调和的过程，不仅包含存异、协调、折中、融变四个层次，而且彼此间又相互制约、相互协调，形成一个味和系统，它的结构不可缺少任一要素和环节。

（三）五味调和是中国烹饪的精华

在中国传统文化的影响下，中国烹饪形成了以五味调和为核心的系统理论，以及独特的调和结构和意义。五味调和并不意味着把所有的肴馔都调和成一个味，恰恰是异彩纷呈。元代朱丹溪说：“味有出于天赋者，有成于人为者。天之所赋者，若谷菽菜果，自然冲和之味，有食之补阴之功，此《内经》所谓味也。人之所为者，皆烹饪调和，偏厚之味”（《茹淡论》）。人们食用出于天赋之味而逐渐形成了本味论。这种食用“自然冲和之味”的行为是从各种各样的谷蔬菜果中，选择那些能适合五脏阴阳平衡协调功能的味，通过烹饪是为了便于享用，李时珍说：“五味入胃，喜归本脏，有余之病，宜本味通之。”（《本草纲目》）。食用“人之所为者”即运用五味调和出多种多样的复合味，以适人口，在烹饪理论中形成了适口论。最初，神农尝百草以味择食；后来，人们面对众多食物以适口称意，反映了人类物质文明和精神文明的发展。清代钱泳说：“饮食一道，如方言各处不同，只要对口味，但期适口，即是佳肴”（《履园丛话》）。辨味择食，是为了无害于人体获食充饥；适口称意，是在满足五脏功能协调的同时怡情逸致。于是，中国烹饪就从物质文明升华到与精神文明相结合的高度。以五味调“和”出的复合味，有咸鲜味、怪味、蒜泥味、五香味等，总之就像画家用三原色、音乐家用七音符依照和谐原则创造出各种各样的图画、音乐一样，烹饪者运用五味调和的原则可以创造出千变万化的美味来。

现代烹饪在继承传统五味调和理念的基础上，结合现代营养学和健康观念，更加注重低盐、低脂、低糖的调味方式，以适应现代人的健康需求。

四、辨证施烹

辨证施烹是指中国烹饪中既有各地通行的厨规（正格），又有不拘程式的应变方法（奇格），二者交互为用，原则性与灵活性统一，矛盾的普遍性与特殊性兼顾。故而烹饪工艺不僵化，鼓励“千个厨师千个法”，给厨师留下发挥聪明才智的广阔天地。

中国烹饪崇尚变化之学、创新之学。一方面烹饪中存在辩证法，有对立统一的法则；另一方面烹调法中兼有“正格”与“奇格”，可以“以不变应万变”，把握临灶主动权。烹饪中的辩证法表现在许多地方。如选料中的荤与素，刀口上的大与小，加热时的水与火，调味中的浓与淡，质地上的绵与脆，火候上的生与熟，排菜中的冷与热，装盘时的多与少，配餐时的干与湿，这都是烹调内部矛盾的反映，它制约着菜品的属性；又如烹调原料与烹饪工艺是内因与外因的关系。内因是成菜的基础，外因是成菜的条件，外因通过内因而起作用，促使原料内部矛盾转化，从而制出理想菜品；再如烹调还须处理好一般与特殊的关系。像臭味，绝大多数菜品是千方百计加以排除，而屯溪臭鳜鱼、长沙臭豆腐等却是极力使之强化，追求带有异香的“臭味”。至于肯定与否定规律，烹调中也比比皆是。否定一种旧菜，肯定一种新菜，标志着烹饪工艺的进步；不断地否定，不断地肯定，加快了烹饪产品的更新换代。

再就烹与调来分析，同样如此。“烹”是加热过程，主要表现为量变；“饪”指菜品成熟，表现为质变。而众多烹调法的区别，则体现在加热量与施水量的“度”上，故而原料是否“抗烹”和热能大小，应当是制菜中的主要矛盾。至于“调”，也应当突出主要调味料、主要味型和主要调味方法，这又是矛盾的主导方面。不论采用对流调味、扩散调味、浸染调味、渗透调味，还是文调、武调、循序渐进或一锤定音，都须遵循质量互变规律，控制调味品的量，并与加热、施水巧妙结合。

“正格”，就是通行的厨规，可以以简驭繁，举一反三，普遍适用。像采购原料时审慎挑选，加工时料尽其材，综合利用；切削配菜注意营养，操作过程讲究卫生；“着衣”（指拍粉、上浆与拖糊等）、施水恰当均匀，灵活使用炉灶炊具；正确识别水温、油温与锅温，及时投料、下味与控火；翻勺颠锅操纵灵活，点水、用汤、勾芡及淋油恰到好处；出锅及时，装盘利索，走菜程序有条不紊；炉案之间密切配合，各司其职又彼此照应等。中国绝大多数菜品是通过“正格”制作的，有一套完整规程。如嫩藕炒，老藕炖；脂肪多的活鱼清蒸，脂肪少的死鱼红烧；炒肉片大多先走油，炒青菜一般不出水；姜末先煸，味精后下等方法，都通行全国。

“奇格”，就是不拘程式而采用的“救急措施”，阴错阳差常可“歪打正着”。如用料部位有改变，技法相应也改变；原料质地不理想，调味用火来补救；原料组合有出入，味料比例作调整；调料品种不齐全，相近之物可替用；火力不能随心所欲时，不妨随机应变，顺火成菜；炊具不能得心应手时，应当随遇而安，因器变法；芡汁太厚或太薄，酌量增减高汤用量来冲匀；季节有春夏秋冬，技法宜加区别使用；客人分东西南北，味型亦应变通等。中国烹饪中不少名食（如叫花鸡、屯溪臭鳜鱼、竹筒饭、燃面），多是运用“奇格”创造的。由于“奇格”破除常规，它往往可以开启智慧，创制很多新菜。浙江厨师将蚝油牛肉的制法运用到猪肉菜中，在全国大赛中一举夺走5块金牌，便是一个生动的例证。“正格”和“奇格”相机使用，也是烹饪中的辩证法。对此，有人称之为“手艺是死的，人是活的”。中国烹饪之所以有别于西餐和食品工程，能够看似“无法”实则“有法”，正是在于它具有“不变中有变，变中有不变”这一极富生命力的特质。

五、畅神悦情

中国烹饪的目的不仅是为了果腹充饥，还要追求精神享受。一方面要求吃得饱吃得好；另一方面要求将肴馔美化，蕴含许多文化成分，使菜品内涵增加，外延扩大，能够吃得开心，吃出情味。中国烹饪中有自然美、社会美、生活美、艺术美，厨师按照自己的审美意识进行审美活动（制作菜品），食客获取美感（即欣赏、评价、消费菜品），双方都可得到生理和心理上的满足，畅神悦情。

从烹饪美的创造看，烹饪是一种复杂的体力劳动和脑力劳动。厨师在临灶操作时，眼、耳、鼻、舌、身全神贯注，如同一个将军冷静观察瞬息万变的战场局势、随时果断地采用相应策略、竭尽全力以求取胜。当他制作的一道道佳肴呈现在客人面前被尽情享用和赞誉时，就意味着厨师的劳动创造了社会价值，得到肯定。这对厨师来说，是最大的安慰和奖赏，也是精神上最愉悦的时刻。所以厨界有这样的说法："菜是厨师的儿，有人爱就高兴。"

从烹饪美的欣赏看，当客人品尝一道道美食时，不仅可以果腹充饥，还可以通过对菜品的审名、辨色、观形、看器、闻香、品味，大饱眼福和口福，增进知识，获取精神享受，这又是客体的畅神悦情。特别是那些精美的工艺菜，集味觉艺术、色彩艺术、造型艺术于一体，立意高雅，图像具有吉祥意义，风格为中华民族所喜闻乐见，构图分宾主、讲虚实、重疏密、有节奏，形似与神似结合，色彩亮丽，手法简洁，宛如工艺品，更能使食客心旷神怡。

中国烹饪能够畅神悦情，与中国传统文化密切相关。自古以来，中国人就重视吃，并有"食、色，性也""夫礼之初，始诸饮食"等名言传世，而且把主要精力都集中在饮食上，以此作为民族文化的基石。所以不少外国学者把中国传统文化称为"饮食文化"，以与西方的"男女文化"相对照。由此而来，不论古今，中国人都是把饮食美作为生活审美的主要对象，重视美食、美名、美味、美器、美情、美景、美趣、美育的协调，将食用与观赏、养生与养性、生活与教育、小康与大同紧密结合在一起。正因如此，不仅提高了中国烹饪的难度，增加了对厨师的要求，还要求调动一切物质技术手段和文学艺术形式将肴馔加以美化。于是，出现了制作讲究的餐具，清雅秀美的餐室，"全家福"之类的祥和菜名，"全羊席"之类的高雅宴席，"霸王别姬"之类的掌故，"佛跳墙"之类的传闻，"清汤燕菜"之类的补品，"人参鸡"之类的药膳，还有茶礼、酒令、席规与宴俗，以及迎宾、导引、安座、奉食等礼仪。总之，为了畅神悦情，在菜品中"追加"了许多东西，使人们在进食过程中，把"民族传统文化"也"吃"下去。这些东西在西餐中较少见到，可以说是中国的"国粹"之一。中餐较之西餐复杂，主要原因也在这里。

综上可见，中国烹饪驰誉世界，受到各国人民的由衷喜爱，绝非偶然。这是它在近万年发展历程中，不断地从博大精深的中华民族传统文化中吸取营养，将养助益充营卫论、五味调和境界说、奇正互变烹调法、畅神悦情美食观完美结合的产物。

第四节 烹调方法

烹调方法，简称烹调法。广义的烹调法泛指人类创造美食的智慧和知识技能，包括烹调工艺流程中各个工艺环节所使用的技术方法。狭义的烹调法仅指对烹调产品的制作有决定意义的某些具体的技术方法，餐饮业通常指的是后者。

一、中国烹饪法的种类

在古今流传的中餐菜谱上，涉及烹调法的汉字可能有上百个，而我们常见的也有六七十个，其中有些是古汉语，今已不见使用，例如"石上燔谷"的"燔"字；有些源于方言，流传范围不广；有的技术内涵相同，但口语和行业习惯中常常有不同的名称。不过这些字多为形声字，主要以“火”字旁和“灬”字旁为多，从水的只是个别的，如汆、涮等。再就是为某项操作专创的专门名词，如拔丝、挂霜等，而冷菜制作中的调味方法，也有人将它仍列为烹调法的一种，如卤、拌等。

名目繁多的烹调法，我们如从其科学本质上去认识，只有烤、煮、蒸、炸、煎、炒、拌等最基本的几种，我们称为单一烹调法，当然它们也可以变调或衍化。中餐烹调过程中，往往将这些单一的烹调法重复交替使用，这就出现了许多复合加热技法。

（一）热菜烹调法

热菜的烹调法按照直接传热介质的不同，主要可分为以油为主要传热介质的烹调法、以水为主要传热介质的烹调法、以汽为主要传热介质或辐射导热为主的烹调法、以固态物质为主要传热介质的烹调法等。这几类烹调法中的每一种具体烹调法都有与之相对应的相对固定的传热方式（或传热介质），我们称之为基本烹调法。此外，还有一些烹调法没有固定的传热介质，本书把它们归入特殊烹调法或特殊烹调形式（图5–3）。

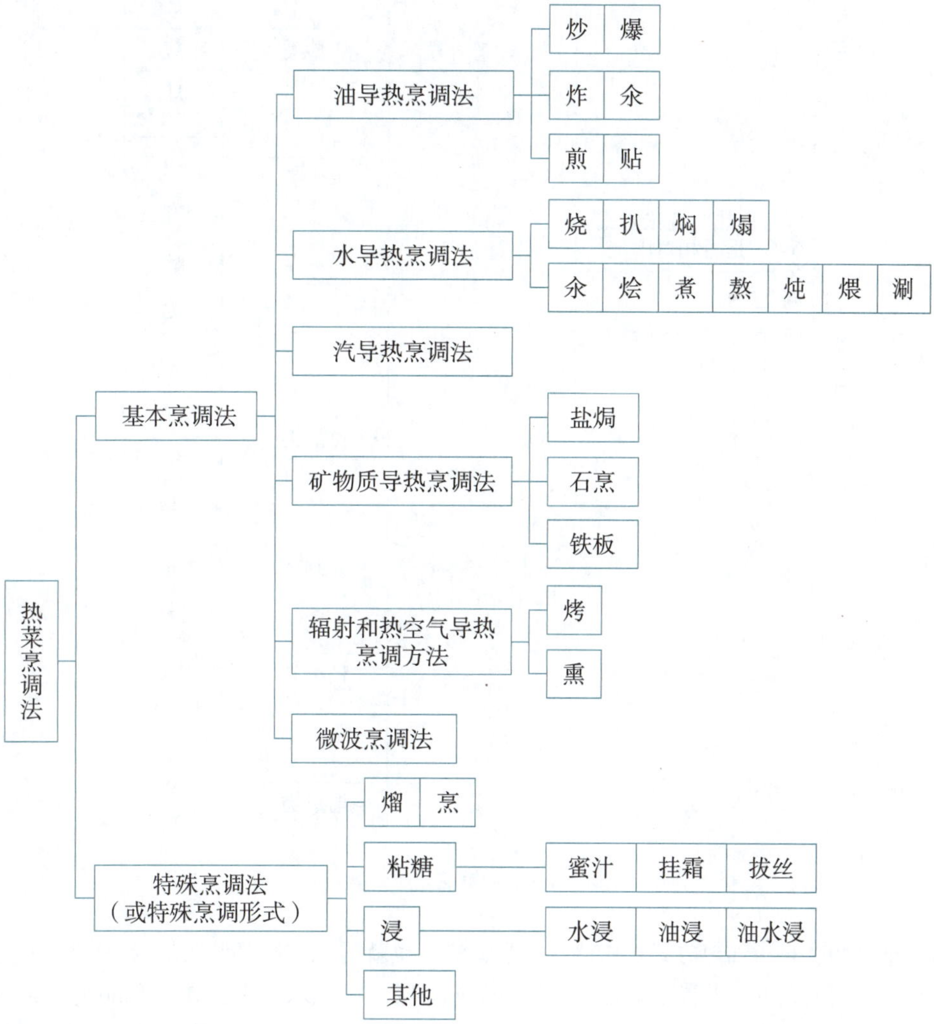

图5–3　热菜烹调法分类

（二）冷菜烹调法

冷菜烹调法是指对经过加工整理的烹调原料，通过加热和调味的综合或分别运用，制成冷菜的操作技法。

冷菜烹调法的种类，根据在制作过程中是否加热划分，可分为只调不烹的冷菜烹调法（也称冷制冷吃法）和既烹又调的冷菜烹调法（也称热制冷吃法）两大类。根据加热方式是否相对固定来划分，可分为基本烹调法和综合烹调法两大类（图5-4）。

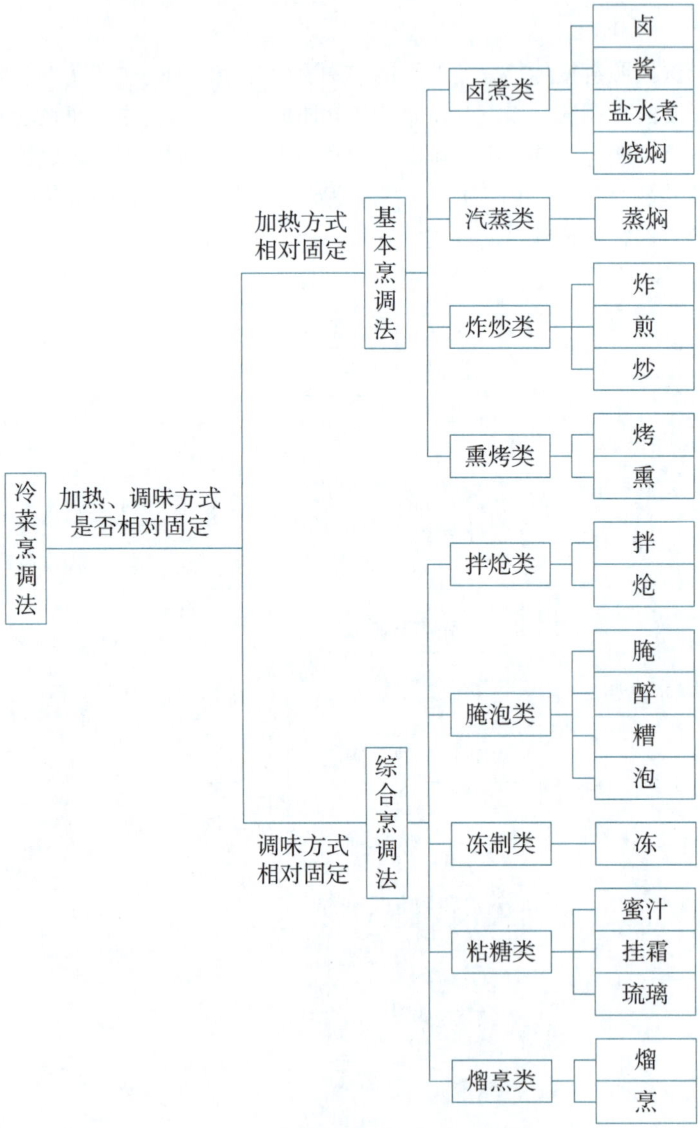

图5-4　冷菜烹调法分类

基本烹调法是指加热方式相对固定的烹调法，也就是说这些烹调法是以一种介质为主要传热导体烹调成菜的。此类烹调法大致可分为四小类，即以水为主要导热体的卤煮类，以蒸汽为主要导热体的汽蒸类，以油或油与金属（锅）共同导热的炸炒类和以热空气及辐射为热导体的熏烤类，这四类中多数是热菜烹调法的变格和延伸。

综合烹调法是指调味方式相对固定，而加热方式不固定（包括不加热）的烹调法。这类烹调法根据调味方式与时间的不同，可分为拌炝类、腌泡类、熘烹类、冻制类和粘糖类五小类，其中熘烹类和粘糖类是热菜烹饪法的变格。

（三）面点烹调法

中国面点的烹调法分为蒸、煮、煎、炒、烙、炸、烤、烩、拌，以及蒸煮后煎炸烤或蒸煮后炒等综合熟制方法（图5-5），运用以上各种方法将成形的生坯（半成品）加热，使其在热量的作用下产生变化，成为色、香、味、形俱佳的成品。

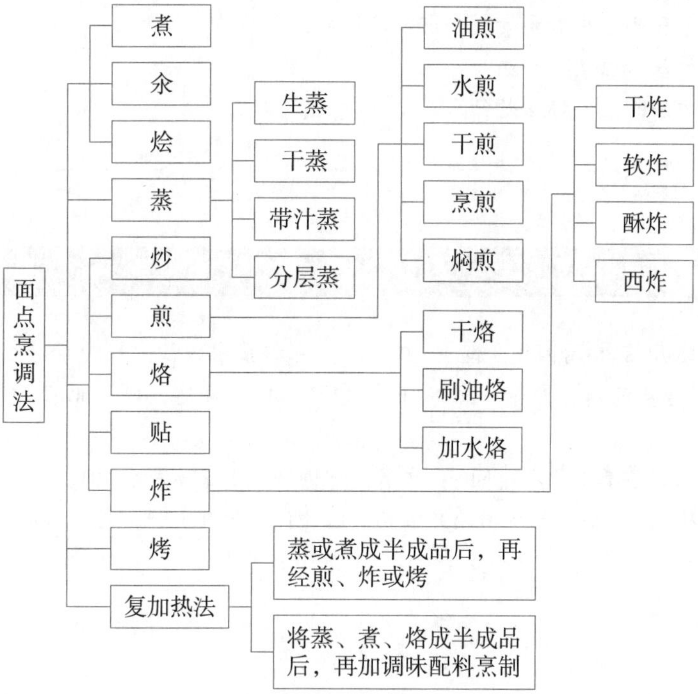

图5-5 面点烹调法分类

二、烹调法的主要特点

（一）种类多

中国地域辽阔，菜肴的品种成千上万，其烹调方法也很多。目前流行的烹调法有四十余种，有人推测中国的烹调法将会超过千种，这是世界上任何一个国家所不能比的，也是中国烹调享誉天下的一个重要因素。

（二）地方性强

在热菜烹调法的种类中，相当一部分烹调法带有明显的地方特色，如鲁菜的“㸆”“煸”“扒”，川菜的“小煎”“小炒”“干煸”“干烧”，苏菜的“焖”、粤菜的“焗”“焗”“白灼”等。

（三）灵活性强

由于地区的差异，原料的品种、质量，使用的燃料、炊具，生活习惯等，对于烹调法的具体操作都有影响，运用同一烹调法制作不同原料的菜肴，或者同一类菜肴在不同条件下制作，都需要根据具体情况采取具体细节调整，才能达到好的效果。烹调技法相当细腻，相当复杂，有多元性的特征。

主题讨论

1. 烹饪工艺的特点是什么？
2. 烹饪工艺包含哪些基本要素？如何理解这些基本要素？
3. 烹饪工艺的基本原理有哪些？
4. 中国烹调方法的主要特点是什么？如何分类？

课后推荐阅读文献

1. 潘英俊．粤厨宝典 厨园篇［M］．广州：广东科技出版社，2019.
2. 约瑟夫.J. 普罗沃斯特，等．烹饪科学原理［M］．桑建，译．北京：中国轻工业出版社，2020.
3. 季鸿崑．烹饪学基本原理［M］．北京：中国轻工业出版社，2016.
4. 李祥睿．从主要烹饪工艺流程看中餐与西餐［J］．中国烹饪研究，1998（03）：56-60.

06 第六章 CHAPTER

烹饪产品

教学目标

◎知识目标

（1）准确阐述烹饪产品的狭义和广义概念，详细说明按社会意义、生产意义、消费意义、产品形式等不同标准的分类方式，并能举例说明各类烹饪产品的特点。

（2）深入剖析烹饪产品的营养性、安全性、多样性、组合性、层次性等特点，结合实例解释其内涵，明确烹饪产品的核心属性与附加属性。

（3）系统掌握烹饪产品命名的写实类、艺术类、寓意类、典故类等分类方法，深入理解、美、简洁、与饮食环境相适应的命名原则，分析汉语菜点命名中祈求吉利、希求高贵、忌避等文化心理的具体体现及成因。

（4）精准把握烹饪产品鉴赏评价的内涵，清晰阐述准备、实践、回味三个阶段的具体心理活动和行为表现，全面掌握香气、滋味、形态、质感、营养、温度、盛器、意境等鉴赏评价内容的要点及相互关系。

◎能力目标

（1）能够根据不同的分类标准，准确对各种烹饪产品进行分类，针对不同类型的烹饪产品，运用恰当的命名方法，遵循命名原则，创作出合理且富有特色的名称。

（2）能够运用所学的鉴赏评价知识，对烹饪产品进行全面、客观、深入的鉴赏评价，撰写条理清晰、内容翔实的鉴赏评价报告，提出具有建设性的改进建议。

◎思政目标

（1）通过深入学习烹饪产品的命名文化、分类特点以及鉴赏评价标准，深刻领悟中国烹饪文化的博大精深，增强中国烹饪文化自信和民族自豪感，积极主动地传承中国烹饪优秀传统文化，如参与烹饪文化宣传活动、学习传统烹饪技艺等。

（2）在学习烹饪产品鉴赏评价的过程中，培养高雅、积极的审美情趣，提升审美素养，能够从美学角度欣赏烹饪产品的艺术价值，树立正确的饮食审美观念，摒弃铺张浪费等不良饮食文化，倡导健康、文明的饮食风尚。

思维导图

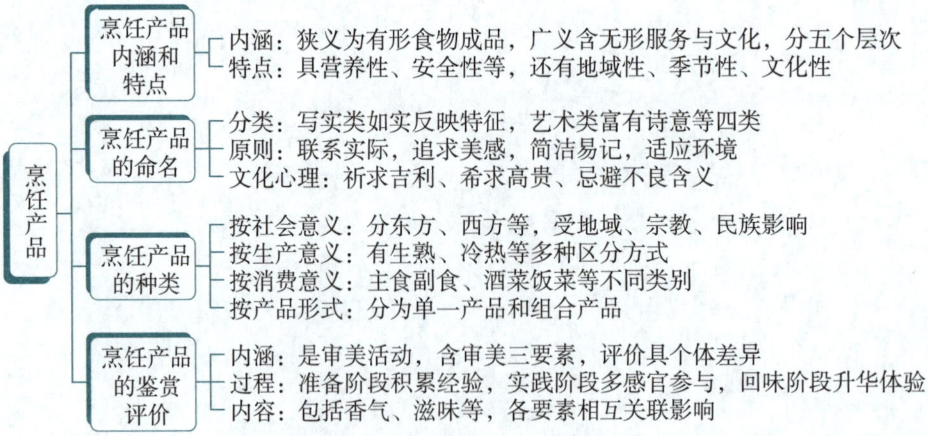

案例导学

羹就是羹，汤就是汤

厘清“汤”意变迁，首先要考察“羹”与“汤”的关系。羹汤常常并称，含义纠缠不清。李渔在《闲情偶寄》中这样考证：“汤即羹之别名也。羹之为名，雅而近古：不曰羹而曰汤者，虑人古雅其名，而即郑重其实，似专为宴客而设者。”羹专用于宾客，汤是随意的俗词，羹汤同物异名。真是这样吗？

羹是上古时的家常菜。在《说文·鬲部》里，羹字作“鬻”形，训“五味盉（和）也，从鬻、从羔。”下鬲表示烹制羹的容器。上二曲笔为烹制时的蒸腾热气。羹的食材多为美味牲肉。特征是能调和酸、甜、苦、辣、咸五种味道。羹，是陶器发明后产生的最早的菜肴。

不仅如此，上至天子、下达黎庶，羹都是餐桌上的主菜。《韩非子》记载，尧为了以上率下，每餐只吃糙米饭配青菜羹。后世的权贵官宦，则将羹做出了花样。在长沙马王堆出土的遣策中，记载了纯肉羹10余种，肉与蔬菜混合羹8种，肉与粮食蔬菜混合羹3种，远多于炙、脍、蒸类菜肴。

花样繁多的羹，是如何烹制的呢？孔颖达在《诗·大雅·荡》中考释，做羹时，先将食材浸在水中，把水煮沸；接着用文火熬煮多时，直到食材酥烂，羹才做熟。由此可知，羹是熬煮的调味浓汤，或薄糊状的主菜。

“汤”，则沿着另一条线索发展。从直觉上看，汤从羹发展而来，羹稀薄后即为汤。但这是误解。羹用熬煮法烹制，食材须在文火中煮烂；而“汤”则是煎煮法的成果。所谓“煎煮”，是将水加热至沸腾，然后取汁。“汤”从“热水”意出发，借着煎煮法，引申出了药剂义。《史记·袁盎晁错列传》记载，汉文帝做代王时，有一次薄太后病重，汉文帝“不交睫，不解衣，汤药非陛下口所尝弗进”。“汤”与“药”连用，意为炮制中药后的浓汁。

循着煎煮法发展，后世出现了茴香汤、甘草汤、杏子汤等保健饮料，专为强身健体。白居易的《七月一日作》有云，“饥闻麻粥香，渴觉云汤美”。云汤即云母汤，是唐时的保健饮料。到了宋代，汤成为与酒、茶并称的第三大饮料。《南窗纪谈》记载：宋时，家里来了客人先设茶，客人要离开时则摆汤。那时，开封的市集上，小贩叫卖着木瓜汤、四和汤、桂花汤、茉莉汤等，汤汤水水，蔚为大观。

我们所熟悉的“菜汤”，直至元代才出现。《水浒传》第三十七回有这么一段，宋江在琵琶亭和戴宗、李逵小酌后，又喝了些鱼辣汤。做鱼辣汤，需将鲢鱼切成几段，放入葱、姜、蒜，加满清水，煲煮而成。不过，元时的“汤”，意指经过熬煮而成的“浓汤”。例如《饮膳正要》中的鹿蹄汤：将鹿皮、陈皮煮至烂熟，取肉，入五味制成。至此，浓汤一类别称“汤”，而“羹”专指加米面勾兑调和的薄糊状羹。

直到明清时，“汤”的含义才急剧扩大。明人黄一正辑《事物绀珠》记载，皇帝的御用汤包括：鸡脆饼汤、酸甜汤、牛奶、月儿羹等等，既有菜汤、保健汤，还包括了牛奶、食羹。“汤”既是一切或浓或稀的菜汤的通称，又是一切汁类食物的总称。李渔说：“宁可食无馔，不可饭无汤。有汤下饭，即小菜不设，亦可使哺啜如流；无汤下饭，即美味盈前，亦有时食不下咽。”就这样，“汤”取代了“羹”，成为餐桌上的主菜，饮食习惯也从“食必有羹”转变为了“食必有汤”。

资料来源：格利高里．羹汤之辨［J］中华遗产．2017（1）：158-159.

从街边小吃到国宴名菜，从香甜可口到麻辣酥香，中国的美食，可谓是五花八门、数不胜数。世上烦恼千千万，唯有美食不可负。

羹是羹，汤是汤。如今汤羹已被越来越多的人所喜爱，不管是豪华的宴会还是普通家庭的饭桌上，总是少不了它。羹、汤之别，主要在于勾芡。

从烹饪学的角度看，羹和汤都是烹饪产品。从古代的“羹”到现代的“汤”，烹饪产品经历了漫长的发展演变过程。烹饪产品是烹饪工艺的最终成果，是餐饮企业提供给消费者的消费对象，也是餐饮企业经营的核心。随着餐饮经济的发展和人们对美食的追求，烹饪产品的内涵在不断发展，烹饪产品的种类也在不断丰富。本章我们将深入探讨烹饪产品的内涵、特点、分类、命名以及鉴赏评价等内容。

第一节 烹饪产品的内涵和特点

一、烹饪产品的内涵

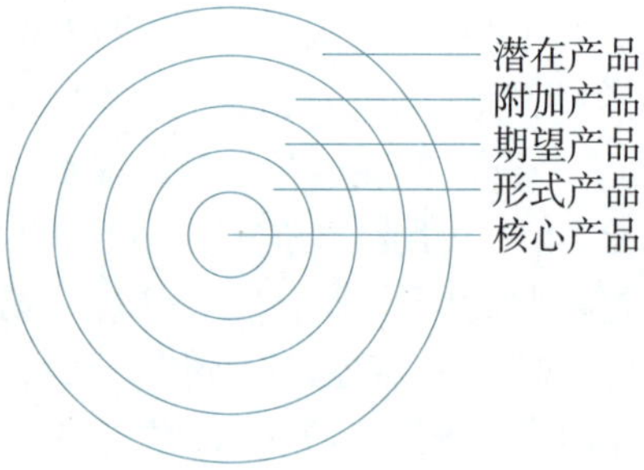

图6-1 广义的烹饪产品

烹饪产品是餐饮企业提供给消费者的消费对象，其内涵可以从狭义和广义两个层面来理解。

狭义的烹饪产品主要指有形的食物成品，例如菜肴、面点等，是餐饮消费的主要对象。

广义的烹饪产品不仅包括有形的食物成品（如菜肴和面点），还包括无形的服务、就餐环境以及饮食文化等。它由核心产品、形式产品、期望产品、附加产品和潜在产品五个层次构成（图6-1）。

核心产品：指烹饪产品本身的功能，即满足消费者饮食需求，例如提供美味、营养的食物。

形式产品：指核心产品的载体，包括质量、特色、形式、品牌等，是消费者对烹饪产品最直观的感受。

期望产品：指消费者对烹饪产品的期望，例如口味、价格、服务等，影响着消费者的购买决策。

附加产品：指餐饮企业提供的额外服务或优惠，例如折扣、赠品、会员服务等，可以提升顾客的满意度。

潜在产品：指满足顾客特殊需求的服务，例如个性化定制、特殊餐饮服务等，可以增强顾客的忠诚度。

综上所述，烹饪产品是一个综合性的概念，既包括有形的食物成品，也包括无形的餐饮服务和饮食文化，是餐饮企业满足消费者饮食需求的核心载体。

二、烹饪产品的特点

（一）营养性

烹饪产品的营养性是烹饪产品的核心属性，不管采取何种烹调程序或烹饪技法，都应尽可能保留食材的营养成分，满足人体对各种营养素的需求。传统的和新创的烹调技法和菜肴品种，都要受到这种第一性标准的检验。

（二）安全性

烹饪产品的安全性是指食品在原料采购、加工制作、储存运输等各个环节都符合卫生标准，不存在对人体健康有害的物质或因素。民以食为天，烹饪产品的安全性至关重要，关系人民群众的身体健康、生命安全和社会的稳定。

（三）多样性

中国历史上的烹饪产品种类繁多，据不完全统计，历代见于文字资料的菜点累计超过万种，而现代的烹饪产品数量更是数不胜数。从菜系来看，川菜以麻辣鲜香为特色，粤菜以清淡爽口为特点，鲁菜以咸鲜为主，淮扬菜则注重刀工和造型。从地域来看，北京烤鸭、兰州拉面、西安羊肉泡馍等地方特色菜肴都体现了不同地域的饮食文化。从食材来看，烹饪产品可以使用各种动植物食材，以及菌菇、藻类等，甚至还可以使用昆虫等特殊食材。

（四）组合性

烹饪产品在实际消费中往往需要与其他产品进行合理的搭配，例如菜肴与主食、荤菜与素菜、菜品与酒水等。组合的目的主要在于营养、进食、动机、消费形式和经济条件等的考虑。烹饪产品只有通过合理的组合才能充分满足人们的物质需求和精神需求。

（五）层次性

烹饪产品具有明显的档次差异，从高档宴席菜肴到街头小吃，不同档次的烹饪产品可以满足不同消费层次人群的需求。同样的原料、同样的做法可以形成不同档次的产品；不同等级的原料也有明显的档次；产品的档次还与消费条件等因素有明显的关联作用。烹饪产品的档次一般是与消费行为的层次和消费条件的层次相对应的。总的说来产品的档次与食材的档次、制作者的知名度、技术成分的比重、产品的装饰与造型、盛装器具的档次、产品的知名度和经营单位的知名度等因素有关。

（六）地域性

不同地域的地理环境、气候条件、物产资源等因素造就了各具特色的地域饮食文化，例如川菜以麻辣著称，粤菜以清淡见长。

（七）季节性

食材的生长具有季节性，烹饪产品也会随着季节的变化而变化，例如夏季饮食清淡，冬季饮食滋补。

（八）文化性

烹饪产品蕴含着丰富的文化内涵，例如传统节日食品、宴席菜肴等，都体现了特定的文化意义和价值观念。

烹饪产品一般具有自己的个性，如用手工进行单件生产，比较精细；虽有菜谱但不固定，虽有规程但不拘泥；花色品种繁多，三餐四时常变；有鲜明的民族性、地区性、家庭性和个人嗜好性；家庭与单位是现烹现吃，餐馆和食贩是生产、销售、服务一条龙，一般都没有储藏、包装与运输环节；与乡风民俗紧密结合，饮食文化情韵浓厚。

第二节 烹饪产品的命名

产品是船，美名是帆。在数不尽的烹饪产品里，每个产品都有自己的特点，都有区别于其他产品的方面，都有自己特定的名称。一个美妙的名称，既是产品生动的广告词，也是配菜自身一个有机组成部分。烹饪产品“先声夺人”的是它的名称，菜名可以给人带来美的享受，它通过听觉或视觉的感知传达给大脑，会产生一连串的心理效应，发挥出菜肴的色、形、味所发挥不出的作用。

一、烹饪产品命名的分类

（一）烹饪产品（菜点）命名的类型

中国菜点的命名很有讲究，不仅反映出菜点的内容、特点，还包含着艺术性与文化意味。命名方法大致可以分为写实类、艺术类、寓意类、典故类等。

1. 写实类

写实类命名是指菜点命名时如实反映菜点的特征如原料搭配、烹调方法、口感或创始人、发源地等，是汉语菜点命名中最主要、最通俗和采用最广泛的直观方法。由于人类的饮食活动主要是生理性与物质性的，它所涉及的内容与形式应是大众化、民俗化的，因此菜点名称的通俗性就应该是主要的，也正是因此，中国菜点中以写实手法命名的占大多数，观其名称，就能了解菜点某方面的特征。如：

以原料命名：尖椒牛柳、鳗鱼豆腐、松仁玉米、香菇油菜、豆豉鲮鱼油麦菜等。

以烹调方法加原料命名：烤鸭、扒白菜、熘肥肠、白灼菜心、油焖大虾、红烧牛肉、干炸里脊、清蒸刀鱼、干煸豆角等。

以味型加原料命名：五香肉、酸辣汤、怪味鸡、香辣蟹、酱味羊肉等。

以口感加原料命名：香酥排骨、香酥鸡、酥麻花鱼等。

以调味料加原料命名：糖醋鱼、蒜泥白肉、芥末鸭掌、姜汁猪蹄等。

以色彩加原料命名：五彩鸡丝、橘红糕、青精饭等。

以炊具加原料命名：气锅鸡、铁锅蛋、煲仔饭、砂锅鱼头等。

以发源地命名：海南椰子盅、扬州炒饭、北京烤鸭、南京板鸭等。

以人物命名的，如东坡肉、麻婆豆腐等。

2. 艺术类

艺术类命名利用自然界的美好事物或景物来形容菜点的色香味及造型。这类菜点名称不完全着眼于菜点的用料和烹调方法，而是选择并利用菜点本身的色香味及造型的独有特色，针对顾客的猎奇心理，发挥想象，以自然界一切美好的事物、景物加以描绘和形容，取一个美丽动听的名字，使得菜点名称富有诗情画意。它们都是从纯文化的角度命名的，运用比喻、象征、夸张、谐音等修辞格，以突出艺术性、追求典雅作为基本原则，给人们一幅幅图画，饱含文化韵味，使人产生丰富的审美联想。如“雪花豆腐”“芙蓉鸡片”（“雪花”“芙蓉”均指蛋清）、“芙蓉糕”“莲花卷”等都以美好的事物来比喻形容菜点的原料；“孔雀开屏”“乌云托月”则以形似强调了造型艺术的美。尽管这类菜名不能直接反映菜点在原料、口味等方面的特征，但高雅的名称，增加了菜点的艺术感染力，可以引起人们的兴趣，启发联想，增进食欲。

3．寓意类

这也是菜点命名当中较为普遍的手法，即抛开菜点的具体内容而另立新意，在菜点名称中寄寓人们的某种感情或愿望的一种命名方法，集中体现了中华民族的意志及文化心理，具有深刻的文化内涵。如婚宴上的“百年好合”“白头偕老”，寿宴上的“长命百岁”“松鹤延年”，以及希求财富的“发财到手”“年年有余”，庆贺团圆的“全家福”“老少平安”等，都体现了中国人对幸福长寿、平安富裕生活的向往和追求。

4．典故类

这类菜点名称背后都蕴含着一定的历史文化背景，或者与文学艺术相关，如“莼鲈之思”“贵妃醉酒”；或来源于宗教、民俗，如“腊八粥”“饺子”；或来源于民间传说、历史典故，如“佛跳墙”“东坡肉”等。

（二）菜点名称的锤炼与修辞造词

1．菜点名称的锤炼

（1）菜名的语音锤炼　传情达意需要借助完美的语言形式，声情并茂离不开语音的配合。菜名的语音配合得好，念起来顺口，听起来悦耳，记起来也容易。据统计，菜点名称以4～6个音节为常见，最少的为双音节，最多的不过10个音节。因为菜名总是用于消费者查阅的，一般都是先于菜品与人们见面，这就要求菜名醒目、易认、易读、易记，便于称说和传播。

菜名用字在语音方面要注意音节匀称、平仄相间等问题。音节匀称能使声音富于旋律，有音乐的美感，读来顺口，听着悦耳；平仄相间利用声调的交错运用，能使发出的声音高低错落、抑扬起伏，富于节奏感，增添菜名的语言魅力和感染力，吸引消费者。如“银芽盖被”“金钩凤尾”“麒麟冬瓜”等分别用了“——| |”或“| | ——”的格式，都是语音锤炼方面成功的例子。此外，恰当地运用叠音词语，可以增强菜名音乐美感，突出词语的意义，加强对事物的形象描绘，如“棒棒鸡”“渣渣肉”“担担面”等。而汉语里独有的双声、叠韵词，在菜名表达上，也有体现，如“鸳鸯鱼”“咕噜肉”等，铿锵婉转，别有韵味。

（2）菜名的意义锤炼　意义是菜名的内容，菜名的灵魂，意义是决定菜名好坏的前提和关键。锤炼的目的，在于寻求恰当的词语，既生动贴切又新鲜活泼地表现菜品特色。词义锤炼需要富于创新精神。所谓“创新”，并不是一味去追求那些华丽的辞藻，也不是专门去搜罗新奇怪异的词语。许多看来异常平淡的词语，只要调遣得体，就能淡中藏美、拙中寓奇，具有较强的表达力度和表现活力。菜肴的命名不能随心所欲，要名副其实、雅致得体、引人食欲、耐人寻味。

很多菜名除具有一般的概念意义外，还具有一定的形象色彩和感情色彩。具有形象色彩的菜名更容易激发人们的心理联想，引起人们的情感共鸣，起到言简意明、形色丰满的效果。如“翠柳啼红”（菠菜炒番茄）、“金钩玉牌”（黄豆芽炖豆腐）等菜名就形象鲜明，使人如见其形、如闻其声，有触手可及的质感。但是，如果不顾客观实际，故意使用华丽的词语，效果也会适得其反。利用词语的形象色彩，还需要顾及道德，符合伦理要求。

有些菜名具有感情色彩，可以反映不同的感情、不同的立场。有的求新奇，如“大丰收”；有的求吉祥，如“三元及第”“一帆风顺”“龙凤呈祥”；有的求情趣，如“佛跳墙”“女儿红”“百鸟归巢”“灵芝恋玉蝉”等；有的求境界，如“鸟语花香”“春色满园”“鱼跃荷香”“满坛香”等。具有诗情画意的菜名，不但提升了菜点的内蕴和品质，而且构建起了一种浓郁的艺术氛围，提高了大众的审美情趣。

菜点的命名还要“因人而异”，同一菜肴因食客不同可用不同的名字，如孙鹫翔小说《野厨》中描写的那样：“一道大路菜：虾仁豆腐。若吃客是一对夫妻，须报‘金钩持白玉’，若为一位未婚女子呢，则报‘金身玉体’。”又如婚宴菜肴的命名，讲究喜庆吉祥，为迎合广大顾客来饭店办婚宴的新婚祝愿心理，普通的“什锦炒饭”在婚宴上可命名为“金玉满堂”，“百合银耳汤”可命名为“百年好合”。

2．菜名中的修辞造词

修辞造词是菜点命名中最具特色的部分。辞格在菜点名称中的精巧设计，可以收到事半功倍的效果，给人以充分的艺术享受。当然，并不是所有的辞格用于菜名中都能够收到良好的效果。据统计分析，在菜点名称中常用的辞格主要有比喻、夸张、借代、比拟、谐音、引用、意象、数字修辞等。它们对于表现菜点的特色内容、增强艺术感染力都起到了积极作用。

（1）比喻　给菜点命名妙用比喻会使菜点更形象，内涵更深广，给人的想象更丰富，具有中国传统诗画的美学效果。正缘于此，比喻在菜点命名中得到了极为广泛的运用。有以形设喻的，如将洁白的蛋清泡比作“雪”，把细长的鳝喻作“龙”，把鸡称作“凤”，把鸽蛋叫作“珠”等；有从色设喻的，如“金针银芽”，实际上就是金色的金针菇和黄豆芽的白茎；有从声设喻的，如“炸响铃”实际上是油炸馄饨上桌后，趁热浇上调好的味汁，使其发出悦耳的声音；有从动态设喻的，如“将军过桥”；有从静态设喻的，如“翡翠虾仁”；有以情设喻的，如“霸王别姬”等。

（2）夸张　在汉语菜点命名中，夸张手法的使用常常是为了将菜点某方面的特征进行夸大，从而吸引食客。如扬州点心“千层油糕”，是一种菱形块、半透明的糕类点心，糕分64层，层层油糖相间，以“千层”来命名，为的也是突出其多层的特点。杭州传统名菜“百鸟朝凤”，以嫩母鸡为“凤”，制成鸟形的水饺围放于母鸡四周，犹如朝凤之鸟，既是形象生动的比喻，又以夸张的手法描述渲染了“朝凤”气势的宏大。

（3）借代　借代是借用与本体事物有着现实联系的事物的名称来代替本体事物的修辞方式，它只出现借体而不出现本体。这种方式可以引人联想，使表达收到形象突出、特点鲜明、具体生动的效果。如“烧南北”（河北张家口市的传统风味菜肴，以塞北口蘑和江南竹笋为主料）、“炸三角”（北京小吃，将卤肉包成三角，入油锅炸制而成，在此处以其形状来指代这种小吃本身）等。

（4）比拟　比拟是基于想象，用描写彼类事物动作形态的词描写此类事物的修辞方式。它把用于甲事物的词用到乙事物上，或者说，把甲事物所具有的情感赋予乙事物，从而收到“以我观物，物皆著我之色”的表达效果。这里的第一个“我”既可以是人，也可以是物。如湖南菜“脱袍鳝鱼”，其实就是去了皮的鳝鱼，以“脱袍”命名，赋予动物以人性化的特征，既形象又有动感，使人产生丰富的联想。沈阳名菜“群虾望月”是将鸡蛋皮用碗扣成圆月放在盘中，然后将烤红的十只大虾虾头朝向“月亮”，摆在四周，十分形象传神。

（5）谐音 谐音是指利用不同词语的声音相同或相近的条件，来增强语言表现力的修辞手段。这在菜点的命名中应用广泛。如“年年有余”（“鱼”与“余”谐音）、“长生不老”（原料为海参、大肠、腌雪里蕻梗，“长”即肠，“生”即参，均取谐音）等。

（6）引用 引用是在菜点命名时援用他人的诗词或典故、俗语等的方法。其中，将诗词引入菜肴，赋予佳肴以诗的灵魂是菜名中情趣最浓的一种。如“龙蟠钟山”取意于明代高启诗句“钟山如龙独西上，欲破巨浪乘长风”。“枫叶红花”，以大虾、鸡丁同蒸，配以鸡蛋、番茄酱、黄瓜而成，取意于杜牧“霜叶红于二月花”一句。“红酥手”即红烧猪蹄，使人想起陆游的“红酥手黄縢酒，满城春色宫墙柳”的佳句。

（7）意象 “意象”与“比喻”不同，比喻凸显的是事物的局部特征，或者是个体的事物，而意象可以展现事物的整体特征，或者群体的事物，形成“诗中有画”“言中有画”的意境。如“雪夜桃花扇”“翠塘春色”“断桥残雪”等菜名都给菜肴增加了一种诗意和韵味。

（8）数字 利用某些特殊数字的特定用法来表达意义的修辞就叫作数字修辞。我国传统的美馔佳肴中有诸多是以构思巧妙的数字命名的，可以说从“一二三四五六七八九十”到“个、十、百、千、万”应有尽有。这些数字的情趣或指其色，如“一品豆腐”“二色蟹肉圆”“三鲜焖海参”“四味鲍鱼”“五彩牛百叶”“六合猪肝”“七彩鱼面”“八宝鸭”“九转大肠”“十全大补汤”“百花酒焖肉”“千层糕”“万字扣肉”等。

（三）宴席的命名

宴席的命名，从古到今，主题繁多，内容广泛，风格迥异，各有专名。现将菜单与宴席的命名作一简要的归纳。

1．以某一类原料为主题命名

以某一原料或某一类原料为主题命名菜单，主要突出原料的风格特色和时令特点，满足人们物以鲜为贵和物以稀为珍的饮食心理。如时令刀鱼菜单、桂花全鸭菜单、羊肉美食菜单、海参菜单、菌菇美食套餐菜单等。

2．以节日为主题命名

随着人民生活水平的提高，人们对节假日非常重视。各饭店以各种节日及法定的假期作为餐饮营销的一个卖点，抓住时机，大做文章，精心设计，科学命题各种菜单。如春节是我国的传统节日，从除夕至正月十五都能设计出各式风格多样、主题新颖的宴席或套餐。如“恭喜发财宴”“全家团聚宴”“元宵花灯宴”等，还有“吉祥如意套餐”“元宵欢腾套餐”“除夕迎新年套餐”等。再如中秋节，可设计“中秋赏月宴”“丹桂飘香宴”等，“五一节”“国庆节”可设计出“旅游休闲套餐”“金秋美食套餐”“欢度国庆宴”等菜单。

3．以菜系、地方风味为主题命名

如“江苏风味宴”“四川风味宴”“粤菜风味宴”“鲁菜风味宴”，还有藏族风味菜单、维吾尔族风味菜肴等菜单。

4．以名人、仿制古代菜点为主题命名

中国烹调之所以历史悠久、誉满世界，与历史上许多名人、名著、名厨有很大关系。我们可根据本地区、本饭店的经营特点和技术力量，在继承和发展中国烹调技术的基础上，不断挖掘研究古代菜点，推出以名人、名厨等命名的菜点与宴席。如“东坡宴”“谭家宴”“孔府家宴”“乾隆御膳宴”“红楼宴”“随园食单宴”“满汉全席”等菜单。

5．以某一技法和食品功能特色为主题命名

当今，以某一种烹调操作技法或某一类食品的营养功能为特色的菜单，大为流行。如以烹调操作技法主题命名的“铁板系列”“砂锅系列”“火锅系列”“烧烤系列”等。还有以食品功能特色为主题命名的“美容健身席”“延年益寿席”“潇洒风范席”“滋阴养颜席”等，深受百姓欢迎。

6．以喜庆、寿辰、纪念、迎送等为主题命名

无论是政府机关、公司企事业等单位，还是民间，以喜庆、纪念、迎送等为主题命名的菜单很多：以喜庆为主题的，如婚宴菜单中“珠联璧合宴”“百年好合宴”“龙凤呈祥宴”“金玉良缘宴”“永结同心宴”等。再如重大节日和事件的菜单有“国庆招待宴”“庆祝香港回归宴”“庆祝工程落成宴”“祝捷庆功宴”“乔迁之喜宴”等。以生日寿辰为主题的，如“满月喜庆席”“周岁快乐席”“十岁千金席”“二十成才席”“松鹤延年席”“百岁寿星席”等。以纪念为主题的，如“纪念×××100周年诞辰宴”“纪念开业二十周年宴”等。以迎送为主题的，如“欢迎×××国家总统访华宴”“归国华侨欢迎宴”“欢送外国专家回国宴”等。

总之，命名所站角度不同，就会有不同名称。尽管宴席的社交目的性是很明确的，但人们在宴席命名时，总想夸张、渲染气氛，推敲出比较理想的宴席名称。古往今来，人类设办的宴席不计其数，命名的方法多种多样。这里仅做粗略的划分（表6–1）。

表6–1　宴席的命名

命名依据		宴席举例
	以头菜或主菜的原料命名	燕窝席、海参席、鲍鱼席、鱼肚席等
	以烹制的原料类型（一大类原料为主）命名	素菜席、菌笋席、花果席、山珍席、海味席、水鲜席等
以所使用的原料命名	以主要用料（一种原料为主）命名	全羊席、全猪席、全牛席、全鸭席、全鸡席、豆腐席、刀鱼席、全鱼席、蟹宴、饺子宴等
	以名特原料命名	长江三鲜宴、长白山珍宴、三头宴、黄河金鲤宴、昆明鸡㙡宴等
	以八珍命名	草八珍席、禽八珍席、山八珍席、水八珍席等
	以原料等级、档次命名	特级宴席、高级宴席、中级宴席、普通宴席等
	以地方风味命名	川菜席、鲁菜席、粤菜席、淮扬席、京菜席、湘菜席等
以风味特色命名	以民族风味命名	汉席、满席、满汉席、维吾尔族风味宴席、朝鲜族风味宴席、蒙古族全羊席、朝鲜族狗肉宴、白族乳扇宴等
	以补体养生内容命名	彭祖养生宴、延年益寿宴、如皋长寿宴等
	以时令季节命名	春令宴席、夏令宴席、秋令宴席、冬令宴席、端午宴、中秋宴、除夕宴等
	以风景名胜命名	春江花月宴、长安八景宴、洞庭君山宴、羊城八景宴、西湖十景宴等
	以文化名城命名	洛阳水席、荆州楚菜席、开封宋菜席、成都田席等
以历史文化命名	以文化人名命名	明代洪武宴、乾隆御宴、东坡宴、宫保席、谭家席、大千席等
	以仿古宴席命名	西安的“仿唐宴”，杭州的“仿宋宴”，北京的“仿膳菜”，曲阜的“孔府宴”，南京的“随园菜”，扬州的“红楼宴”，徐州的“金瓶梅宴”，山东的“齐民大宴”等
	以成语、历史典故命名	八仙过海席、项羽鸿门宴、醉翁亭宴等

续表

命名依据		宴席举例
以历史文化命名	以良好的愿望命名	万寿无疆宴、龙凤呈祥席等
	以席面布置命名	孔雀开屏席、万紫千红席、百鸟朝凤席、返璞归真席等
	借用数字命名	双六席（六碟六盘）、三八席（八碟八盘八大碗）、三蒸九扣席、四喜四全席、四六席、五子登科席（五种山珍组成）、五福捧寿席、六六大顺席、七星席、八八席、八仙过海席（八种海味组成）、九九上寿席、十大碗席等、川菜十字席、吴中第一席、江淮第一宴等
	以设宴的目的命名	盛世庆功宴、花甲大宴、百岁盛宴等

宴席菜肴的命名既要让客人一目了然，又要使客人产生食欲和联想，回味无穷，尤其要根据菜点的主要特征，以富有情趣的文化性词表现出来，以突出宴席主题、烘托气氛。在全国第十二届厨师节宴席大赛上，由刘学治先生与何正宏厨师长等设计制作的《眉州东坡宴·赤壁怀古》展台，引起了很大的轰动，获得评委和参观者的交口称赞，并获得了“中国名宴”的称号。菜谱全部用菜名加词牌名推出：四凉菜，《一剪梅·胭脂百叶》《浣溪沙·三寸金莲》《蝶恋花·珊瑚菜卷》《点绛唇·卤水鸭舌》；七热菜，《满庭芳·东坡府邸参》《定风波·江团狮子头》《卜算子·东坡肘子》《夜半乐·红花芙蓉鸡》《千秋岁·黑笋烧牛肉》《南乡子·竹还山珍》《浪淘沙·秋风流霞羹》；汤菜，《水调歌头·玉笋老鸭汤》。这样不但很好地呼应了东坡酒楼这个店名，而且还增加了它的文化含量。

知识链接

“汪辜会谈”佳肴名称表情谊

1993年4月，海峡两岸关系协会会长汪道涵与台湾“海基会”董事长辜振甫在新加坡举行了具有重要历史意义的“汪辜会谈”，为结束海峡两岸长期政治对立的特殊状态，迈出了关系缓和、合作加强的崭新一步。

为庆祝这次历史性会谈的成功，汪道涵特意在新加坡董宫酒店夏莲厅，宴请辜振甫及其一行。晚宴的九道菜，汪道涵巧妙地嵌入了对台湾同胞浓浓的骨肉之情：“情同手足”（乳猪与鳝片）、“龙族一脉”（乳酪龙虾）、“琵琶琴瑟”（琵琶雪蛤膏）、“喜庆团圆”（董宫鲍翅）“万寿无疆”（宫燕炖双皮奶）、“三元及第”（海鲜鱼圆汤）、“兄弟之谊”（木瓜素菜）、“燕语华堂”（荷叶饭）、“前程似锦”（水果拼盘）。

将这九道菜名连起来，是一段令人感慨叫绝的妙文：你我“情同手足”，同是“龙族一脉”，今夕“燕语华堂”“琵琶琴瑟”合鸣，谱一曲“喜庆团圆”，祝大家身体健康、“万寿无疆”，并祝海峡两岸的“兄弟之谊”能“三元及第”“前程似锦”。

这张别出心裁的菜谱把大陆、台湾两岸同胞欢聚、骨肉情深的气氛一层一层烘托出来，侍者端出菜肴并一一解释时，不禁令主客兴趣与食欲俱增。

宴会后，两岸出席宴会的22个人，全部在菜单上签名留念，汪辜二人还在菜单上题字。汪道涵写道：佳肴佳会，手足之情。辜振甫在同一张菜单上回应：但知春意发，谁知岁寒心。台湾海基会秘书长说道：“我们又签署了一份共同文件。”

二、烹饪产品命名的原则

（一）联系的原则

烹饪产品命名时要力图使名称的音或义，同对象的某种特征相联系，要求名称与菜点的实际内容相吻合，与烹饪产品在形、味、料、色等方面的特征相关。即使是用比喻、抒怀的方式来给烹饪产品命名，也要有具体的缘由，不然就会让人感到不知所云或是显得空洞浮华。

（二）美的原则

烹饪产品的命名，不但要给人以生理上的满足感，还应给人以心理上美的享受。烹饪产品的命名多富于艺术性，不完全着眼于菜点的用料和烹饪方法，而是用写意的手法烘托其内容，即依据烹饪产品本身的色香味及造型上的特色来联系天地四季、风花雪月、动物植物等能引起审美联想的事物，取一个美丽动听的名字。如以美的植物命名："芙蓉鱼片""芙蓉鸡片""芙蓉蟹斗""芙蓉海参"等；"海棠糕""莲花卷""梅花包子""桂花干贝"等；以美的器物命名："金玉羹""琥珀肉""如意卷""翡翠烧卖""水晶包子""珍珠圆子"等；以中国历史上的美人来给菜点命名："炒西施舌""贵妃鸡""昭君鸭""貂蝉豆腐"等；以充满意趣的情景来命名菜点："乌云托月""半月沉江""蝴蝶过河""花好月圆""龙游月宫""蚂蚁上树""白雪映红梅""黄葵伴雪梅"等，对原料、造型作了形象而充满情趣的描绘，饱含诗情画意，极富文学性和艺术性，体现了中国人的审美取向。

（三）简洁的原则

烹饪产品的名称和人名、地名等客观事物的名称一样，只是一个代号，目的就是起到标示和指代的作用，因此不宜过长，否则将不易于记忆和交流。这就是简洁的原则，在这里指菜点名称意义和形式的简洁。

首先，意义上要简洁。一个烹饪产品的特征是多方面的，命名者取其一点或几点，不及其余，不求面面俱到。如果把烹饪产品的所有特征都放在一个名称里表现，表面上能帮助我们更全面地认识对象的特征，好像更符合事理，实际上却繁复臃肿，晦涩难懂，破坏了名称的简洁性和规律性。菜点名称应当言简意赅，易懂易记。如"原盅水蟹蒸腊味糯米饭""荷香锡纸焗笋壳鱼""寿意陈皮水浸白鳝""顶汤菜胆炖金钩翅"等菜品，每个菜名都有八九个字，实在让人难以记忆。

其次，形式上的简洁，也就是文字上的简练，指菜点名称的音节较少，结构简单。这与意义的简洁是相对应的。意义简洁，形式自然就简洁。在菜点的命名过程当中，原料一般来说是不可缺少的一个组成部分。但是，当菜点的原料较多不宜一一列举时，往往就要以数字概括，这就是简洁原则的典型体现。如菜点名称中，经常出现的"三鲜""八宝""八珍"等说法，就是对菜点原料的一种概括的说法。

（四）与饮食环境相适应的原则

给菜点取名时要注意根据饮食环境来区别对待，豪华宴席上的名贵菜点不妨配以相应华丽的名字，但大众化的菜肴、家常菜和日常小吃因原料普通、制作过程简单，所以命名时也要尽量做到通俗明白，要贴近生活，贴近大众。

比如，宫廷菜、官府菜以及一些高级酒店的菜单中，常出现许多富丽堂皇的菜点名称，既与饮食环境、菜肴级别相对应，也满足了食客追求高贵的饮食心理。比如说孔府菜中就有“御笔猴头”“神仙鸭子”“抱子上朝”“当朝一品锅”“烧秦皇鱼骨”“一卵孵双凤”等菜肴；唐代“大臣初拜官，献食于天子”的宫廷筵席“烧尾宴”食单中也有“贵妃红”“白龙腥”“仙人膏”“光明虾炙”等菜点。这些高贵华丽的菜点名称与筵席级别相适应，因而相得益彰。

但是家常菜的命名就要简单直白通俗，接近老百姓的日常生活。比如说“乱炖”“家常饼”“杀猪菜”“开水白菜”“白菜烂糊肉丝”，都透露出浓郁朴实的生活气息。

风味小吃的命名也是同样道理。在小吃的命名当中，比喻的手法运用得较多，但喻体都是日常生活中简单平常的事物，如“灯盏窝”“猫耳朵”“门钉馅饼”“棒槌果子”“褡裢火烧”“马蹄烧饼”“羊眼包子”等，给人以朴实亲切的感觉。

此外，风味小吃还可以简单地以一条街、一个胡同的名字来命名，如“十八街麻花”（店铺坐落于十八街）“耳朵眼炸糕”（店铺位于耳朵眼胡同），这也体现了日常食物命名的随意性。还有以市井小人物之名命名的，如“王鸭子”“吴抄手”“赖汤圆”“夫妻肺片”“叫花鸡”等，虽没有什么大的来由和背景，却也都真正得以“飞入寻常百姓家”。

还有一些市井小吃，其命名非但不以追求文雅含蓄见长，相反，却以浓郁的民俗气息带给人以亲近之感。如“驴打滚”“狗不理”等。

三、汉语菜点命名的文化心理

（一）祈求吉利的文化心理

中国人祈求幸福、吉祥、平安、健康、和睦、禄位、财富的愿望，几千年来始终如一。因此，在逢年过节、祝寿、贺新婚、庆开业等许多场合，都要讲“吉祥语”就是希望通过语言来祈求吉利。这种心理表现在民风民俗、日常生活等各个方面，在烹饪产品的命名中也有集中体现，即取用带有吉利含义的字眼以及中华民族喜闻乐见的象征代表吉利祥瑞的动植物、器物来给菜点命名，表达各种良好的愿望，彰显出中国饮食文化独特的个性和魅力。这种命名取向在喜庆宴会及节日饮食中尤为突出。

如“蟠龙菜”“祥龙献瑞”“龙凤赏月”“百鸟朝凤”“游龙戏凤”“凤凰卧雪”等菜名反映了中国人希求吉利的文化心理；“四喜丸子”“四喜龙蛋”“合家团圆”“全家福”“太平面”“如意菜”寓意四季平安快乐如意；“百年好合”“白头偕老”“富贵白头”“鸳鸯戏水”等反映了人们对美好婚姻的向往和追求；“长生粥”“长寿面”“百岁羹”“百寿桃”“寿意顺风糕”“寿比南山”“松鹤延年”等寄托了希冀老人洪福齐天、健康长寿的情感和愿望；“年年有余”“发财到手”“金钱鱼肚”“金钱满地”“满掌黄金”“白银如意”“发财元宝酥”等，这都是中国人祈求财富的愿望的集中体现。

（二）希求高贵的文化心理

中国几千年的封建等级制度、伦理观念造就了中国人追求身份等级地位、崇尚权威高贵的文化心理和价值取向。体现在给菜点命名上，就是喜欢把食物加以夸张和想象，安上一个华贵的名称，来提高宴席的级别和菜点的身价，从而满足中国人这种追求高贵豪华的心理。

首先，中国人喜欢用龙凤、麒麟等灵物来给菜点命名，如喜把鱼虾比为龙，把鸡比作凤，于是鸡脚即为“凤爪”，鸡肝即为“凤肝”。

其次，用珍贵美好、象征着身份等级的金银玉器来给菜点命名也反映出中国人追求豪华高贵的文化心理。常出现在菜点名称当中的有金银、琥珀、翡翠、白玉、珍珠等。如将青菜或青豆、豌豆等作“翡翠”，肉冻称“水晶”，豆腐称“白玉”，鱼丸称“珍珠”，绿豆芽则称作“银条”“银针”。因此，就产生了许多珠光宝气的菜点名称，如“黄金肉”“金玉羹”“金钱鱼肚”“翡翠虾仁”“翡翠豆腐”“翡翠烧卖”“水晶虾仁”“水晶肴蹄”“金玉满堂”“掌上明珠”“鸡蓉银条”“银针拌鸡丝”“水晶菊花酥”“蚝油酿白玉”“金丝银线汤”“金钩挂玉牌”“珍珠翡翠白玉汤”等。

再次，中国菜点中有一部分是以与宫廷、官衙有关的事物命名的，犹见于宫廷菜、官府菜，如“当朝一品锅”“一品海参”“一品官燕”“一品富贵”等菜肴名称也因带有明显的官府气息而给人以豪华高贵的感受。

（三）忌避的文化心理

中国人语言崇拜的一个方面就是迷信语言有一种超常的魔力，能给人带来各种祸福，以致将语言所代表的事物和语言本身画上等号。因此，中国人对于不雅、不吉利或是容易引起不愉快联想的事物名称常常避讳不说，或是改用其他说法。

“胡饼”，从名称来看，应该是从西域传来的食物。胡饼最初于何时传入中国已经无从可考，但至晚到了东汉后期，“胡饼”已经是非常受欢迎的食物品种。在南北朝时期，胡饼一度被改名为“麻饼”，因为出自胡人血统的后赵皇帝忌讳“胡”字。《后汉书》记载：“后赵石勒讳胡，改为麻饼。”到了元代，“胡饼”这个名称已经消失。

“元宵”曾一度被改名为汤圆也是出于避讳的目的。窃国大盗袁世凯在做了大总统之后，一心想着复辟登基当皇帝，但又怕人民反对，终日提心吊胆。一日，他听到街上卖元宵的人拉长嗓子喊“元——宵”，觉得“元宵”与“袁消”谐音，遂联想到自己的命运。于是，在1913年元宵节前，袁世凯下令禁止称“元宵”，必须呼“汤圆”或“粉果”。后来，还有人就此事作了一首打油诗曰：“诗吟圆子溯前朝，蒸化煮时水上漂。洪宪当年使禁令，沿街不许喊元宵。”

慈禧曾因“饼”“病”两字谐音，在内廷将月饼一律改为“月华糕”。《清稗类钞》中提到：“北人骂人之辞，辄有蛋字，曰浑蛋、曰炒蛋、曰捣蛋、曰黄巴（王八）蛋，故于肴馔之蛋字辄避之。鸡蛋曰鸡子儿，皮蛋曰松花，炒蛋曰摊黄菜，熘蛋曰熘黄菜，煮整蛋使熟曰卧果儿，蛋花汤曰木樨汤。木樨，桂花也，蛋花色黄如桂花也。”

以上菜点易名均出于中国人由语言崇拜而引发的忌避的文化心理。

第三节 烹饪产品的种类

烹饪产品的种类很多，分类比较复杂。因所依前提的不同，分类的方式和分类的结果不同。此外烹饪产品与品种、种类的复杂关系也给烹饪产品的分类带来了一定的难度。烹饪产品种类之间有交叉，有的品种难以归类，传统的称谓难以明确界定。通常，烹饪产品的分类主要有以下几种方法。

一、按社会意义划分

一是以地理位置、行政区域划分。通常把世界范围的烹饪产品按地理概念分为东方菜点、西方菜点（西餐），以及介于二者之间的中东菜点。在此大概念的划分之下则是具有各自特点的不同国别的烹饪产品。如就菜肴来说，就有俄式大菜、法式大菜、中国菜、日本菜、印度菜、德国菜、墨西哥菜、土耳其菜、美国菜等之分。不同国别之内又可再依不同的行政区划进行划分，或是依据一定的地理方位进行划分。如中国菜可按东（扬）、南（粤）、西（川）、北（鲁）进行划分，再按省别进行划分，每个省又可再按一定的行政区划进行划分。这种划分主要是因为不同的区域因地理气候、物产、民俗、经济、政治、宗教等的影响形成了不同的烹饪生产特点、产品形式和消费形式。

二是宗教意义的划分。宗教教义对教徒饮食的影响以伊斯兰教较为明显。宗教的影响具有超越民族、超越国界的力量。

三是民族意义的划分。一个民族起源于同一聚居地，有共同的传统和习惯，一个民族总体的饮食习惯总是具有共同的基本特征。民族的饮食对本民族人的影响力也能超越国界，超越宗教。

二、按生产意义划分

烹饪产品按生产意义的划分，有生熟之分、冷热之分、干湿之分、技术难度之分、加工流程之分、口味之分等。

烹饪产品有的经过成熟处理，有的未经成熟处理；前者为熟食，后者为生食。熟食又因消费要求的不同而分为冷食和热食。

烹饪产品所具的外部形式可分为三种类型：一是干型，无汤汁；二是湿型，略带汤汁；三是汤型，原料浸入汤汁中，或混为一体。

烹饪产品根据加工的难度大小可将产品分为：一般型、功夫型；普通型、工艺型。

烹饪产品根据烹饪的时间可分为：现制品和预制品。近年来，预制菜行业风生水起。所谓的预制菜，就是预先制作好的饭菜，拿回家之后，只需要打开进行加热即可，味道可以和饭店中的基本一样。因为做法简单，几乎没有什么门槛，所以受到了大家的青睐。

三、按消费意义划分

从消费的角度看烹饪产品，人们习惯作以下区分。

一是主食、副食之分。人们通常把菜肴称作副食，米和大部分面（粉）制品称作主食。

二是酒菜、饭菜之分。这是菜肴的再一次划分，酒菜是用以下酒的菜肴；饭菜是用以下饭的菜肴。

三是主次之分。中式宴席菜中或是西方餐式中通常有一道菜称“主菜”，中国又称为“头菜”，是指此菜的档次最高。中餐常以原料档次的高低来区分，西餐则不一定。

四是荤食、素食之分。荤食通常是指以动物性原料制作的食物；素食通常是指用植物性原料制作的食物。

五是正食、零食之分。正食是指在每日三餐的用餐时间内吃的东西；零食是指三餐进餐时间以外吃的东西。

六是家菜、店菜之分。家菜即家庭制作的食物，通常称“家庭菜”；店菜即餐饮业制作的食物。这实际上是“专业”与“业余”的区别。

此外，还有大锅菜、小锅菜之分等。

四、按产品形式划分

在餐饮业，通常将烹饪产品分为单一产品和组合产品。单一产品又分为菜肴和面点；组合产品又称套餐，套餐分为普通套餐和宴席套餐。菜肴是红案烹调师制作的烹饪产品，面点是白案面点师制作的烹饪产品。把一定数量的菜肴和面点按照一定规格和程序组合而成的烹饪产品称作宴席（另含酒水和果品）。具体分类见图6–2。

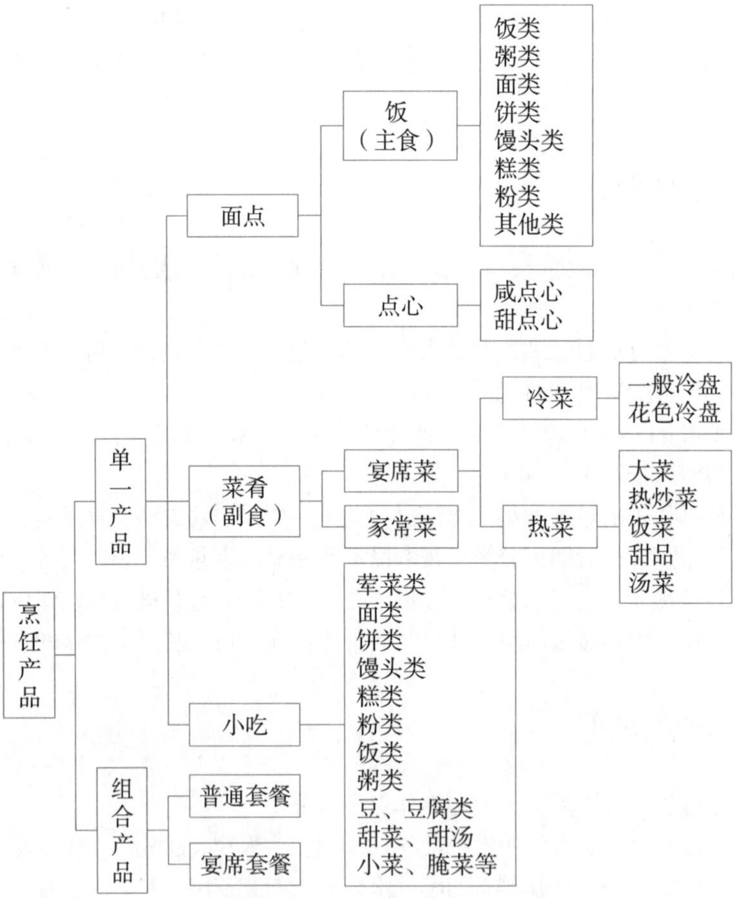

图6–2 烹饪产品的分类

第四节
烹饪产品的鉴赏评价

一、烹饪产品鉴赏评价的内涵

鉴赏评价是一项富有创造性的活动，是主观对客观的判断、分析、估量，要分出是非优劣，吸收、褒扬真善美，扬弃、贬抑假丑恶。这既要凭借直感，即平日形成的思想道德、政治修养、文史知识、生活经验等等，更要凭借分析，即仰仗多方面理解能力、表达能力的积累。对于“仁者见仁，智者见智”的问题，一方面应该“要有己见”，另一方面也应该认真听取别人的意见，在鉴赏、评价活动中做到坚持真理，修正错误，不断提高自己的赏析水平。

鉴赏是指人们通过特定媒介（如语言之于文学，音、色、旋律之于音乐等）与艺术形式，逐步进入对作品的具体感受、体验、欣赏和鉴别的精神活动。它既受到作品本身特性的规范，又调动鉴赏者自己的想象力，因而具有再创造性质。这种再创造活动受鉴赏对象的制约，鉴赏者可以用自己的经验、印象及知识的积累去补充和增补它，进行想象和联想，但这些应是合理的，而不能随意遐想或凭空杜撰。有时由于思想认识水平有高低，生活阅历有宽狭，艺术感受能力有强弱，而出现鉴赏上的见仁见智的情况，这是正常现象，关键看这种鉴赏是否做到“鉴之有据，赏之有理”，能自圆其说。评价，意为衡量人物或事物的价值。评价作品，就是评定作品价值的高低，即指运用正确的观点，对作品的思想内容、艺术手法的是非、好坏、优劣进行分析、研究、评论。

烹饪产品鉴赏评价，简单而言是对烹饪产品的评鉴、欣赏活动和过程。从本质上说，烹饪产品鉴赏评价是人通过感性活动如感觉、知觉、表象等对美食进行的一种审美活动，包括审美对象或客体（美食）、审美主体（美食鉴赏者或美食家）和美感三要素。而这种审美活动也是一种感知活动，是审美主体对审美客体的价值判断与审美心理活动的统一，必然按照普遍的审美运行机制来进行。与此同时，由于美食的特殊性，美食鉴赏也必然有独特的审美方法。烹饪产品的评价是人们基于认知的、对烹饪产品内在属性和外在表现的一种主观描述和感性认识，这种评价从根本上来说是对模糊性现象的描述，具有个体差异性。

二、烹饪产品鉴赏评价的过程

按照美学基本理论和逻辑顺序，审美的运行机制分为审美准备、审美实践和审美回味三个阶段。因此，烹饪产品鉴赏评价作为一种审美、感知活动，其运行机制也可以分为以下三个阶段。

（一）准备阶段

准备阶段主要涉及鉴赏评价主体的鉴赏评价经验、鉴赏评价品位和鉴赏评价理想三个方面。其中，鉴赏评价经验是指保留在鉴赏评价主体记忆里的、对烹饪产品鉴赏评价对象以及与其相关的外界事物的印象和感受的总和，通常是在多次、反复的鉴赏评价实践中形成、积淀和保存下来的，并成为未来鉴赏评价活动的基础和前导。如品尝过多种火锅的人，就具有了对火锅的鉴赏评价经验，当他到四川品尝毛肚火锅时就会比其他人更能体会个中滋味。鉴赏评价品位是指鉴赏评价主体对于不同层次的烹饪产品感受的深度和强度，常常因文化素质的高低和鉴赏评价经验的丰富与否而有所不同。鉴赏评价理想是对烹饪产品鉴赏评价最高境界的一种追求，是鉴赏评价的至高标准，受时代、社会、经济、政治等多种因素的影响。如在温饱难以维系的年代，人们的鉴赏评价理想常常是崇尚丰腴、肥厚，以大鱼大肉为美，但进入小康社会以后，人们的鉴赏评价理想则逐渐转变为追求清淡、自然，以时蔬佳果为美。

（二）实践阶段

在这个阶段，对烹饪产品鉴赏评价的感知、想象、情感和理解等四个重要的心理要素交错融合、共同参与烹饪产品鉴赏评价实践，使烹饪产品鉴赏评价主体获得包括粗浅的快乐体验、深层的愉悦体验和高度的超越体验等在内的多层次、多方位的体验。其中，对烹饪产品鉴赏评价的感知是指主体通过感觉、知觉对鉴赏评价的对象形成的初级审美认识，常常通过视觉、嗅觉、味觉、触觉甚至听觉等感官来感知烹饪产品的最初美感。

对烹饪产品鉴赏评价的想象是指主体在烹饪产品的表象刺激下，回忆或联想其他事物而产生心境和情感的心理活动，常常来自以往的鉴赏评价经验和各种知识的积累。联想和想象是审美的关键，它可以使感知超出自身，通过情感构造出一个更加美好的幻象，从而更深入地理解审美对象的内在意义。

对烹饪产品鉴赏评价的情感是指主体对鉴赏评价对象的一种主观情绪反应，通常是与鉴赏评价感知和想象活动相伴产生的。感知和想象对烹饪产品鉴赏评价的实践活动必然伴随着一定的感受和感动，表现出体验美的快乐，使鉴赏评价主体产生强烈的美感。

对烹饪产品鉴赏评价的理解是与感知、想象、情感交织在一起的一种感性理解活动，是在审美直觉基础上形成的一种审美领悟。如人们在端午节品尝粽子时，首先感受到的是粽子的甜美、软糯、好吃，然后会产生审美想象，想到爱国诗人屈原的故事，体味到粽子所具有的丰富的内在意义和魅力，进而产生缅怀之情、激发爱国之意，在饱眼福、口福的同时，获得了更为广阔深远的美的享受。

需要特别注意的是，在鉴赏评价主体进行鉴赏评价实践时，烹饪产品的创造者或提供者如厨师、服务员应当进行适当的引导，通过图文并茂的菜单、简明扼要的讲解等方式介绍产品的特点及亮点，如菜点来历、原料、制法、风味特色、营养及独特吃法等，激发评价主体的审美兴趣，使之能够更深入、全面、准确地欣赏烹饪产品之美。但是，引导必须以适度、够用为原则，重点帮助评价主体了解和掌握产品的特点、亮点以及品味、体会的方法，关键还是要靠评价主体用心品味和体会，过多的讲解不利于鉴赏评价。

（三）回味阶段

当鉴赏评价实践结束后，评价主体常常通过回味来延续和加深美感体验，而真正的美感体验也只有通过对烹饪产品鉴赏评价活动的回味才能得到升华。如人们在品尝烹饪产品之后常常有齿颊留香、回味无穷之感，这种回味将进一步增强烹饪产品的美感。

三、烹饪产品鉴赏评价的内容

（一）香气

烹饪产品的香气指的是烹饪产品的主、辅、调料等经烹制后而挥发出来的能诱发食欲的美好气味，如谷香、肉香、鱼香、菜香、花香、果香、酱香、酒香、药香、香料香等。在饮食活动中，人的嗅觉往往先于味觉，正如有关形容闽菜传统名菜“佛跳墙”中的诗句中说的那样，“坛启荤香飘四邻，佛闻弃禅跳墙来。”这无疑是对烹饪产品香气诱人食欲精妙绝伦的描述，由此可见，烹饪产品的“香”作用之大，非同一般。

一般说来，食物原料的香气，是由它们所含的醇、酚、醛、酮、酸、酯类等化合物，在烹制加热过程中挥发后，被人吸进鼻腔刺激嗅觉神经所反映出来的感觉。烹饪产品成品呈现的香气不是单一的，而是一种综合的香气。烹饪产品的“香”虽然没有“味”这么明确，但是作为烹饪产品质量的一个要素，常常是比“色、形”更直接影响就餐者的情绪和食欲的，是比美味更具有诱惑力的，或者说其本身就是构成美味的一个重要部分。

（二）滋味

中国烹饪产品个体的滋味千差万别，严格意义上讲，每一种烹饪产品都有不同的滋味，就像世界上没有两片树叶是完全相同的一样。这也是人们常讲“一菜一格、百菜百味”的道理所在。

烹饪产品的滋味是由选择原料、掌握火候、注重调味三个步骤构成的。烹饪原料不仅是味的载体和构成美食的基本内容，而且原料本身就是美味的重要来源。火候是烹饪中的重要环节，中国烹饪产品烹制过程中掌握运用火候相当考究，掌握适宜的火候不只是为了使原料成熟，或者为了改变原料的质感，更是为了体现和提取原料中特有的美味。注重调味是决定烹饪产品口味质量最根本的关键。原料自身以及在加热过程中虽然为食物提供基本的滋味，但最后的美味还需调味来参与，不需要调味的烹饪产品几乎没有。从欣赏的角度看，中国烹饪是一门味觉艺术，从创造的角度看，中国烹饪也可以说是一门调味的艺术。烹饪的所有环节，最终都是服务和服从于调味的，获得美味毕竟是烹饪的最终目的，调味是重要的又是复杂的，它的复杂不仅在于调味本身的千变万化，而且还在于对口味的要求是因人而异的。

（三）形态

烹饪产品的形态是指烹饪产品主、辅料成熟后的外表形状、造型、图形，以及盛装在容器中的形态。虽然饮食以食用为目的，饮食艺术也是以味美为主旋律的艺术，但它也需以具体的外在形态为依据，来表现它的题材和内容。

随着人们生活水平的提高和烹饪技艺的发展，对烹饪产品“形”的要求也不断提高，在形状上并不局限于一般的丁、丝、片、块、条、粒等，搭配上也不仅仅是块配块、片配片、丁配丁、丝配丝的一般搭配方法，而是在块、片、条、丝、丁、粒、蓉泥，整只、整形的基础上，用巧妙的艺术构思和精巧细致的操作手法，使这些常用的形状，变得丰富多彩、形象生动，如松鼠鳜鱼、花开富贵、金玉满堂、龙凤呈祥等。

（四）质感

烹饪产品的质地是决定烹饪产品风味的主要因素，它以口中的触感判断为主，但是在广义上也应包括手指以及烹饪产品在消化道中的触感判断。烹饪产品的质地主要取决于选料、配料、烹调技法、火候和刀工的技艺水平。它体现了烹饪产品的特色，同时集中地反映了中国菜的特点，烹饪产品质地的好坏在一定程度上也反映了烹调师操作水平的高低，烹饪产品质地的优劣，在很大程度上影响人们的食欲。

烹饪产品的质地反映了烹饪产品特色的一个重要方面。中国的烹饪产品成千上万，任何一份烹饪产品都有它各自特定的“质”的要求。烹饪产品质地的种类很多，烹饪行业中通常把烹饪产品的质地即“质感”划分为单一型质感和复合型质感两大类（图6-3）。单一型质感简称单一质感，它是烹调专家和学者为了研究上的方便而借用的一个词，以作为抽象研究的一种手段，它实质上不是烹饪产品质感的存在形式。复合型质感，又细分为双重质感和多重质感。双重质感由两个单一质感构成，多重质感由三个以上的单一质感构成。复合性是烹饪产品质感的普遍特征。

- 菜肴质感
  - 单一型质感
    - 老嫩感：如嫩、筋、挺、韧、老、柴、皮等
    - 软硬感：如柔、绵、软、烂、脆、坚、硬等
    - 粗细感：如细、沙、粉、粗、渣、毛、糙等
    - 滞细感：如润、滑、光、涩、滞、黏等
    - 爽腻感：如爽、利、油、糯、肥、瘦、腻等
    - 松实感：如疏、酥、散、松、泡、暄、弹、实等
    - 稀稠感：如清、薄、稀、稠、浓、厚、湿、糊、燥、干等
  - 复合型质感
    - 双重质感：如滑嫩、软烂、酥脆、肥糯等
    - 多重质感：如外酥脆里软嫩、外焦里嫩、脆嫩滑爽、柔软细嫩等

图6-3　菜肴质感的基本类型

以上这些概念只是一种行业习惯用语，并没有科学的界定。近代食品科学从研究食品的力学特性出发，按硬度、脆度、耐嚼性、胶弹性、黏着性和黏性等几个方面，规范了一批食品质感的评价语言，使之成为国际通用的学术语言（表6-2）。

表6-2　国际通用的食品质感评价用语

类型	质感评价用语	内涵
一般概念	结构、组织	表示物体或物质各组成（分）结合的性质
	质地（质构）	它是物理性质，包括大小、形状、数量、力学、光学性质、结构情况的感觉表现（包括触觉、视觉、听觉）
与压缩、拉伸有关的表现用语	1. 硬	表示受力时，对变形抵抗较大的性质（触觉）
	2. 软	表示受力时，对变形抵抗较少的性质（触觉）
	3. 坚韧	表示对咀嚼有较强的和持续的抵抗，与柔嫩反义，近似于质地用语的凝聚性坚韧一词在我国不常用于食品，用于表现此意的是“咬不烂”“嚼不烂”一类俗语（触觉）
	4. 柔嫩	表示对咀嚼的抵抗较弱，多用于对肉类的形容（触觉）
	5. 柔韧、耐嚼、嚼不碎	像嚼口香糖那样对咀嚼有较持续的抵抗（触觉）
	6. 酥松	表示一咬即碎的性质（触觉）
	7. 弹性	去掉作用力后变形恢复的性质（视觉）

续表

类型		质感评价用语	内涵
与压缩、拉伸有关的表现用语		8. 可塑性	去掉作用力后变形保留的性质（视觉）
		9. 胶黏	表示咀嚼时对上颚、牙齿或舌头等接触面黏着的性质（触觉）
		10. 黏糊、黏的	与黏稠及胶黏往往可以视为同义语，常用来形容糯米年糕、汤米团那样的感觉（触觉）
		11. 松脆	形容加作用力时，几乎没有初期变形而断裂、破碎或粉碎的感觉（触觉与听觉）
		12. 易成碎渣的	形容一用力或一碰便易成为小的不规则碎片的性质，如面包屑等容易掉渣的糕饼（触觉和视觉）
		13. 嘎嘣脆	兼有松脆和易碎渣的性质，常用来形容咬锅巴、萝卜之类嘎吱嘎吱响的感觉（触觉、视觉和听觉）
		14. 酥脆、脆嫩、脆生生的	用力时伴随脆响而屈服或断裂的样子常用来形容吃鲜苹果、芹菜、黄瓜、脆饼干、油炸脆片等的感觉（触觉和听觉）
		15. 黏稠	常用来形容粥饭糊酱（触觉和视觉）
		16. 稀薄的、稀的	作为黏稠的反义词，有清淡、爽口之感（触觉和视觉）
与食品组织有关的表现用语	构成粒子的尺寸形状	1. 滑腻	表示组织中感觉不出颗粒的存在，均匀细腻的质感，多用作形容冰淇淋的柔软滑爽，汤汁的爽口（触觉和视觉）
		2. 细腻	组织构成的粒子或纹理非常细小而均匀的样子（触觉和视觉）
		3. 粉状的	颗粒很小的粉末状，或易碎成粉末的性质（触觉和视觉）
		4. 砂状的、砂质感	形容小而硬颗粒的存在感（触觉和视觉）
		5. 粗糙的	形容组织颗粒较粗，有较大粒子存在（触觉和视觉）
		6. 多团块的、疙瘩状的	形容组织中含有不规则团块的样子，例如没有拌匀的面糊，含有疙瘩块；冲调乳粉中有团块的样子（触觉和视觉）
	组织的排列和形状	7. 层片状、薄片状	容易剥落的层片状组织（触觉和视觉）
		8. 纤维状的	形容可感到纤维状的组织，且纤维易分离（触觉和视觉）
		9. 多筋的、纤维粗的	形容纤维较粗硬的组织（触觉和视觉），如老芹菜、筋多的老牛肉等
		10. 打成浆的果肉样，烂浆状的、软糊状的	形容柔软而有一定可塑性的湿纤维状物料构造，有时也用来形容果肉丰满多汁的感觉（触觉和视觉）
		11. 蜂窝状的、细胞结构的	主要指具有较规则的孔状构造（触觉和视觉）
		12. 蓬松的、膨胀的	形容涨发得很暄腾的样子（触觉和视觉）
		13. 结晶状的	形容像砂糖、食盐那样结晶的群体组织（触觉和视觉）
		14. 玻璃状的	形容脆而透明的固体，觉察不出组织纹理结构的样子（触觉、视觉和听觉）
		15. 凝胶状的	形容具有一定弹性的固体，觉察不出其组织纹理结构（触觉、视觉和听觉）
		16. 泡沫状的	主要形容许多小的气泡分散于液体或固体之中的样子（触觉和视觉）
		17. 海绵状的	形容有弹性的蜂窝状结构（触觉和视觉）

续表

类型	质感评价用语	内涵
与口感有关的词语	1. 口感	表示口腔对食品质地感觉的总称
	2. 浓稠感、重厚感	是质地的一种口感表现，类似于我国俗语中的“瓷实”等
	3. 干的	口腔对游离液少的感觉
	4. 潮湿的	口腔中的游离液的感觉既不觉得少，又不感到多的样子
	5. 水灵灵的、水润的	口腔中的游离液有增加的感觉
	6. 水润的	因含水多而有淡薄、味淡的感觉
	7. 多汁的	咀嚼中口腔液体有不断增加的感觉
	8. 油的、油腻	口腔中有易流动，但不易混合的液体存在的感觉
	9. 肥腻的、油腻的	口腔中有黏稠而不易混合液体或脂膏样固体的感觉
	10. 蜡质的	口腔内有不易溶混的固体的感觉
	11. 粉质感、粗粉状、干面的	口腔内有干的物质和湿物质两者混在一起的感觉，如吃蒸熟马铃薯或表面有粉的柿饼的感觉
	12. 黏滑的	口腔中的滑溜感
	13. 奶油状的	口腔中黏稠而滑爽的感觉
	14. 收敛感	口腔中皮肤收敛的感觉涩
	15. 烫	口腔对过热的感觉
	16. 冰冷	口腔对低温的感觉
	17. 清凉	像吃薄荷那样，由于吸热而感到的凉爽

（五）营养

烹饪产品的营养，即烹饪产品所具有的营养价值和养生调理价值，包括烹饪产品所具有的营养素、营养密度及生物价值，也包括中国烹饪所独有的养生保健特性。有人习惯性地将烹饪产品营养归纳于烹饪产品的本质属性，但是凡是作为食物的烹饪产品，都或多或少或单一或比较全面地具有一定的营养价值，并非可食性范畴，故应将其归纳于烹饪产品的特有属性中。

烹饪产品是否具有本身所应有的营养价值，是评价它质量高低的重要指标。评价烹饪产品营养价值的高低，主要应该看组成烹饪产品本身的各种主辅料和调料是否做到了合理利用，科学搭配，还要考虑是否做到了合理烹调，也就是通过烹调加工使营养成分保持的程度，或者说是营养成分受损和破坏的程度以及消化吸收的难易程度。但仅从这一方面考虑还不够，因各种原料的成分在烹制过程中总会发生一些变化，总会有一些营养成分遭到损失和破坏，这些损失是难以避免的，但若采取恰当的烹调加工方法，损失会明显地减少。在烹制加热过程中，由于蛋白质等营养成分的变性，烹饪产品由生变熟，消化吸收率会有明显的提高，从而也就提高了烹饪产品的营养价值。若火候不够，烹饪产品不热或火候过了，使烹饪产品变焦、烂等，都会影响人的消化吸收，从而降低烹饪产品的营养价值。

（六）温度

烹饪产品的温度，即烹饪产品出品时的温度。同一种烹饪产品，出品食用的温度不同，口感质量会有明显差别。如拔丝苹果，趁热上桌食用，可拉出千丝万缕，冷却后则像糖饼一块，更别想拔出丝来。不同的烹饪产品对温度的要求也不同，“一滚当三鲜”可见烹饪产品的温度在就餐时的重要性。通常热菜的最佳食用温度为60～65℃，冷菜的最佳食用温度在10℃左右。因此，冷菜宜在客人就座时上桌，热菜则应在冷菜即将品尝完时再逐个上桌，以保证烹饪产品温度。

（七）盛器

烹饪产品的盛器虽然有独立于烹饪产品之外的个体完整性，但是作为烹饪产品而言，却不得不依托器皿来呈现，所谓“美食不如美器”，这看似可以独立于烹饪产品本身的盛器，是烹饪产品特有的属性之一。

烹饪产品盛器的形状、大小、颜色、纹饰等与烹饪产品搭配得适当，能给人以心悦神怡的感觉，从而增进人们对烹饪产品的喜爱，并使就餐者的食欲大增。特别是一席菜中，除盛器与菜肴的配合外，还应注意盛器与盛器之间的配合。精美的盛器与美味佳肴相得益彰，能使宴席显得更加丰盛和隆重。如果器皿太劣，配合又不适当，就会削弱或破坏整桌宴席的形态美感。

（八）意境

烹饪产品的文化内涵包括菜点的历史背景、文化寓意等。

烹饪产品的意境是指烹饪产品的色、香、味、形、质、器、养与环境、名菜和意趣高度融合、虚实相生后所体现出来的艺术境界。

对烹饪产品意境的鉴赏评价可分为三个方面：一是通过丰富的想象和联想充分认识和体会菜点名称的美学意蕴；二是通过丰富的情感体验全方位感受烹饪产品的各种情趣；三是通过理性分析深入认识和了解烹饪产品的营养卫生内涵及对人体健康的作用。只有通过不同的方法对烹饪产品名称、情趣和营养卫生之美等进行鉴赏评价，才能全面、深刻地感受烹饪产品的意境之美。

总之，烹饪产品鉴赏评价内容的各要素之间是互为依存、相互制约、互相影响、彼此关联。如色的和谐、“香”的生成、“味”的调和、“形”的美观、“质”的感受、“养”的搭配、“器”的配合。否则，就不能成为一个具备完美的烹饪产品。烹饪产品的鉴赏评价是一种主观性很强的审美活动，遵循着美学的基本规律和原则，也有自身的特点、规律和方法。人们只有了解和掌握了烹饪产品鉴赏评价的运行机制和基本方法，才能更好地欣赏、评鉴烹饪产品，进而更好地创造出高品质的烹饪产品和美好的生活。①

① 杜莉．试论美食鉴赏的运行机制与基本方法［J］．扬州大学烹饪学报，2010，27（03）：7-11.

主题讨论

1. 烹饪产品有哪些分类的方法？
2. 烹饪产品的特点和属性有哪些？
3. 烹饪产品命名的方法和原则是什么？
4. 汉语菜点命名应把握哪些文化心理？
5. 如何鉴赏评价烹饪产品？

课后推荐阅读文献

1. 傅培梅. 中国传统名菜典［M］. 北京：中国轻工业出版社，2021.
2. 朱妍娇，胡苹. 饮食类词语的命名用字探究［J］. 汉字文化，2022（S1）：50-52.
3. 周仁平. 试论汉语菜肴命名中的修辞运筹与修辞造词［D］. 四川大学，2006.
4. 邱宁作. 美食鉴赏与食品创新设计［M］. 北京：中国轻工业出版社，2021.
5. 杜莉. 试论美食鉴赏的运行机制与基本方法［J］. 美食研究，2010，（3）：7-11.
6. 符光泽，王才吉，黄泽. 烹饪菜肴感官评价中权重系数构建的方法——以鸡屎藤粑仔为例［J］. 美食研究，2023，40（2）：72-79.

07

第七章 CHAPTER

烹饪风味流派

教学目标

◎知识目标

（1）了解烹饪风味流派的定义，掌握识别和评价烹饪风味流派的标准。

（2）理解烹饪风味流派的形成过程，分析其形成的社会、经济、文化和自然因素。

（3）掌握川菜、鲁菜、苏菜、粤菜等主要烹饪风味流派的构成要素、风味特点及其代表性菜品，了解其他地方风味流派的基本特征。

（4）了解少数民族风味和清真风味的基本特点及其文化背景，掌握其代表菜品。

◎能力目标

（1）能够分析和比较不同地方烹饪风味流派的构成要素和特征，识别其独特性和共性。

（2）能够根据所学知识，对烹饪风味流派的特点进行客观评价，并提出合理的改进建议。

◎思政目标

（1）通过学习不同地方的烹饪风味流派，增强对家乡和祖国的热爱之情，激发民族自豪感和自信心。

（2）通过探讨烹饪风味与自然环境的关系，培养学生对人文现象和自然现象之间相互联系的理解能力，提升其文化素养和环保意识。

思维导图

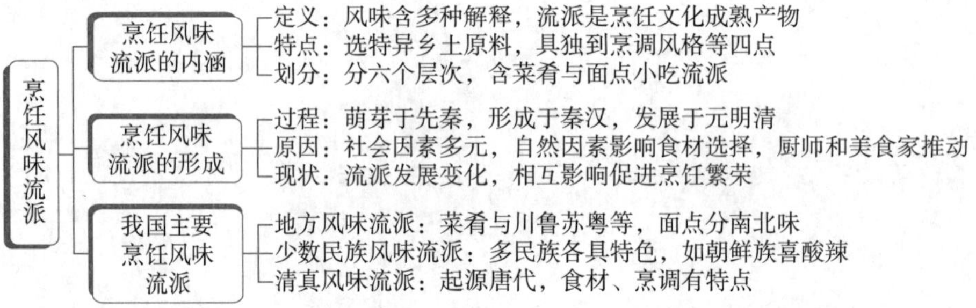

案例导学

“粤菜师傅”工程“烹”出高质量发展特色路

2023年3月26日，在第五届粤港澳大湾区“粤菜师傅”技能大赛暨粤菜产业文化交流活动开幕式上发布了2022年度四星级、五星级“粤菜师傅”名厨110人名单、“粤菜师傅”正高级职称人员26人名单，现场为30位五星级名厨和10位正高级职称人员代表颁发证书。

“粤菜师傅”工程是广东省委、省政府实施的重要民生工程之一，在2023年广东省政府工作报告公布的十件民生实事中，深入实施“粤菜师傅”“广东技工”“南粤家政”三项工程位列民生实事之首。

“粤菜师傅”工程背后有“人”、有“菜”、有产业、有文化。回顾过去五年，广东实施“粤菜师傅”工程，解决就业“大问题”，满足民生“大需求”，打造“大产业”，用美食“烹”出了一条独具特色的高质量发展之路。

“粤菜师傅”工程以“小切口”解决就业“大问题”。从2018年启动以来，全省共建立省100家省级“粤菜师傅”培训基地，建设100家省级“粤菜师傅”大师工作室。参加培训的达44.6万人次，带动就业创业91.6万人。

“粤菜师傅”工程点亮了乡村厨师的梦想，更唤醒了沉睡的乡村旅游资源，全面推进乡村振兴。结合地方特色，认定明炉烧鹅、干炒牛河等199个“粤菜名品”。建设61条粤菜美食旅游精品线路，587个乡村旅游粤菜美食点。如今，预制菜产业也被纳入其中，进一步提升粤菜产业化、规模化、品牌化水平，造就名厨之乡与特色乡村文旅品牌。

在“粤菜师傅”工程的加持下，粤菜的金字招牌不断被擦亮。陶陶居、白天鹅宾馆、炳胜品味等上百家“粤菜名店”成为粤菜代言人，走向全国。

资料来源：周聪，丘锐妮（2023-03-26）金羊网。

通过“粤菜师傅”工程的案例，我们看到了粤菜如何在传统与现代的融合中焕发出新的生命力。粤菜作为中国烹饪风味流派中的重要一支，不仅以其独特的风味和精湛的技艺闻名于世，更通过“粤菜师傅”工程，实现了从地方特色到全国乃至全球影响力的跨越。这一案例生动地展示了烹饪风味流派在现代社会中的传承与发展，以及它对经济、文化、就业等多方面的深远影响。

那么，烹饪风味流派究竟是什么？它是如何形成的？又有哪些独特的特点和价值呢？这些问题都将在接下来的“烹饪风味流派”这一章中得到解答。

第一节 烹饪风味流派的内涵

一、烹饪风味流派的定义

（一）风味的概念

风味的定义是什么?《辞海》的解释为：一为美好的口味，引申为事物所具有的特殊的色彩或趣味；二为风度或风采。在现代食品科学中，风味专指食品的气味和口味。在当代中国烹饪中，风味是个大概念，不像现代食品科学指的那样狭窄。《中国烹饪辞典》有两种解释：一是指具有地方特色的美味食品。如《橘录·真柑》引南朝梁代刘峻《送橘启》：“南中橙甘，青鸟所食，始霜之旦，采之，风味照座，擘之香雾噀人。”现指风味餐馆、风味菜肴、风味小吃等；二是指特殊的滋味。许多专家则把“风味”一词定义为“食品入口前后对人体的视觉、味觉、嗅觉和触觉等器官的刺激，引起人对它的综合印象”或“关于食品的色香味形的综合特征”。风味是一种感觉或感觉现象，所以对风味的理解、评价就具有非确定性，即带有强烈的个人的、地区的和民族的倾向。

（二）地方风味和民族风味

中国地域辽阔，民族众多。由于地理、气候、物产、经济、文化、信仰以及烹饪技法等的影响，各地的烹饪文化也体现出明显的差异性。一方面表现在所烹饪的菜点的实体上，如四川菜的麻辣、山东菜的咸鲜、广东菜的清爽、陕西菜的浓厚等，都是用本地原料烹制符合当地人口味的结果；另一方面则表现在风格的差异上，即不同地区、不同民族的历史和文化的差异，影响烹饪师独特的品位和表现手法，如造型设计是现实性还是象征性，色调是清淡还是浓重，是华丽还是素雅，手法是粗犷还是精致等。所有这些特点，我们是能够感觉到的、概括出来的，是各不相同迥然有异的。这种特色，我们称之为地方风味和民族风味。

所谓地方风味和民族风味仅是一个概括的名词，也没有绝对的界限。比如说山西人的口味特征是酸，但这对山西人全然没有约束力，因为有些山西人根本不吃醋，同时山西菜肴面食也可以有不酸的，而别处的菜也有很酸的，它绝不像科学名词一样有其一定而确切的内涵。尽管如此，我们都承认其地方风味的存在。我们说镇江的肴肉好，山西人面食精，沔阳蒸菜美……无不是公认其地方风味的存在。

（三）烹饪风格与流派

烹饪艺术风格，主要指烹饪师烹制出的菜点所表达的一种风味和格调，就中国烹饪这一特定的文化艺术内涵而言，也可以称之为风味。不同风味的菜肴表现出不同的特色，给品味者以不同的感受，烹饪艺术流派，主要指一个地区的烹饪特色和风格，是一个地区地理环境、物产资源、民风民俗乃至经济、文化等因素的综合反映。

菜点的风格就是烹饪师个人的风格。烹饪师个人风格的形成，是在长期实践基础上提炼出来的，是烹饪技艺的升华。但是，并不是每个烹饪师都能形成自己的风格，烹饪师个人风格的形成，不仅需要娴熟的烹饪技艺和功力，更需要智慧和悟性，需要自己对烹饪的独特理解。总之，烹饪风格就是烹饪师在烹饪过程中创造出自己的东西，即自己的理解、处理、情趣和偏爱。

流派是指在某一领域内，具有共同特征和相似风格的一群人或作品所形成的群体。烹饪流派则是指在烹饪领域内，以地域或民族为基础，以独特的烹饪风格和风味特色为标志的群体。烹饪流派既是烹饪师个体风格的汇总，又体现了地域或民族烹饪特色的综合，而且还是地域或民族文化的反映。鲁菜的高雅、川菜的质朴、粤菜的生猛、淮扬菜的清新……无不与自然环境和地域文化密切相关。在流派的表达中，烹饪的文化内涵表现得尤为鲜明，像京鲁菜，由于它是宫廷、官府、民间三结合的饮食文化结晶，故而水准卓越，格调高贵；川菜是以质朴的民间菜为主体的产物，其丰富的民俗特征足以使人忘情；粤菜较多地反映出商业文化和外来文化特征，给人豪放新奇的感受；淮扬菜因受文人指点较多，闲适典雅的风格比较突出。

烹饪风味流派是烹饪文化发展到成熟阶段的产物。在烹饪尚处于朴野幼稚的初级阶段，固然有不同的菜点和口味，但并不能称作流派。只有出现了大量的烹饪师和许多不同的菜点，其中的某些烹饪师以其独到的风格技艺制作出有鲜明风味差异的菜点，并受到人们的广泛赞赏。他们在长期坚持过程中，逐渐形成一种习惯性差异。而这种差异往往又成了某个地区菜点中特别好吃的“群味”，为人们所注目，且有些人又群起而仿效；或有些烹饪师共同在某一方面（诸如原料、烹饪技法和口味等）有新的开拓，对烹饪的创作和发展产生了一定的影响，从而有意无意地形成了一个群体时，才能称其为流派。

总之，烹饪风味流派是指在一定区域范围内，以独特的烹饪技法、食材选择和口味调配为基础，形成的具有鲜明特色和广泛影响力的烹饪派别。烹饪风味流派具有以下核心特征：一是地域性，烹饪风味流派通常与特定的地域相联系，例如川菜以四川地区为代表。二是独特性，每个烹饪风味流派都有其独特的烹饪技法、食材选择和口味调配，例如粤菜注重食材本味，川菜则以麻辣著称。三是影响力，烹饪风味流派对一定范围内的饮食文化产生着重要影响，例如鲁菜对北方饮食文化的影响。四是传承性，烹饪风味流派具有传承性，其烹饪技艺和风味特色通过师徒传承等方式得以延续和发展。

二、烹饪风味流派的特点

烹饪风味流派，作为一个客观存在的事物，必然有着量的限制和质的规定。从历史和现状看，举凡社会认同的烹饪风味流派，一般具有以下几个特点。

（一）特异的乡土原料

菜品是烹饪风味流派的表现形式，而原料则是构成菜品的基本要素。如果原料特异，乡土气息浓郁，菜品风味往往别具一格，颇具吸引力。所以不少风味流派所在地，都十分注重当地名特烹饪原料的开发和运用。中国有句俗话："靠山吃山，靠水吃水。"其含义就包括了中国烹饪原料选择的地方性。因为人们选择食物往往多是就地取材，如沿海多选海鲜鱼虾，内地多选山珍家禽，牧区多选牛羊。即便是鱼菜，也多是就地选用，不尽相同，如东北多取大麻哈鱼，两湖地区多取长江中游和洞庭湖所产鳊鱼、鮰鱼，广东、福建多取海产墨鱼，四川则用岩鱼、鲇鱼等。烹饪风味流派大多在长时期内一贯如此，很少变更。这除了不愿舍近求远、增加费用外，主要还是这个地区的烹饪师对常选用的原料质地、性味等比较熟悉，烹调时运用自如。所以某种原料一经选用，确有特色而使人嗜食，就坚持长期选用，从而保持了烹饪风味流派的相对稳定性。如川菜选用郫县豆瓣调味，烹制出的菜点醇香而微带辣甜，受到广大群众的喜爱，所以就坚持使用，使四川风味流派的个性特别突出而稳定，并为人们普遍承认和接受。

（二）独到的烹调风格

中国烹饪是手工性很强的技艺，烹制时的独特性比食品工业表现更为突出，诸如火力大小、水量多少、调味品的使用等，全由手工掌握，所烹制的菜点不可能完全一样。一个成熟的烹饪师，既能较好地继承前代的烹饪技艺，又能进行独创活动，所烹制的菜点总是有自己的风格。不同的风味流派，同样都有自己独到（精于或偏于）的烹调风格。清代袁枚《随园食单》记述做猪肚"滚油爆炒，以极脆为佳，此北人法也，南人白水加酒煨两炷香，以极烂为度。"说明南北两种截然不同的烹调方法和风格。与此相似的还有莲藕，南北做法也不一样。北方常用爆炒和滚水汆烫的方法，吃起来脆嫩。南方常用蒸煮的方法，吃起来软糯。再以鲁、川、苏、粤几个烹饪风味流派而论，鲁菜擅长爆、扒、熡等烹调方法，菜品普遍水准卓越，其风格大方高贵，旷达洒脱；川菜善用小炒、干煸、干烧等烹调方法，味型较多，富于变化，菜品的家常性较强，其风格大众气息最为浓郁；淮扬菜偏于烧、煨、炖、焖等烹调方法，精于刀工，菜品较为精致，其风格清新、温文尔雅；粤菜在焗、炸等方面独具一格，菜品多有开拓创新，其风格是豪迈新奇。所有这些独到的烹饪风格就成为各烹饪风味流派的重要特点。

（三）风味鲜明的特色菜点

中国菜点品种繁多，不同的烹饪风味流派，无不具有自己个性鲜明的菜点。无论是普通菜还是高档菜，大众菜还是宴席菜，是菜肴还是面点、点心，都具有比较突出的风味特色。《全国风俗传》说“食物之习性，各地有殊，南喜肥鲜，北嗜生嚼。”《清稗类钞》记述了清末部分地区不同的菜点风味特色：“苏州人之饮食——尤喜多脂肪，烹饪方法皆五味调和，惟多用糖，又喜加五香”；“闽粤人之饮食一品多海味，餐食必佐以汤，粤人又好啖生物，不求火候也”；“鄂人之饮食——喜辛辣品，虽食前方丈，珍错满前，无椒芥不下箸也。”说明不同烹饪风味流派内涵的核心是个性突出、特色鲜明的一系列风味菜点。如鲁菜烹饪师善于做高热量、高蛋白的菜肴，并以汤调味闻名遐迩，偏于咸鲜浓厚口味的菜式占主要位置；川菜烹饪师长于烹制重油重味的菜式，且富于变化，偏于麻辣的菜式居多；粤菜烹饪师善用鲜活原料，追求原味，偏于鲜、爽、滑的特色菜式相当丰富。

（四）一定数量的有影响的厨师群体

烹饪风味流派的形成，必须有一个以一定数量的、有影响的高水平厨师为代表而组成的厨师群体。这个厨师群体或大或小，但必须要有基本相同或相近的烹饪思想倾向和烹饪技术修养。只有一个或几个厨师，无论其成就有多大，水平有多高，也不能称为一个流派。而离开了高水平厨师群体的开创、创新，没有一批有共同或相近风味特色的菜点，也就谈不上风味流派的形成。

三、烹饪风味流派的划分

中国烹饪历史悠久，源远流长，在长期的发展过程中，逐渐形成了众多的烹饪风味流派。关于烹饪风味流派的划分，聂凤乔先生在《中国烹饪的风味体系及养生》一文中指出：中国烹饪的风味可以分为六个层次。

第一层次：中国风味。这是相对于世界三大风味流派中的法国风味、土耳其风味而言。

第二层次：五大风味。指在中国版图内，在风味上具有共性的五大风味板块，包括鲁豫风味（咸鲜醇厚）、淮扬风味（清鲜平和）、川湘风味（鲜辣浓淳）、粤闽风味（清淡鲜爽）、陕甘风味（香淡酸鲜）。

第三层次：各省、自治区、直辖市风味。全国23个省、5个自治区、4个直辖市和港、澳特别行政区都有各自的风味特色。

第四层次：各省、自治区、直辖市内的流派风味。这也都是早有定式的。如广东，含广州、潮汕、东江三流派；陕西，含陕北、关中、陕南三流派……

第五层次：县市风味。全国2000多个县市，各有各的风味特色，“十里不同风”，风味亦如此。例如江苏的无锡、苏州为毗邻二市，相距甚近，风味共性原均为甜，但无锡较苏州更甜；又如绍兴、宁波，相距也不远，风味迥异；还有海南的文昌与琼海，南北相连，在风味上却是一以文昌鸡见长，一以嘉积鸭取胜；如此等等，不胜枚举。

第六层次：家常风味。这是中国烹饪风格的基础，其中包括50多个民族风味在内，是一切烹饪的源头和根本，取之不尽的宝藏。这是每一个烹饪工作者都不该忽视的。

这个风味体系，它包含了全中国所有的风味个性特色。它是客观存在的，并非某个人的主观臆测。在各个层次之中，各个风味除了共性部分和衔接部的交叉、重叠外，各自个性都很鲜明，绝无完全一样的重复。比如第二层次的川湘风味，涵盖四川、湖南、贵州、云南和陕南的一部分，其共性之一是辣，贵州是煳辣（香辣），云南是鲜辣，陕南是咸辣，分得很清。

此外，在某一个烹饪风味流派内，由于某一厨师群体所从事的工种不同（即主要烹制的产品不同），烹饪风味流派中又有菜肴风味流派与面点（小吃）风味流派之分。

第二节 烹饪风味流派的形成

一、烹饪风味流派的形成过程

中国烹饪风味流派，是中国烹饪长期发展的产物，是在各个地域的内外经济文化交流的长河中形成的。

（一）萌芽时期

先秦时期，我国烹饪风味流派已见端倪。《黄帝内经》中指出：东方之域其民食鱼而嗜咸；西方之民，华食而脂肥；北方之民乐野处而乳食；南方之民嗜酸而食胕。这种自然区域食味差异，是我国烹饪风味流派发展演变的源头。当时虽然社会生产力比较低下，但已有了商业比较发达的都邑。朝歌牛屠，孟津市粥，宋城酤酒，燕市狗屠，鲁齐市脯等，都是当时饮食业的雏形。从当时的情况来看，由于北方领土的扩大，黄河流域诸侯国兴盛，在烹饪上形成了北方的风味。西周宫廷菜肴的典式“八珍”、齐鲁孔子的饮食要求、《礼记·内则》上的北方食单等，都是北方风味的代表。其用料多为陆产，制法多依殷商，品味以咸味为主。在这一时期，长江流域以南地区也发展较快，吴、越、楚等诸国兴盛起来，在烹饪上也具有鲜明的特色。从《楚辞·招魂》中所载的楚宫名食可以看出，其中的食品与黄河流域的食品有明显的差异，多以各种水产飞禽为原料，味道则更增酸苦之味，显示出吴羹酸苦之乡与关中嗜咸之地的不同特色。这种明显的地区特征，表明中国烹饪的南北风味已开始分野。以后，经过不断地传承和强化，便形成了我国南北不同的烹饪风味流派。

（二）形成时期

秦汉以后，许多地方风味菜不断形成、成熟和发展。如秦汉之初的四川，由于都江堰水利工程的兴建和盐井的开发，使其成了天府之国。丰富的物质基础，与“尚滋味”的饮食风尚，使川菜具有明显特色。秦汉以后的扬州，由于大运河的开掘，使其成为重要的食盐集散中心和国际贸易城市，促进了饮食业的发达，极大地刺激了饮食消费，也形成了具有代表性、典型性的淮扬风味流派。唐代的广州海运较发达，商船结队而至，使广东的烹饪不仅以本地特产和气候形成独特的风格，而且博采众长，吸收外地的技法，形成了典型的岭南风味流派。山东在秦汉时期，其冶炼、煮盐、纺织三大手工业尤为发达，生产力的提高，经济的发展，大大促进了山东烹饪的发展和提高。到了宋代，川食、虏食、南烹之名正式见于典籍，不仅散见于名家诗句（如苏轼、陆游诗），而且也见于笔记小说。在东京汴梁，在临安的饮食市场上已经出现了不同风味的专营酒楼。至此，中国烹饪的四大风味流派（川、鲁、苏、粤），实际已具雏形。

（三）发展时期

元、明、清时期，特别是清代，中国烹饪的地方风味又有所发展，《清稗类钞》所述清末的风味流派是："肴馔之有特色者，为京师、山东、四川、广东、福建、江宁、苏州、镇江、扬州、淮安"。其中鲁菜风味不仅扩大到京津，而且远播至白山黑水之间，华岳伊洛连成一片，成了当时影响最大的一系。扬菜则在东南江、浙、皖、赣等地发展市场，与当地的菜肴互为补充。川菜在湘、鄂、黔、滇、贵一带有影响。到了晚清，特别是近代，川菜"一跃而居前列"，鲁扬两系都受川菜的影响。粤菜则在闽、台、琼、桂诸方占有阵地，吸收外域食法较多，形成独特风味。民国时期，中国烹饪的主要风味流派更趋成熟，这从当时大城市开设的餐馆招牌上就能看出，如当时北京、上海的餐馆就署名有齐鲁、姑苏、淮扬、川蜀、京津、闽粤等风味。

随着不同地方风味餐馆在大城市的设置，餐馆业中出现了"帮口"的称谓。据《上海快餐·餐馆》记载，民国初年上海"菜馆类别：各帮餐馆，派别殊多，如京馆、南京馆、扬州馆、镇江馆、宁波馆、广东馆、福建馆、徽州馆、四川馆等。菜价以四川馆、福建馆为最昂，京馆徽馆为最贱。"抗日战争前后的武汉、重庆、西安等城市饮食店的帮别也很多，除当地菜馆外，分别有京帮、豫帮、鲁帮、扬帮、徽帮、粤帮、湘帮、苏帮、宁帮等，这些"帮口"在当时餐馆业中具有行帮和地方风味兼而有之的职能，它既为远在异乡的人们的饮食需要而设，又为调节大城市人们追求多种口味而经营，这是近代中国城市发展的重要特征，也是中国烹饪繁荣的标志之一。截至20世纪50至60年代，上述众多烹饪风味流派，由于历史的和现实的种种原因，又有不同的发展变化。尤其是1979年以后，随着中国改革开放的不断深入和旅游事业的发展，中国烹饪风味流派的发展进入到崭新的阶段，呈现出千姿百态的繁荣景象。

二、烹饪风味流派的成因

烹饪风味流派形成发展的原因是多方面的，既有历史的因素，又有自然的因素，既有经济方面的因素，又有文化方面的因素等。细究起来，主要是社会的影响、自然的变化和历代厨师辛勤劳动创造的结果。

（一）社会因素

1. 历史变迁和政治形势的影响

社会的政治、经济和文化等方面是促进烹饪风味流派形成的重要因素。从我国历史上看，凡是作为国家政治、经济和文化中心的一些古城名邑，人口相对集中，商业较繁荣，更由于历代统治者都讲究饮食生活，各种皇宫御宴、官府宴饮、商贾请客，无不刺激当地的饮食消费，客观上促进了烹调技术的提高和发展，并使该地的饮食向高质量、高水平、高标准发展，因此，烹饪风味流派首先在以政治为中心的都邑中形成和完善。在我国历史上，西安、洛阳、开封、杭州、南京、北京等，都是驰名的古都；广州、福州、上海、武汉、成都、济南等，都是繁华的商埠。它们分别作为各代政治、经济、文化的中心，对当地风味流派的形成都产生过积极而深远的影响。汉、唐、宋、明的开国皇帝酷爱家乡美食；辽金元清的统治者大力推行本民族肴馔，对烹饪风味流派的形成也有帮助。至于陕西菜与唐代珍馐关系，辽宁菜与清宫菜渊源深厚，苏菜中“十里春风”的艳彩，鄂菜中“九省通衢”的踪影，川菜“天府之国”的风貌，粤菜“门户开放”的遗痕，更充分说明这一问题。

2．经济的影响

社会生产力的发展能促进生产力的繁荣，经济繁荣带来了市肆饮食的兴旺，这就给饮食业提供了物质条件和经营对象，这是烹饪风味流派形成的重要条件，纵观历史，大凡地方风味菜形成的中心，都曾经有过经济繁荣的时代。以淮扬风味为例：周敬王三十四年（公元前486年），吴城邛沟通江淮，大大促进了扬州的经济发展。汉景帝4年初置江都王，扬州成了江南重镇。隋唐以后，随着运河的开通，扬州逐渐成为中国南北交通枢纽，海盐漕米和茶叶在此集散，同时也成了对外贸易重要商埠，“十里长街市井连”，经济繁荣，富甲天下，饮食生活更加豪华讲究，集中了大批名厨，从而形成了以扬州为中心的技精味美的南方风味流派。再如陕西菜几起几落，就是因为秦、汉、隋、唐时陕西为全国政治、经济、文化中心，陕西菜就有过较大的发展，唐以后政治经济中心东迁南移，陕西菜也随之发展缓慢。陇海线通车后，特别是抗战期间，陕西成为全国的大后方之一，陕西菜又逐步中兴恢复。20世纪70年代后，西安成为旅游热点，进一步促进陕西菜有了新的发展，形成粗犷、古朴、浓厚、爽利的风格流派。广东菜形成一个独特的风味流派，主要是鸦片战争后，国门大开，欧美各国传教士和商人纷至沓来，西餐技艺也随之传入。20世纪30年代，广州街头万商云集，市肆兴隆，促使粤菜兼收并蓄，得到迅猛的发展。

3．文化的影响

我国优秀的传统文化对烹饪风味流派的形成也有着重要影响，由于文化的熏陶，使饮食礼仪也讲究文明，再加上历代文人学士对饮食的推崇宣传，或文章记珍馐，或图画写宴饮，或编撰饮食典章，创立了许多烹饪理论，为烹饪风味流派的形成和发展起到了积极的推动作用。如山东齐鲁大邦，为仪礼之乡，这里的菜肴典式，从孔子西行问礼，修订《礼记》以来，历代帝王都加以采用。孔子提出的“二不厌、三适度、十不食”的饮食要求，对后来齐鲁地区风味流派产生与发展，显然有着重要的影响。扬州，春秋时属吴，越灭吴属越，楚亡越属楚。楚在春秋战国时经济文化水平居列全国第一，菜肴水平也较高《楚辞·招魂》的一份名菜单就包括扬州风味在内。如“胹鳖”“露鸡”与今日扬州名菜“清炖甲鱼”“卤鸡”有明显的渊源。此外，淮扬风味的形成与发展同清代袁枚所著《随园食单》为之宣传倡导也不无关系。如该书中“味要浓厚，不可油腻，味要清鲜，不可淡薄”“一物各献一性，一碗和成一味”等思想倡导，受到广大烹饪师的赞同，并成为烹制菜点的基本准则。

文人帮助饮食行业总结并推广经验，做广告，扩大本地风味的影响，对于当地风味流派的形成也有一定影响。再如粤菜，魏晋时《广州志》《交州志》，载粤地大批食物，唐柳宗元《龙城录》、刘恂《岭表录异》、周去非《岭外代答》等，从多方面介绍了广东物产食馔。清初周亮工《闽小记》也详尽地介绍了闽粤食馔，这对于粤菜风味流派的保存、发展、提高无疑是有益的。

4．民风民俗和宗教信仰的不同

俗话说：“百里不同风，千里不同俗”不同的风俗及其嗜好反映在饮食烹饪习尚方面尤为明显。《清稗类钞》记述清末饮食风俗情况是，“各处食性不同品之有专嗜者，食性不同，由于习尚也，则北人嗜葱蒜，滇黔湘蜀嗜辛辣品，粤人嗜淡食，苏人嗜糖”。直至今日，这种习尚仍然变化不大。除此之外，山西人喜欢吃陈醋，东北人喜欢吃芥末，福建人喜欢吃红糟，陕西人喜欢酸辣，新疆人喜欢孜然，内蒙古人喜欢奶酪，青藏高原人喜欢喝酥油茶等，这些千百年来形成的饮食风味，对烹饪风味流派的形成有很大影响。此外，在我国各种宗教都拥有大量的信徒，由于各种宗教教义不同，教徒的饮食生活也有显著区别，如汉传佛教徒禁食动物，道教徒不食“五荤”，伊斯兰教徒禁食猪肉等。饮食是人最基本的生活需要，所以自古就有把饮食生活转移到信仰中去的习俗，这一习俗反映在菜品上，便孕育出不同的风味流派。至于食礼、食规、食癖和食忌，这也是千百年来的习染熏陶形成的，往往根深蒂固，世代承袭。这种带有浓厚乡土和宗教色彩的菜肴，不仅影响着烹饪风味流派的形成，而且促进了烹饪风味流派长期稳定发展。

（二）自然因素

中国烹饪风味流派的形成，地域物产的因素极为重要。例如，鲁菜以海味取胜，川菜以麻辣著称，粤菜以生猛海鲜和清淡口味为特色，这些都与当地的物产和气候条件密切相关。

元代，于钦《齐乘》指出：“今天下四海九州，特山川所隔，有声音之殊，土地所生，有饮食之异。”晋代张华《博物志》也说：“食水产者，龟蚌螺蛤以为珍味，不觉其腥臊也；食陆畜者，狸兔鼠雀以为珍味，不觉其膻也。”从地方风味发展史看，情况也是如此。例如鲁菜，“海岱惟青州，……厥贡盐絺，海物为错。”（《尚书·禹贡》）鲁菜以海味取胜而闻名于世，历时几千年，与其独特的物质优势是分不开的。“华阳、黑水惟梁州，……厥贡……熊、罴、狐、狸……”（《尚书·禹贡》）山区多山珍，也是地理条件决定的。四川盆地多雾，湿潮气重，其民嗜辛辣，为其易于发散，川菜以麻辣著称，也不是偶然的。粤闽地处岭南，“天地之长养，阳之所盛”，各种食物特别丰富，其民嗜生猛，奇馔异食居多，也就不足为奇了。至于地处江淮的扬帮菜，湖泊星罗，江海相连，水产特别丰富；有笋有橘，水果鲜蔬也多，这对于扬帮菜的风味形成，也是不可忽视的因素。总之，一方水土养一方人，地理环境和以乡土为主的气候物产是许多烹饪风味流派的重要基础，烹饪风味的形成和发展还受到社会、经济、文化等多种因素的综合影响。

（三）厨师和美食家因素

烹饪风味流派的形成与历代厨师的辛勤创造密不可分。构成地方风味的许多名菜名点，大都是直接从事烹饪工作的厨师们在实践中创造出来的，有的甚至经过几代厨师的努力探索才最终完成。例如，川菜中的麻婆豆腐、宫保鸡丁等经典菜肴，都是经过多代厨师不断改进和完善才形成的。这些名菜名点，为各地方风味不断增色添彩，使其内容越来越丰富。另外，为了在商业竞争中能立于不败之地，历代的饮食经营者都自然地结合成行帮，即“菜帮”或“帮口”，厨师们都千方百计地创造和发展自己“帮口”的风味菜点，这就更使各地方风味越来越突出自己的特色，促进了地方风味的形成和不断完善。

俗话说“口之于味有同嗜焉”，对美味佳肴的追求大概是人类的天性。对于烹饪风味流派的形成和发展来说，美食家的作用在于总结经验，评品得失，提出要求和促进发展。当美食家亲自参加实践时，上述作用尤为显著。美食家大多出于文人墨客、商宦和富有阶层。他们经常性的宴乐应酬和一定的文化修养的结合，加之专心于饮食之道，使得他们对烹饪的见识既高于普通百姓，又在不识滋味的饕餮之徒之上。

三、烹饪风味流派的发展现状

任何文化都处于动态变化之中，在动态中求生存、求发展。烹饪风味流派作为一种烹饪文化现象也是如此。一个烹饪风味流派形成之后也不是固定不变的，相反，它是随着主观和客观因素的变化而变化，有时候这种发展变化还是相当明显的。而这种发展变化在不同地域中情况也有所不同，有的甚至完全不同。有的逐渐趋于成熟，风味比较突出，颇富于地区性或民族性，更为广大群众所喜闻乐见而嗜食；有的则恰恰相反，风格不再鲜明突出，或者技艺上虽有某些发展，但风味却大大不如以前；有的原来的风味不鲜明和突出，但在吸取别地、别民族风味之后，经过加工提炼，改造发展，其风味不仅鲜明和突出了，而且超越了原来某些地方风味。如北京、上海等地，由于借鉴、吸收了其他烹饪风味流派之长，发展提高了自己原有烹饪的水平，与其他烹饪风味流派相比，无论在烹饪技艺上，还是在菜肴水准上，其个性特色都十分突出和鲜明，在国内外均有一定声誉。

风味流派是推动烹饪技艺发展的源泉之一。随着不同烹饪风味流派的互相接近、互相观摩、互相影响、互相渗透和互相竞争，不仅可以加速各个烹饪风味流派的推陈出新，而且能够促使中国烹饪的繁荣。20世纪70年代以来，随着中国经济的发展和人民生活水平的提高，许多地方菜点多有不同程度的发展和提高，从而形成了众多的烹饪风味流派，先后出现了“四大”“八大”“十大”“十二大”“十四大”菜系之说，除鲁、川、苏、粤之外，还涉及北京、上海、浙江、福建、湖北、陕西、辽宁、安徽、河南、天津等省市，也就是说将这些省市均看成一个独立的烹饪风味流派，而这些地方风味流派，又有许多大同小异的派别和分支。对此，目前人们的认识虽尚不一致，争论颇大。近年来，随着中国改革开放的不断深入和旅游事业的发展，中国烹饪风味流派呈现出千姿百态的繁荣景象。例如，粤菜不仅在国内广受欢迎，还在国际上逐渐崭露头角，成为中华美食的代表之一。

第三节
我国主要烹饪风味流派

一、地方风味流派

（一）菜肴风味流派

从历史发展、文化积淀和风味特征来看，我国烹饪风味流派中，最著名的是川、鲁、苏、粤四大菜肴风味流派，即长江中上游地区的川菜风味、黄河流域的鲁菜风味、长江下游地区的苏（淮扬）菜风味和珠江流域的粤菜风味。此外，还有浙菜风味、湘菜风味、闽菜风味、徽菜风味、鄂菜风味、京菜风味、沪菜风味等（表7–1）。

表7-1 中国菜肴风味流派摘录

流派	分支流派	风味特色	代表菜式
川菜风味	上河帮（成都、绵阳地区为中心）、下河帮（重庆、万州地区为中心）、小河帮（自贡、宜宾）、资川帮（以资中为代表，含威远、仁寿、井研、富顺）	选料广泛，精料精做；工艺有独创性；菜式适应性强；清、鲜、醇、浓并重，以善用麻辣著称。川菜雅俗共赏，居家饮膳色彩和平民生活气息浓烈，享有“味在四川”之誉	毛肚火锅、宫保鸡丁、樟茶鸭子、麻婆豆腐、清蒸江团、干烧岩鲤、河水豆花、开水白菜、家常海参、鱼香腰花、干煸牛肉丝、峨眉雪魔芋等
鲁菜风味	鲁中及黄河下游风味（以济南为中心，含泰安、潍坊、淄博、德州、惠民、聊城、东营等）、胶东风味（含福山、青岛、烟台）、鲁南及鲁西南风味（含临沂、济宁、枣庄、菏泽等）、孔府风味	鲜咸、纯正、葱香突出；重视火候，善于制汤和用汤，海鲜菜尤见功力；装盘丰满，造型大方；菜名朴实，敦厚庄重；受儒家学派饮食传统的影响较深	德州脱骨扒鸡、九转大肠、清汤燕菜、奶汤鸡脯、葱烧海参、清蒸加吉鱼、油爆双脆、青州全蝎、泰安豆腐、博山烤肉、糖醋鲤鱼等
苏菜风味	金陵风味、淮扬风味（含扬州、镇江、淮安、淮阴）、姑苏风味（含苏州、无锡）、徐海风味	清鲜、平和、微甜，组配严谨，刀法精妙，色调秀雅，菜形艳丽；因料施艺，四季有别，筵席水平高；园林文化和文人雅士的气质浓郁	松鼠鳜鱼、大煮干丝、清炖蟹黄狮子头、三套鸭、清蒸鲥鱼、炖菜核、水晶肴蹄、梁溪脆鳝、拆烩鱼头、镜箱豆腐、将军过桥、金陵桂花鸭等
粤菜风味	广府风味（以广州为中心，含珠江三角洲和肇庆、韶关、湛江等）、潮汕风味（以潮州为中心，含汕头、海丰）、东江风味（即客家风味）	广府菜在中西文化兼容中，擅取百家之长。其最大的特点是食源广泛、选料讲究，务求鲜嫩质优，主要追求自然清淡的口味 潮州菜口味清淡鲜美，兼收广闽之长，又擅长烹制海味 客家菜具有浓厚的古代中原食风，最大的特点就是油重味浓，多用肉类，极少水产	广府风味：姜葱白切鸡、麻皮乳猪、红烧乳鸽、脆皮烧鹅、清蒸东星斑、白灼海虾、白云猪手等 潮汕风味：潮汕牛肉火锅、潮式卤味狮头鹅 客家菜的代表菜式：东江酿豆腐、东江盐焗鸡、梅菜扣肉、梅州腌面等
浙菜风味	杭州风味（以西湖菜为代表）、宁波风味、绍兴风味、温州风味	鲜嫩、软滑、精细；注重原味，鲜咸合一；以烹调制作海鲜、河鲜与家禽见长，富有鱼米之乡风情；形美色艳，掌故传闻多，饮食文化的格调较高	西湖醋鱼、东坡肉、叫花鸡、一品南肉、冰糖甲鱼、蜜汁火方、干炸响铃、龙井虾仁、芥菜鱼肚、西湖莼菜汤等
湘菜风味	湘江流域风味（含长沙、湘潭、衡阳）、洞庭湖区风味（含常德、岳阳、益阳）、湘西山区风味（含大庸、吉首、怀化）	以水产品和熏腊原料为主体，多用烧、炖、腊、蒸诸法；咸香酸辣，油重色浓；民间菜肴别具一格，山林和水乡气质并重	腊味合蒸、冰糖湘莲、麻仔鸡、组庵豆腐、潇湘五元龟、翠竹粉蒸鱼、红椒酿肉、牛中三杰、发丝牛百叶、霸王别姬、五元神仙鸡、芙蓉鲫鱼等
闽菜风味	福州风味（含闽侯）、闽南风味（含泉州、漳州、厦门）、闽西风味（含三明、永安、龙岩）和南普陀素菜风味	清鲜、醇和、荤香、不腻；重淡爽、尚甜酸；善于烹调制作珍稀原料；汤路宽广，佐料奇异，有“一汤十变”之誉	佛跳墙、龙身凤尾虾、淡糟香螺片、鸡汤氽海蚌、太极芋泥、半月沉江、七星鱼丸、炸蛎黄、香露河鳗等

续表

流派	分支流派	风味特色	代表菜式
徽菜风味	皖南风味（含歙县、屯溪、绩溪、黄山）、沿江风味（含安庆、铜陵、芜湖、合肥）、沿淮风味（含蚌埠、宿州、淮北）	擅长制作山珍海味，精于烧、炖、蒸、烟熏；重油、重色、重火力，原汁原味；山乡风味浓郁，迎江寺茶点驰誉一方	无为熏鸡、软炸石鸡、毛峰熏鲫鱼、和县炸麻雀、酥鲫鱼、火腿炖甲鱼、腌鲜鳜鱼、黄山炖鸽等
楚菜风味	汉沔风味（含武汉、孝感和仙桃等地）、荆南风味（含荆州、荆门和宜昌等地）、襄郧风味（含随州、襄樊和十堰等地）、鄂东南风味（含黄石、黄冈和咸宁等地）、鄂西土家族山乡风味（含恩施以及鹤峰县、长阳土家族自治县等地）	水产为主，鱼菜为本；擅长蒸、煨、炸、烧、炒，习惯于鸡、鸭、鱼、肉、蛋、奶合烹；汁浓芡亮，口鲜味醇，重本色，重质地；口味上以咸鲜微辣为基调	沔阳三蒸、清蒸武昌鱼、排骨煨藕汤、冬瓜鳖裙羹、鸡汁桃花鱼、钟祥蟠龙、荆沙鱼糕、橘瓣鱼氽、黄州东坡肉、恩施辣蹄子火锅等

（二）面点小吃风味流派

面点小吃，较之菜肴的地方性更强，它与当地的物产、气候、地理、历史、民风食俗等因素密切相关。

中国面点的风味流派大体上可以划分为南味和北味两大类型。北味以面粉、杂粮制品为主，如北京的驴打滚、豌豆黄等；南味以米、米粉制品为主，如广东的肠粉、虾饺等。这些风味流派不仅反映了地域物产的差异，还体现了不同地区的饮食文化和烹饪技艺。现在，一般均以京鲁风味（简称京式）为北味的代表。对南味来说，则普遍认为江苏一带面点（简称苏式）花色繁多、做工精细、味道偏甜，是南味的主流之一；广东一带的面点（简称广式）较多地吸收西式面点的制作方法，体现了南国风味的制作特色，是南味面点后起的另一主流，其他按区域分还有晋式、秦式、川式等。中国部分面点小吃风味流派见表7–2。

表7–2 中国部分面点小吃风味流派

流派	风味特色	名品举例
北京风味	历史悠久，用料讲究，制作精细，品种繁多。制品质感较硬实，强调筋度，外形精细美观，富有传统民族特色。口味以咸鲜为主，咸甜分明，咸馅多用姜、葱、黄酱、香油等，口感鲜咸而香，柔软鲜嫩；甜馅多用蜜饯，常夹着芝麻、干果、果仁等	驴打滚、艾窝窝、豌豆黄、芸豆卷、小窝头、千层糕、银丝卷、盘丝饼、木樨糕、枣糖糕、金丝卷、小包酥；北京都一处烧卖、庆丰楼包子等
山西风味	原料丰富，以小杂粮为主，粗粮细做，细粮精做，面菜合一，一面百吃，品种丰富。其面食有三大讲究，一讲浇头，二讲菜码，三讲小料，有着浓郁的黄土高原气息和传统的生活特色	刀削面、刀拨面、掐疙瘩、剔尖、莜面栲栳栳、拉面、擦面、抿圪抖、猫耳朵、柳叶面、揪片、饸饹面、切板面、溜尖等
陕西风味	料重味浓，火候足到，注重口味，突出原味，营养丰富，讲求实惠。辅料则多用调料，调味则喜重偏浓、突出香味。成品口感则是干、脆、酥、嫩、软、糯、烂、筋、绵、黏各异；口味则是多、广、厚、咸、酸、辣、麻、甜、香各味俱全，香味领先	牛羊肉泡馍、葫芦头泡馍、腊汁肉夹馍（猪肉）、岐山臊子面、扯面、biang biang面、韩城大刀面、大荔炉齿面等

续表

流派	风味特色	名品举例
江苏风味	制作精巧、讲究造型、馅心多样，尤以软松糯韧、香甜肥润的糕团见长，且重视调味，馅心注重掺冻、汁多肥嫩，味道鲜美	三丁包子、翡翠烧卖、千层油糕、双麻酥饼、车螯烧卖、甘露酥、蟹黄汤包、白汤大面、桂花年糕、无锡小笼包、蜜三刀、文蛤饼等
广东风味	用料精博，品种繁多，款式新颖，口味清新多样，制作精细，咸甜兼备；具有广博的包容性，吸收了西点的一些技巧和特色	娥姐粉果、沙河粉、叉烧包、虾饺、莲蓉甘露酥、马蹄糕、白糖伦教糕、奶黄包、云吞面、老婆饼、小凤饼等
四川风味	选用多种调味品和复合调味品，十分讲究调味的技巧，形成了多种风格，以麻辣、香辣著称；善于用汤，汤浓味美	赖汤圆、担担面、龙抄手、钟水饺、三大炮、酸辣豆花、珍珠圆子、波丝油糕、青城白果糕、鲜花饼、山城小汤圆、火边子牛肉、宜宾燃面、川北凉粉等

二、少数民族风味流派

我国是一个多民族的国家，人们习惯上把除汉族以外的其他民族统称为少数民族。各少数民族由于居住地区的自然环境不同，生产活动、生活方式、历史进程、宗教信仰、风俗习惯的差异，其饮食来源、制作、器具、礼俗、饮食观念和思想等也迥然不同，从而形成了各自的烹饪文化模式（表7-3）。

表7-3 中国部分少数民族风味流派

流派	风味特色	代表菜式
朝鲜族风味	选料多为狗肉、牛肉、瘦猪肉、海鲜和蔬菜，擅长生拌、生渍和生烤，习惯以大酱、清酱、辣椒、胡椒、麻油、香醋、盐、葱、姜、蒜调味，菜品风味鲜香脆嫩，辛辣爽口。餐具多为铜制，喜好生冷	生渍黄瓜、辣酱南沙参、苹果梨咸菜、头蹄冻、烧地羊、生烤鱼片、冷面等
满族风味	用料多为家畜、家禽或鹿、兔子等。主要烹调方法有白煮和生烤，口味偏重鲜。咸、香，口感重嫩滑。菜品多为整只或大块，吃时用手撕或用刀割食	努尔哈赤黄金肉、白肉血肠、阿玛尊肉、烤鹿腿、手扒肉、酸菜等
蒙古族风味	与蒙古菜近似，统称“乌兰伊德”，意为“红食”（其奶面点心则称为“白食”）。原料多为牛、羊，也有骆驼、田鼠、野兔、铁雀之类。一般不剔骨，斩大块，或煮或烤。仅用盐或香料调制，重酥烂，喜咸鲜，油多色深量足，带有塞北草原粗犷饮食文化的独特风味	烤全羊、烤羊腿、反扒羊肉、烤羊尾、炖羊肉、羊肉火锅、炒骆驼丝、烤田鼠、太极鳝鱼等
彝族风味	原料多用的鸡、鸭和猪、牛、羊，也用其他野味。多为大块烹煮，添加盐和辣椒佐味	砣砣肉、皮干生、麂子干巴、羊皮煮肉、肝胆参、油炸蚂蚱、生炸土海参、巍山焦肝等
藏族风味	原料多为牛羊、野禽、昆虫、菌菇等；重视酥油入馔，习惯于生制、风干、腌食、火烤、油炸和略煮；调味重盐，也加些野生香料；口感鲜嫩，分足量大	手抓羊肉、生牛肉、火上烤肝、油松茸、煎奶渣、“藏北三珍”（夏草黄芪炖雪鸡、赛夏蘑菇炖羊肉、人参果拌酥油大米饭）、竹叶火锅等

续表

流派	风味特色	代表菜式
苗族风味	食料广泛，嗜好麻、酸、糯，口味厚重，制菜常用甑蒸、锅焖、罐炖、腌渍诸法，酸菜宴独具特色	瓦罐焖狗肉、清汤狗肉、薏仁米焖猪脚、血肠粑、红烧竹鼠、油炸飞蚂蚁、炖金嘎嘎鸡、辣骨汤、鱼酸、牛肉酸、蚯蚓酸、芋头酸、蕨菜酸、豆酸、蒜苗酸、萝卜酸等
侗族风味	无料不腌，无菜不酸，腌制方法独特（有制浆、盐煮、拌糟、密封、深埋等10多道工序，保存时间少则2年，多则30年）。侗族菜酸辣香鲜，甘口怡神	五味姜、酯鱼、牛瘪火锅、酸笋、酸鹅、侗家烧鱼、紫血肉、侗家米豆腐等
傣族风味	用料广博，动、植物皆被采用。制菜精细，煎、炒、熘无所不用。口味偏好酸香清淡，昆虫食品在国外与墨西哥虫菜齐名。菜肴奇异、自成系统，有热带风情和民族特色	苦汁牛肉、烤煎青苔、五香烤傣鲤、菠萝爆肉片、炒牛皮、鱼虾酱、香茅草烧鸡、牛撒撇拼盘、炸什锦、刺猬酸肉、蚂蚁酱、蜂房子、生吃竹虫、清炸蜂蛹、烧烤花蜘蛛、凉拌白蚁蛋、油煎干蝉等
土家族风味	菜料包括禽畜鱼鲜、粮豆蔬果及山珍野味。烹调技法全面，嗜好酸辣，有“辣椒当盐”之说。肴馔珍异而丰富，带有浓郁的南国原始山林情韵	小米年肉、笼蒸油烤熊掌、煨白猬肉、白猕子汤、凉拌鹿丝、红烧螃蟹等
京族风味	制菜多用海鲜，善于使用鲇鱼汁，并有主副食合烹的习惯，爱用鱼汤调味下饭。由于是“靠海吃海”，其食馔有鲜明的渔村特色	螺蟹米粉汤、烤鱼汁芝麻糍粑、烧大虾、生鱼片、鱼露、蚌肉羹、烧石花鱼、炖海龟、清炒海龟蛋、烩海味全家福等
壮族风味	用料包括猪、鸡、鸭、鹅等，也吃禽畜与果蔬，擅长烤、炸、炖、煮、卤等方法，口味趋向麻辣酸香，酥脆爽口。美食众多，调理精细，食礼隆重，在桂菜中占有重要的地位	辣白旺、火把肉、盐风肝、脆熘蜂儿、油炸沙蛆、清炖破脸狗肉、洋瓜根夹腊肉、烤辣子水鸡、酿炸麻仁蜂、龙卧金山、白炒三七鸡、酸水煮鲫鱼、马肉米粉等
高山族风味	食料多取自本岛所产的动植物，技法有蒸、烤、煮、拌等。口味偏好酸、香、肥、糯，饮食带有热带山乡风情	三元及第、芥菜长年、香烤墨鱼、萝卜缨菜、干贝烘蛋、芋头肉羹、南瓜汤、发家鸡、蒜薹熬鱼、黄笋猪脚、金玉满堂、土豆烧肉等

三、清真风味流派

清真风味是指我国回族、维吾尔族、哈萨克族、乌孜别克族、塔吉克族、塔塔尔族、东乡族等信仰伊斯兰教的少数民族烹饪风味的总称。清真风味已成为我国烹饪的一大流派。

（一）发展历史

清真风味起源于唐代，发展于宋元，定型于明清，近代已形成完整的体系。早在唐代，由于当时社会经济的繁荣和域外通商活动的频繁，很多外国商人特别是阿拉伯人，带着本国的物产，从陆路（即“丝绸之路”）和水路（即“香料之路”）进入中国，行商坐贾。自此，伊斯兰教便随之广布于中国。穆斯林独特的饮食习俗和禁忌逐步为信仰伊斯兰教的中国人所接受。到了元朝，回族逐渐形成，回族人已遍布全国。随着中国穆斯林人数的增多，回族烹饪也便迅速发展起来。

由于回族烹饪风味独特，很多非穆斯林对之也颇青睐，所以很多古代食谱对回族菜点亦加载录，如元代的《居家必用事类全集》，载录了“秃秃麻失”“河西肺”“设克儿匹刺”“八耳塔”“哈尔尾”“古刺赤”“哈里撒”等12款回族菜点，不过这些菜点多为阿拉伯译音，其制法与今之清真菜点也不同，且甜食居多，由此推测，元代的回族菜，较多地保留了阿拉伯国家菜肴的特色。随后，元代宫廷太医忽思慧在其《饮膳正要》中载录了不少回族菜肴，但与《居家必用事类全集》不同的是，以羊肉为主要原料的菜品居多。

清真菜广泛流行于民间，清代，北京出现了不少至今颇有名气的清真饭庄、餐馆，如东来顺、烤肉宛、烤肉季、又一顺等。这些地方烹制出来的清真风味菜肴，都可称得上是京中佳馔，其影响和魅力也波及了清宫廷。

由于各地物产及饮食习惯的影响，中国清真风味形成了三大流派：一是西北地区的清真风味，善于利用当地物产的牛羊肉、牛羊乳及哈密瓜、葡萄干等原料制作菜肴，风格古朴典雅，耐人寻味；二是华北地区的清真风味，取料广博，除牛羊肉外，海味、河鲜、禽蛋、果蔬皆可取用，讲究火候，精于刀工，色香味并重；三是西南地区的清真风味，善于利用家禽和菌类植物，菜肴清鲜淡雅，注重保持原汁原味。

（二）主要特点

1. 食材主要取于牛、羊两大类，禁忌严格

这种禁忌习俗来源于伊斯兰教教规。伊斯兰教主张吃“佳美”“合法”的食物，所谓“佳美”就是清洁、可口、富于营养。至于“合法”，就是按照伊斯兰教教义以合法手段获取那些“佳美”的食物。

2. 烹调方法多样，炒、炮、爆、扒、烩、烧、煎、炸，无所不精

早在清代，就已有清真“全羊席”，“如设盛筵，可以羊之全体为之。蒸之，烹之，炮之，炒之，爆之，灼之，熏之，炸之。汤也，羹也，膏也，甜也，咸也，辣也，椒盐也。所盛之器，或为碗，或为盘，或为碟。无往而不见为羊也，多至七八十品，品各异味”（《清稗类钞·饮食类》），充分体现了厨师高超的烹饪技艺。至同治、光绪年间，“全羊席”更为盛行，以后，终因此席过于靡费而逐渐演变成“全羊大菜”。“全羊大菜”由“独脊髓”（羊脊髓）、“炸蹦肚仁”（羊肚仁）、“单爆腰”（羊腰子）、“烹千里风”（羊耳朵）、“炸羊脑”“白扒蹄筋”（羊蹄）、“红扒羊舌”“独羊眼”八道菜肴组成，是全羊席的精华，也是清真菜中的名馔。

主题讨论

1. 什么是烹饪风味流派的定义？烹饪风味流派的认定标准有哪些？
2. 烹饪风味流派的成因是什么？
3. 川菜风味、鲁菜风味、苏菜风味、粤菜风味分别有哪些特点和代表菜？
4. 浙菜风味、湘菜风味、闽菜风味、徽菜风味分别有哪些特点和代表菜？
5. 中国面点有哪些风味流派，各有什么特点？
6. 朝鲜族菜、蒙古族菜、傣族菜的风味特色和代表菜是什么？
7. 清真风味有哪些特点？

课后推荐阅读文献

1. 杨柳. 中国清真饮食文化［M］. 北京：中国轻工业出版社，2009.
2. 沈其荣. 基于人口迁徙的视角浅析中国饮食风味的形成与变迁［J］. 食品界，2022,（5）：76-78.
3. 李炳泽. 多味的餐桌中国少数民族饮食文化［M］. 北京：北京出版社，2000.

08

第八章 CHAPTER

烹饪文化遗产

教学目标

◎知识目标

（1）精准阐释文化遗产的概念和分类，清晰区分物质文化遗产和非物质文化遗产，深入剖析二者关系，并结合实例进行解读。

（2）理解烹饪物质文化遗产的内涵，掌握我国烹饪文化遗产的概况，包括不同历史时期的发展特点和重要成果。

（3）了解我国古厨房遗存、出土古代烹饪器具和古代烹饪产品、现存古代烹饪典籍和涉馔著述等可移动文物的状况。

（4）熟知我国及世界烹饪非物质文化遗产项目，明确其类别和地域分布特点。

（5）掌握烹饪非物质文化遗产的价值和保护方法，深入理解中国烹饪申遗的意义和现状。

◎能力目标

（1）能够运用文献研究、田野调查等方法，对某一烹饪文化遗产项目进行调查研究，并能够撰写调研报告。

（2）能够对烹饪文化遗产的价值进行评估，并能够提出合理的保护建议。

（3）能够提出保护烹饪文化遗产的具体措施，并能够参与相关保护项目。

（4）能够运用多种渠道和方式，对烹饪文化遗产进行宣传推广，并能够制作出具有吸引力的宣传材料。

◎思政目标

（1）增强对地方文化的认同感与自豪感：通过学习地方菜系，深入了解家乡文化，增强对家乡文化的认同感和自豪感，培养热爱家乡、热爱祖国的情感。

（2）弘扬中华优秀传统文化：认识到地方菜系作为中华优秀传统文化的重要组成部分，具有不可替代的价值，积极传承和弘扬中华饮食文化。

（3）培养文化自信与民族凝聚力：通过对中国地方菜系的学习和传播，增强文化自信，凝聚民族精神，促进不同地区之间的文化交流与融合。

（4）树立正确的价值观与社会责任感：在学习和传承地方菜系的过程中，树立正确的价值观，认识到保护和传承非物质文化遗产是每个公民的责任，积极参与到地方菜系的保护工作中。

思维导图

- 烹饪文化遗产
  - 文化遗产的概念和分类
    - 文化遗产的概念
      - 普通词汇：民族、国家或群体的精神和物质财富传承
      - 法律词汇：国际、国内界定不同，发展历程各异
      - 知识链接：中国文化和自然遗产日相关信息
    - 文化遗产分类
      - 物质文化遗产：可移动，不可移动文物的分类及特点
      - 非物质文化遗产：定义及涵盖的多种传统文化形式
      - 两者关系：形式、保护方式的区别与相互依存联系
    - 烹饪文化遗产内涵
      - 定义：具有多种价值的烹饪文化资源
      - 分类：烹饪物质和非物质文化遗产的内容
  - 烹饪物质文化遗产
    - 古代厨房遗存
      - 国内外古老厨房遗址：多处不同年代遗址介绍
      - 汉代厨房模型：出土信息、构造特点及文化意义
      - 知识链接：古代厨房叫东厨的原因及实例
    - 出土烹饪原料
      - 各地出土原料：南越王墓等多地的原料出土情况
    - 古代烹饪器具
      - 不同文化遗存器具：各新石器时代文化的器具特色
    - 出土烹饪产品
      - 面条：不同遗址面条的发现及意义
      - 馕和饼：新疆多地墓葬中馕的出土情况
      - 其他：饺子、点心、菜肴等的出土信息
    - 烹饪古籍文献
      - 分类：食单等三类著作的举例
      - 举要：《吕氏春秋·本味篇》等多部古籍介绍
      - 知识链接：百种千册老菜谱的收集整理情况
  - 烹饪非物质文化遗产
    - 概念和特征
      - 概念：口传心授的烹饪文化遗产及体现方面
      - 特征：以师带徒等五个方面的特征
    - 价值
      - 历史传承：反映历史文化，蕴藏民族精神
      - 科学认识：保存历史信息，含科学成分
      - 审美艺术：有艺术创造，为文艺创作提供素材
      - 社会和谐：促进社会认同与和谐，规范群体生活
      - 经济开发：促进经济发展，实现文化保护与开发良性循环
    - 项目
      - 级别分类：世界级到县级及未列入名录的项目
      - 国家级项目：五批国家级名录中的烹饪项目列举
      - 传承人：各批次国家级烹饪非遗项目代表性传承人
  - 烹饪非物质文化遗产保护
    - 保护的意义
      - 文化传承与身份认同：保存记忆、强化认同、抵御同质化
      - 技艺传承与创新发展：延续手工智慧、推动创新融合
      - 经济价值与可持续发展：助力地方经济、促进乡村振兴、推动绿色消费
      - 社会和谐与健康生活：促进社区参与、传递健康理念、维护饮食公平
      - 国际交流与文化软实力：文化外交桥梁、增强话语权
      - 科技与数字化保护：永久性记录、知识系统化
    - 保护的方法
      - 记录文献资料：多种记录方式及实例
      - 保护传承人：各地的探索及面临的问题
      - 生产经营保护：遵循方针，保护传统技艺
      - 举办节庆活动：政府及相关部门的活动及作用
    - 中国烹饪申遗
      - 重要意义：弘扬文化、增强软实力、促进行业发展、推进中餐“走出去”
      - 申遗现状：各阶段的申遗进展及成果

案例导学

徽菜、潮州菜、川菜烹饪技艺等被列入国家级非遗代表性项目名录

2021年5月24日，国务院批准并公布了第五批国家级非物质文化遗产代表性项目名录（下称“国家级非遗代表性项目名录”）。在本次公布的国家级非遗代表性项目名录当中，共有18个饮食类项目列入，13个项目进行了扩展，涉及57个申报地区或单位。其中囊括了诸如徽菜烹饪技艺、潮州菜烹饪技艺、川菜烹饪技艺等兼具中餐烹饪技艺与食俗的综合性项目。同时，还增设了沙县小吃制作技艺、柳州螺蛳粉制作技艺、桂林米粉制作技艺、兰州牛肉面制作技艺等食品制作技艺项目，以及君山银针茶制作技艺、古井贡酒酿造技艺等茶类、酒类非遗项目。

截至2021年，我国国家级非遗代表性项目共有1557项，其中包括民间文学类167项，传统音乐类189项，传统舞蹈类144项，传统戏剧类171项，曲艺类145项，传统体育、游艺与杂技类109项，传统美术类139项，传统技艺类287项，传统医药类23项，民俗类183项。

在非遗项目的背后，离不开众多非遗项目的传承人。文化和旅游部共认定了五批3068名国家级非遗代表性项目传承人。为了进一步提高非遗保护力度以及非遗传承人的数量，我国在财政上给予了较大支持。2006年以来，中央财政累计投入资金87.9亿元。2021年，中央转移支付比10年前增加了1倍。国家发展改革委也安排14.17亿元用于实施国家级非遗保护利用设施的建设项目。另在国家级非遗代表性传承人传习补助项目中，已由原来的每人每年1万元提高到了2万元。而该补助系直接打入传承人个人账户，供其开展保护传承活动使用。可以说，今天我国非遗保护事业取得的成就，国家级非遗保护专项资金发挥了重要作用，是我们工作的有力保障和坚实后盾。

在第五批国家级非物质文化遗产代表性项目名录评审项目中，由过去的10个门类变成了11个，另一个单独设立的为饮食类评审专家小组。

为何要新增饮食类评审？一方面，本次各地推荐申报的饮食类非遗项目数量较多，包括与饮食相关的民俗类项目共135个，占推荐申报项目总数的1/6；另一方面，在前四批国家级非遗代表性项目名录评审中，饮食类非遗项目均与传统技艺项目一起评审，而饮食类非遗项目与这些项目的评审标准有较大不同，单独设置评审标准会更加清晰、明确。但更重要的是，饮食类非遗项目与其他传统技艺类项目相比具有一些特殊性。饮食类非遗项目不仅只是饮食制作的技艺，更是一整套与食材遴选、配料加工、菜肴烹制和美食消费相关的知识和实践，是人际交往、礼仪节庆等社会活动的重要组成部分，传达着中国人尊崇自然、顺应时节、食治养生等思想观念和健康理念。可以说，饮食类非遗项目充分体现了中华民族的伟大创造力和文化多样性，对维系文化认同、促进社会和谐与可持续发展都具有重要作用。

本次评审根据饮食类非遗项目的突出特性单独设立评审小组，主要是发挥国家级非遗代表性项目名录的导向作用，引导社会各界在关注某一种食品、某一样菜肴制作技艺的基础上，更加关注到饮食类非遗项目所蕴含的文化意义、社会功能和当代价值。

资料来源：红星新闻，记者杨雨奇，2021-06-10。

通过上述案例，我们不难发现，烹饪技艺不仅仅是食物制作的技术展现，它们更是深深植根于中华民族悠久历史与文化传统中的瑰宝。当徽菜、潮州菜、川菜等烹饪技艺被列入国家级非物质文化遗产代表性项目名录时，这不仅仅是对这些菜系独特烹饪技术和口味的认可，更是对它们背后所承载的历史文化、地域特色、民俗风情以及人与自然和谐共生的生活智慧的肯定。

烹饪文化遗产作为人类文明的重要载体，既是物质文化的具象表达，也是非物质文化的精神延续。其内涵涵盖传统烹饪技艺、饮食习俗、食材认知体系及与之关联的社会伦理、哲学思想与生态智慧。本章我们将从烹饪文化遗产的概念界定出发，系统探讨其历史价值、科学价值与社会价值，分析全球化与现代化进程中面临的挑战，增强对其保护与传承的责任感与使命感，共同守护这份宝贵的文化遗产。

第一节 文化遗产的概念和分类

一、文化遗产的概念

“文化遗产”（cultural heritage）作为一个普通词汇，它通常是指某个民族、国家或群体在社会发展过程中所创造的一切精神财富和物质财富，这些财富代代相传，构成了该民族、国家或群体区别于其他民族、国家或群体的重要文化特征。根据《保护世界文化和自然遗产公约》的定义，文化遗产包括具有历史、艺术或科学价值的文物、建筑群和遗址等。在汉语中，“文化遗产”是个常用词汇，比如人们常说，“尊老爱幼是中华民族的传统美德，是我们的优秀文化遗产”。在这里，“文化遗产”基本等同于“文化传统”。从这个意义上说，“文化遗产”也可以简称为“遗产”，就像“文化传统”也经常简化为“传统”一样。

作为一个法律词汇，无论在国外还是国内，“文化遗产”的出现都只是最近几十年的事情，至今缺乏统一的界定，不同的法律文件对该词的概念常有不同的界定，甚至称呼都不太固定。从国际法律文件看，最初使用的不是“文化遗产”，而是“文化财产”（cultural property）。在联合国教科文组织早期的相关公约中，如1954年《武装冲突情况下保护文化财产公约》（以下简称1954年“海牙公约”），1970年《关于禁止和防止非法进出口文化财产和非法转让其所有权公约》，使用的都是“文化财产”。

1972年，“文化遗产”正式被国际公约确定为直接保护对象，联合国教科文组织在《保护世界文化和自然遗产公约》（以下简称“世界遗产公约”）中正式采用了“文化遗产”一词。但并未对“文化遗产”的内涵加以明确规定，仅用列举的方式确定了公约保护范围内的“文化遗产”，从其列举的范围看出，公约所认定的“文化遗产”都是从历史、艺术或科学角度来看具有突出的普遍价值的大型不可移动文化财产。之后，在相关国际组织的法律文件中，“文化财产”“文化遗产”“文物”等用语交替使用，但“文化遗产”的使用概率已明显提高。当然，迄今为止各国际组织起草的公约或其他法律文件都只是针对某些类别的文化遗产，并未涉及整个文化遗产的综合保护，要在某个国际法律文件中寻找出一个完整的“文化遗产”概念是困难的。

在国内相关的法律文件中，“文化遗产”一词也是近些年才出现的。中华人民共和国成立后，我国法律中使用的相对概念一直是“文物”。直到21世纪初以来，随着国际上“文化遗产”概念使用频率的提高，我国也越来越多地以“文化遗产”这个大概念来泛指原来的“文物”“民间文化”等概念。尤其是2006年我国设立第一个“文化遗产日”以来，“文化遗产”概念逐渐深入人心。

知识链接

中国文化和自然遗产日

早在20世纪90年代，一直关注文化遗产保护的冯骥才先生就提出：希望中国也像欧洲一些国家那样，确定一个“文化遗产日”。而在2004年和2005年的两会上，冯骥才又提出这一建议，并提交了《关于建议国家设立文化遗产日的提案》。2005年7月，郑孝燮等11名专家学者又联名致信党中央、国务院领导同志，倡议中国设立“文化遗产日”。

2005年12月22日，国务院发布《国务院关于加强文化遗产保护工作的通知》，要求进一步加强文化遗产保护工作。其中一项重要举措就是：决定从2006年起，每年6月的第二个星期六为中国的“文化遗产日”，英文：Chinese cultural heritage day。后经国务院批准，自2017年起改为“文化和自然遗产日”。从2009年国家文物局创设主场城市活动机制以来，每年的文化遗产日国家文物局都选取一座城市举办文化遗产日主场城市活动（表8-1）。

文化和自然遗产日是中国文化建设的重要主题之一，它的设立体现了党和国家对保护文化遗产的高度重视和战略远见。目的是营造保护文化遗产的良好氛围，提高人民群众对文化遗产保护重要性的认识，动员全社会共同参与、关注和保护文化遗产，增强全社会的文化遗产保护意识。

表8-1 历年中国文化和自然遗产日（文化遗产日）主题

名称	时间	主题	口号	主场城市
文化遗产日	2006年6月10日	保护文化遗产守护精神家园		浙江省杭州市
	2007年6月9日	保护文化遗产，构建和谐社会		北京市
	2008年6月14日	文化遗产人人保护，保护成果人人共享		河南省郑州市
	2009年6月13日	保护文化遗产促进科学发展		浙江省杭州市
	2010年6月12日	文化遗产在我身边		江苏省苏州市
	2011年6月11日	文化遗产与美好生活		山东省济宁市
	2012年6月9日	文化遗产与文化繁荣	保护城市根脉，留住历史记忆；用真心保护，用行动传承；相约“天地之中”，传承华夏文明；今天多一点责任，明天少一点遗憾；文化遗产人人爱，有你参与更精彩；文化遗产与文化繁荣	河南省郑州市

续表

名称	时间	主题	口号	主场城市
文化遗产日	2013年6月8日	文化遗产与全面小康	保护历史根脉，留住共同记忆；珍爱人类共同遗产，守护民族精神家园；一天的关注，一生的行动；文化家底有多少，普查一下就知道；相约古都咸阳，穿越周秦汉唐	陕西省咸阳市
	2014年6月14日	让文化遗产活起来	瓷都千年，薪火相传；保护遗产，留住乡愁；寻找历史记忆，做好文物普查；保护文化遗产，讲好中国故事；传承文化遗产，添彩美丽中国；用心灵感悟文化，以行动保护遗产；相约景德镇，见证清代镇窑的点火开烧	江西省景德镇市
	2015年6月13日	保护成果 全民共享	像爱惜自己生命一样保护文化遗产；为文化遗产点赞为美丽中国添彩；文化遗产千秋传承保护弘扬万代受益；珍惜定格的历史爱护不朽的文明；心与梦的石刻你和我的大足	重庆市
	2016年6月11日	让文化遗产融入现代生活	保护文化遗产，创造美好生活；为文保员点赞，向守护者致敬；文化遗产无价宝，需要你我呵护好；保护传统村落，留住最美乡愁；避暑山庄，和合承德	河北省承德市
文化和自然遗产日	2017年6月10日	文化遗产与“一带一路”	保护文物，人人有责；“一带一路”新舞台，文化遗产活起来；保护文化遗产，擦亮中国名片，讲好中国故事；弘扬民族文化，传承中华遗产；相约古都洛阳，感受华夏文明	河南省洛阳市
	2018年6月9日	文化遗产的传播与传承 非遗：多彩非遗，美好生活	见人见物见生活；活态传承，活力再现；非遗让生活更美好；新时代，新生活，新传承	广东省广州市
	2019年6月8日	保护革命文物，传承红色基因	保护文物人人有责，传承文明美美与共；弘扬革命精神，汇聚发展动力；讲好文物故事，展现中国形象；文物活起来，生活美起来；确认过眼神，我是文物保护人	陕西省延安市
	2020年6月13日	非遗传承，健康生活	非遗传承进万家，健康生活你我他；非遗代代传，健康常相伴；传承文化瑰宝，守护自然之家	广西壮族自治区桂林市
	2021年6月12日	人民的非遗，人民共享	非遗惠万家，关系你我他；保护人民非遗，共享美好生活	重庆市
	2022年6月11日	连接现代生活，绽放迷人光彩	人民的非遗，人民共享；激发非遗活力，创造美好生活；乡村振兴，非遗同行	甘肃省兰州市
	2023年6月10日	加强非遗系统性保护，促进可持续发展	加强非遗系统性保护，提升保护传承水平；加强非遗保护传承，守护共有精神家园；讲好中国非遗故事，深化文明交流互鉴；深化非遗保护理念，展示中国保护经验；可持续发展，非遗同行	四川省成都市
	2024年6月8日	保护传承非遗，赓续历史文脉，谱写时代华章	保护传承非遗，赓续历史文脉；加强非遗系统性保护，提升保护传承水平；讲好中国非遗故事，深化文明交流互鉴；加强非遗保护传承，建设中华民族现代文明；人民的非遗，人民共享	福建省福州市
	2025年6月14日	让文物焕发新活力　绽放新光彩	守护文化遗产　建设文化强国	湖南省长沙市

二、文化遗产的分类

根据物质存在的形态，文化遗产可分为“物质文化遗产”和“非物质文化遗产”。由有形到无形的发展，标志着对文化遗产认识的深化和对人类文化遗产的全面尊重。

（一）物质文化遗产

物质文化遗产是具有历史、艺术和科学价值的文物，包括古遗址、古墓葬、古建筑、石窟寺、石刻、壁画、近代现代重要史迹及代表性建筑等不可移动文物，历史上各时代的重要实物、艺术品、文献、手稿、图书资料等可移动文物以及在建筑式样、分布均匀或与环境景色结合方面具有突出普遍价值的历史文化名城（街区、村镇）。根据文物的存在形态做如下分类。

1．可移动文物

可移动文物即可以通过外力移动且移动后不改变其价值和性能的文物。在《中华人民共和国文物保护法》中，这些文物包括三大类：历史上各时代珍贵的艺术品、工艺美术品；历史上各时代重要的文献资料以及具有历史、艺术、科学价值的手稿和图书资料等；反映历史上各时代、各民族社会制度、社会生产、社会生活的代表性实物。不可移动文物的部件如果被肢解，通常也作为可移动文物对待，但在涉及文物犯罪及被盗文物返还时，处理原则可能会有不同。因为将不可移动文物肢解，然后盗运出境，显然比盗窃一般的可移动文物后果更严重，而在处理被盗文物返还问题时，更强调将被肢解的不可移动文物部件归还原处，以尽可能地保持文物的原始状态，最大限度地降低文物被盗给文物原属国及其所有者带来的伤害。

2．不可移动文物

不可移动文物即不可通过外力移动且移动后会影响其价值和性能的文物。在《中华人民共和国文物保护法》和相关法规中，不可移动文物包括三大类：具有历史、艺术、科学价值的古文化遗址、古墓葬、古建筑、石窟寺和石刻、壁画；与重大历史事件、革命运动或者著名人物有关的以及具有重要纪念意义、教育意义或者史料价值的近代现代重要史迹、代表性建筑；在建筑式样、分布或与环境景色结合方面具有突出普遍价值的历史文化名城、街区和村镇。根据不可移动文物的价值，可将其确定为国家级、省级、市县级文物保护单位，分别进行管理和保护。与一般法律意义上的不可移动物或不动产保护理念不完全一致的是：一般法律上的不动产严格遵循原地保护原则，如果移动就构成对所有权的侵犯，但对于不可移动文物而言，虽然一般也遵循原地保护原则，但在极特殊的情况下，如果由于地质条件恶劣或重大基本建设等原因，原地保护反而不利于文物保护，也可以在专门技术手段的保障下实行整体迁移。虽然这在很大程度上已经破坏了文物的原真性，及其与周围环境的原始关系，但至少保证了文物的总体安全及其所蕴含的大部分历史、艺术或科学价值，是两害相权取其轻的不得已选择。

（二）非物质文化遗产

非物质文化遗产是指各族人民世代相传并视为其文化遗产组成部分的各种传统文化表现形式，以及与传统文化表现形式相关的实物和场所。根据《中华人民共和国非物质文化遗产法》和联合国教科文组织《保护非物质文化遗产公约》，非物质文化遗产包括传统口头文学、传统技艺、传统礼仪、节庆等民俗以及其他相关文化表现形式。

（三）物质文化遗产和非物质文化遗产的关系

1．区别

物质文化遗产与非物质文化遗产的区别，首先表现在形式上：前者具有具象的物质形态，表现为具体的物体，因此又被称为“有形文化遗产”；而后者则通常以精神、思想、技艺、知识等抽象形态表现出来，不具有具象的物质形态，因此又被称为“无形文化遗产”。其次，两者在保护方式上也有很大的区别：前者强调对文化遗产的静态保护，强调其原真性、不可复制性，侧重对被保护遗产的修复、维护和展示；而后者强调对文化遗产的活态或动态保护，强调其传承和发展，侧重对传承人的保护、培养，以及知识、技艺的传承和传播。

2．联系

物质文化遗产与非物质文化遗产的区别不是绝对的，固定不变的，物质文化遗产和非物质文化遗产之间存在着无法割裂的相互依存关系。物质文化遗产与非物质文化遗产的区别只是相对的：非物质文化遗产中有物质的因素，物质文化遗产中也有非物质的、精神、价值的因素，只是物质文化遗产与非物质文化遗产各自强调的重点不同而已——物质文化遗产更加强调实物保护的层面，而非物质文化遗产更为强调知识技能及精神的意义和价值。非物质文化遗产虽然通常以精神、思想、技艺、知识等抽象形态存在，但任何抽象形态都会通过一定的物质载体表现出来；而物质文化遗产虽然表现为具体的物体，但任何物质形态也都是一定精神、思想、技艺、知识的反映和固化。就好比古琴艺术一定要通过古琴以及琴谱等有形的物质载体表现出来，而秦始皇兵马俑中也蕴含着深厚的中国皇权文化、墓葬礼仪和雕塑技艺一样，离开了特定的物质载体，非物质文化遗产就很难得到充分体现和传承，而离开了特定的精神、思想，物质文化遗产就会成为无源之水，无本之木。因此，不能过分夸大和强调两者之间的区别。

知识链接

中国文化遗产标志图的寓意

中国文化遗产的图标（图8-1）采用金沙“四鸟绕日”，画面是四只神鸟围绕着太阳飞行，上方采用简体中文“中国文化遗产”，下方采用汉语拼音“ZHONG GUO WEN HUA YI CHAN”，各民族自治区可使用当地少数民族文字，在对外交往工作中可使用英文“China Cultural Heritage”或其他国家文字。

图8-1　中国文化遗产标志

太阳鸟的寓意和象征图案的正中描绘的是顺时针旋转的太阳，一共放射出12道光芒，象征12个月；周围逆时针飞翔的四只鸟，象征一年中春夏秋冬四个季节，也象征东南西北四个方向，鸟的脚为三趾，即所谓“三足鸟”，或许与“金乌负日”的传说有关（金乌背着太阳在天上飞行）。

“四鸟绕日”图案是中华先民崇拜太阳艺术表现形式的杰出代表之作，所表达的追求光明、团结奋进、和谐包容的精神寓意，彰显了中国政府和人民保护祖国文化遗产的强烈责任心和神圣使命感。以此作为中国文化遗产的标志体现了中华民族传统文化强烈的凝聚力和向心力，表现了中华民族自强不息、昂扬向上的精神风貌。

知识链接

中国非物质文化遗产标志的寓意

中国非物质文化遗产标志（图8-2）是通过网上征集、群众投票和数轮专家评议最终选出的，2006年6月10日中国第一个“文化遗产日”正式启用。中国非物质文化遗产标识将作为中国非物质文化遗产保护的标志，主要用于研究、收藏、展示、出版等领域。

外部图形为圆形，圆是“成佛形”，是保护的意思，同时也象征着循环，永远不会消失。内部图形为方形，与圆形结合，体现了天圆地方的同根文化，方圆相生，渊源共生，也体现中国非物质文化遗产存在空间有极大的广阔性。

图形内部造型为古陶最早出现的纹样之一的鱼纹，鱼在中国文化中是富裕、富余的象征，鱼生于水，寓意中国非物质文化遗产源远流长，世代相传。鱼纹造型又似“天井”，寓意非物质文化遗产诞生在民间，并在民间广泛保留，需要我们加以保护。

鱼纹造型中隐含汉字“人”“文”，传达出“文化”以及“天人合一”的概念，增添了标志的内涵和识别性；又有“田”字形象，意指中国先民与大地紧密相连，农耕文化根深蒂固，中国文明是陆地文明，中国非物质文化深植于广袤的大地中。

图8-2　中国非物质文化遗产标志

图形中心，抽象的双手（红色部分）上下共护于“文”字意取“团结、和谐、细心呵护和保护非物质文化遗产守护精神家园”的寓意图形中心，“文”字边缘残损，一方面传达出古朴感、质拙感，另一方面更暗示非物质文化遗产的特点、现状，更激励我们加强对中国非物质文化遗产的保护、珍藏与利用。另外增加了对称图形中的不对称因素，使图形更富于活力，含义丰富而隽永。

标识图形传达出古朴和质拙感，一方面反映了非物质文化遗产的生存现状，另一方面彰显了中国政府和人民保护祖国非物质文化遗产的强烈责任心和使命感，表现出中华民族团结、奋进、向前的时代精神。

三、烹饪文化遗产的内涵

烹饪文化遗产是指为某一国家、民族、群体或个人所拥有、掌握、控制或保护的，具有重大历史、艺术、科学价值的，含有特殊文化信息及其无形传媒或有形介质或载体以及特殊文化环境所组成的，能带来潜在、间接或直接社会经济利益的，符合联合国或国家法规规定的各种无形或有形的烹饪文化资源。

烹饪文化遗产的内容相当丰富，根据其存在的形态，可分为烹饪物质文化遗产和烹饪非物质文化遗产。烹饪物质文化遗产是具有历史、艺术和科学价值的烹饪方面的文物，诸如考古挖掘出的古代厨房遗存、烹饪原料、烹饪器具（石搓盘、石磨、饸饹床、铁釜等）、烹饪产品（如面条、胡饼、饺子、馄饨），现存烹饪古籍文献，以及古代庖厨画像砖石、陶塑木桶等。

烹饪非物质文化遗产是指各种以非物质形态存在的与烹饪密切相关、世代相承的传统文化表现形式，包括烹饪技艺、烹饪思想、烹饪民俗活动等以及与上述传统文化表现形式相关的文化空间。中国烹饪文化遗产蕴含着中华民族特有的精神价值、思维方式、想象力，体现着中华民族的生命力和创造力，是各民族智慧的结晶，也是全人类文明的瑰宝。保护烹饪文化遗产，保持民族文化的传承，是连接民族情感纽带、增进民族团结和维护国家统一及社会稳定的重要文化基础，也是维护世界文明多样性和创造性，促进人类共同发展的前提。加强烹饪文化遗产保护，是建设社会主义先进文化，贯彻落实科学发展观和构建社会主义和谐社会的必然要求。

第二节
烹饪物质文化遗产

一、古代厨房遗存

远在五六十万年以前，在北京周口店的古人类洞穴里，就有“做饭”的场所。这是一块长12米，厚5米的巨石，横跨在两个洞壁之间，其上有两大堆灰烬，灰烬中有烧骨和烧石，还有碎骨片。我们的祖先显然在这里生火烧食，可以说这是迄今为止人们发现的最早的厨房（图8-3）。

图8-3　周口店古人类洞穴中的厨房

非常古老的厨房，考古学家还在法国南部地中海沿岸的尼斯城附近发现过。这是一个四十万年前的古人类露天营地，营地里有窝棚的遗迹，窝棚里又有炉灶的遗迹。考古学家认为，那时候人们就是在这种窝棚里的炉灶上烧饭进食的。

2009年，考古学家在捷克发现公元前29000年的史前人类厨房遗址，出土了一系列文物，并发现了烘烤过的长毛象残余物，表明古人类曾经捕食过长毛象，这为人们更好地了解古人类的生活史提供了素材。

2016年，考古学家日前在土耳其西部达斯库里乌姆发现了两处古吕底亚王国时期的厨房遗址，其年代可追溯至2600年前。被叠压在下层的厨房失火烧毁之后，在原地建立了一间新厨房，然而这间厨房最终也被烧毁。遗址内出土了罐子、鱼骨、种子等。2023年，考古人员在土耳其哈普特古城（Harput Castle）王宫进行挖掘时，发现了1000年前的厨房，这里是当时的城堡管理者和皇室烘烤食物和面包的地方。最新出土的古老厨房，包括七个唐杜里（Tandoori）烤箱、锅碗瓢盆和其他器皿的残骸，整个厨房非常繁华和宽敞，在这里可以为精英们准备盛宴。厨房的发掘为皇室及其朝臣的日常生活提供了一个窗口，并揭示了当时烹饪文化的丰富性。

从古至今，人们的生活总是少不了柴米油盐。在方寸的厨房内，孕育了绚丽多彩的中华美食文明。1972年10月，东平县原建筑公司在院内修建房舍时挖出了一座汉代墓葬，文物部门立即对其进行抢救性发掘，先后出土了陶罐、陶仓等几十件随葬品，其中，出土了一件完整的陶制厨房模型（图8-4）。

这件东汉陶制厨房模型为明器，面阔27.8厘米、进深26厘米、高36厘米，灰陶材质，是国家一级文物。该模型还原的厨房为单立间样式，瓦垄顶，一侧屋角上立有烟囱，烟囱上还设有烟罩。墙两面开窗，有不规则竖条式窗棂。厨房内靠墙角垒砌灶台，上置一釜灶。灶台左侧放置一口鼓形水瓮，右侧墙壁上凸出横隔，上面可摞放碗盘等；台前有一圆雕妇人，妇人盘髻束发，宽袖长袍，呈跽坐烧锅状。上体前倾，右手后伸，左手靠近灶门似在向锅灶内添柴。外面两侧墙壁上分别浮雕一只蝎子，长8~9厘米，均呈向上爬行状。古人讲究“事死如事生”，这件陶制厨房模型，便承载了墓主人对来世平稳生活的希望。

图8-4　东汉陶制厨房模型

从厨房的构造中，我们也能感受到古代人民的智慧。厨房不仅有用于排烟的烟囱，烟囱上还设有烟罩，意味着早在近2000年前，人们就已经考虑到了烟囱的防雨问题。陶渊明诗中“暧暧远人村，依依墟里烟”的景色，汉代便出现了。厨房仅有两面整墙，呈半开放式的构造，墙上还开有窗户并安装不规则竖条窗棂，这样的构造既便于通风采光，又方便物资进出。厨房内置有落地大水瓮，储水的同时还能用于紧急救火。

值得注意的还有刻在外墙的蝎子浮雕。历经岁月长河，蝎子的眼睛、角须、步足都清晰可见，刻画细腻逼真。据学者研究，雕刻蝎子与古人“以凶御凶”的观念有关。河南邓州祁营汉墓出土的汉代画像砖就描绘有蝎子、蜥蜴围攻武者的场景，意味着汉代便将蝎子视为“凶物”。这一传统观念也在后世逐渐演变为了“五毒”，诞生了更多更细致的传统习俗。

在河南省郑州市郑东新区有一家中国厨房文化博物馆，该馆分为体验馆、专业馆和现代生活馆三个馆区，陈列产品涉及从汉代开始形成的厨房以及厨房用品雏形，包括我国厨房文化的历史演变，现有灶王经、七层连阁彩绘陶仓楼、七星灶、明绿釉食盒……相关文物超过5000件。

知识链接

古代厨房为什么称东厨

古代，人们多把办食事的厨房设在正堂之东，因此也称为“东厨”。三国时期的才子曹植在《当来日大难》诗中说：“日苦短，乐有余，乃置玉樽办东厨。”不仅活着的时候，居宅是如此安排的，死后的墓室也是如此设计的，甚至连祭祀死者的祠堂中的庖厨图也是处在东壁的位置。河南新密打虎亭1号东汉画像石墓的东耳室内刻有与庖厨相关的图像，以象征该室为厨房。山东嘉祥武梁祠和宋山等地出土的东汉晚期小祠堂上，庖厨图也无一例外位于东壁上。

山东嘉祥宋山4号小祠堂东壁画像，其中间部分描绘的是：灶上的横杆上挂着猪腿、猪头、鸡、兔、鱼等肉食，灶前一人正在添柴烧火，他身后一人双手在盆中做着什么，中间上部，师傅正在教徒弟剖鱼，最右边是一人正用桔槔汲水，另一人在剥狗皮，这正是一幅热闹的庖厨图。古人把东耳室设计为厨房，把庖厨图安排在祠堂东壁，是由“奉死如生”思想决定的，所谓奉死如生，就是侍候死者同侍候生者一样，活人住的房子是如何安排的，死人住的墓室和为祭祀死者建造的祠堂也得如何安排。

资料来源：易友玉．古代厨房为什么叫东厨［M］．西部晨风，2000-08-02（06）．

二、出土的烹饪原料

我们知道，全国各地的考古调查和考古发掘中，几乎都出土了大量的、各个时代的马牛羊、鸡犬豕（包括野生的和家禽家畜），以及稻、粟、菜籽、瓜子，以至鱼骨、蛋壳、生肉和酒浆，等等。比如，考古人员在南越王墓中出土了大量鸡、牛、羊、猪的骨头，以及大量蔬果，有柑橘、桃、李、荔枝、橄榄、杨梅等。此外，还发现了14种水产品，它们分别是耳状耳螺、沟纹笋光螺、青蚶、楔形斧蛤、河蚬、龟足、笠藤壶、真虾、大黄鱼、广东鲂、真骨鱼类、中华花龟，等等，可见当时广东人已经有了一定的海鲜食用文化。

再如，考古人员在新疆吐鲁番阿斯塔那唐代古墓出土了不少如葡萄干、干枣、干梨、核桃等干鲜果品，在河北省张家口八里村辽代古墓发现了一桌没有吃完的饭菜，碗碟里面有板栗、槟榔等烹饪原料。

三、古代烹饪器具

古代流传至今的许多陶器、铜器、漆器、瓷器、木器、石器、金银器等，既是考古学的物质研究基础，也是研究中国烹饪文明的物质基础。这些烹饪器具反映了人们对熟食、美食的追求，对礼仪概念的增强，对美器、艺术的渴望，它所产生的社会作用，远远超过其自身的文物价值。

如我国新石器时代各种著名的文化遗存中的陶质烹饪器具各具特色（图8-5）。

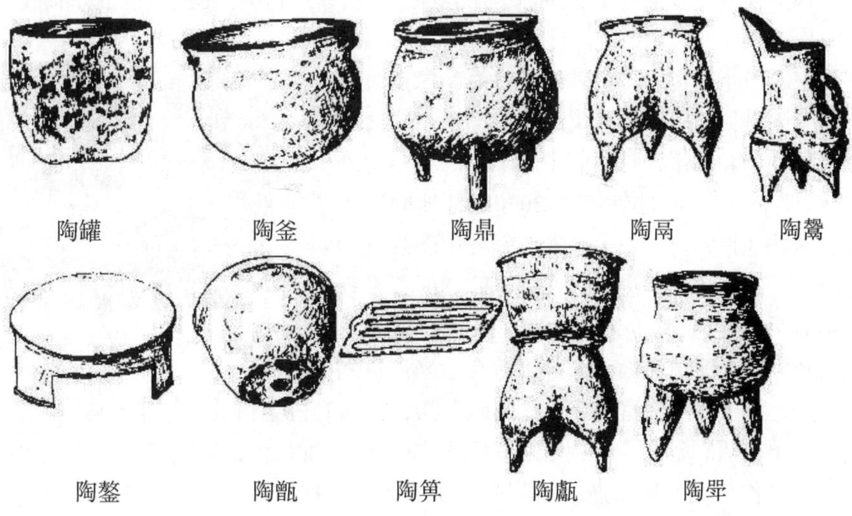

图8-5 古代烹饪器具

裴李岗文化和磁山文化是黄河流域新石器时代的早期遗存，距今约为8000年，出土的陶器是至今所知的时代最为久远的陶器之一。这些器具陶质粗松，均为手制，器物的种类主要有罐、碗、壶、钵、鼎等，装饰花纹仅是一些十分简单的划纹、印纹、蓖纹。

黄河流域的仰韶文化遗址距今7000—5000年，陶器种类主要有罐、盆、钵等。以彩陶闻名，代表了新石器时代的绘画艺术水平，与仰韶文化关系密切的甘肃和青海地区的马家窑文化，距今约5000年，陶器种类主要有钵、瓮、豆、壶、双耳罐等，是杰出的工艺品。受马家窑文化影响的齐家文化，距今约为3000年，器形种类很多，有杯、盘、碗、盆、豆、罐、斝、鬲、盉、甑、甗等。

山东和江苏的大汶口文化遗址距今约为6000—4200年，器形主要有罐、豆、壶、杯、盉、鬶、背水壶等。彩陶以精美著称。龙山文化是大汶口文化的延续，距今4000多年，器形主要有罐、碗、壶、鼎、甗、鬶、盆等，以蛋壳黑陶最为著名。

分布在四川、湖北长江沿岸的大溪口文化距今5000多年，陶器器形主要有碗、钵、鼎、豆、釜、簋、盂、筒形瓶等，多数为手制。汉江地区屈家岭文化距今4000多年，器形主要有罐、碗、壶、鼎、锅、三足杯等，以蛋壳形彩陶闻名。

长江下游地区的河姆渡文化遗址出土了我国的新石器时代最早的陶器之一，距今6800多年，陶器数量很多，器形种类较少，只有罐、盆、钵、釜等。陶质粗糙，器形不规整，处于较为原始的手制阶段。继河姆渡文化之后发展起来的马家窑文化距今6000多年，器形有罐、鼎、钵、釜、豆、盂等。继马家浜文化发展起来的良渚文化遗址距今4500多年，陶器器形众多，代表性器物有竹节形把豆、带盖贯耳壶、大圈足浅腹盘等。制作工艺上普遍使用轮制，成型规整，胎壁厚薄均匀，显示出长足的进步。

四、出土的烹饪产品

（一）4000年前的面条

在新疆苏贝希墓地，考古学家发现2400年前由小米制作的完整面条。经碳-14测年标本检测，苏贝希遗址、墓地及文物的年代为公元前5世纪至公元前3世纪。新疆吐鲁番地区降水稀少，气候极为干燥，所以考古遗址中的许多植物遗存往往由于迅速干燥脱水而得以较好地保存。

其实早在2002年，考古人员就已在青海喇家遗址发现了面条，那应该是目前所知的人类最早的面条。青海喇家遗址的年代距今约4000年，是目前中国唯一的灾难遗址，有“东方庞贝”之称。当时在东区F20号房址地面出土了一碗面条状遗物（图8-6）——一个齐家文化蓝纹红陶碗倒扣于地面上，碗里积满了泥土，在揭开陶碗时，发现碗里原来存有遗物，从直观的观察来看，像是面条状的食物。虽然已经风化，但由于面条全部附着在后来渗进陶碗里的泥土之上，泥土使陶碗密封起来，陶碗倒扣，因此有机会和条件保存下来。

图8-6　4000年前的中国面条

从研究结果来看，苏贝希遗址出土的面条原料仅为黍一种，而喇家遗址出土的面条原料为黍和粟混合制作而成。喇家遗址和苏贝希遗址面条食物的出土为农业考古和古代食品文化研究提供了新的线索，也改写了面条起源时间的历史。黍、粟均起源于中国北方地区，小麦、大麦则最先在西亚栽培，这些农作物在新疆吐鲁番许多墓地都有发现，表明该地区应是当时东西方文化交流的中心之一，它对推动东西方农作物的传播功不可没。

（二）古老的食品——馕和饼

20世纪80年代以来，新疆考古人员在3000多年前的哈密五堡、2800年前的且末县的扎滚鲁克、2500年前的鄯善县苏贝希以及1800多年前的洛浦县山普拉等地的墓葬中都发现了各种形态的馕，这些馕虽然不一定用小麦面粉作原料，和现在的馕有一定的差异，但足以说明馕在新疆有非常悠久的历史。

1972年，考古工作者在阿斯塔那唐墓中发现了一个直径19.5厘米的馕（图8-7），呈圆形，出土时碎为12块，土黄色，已经脱水干化。其原料为小麦粉，是在馕坑中烤制而成的，它中心薄，边缘厚，中央戳有花纹，样子与现在新疆维吾尔族家庭日常所吃的馕完全一样。馕是农耕文化的产物，在吐鲁番出土的馕，不但说明在唐代时生活在该地区的人们普遍食用馕，而且也是研究当时人们饮食结构的重要实物。

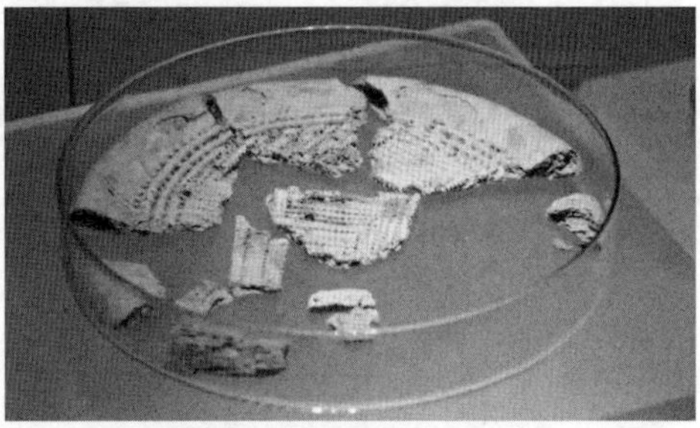

图8-7 吐鲁番阿斯塔那唐墓出土的直径19.5厘米的馕

同年，考古工作者又在阿斯塔那唐墓中发现了一个1000多年前的小馕（图8-8），此馕与上面所提的馕相比，显得十分娇小，直径只有3.9厘米，用白面制成，表面有芝麻，保存得相当完好，已经和现在人们经常吃的“托喀西”馕没有什么区别。这都说明，新疆人打馕和吃馕有着悠久的历史。

图8-8 阿斯塔那唐墓出土的1000多年前的小馕

（三）古代的饺子

1972年，新疆吐鲁番阿斯塔那唐墓中发现了饺子（图8-9），而且，这1000多年前的饺子馅是用肉做的。尽管饺子已严重钙化，整体颜色发黑，坚硬如石，但外形完整，能看清它的花边。由于当地干旱少雨，这些饺子在下葬后不久，内部的水分就被周围的土壤吸干，来不及腐败变质就成了“木乃伊”，才得以保存下来。

图8-9 新疆吐鲁番阿斯塔那唐墓中发现的饺子

（四）花式点心

20世纪60—70年代，吐鲁番的阿斯塔那古墓群里出土的许多唐代食物中还有各种造型好看的点心（图8-10），有四瓣花形、菊花形、树叶形、动物形、麻花形等，比如这个宝相花纹月饼（图8-11），是目前考古领域唯一的月饼实体文物，虽然看上去土黄土黄的样子，但依旧能看出它精细的做工，纹饰很精美。

图8-10 唐代 花式点心 直径3～6厘米
1960—1973年间自吐鲁番阿斯塔那墓葬出土
新疆维吾尔自治区博物馆藏

图8-11 唐代 宝相花纹月饼
1972年自吐鲁番阿斯塔那230号墓出土
新疆维吾尔自治区博物馆藏

（五）菜肴

1．2400年前的骨头汤

2010年11月25日，考古学家在咸阳机场二期考古工地上清理一座战国秦墓时，在一个古墓中竟然发现了保存了2400多年的骨头汤。考古学家在该墓的小龛里发现了一件高20厘米、腹径24.5厘米的铜鼎，当他们将铜鼎打开时，惊奇地发现铜鼎内竟然还有半鼎骨头汤，汤内浸有数根小骨头，汤色浑浊，汤表漂浮着如同铜鼎脱落的绿斑锈；由于长期浸渍，汤内骨头已变为绿色。待整个骨头都提取出来之后，考古学家经过与标本库比对分析得出了结论：骨头为狗骨头，因为骨骺未愈合，应该为一只未成年的小狗。

2400多年前的骨头汤，缘何没有挥发？考古专家推测，这与良好的密闭条件有关，铜鼎因放置在墓内的壁龛里，干燥情况远胜坑底，而且铜鼎密闭十分好，加之没有被盗扰，这才使得铜鼎内骨汤保存较好。专家认为，骨头汤反映了当时人们的一种饮食习惯，可能墓主人喜爱吃狗肉。“骨头汤”的发现在我国考古界尚属首次，但从前出土的带骨食物不在少数。商周以后的墓葬中发现的带骨食物比较多，在汉墓和秦墓中都出土过盛有骨头的铜容器，容器内壁上有汤的痕迹，但是汤因为各种原因都挥发掉了。根据古人“事死如事生”的殡葬制度，用“骨头汤”陪葬应是当时的一种墓葬风俗。

2．汉代贵族流行吃烤肉和海鲜

从一些汉代画像石中烤肉串的场景可以看出，汉代的时候，烤肉串的吃法在中原已相当流行。马王堆汉墓中也出土了串在竹扦子上的烤肉串。贵为王侯的马王堆墓主，其生前的奢华从出土食物中也能略见一斑。马王堆汉墓中出土的一套食谱记载了当时种类繁多的食物，肉食、主食、果品、点心和酒类应有尽有。仅肉汤类的食品就有24种，烹调方法也多种多样，烤肉、涮肉、火腿和腌肉等不一而足，足见孔子所说的“食不厌精”在汉代贵族阶层中间是多么深入人心。

在对精美饮食的追求方面，西汉盛世时代的皇帝绝不输于东汉的王侯。陕西汉阳陵是汉景帝及其夫人的陵园。考古人员从汉阳陵陪葬坑发掘出土了大量粮食遗迹和不少的动物骨骼，其中就包括文蛤、扁玉螺等海洋生物。这说明来自远方的海鲜已经进入了西汉皇帝的食谱。

3．广东人2000年前已吃烤乳猪

2000多年前广州已有烧烤乳猪的习俗。在南越王墓中出土了两件大小不同的烤炉，还配备了烤炙用的铁钎、铁钩、长叉、悬炉的铁链等。烤炉四角朝天，可以防止食物掉落。其中一个小烤炉两侧近足处铸有两只小猪，猪嘴朝天，中空，用来插放烧烤用具。大烤炉的底部设有四个带轴的轮，可以推动，设计非常巧妙。当年南越王墓的考古发掘中，考古队员在一个不到4平方米的小间内发掘出重叠堆放的130件炊具和容器，此外还在墓中发现大量果品、禽兽、海产品的残骸。有关专家表示，从目前的考古情况看，“食在广州”的说法至少可以追溯到南越国时期。

五、烹饪古籍文献

烹饪古籍文献是中国古代关于烹调与饮食的著述和出版物的总称。由刻印本、活字本、手写本、抄本等成卷的能独立成书的烹饪著作所组成。据当代烹饪史家研究，我国古代烹饪典籍，按内容可分为三大类。

（一）食单、食谱、食品学（包括食疗）方面的著作

食单有《吕氏春秋·本味》中的商代食单，《楚辞·招魂》中的楚宫食单，隋代谢讽《食经》，唐代韦巨源《烧尾食单》，宋代虞宗《食珍录》，司膳内人《玉食批》，陆游《老学庵笔记》所录“宴金国人使九盏”，周密《武林旧事》载宋高宗《幸清河郡王第供进御宴节次》，清代李斗《扬州画舫录》记“六司百官食次”等。

食谱有《隋书·经籍志》《旧唐书·经籍志》《新唐书·艺文志》载《淮南王食经》等烹饪专著，几乎全部已佚。现存为《礼记·内则》所记“八珍”，北魏贾思勰《齐民要术》中饮食部分，实为当今世界保存下来的最早的食品科技百科全书，此后有唐代杨晔《膳夫经手录》、郑望之《膳夫录》、宋代陈达叟《本心斋蔬食谱》、林洪《山家清供》，元代倪瓒《云林堂饮食制度集》、浦江吴氏《中馈录》，明代刘基《多能鄙事》饮馔部分、无名氏《墨娥小录》饮馔部分、宋诩《宋氏养生部》、吴门韩奕《易牙遗意》、高濂《遵生八笺》中的《饮馔服食笺》、无名氏《居家必用事类全集》饮馔部分，清代朱彝尊《食宪鸿秘》、李渔《闲情偶记》饮馔部分，周亮工《闽小记》饮馔部分、袁枚《随园食单》、童岳荐《童氏食规》、李化楠《醒园录》、顾仲《养小录》、曾懿《中馈录》、黄云鹄《粥谱》。又有宋代陈仁玉《菌谱》、赞宁《笋谱》、高似孙《蟹略》、傅肱《蟹谱》，明代屠本畯《海味索引》《闽中海错疏》、顾起元《鱼品》、清代陈鉴《江南鱼鲜品》、郝懿行《记海错》，唐代陆羽《茶经》，宋代苏轼《酒经》、朱肱《酒经》、张能臣《酒名记》等。食疗专著如唐代孟诜《食疗本草》、孙思邈《千金要方》、元代忽思慧《饮膳正要》、明代李时珍《本草纲目》等。

（二）饮食市场方面的资料

唐代以前多为零散记载，五代至宋代以后，逐渐丰富，有宋代孟元老《东京梦华录》、灌圃耐得翁《都城纪胜》、吴自牧《梦粱录》、周密《武林旧事》，明代刘侗、于奕正《帝京景物略》，清代无名氏《如梦录》、李斗《扬州画舫录》、顾禄《桐桥倚棹录》，傅崇矩《成都通览》，当代邓云乡《燕京乡土记》等。

（三）饮食掌故

材料较集中的有唐代段成式《酉阳杂俎》、宋代陶穀《清异录》、元代无名氏《馔史》等。此外，《周礼》《礼记》《诗经》《尚书》《论语》等经典及诸子、汉赋、类书、字书中也有不少饮食烹饪资料。至于湖南长沙马王堆汉墓出土的随葬食单，墓葬砖刻、壁画、石刻、帛画，五代顾闳中《韩熙载夜宴图》、北宋张择端《清明上河图》等传世文物，皆是研究古代饮食烹饪经验不可忽视的材料。

知识链接

百种千册老菜谱

古城保定自古以来就是一个厨师辈出的地方。清代宫廷官厨中有很多都是来自直隶的厨师，如官厨董茂山、王老昆等。一代代的保定名厨不但通过口传身授的方式，将直隶官府菜的传统烹饪技艺传承至今，更是注重对老菜谱、菜典的收集整理。

作为直隶官府菜烹饪技艺非遗传承人，中国烹饪大师梁连起先生已从厨三十多年。自梁连起先生从启蒙师傅潘师傅那得到第一本手抄本菜谱——一本写有“不可失”字样的清代手抄本菜谱之后，梁连起先生被老菜谱中大量传统菜式、菜点深深吸引，一发而不可收，开始了追寻老菜谱的旅程。旧书摊、典当行、二手图书交易会，甚至是拍卖会，只要是有老菜谱的蛛丝马迹，梁连起就带着自己直隶官府菜研究会的会员四方搜罗。对于饮食典籍研究的痴迷，加上那份执着，很多保定名厨，直隶官厨后人将自己珍藏的老菜谱捐给直隶官府菜研究会。从大量珍贵的饮食典籍资料中，直隶官府菜研究会发掘、整理出众多直隶官府菜菜品、菜点，其中如鹿筋台蘑拆鸡、五侯鲭、官府六味骨、官府莲子炖鸭，而很多当年只在厨师间口口相传的直隶官府菜菜式，也从大量的烹饪古籍中找到了出处，逐渐梳理成型，如：《清稗类钞》与李鸿章烩菜、《直隶烹饪实习目录》与剔骨鸡、《乾隆照常膳底档》与干贝扒菠菜……

迄今，直隶官府菜研究会已经收集、整理、修复的烹饪典籍有150多种，5000余册（函），其中不乏烹饪典籍中的珍本、善本，如：元代《饮膳正要》，明代《野菜谱》，清代《中馈录》《调鼎集》《美味求真》《随息居饮食谱》，民国《直隶省烹饪实习目录》《食谱秘典》《烹饪一斑》等。直隶官府菜研究会收藏的百种千册老菜谱可以说是中华餐饮业界不可多得的宝贵遗产。2009年4月，经国内古籍专家、公证部门和吉尼斯总部缜密的鉴定、公证与核实，直隶官府菜研究会收藏的百种千册老菜谱获评上海大世界吉尼斯之最——“收藏明、清、民国菜谱数量之最”。

（四）中国烹饪古籍举要

1.《吕氏春秋·本味篇》

该书作者吕不韦，是战国末年卫国濮阳（今河南濮阳南）人。先为阳翟（今河南禹州市）大商人，后被秦襄公任为秦相。秦王政幼年即位，继任相国，号为“仲父”，掌秦国实权。秦王政亲理政务后，被免职，贬迁蜀郡，忧惧自杀。吕不韦掌权时，有门客三千、家童万人。他曾组织门客编纂《吕氏春秋》26卷，共160篇，为先秦时杂家代表作。内容以儒道思想为主，兼及名、法、墨、农及阴阳家言，汇合先秦各派学说，为当时秦统一天下、治理国家提供理论依据。

《本味篇》为《吕氏春秋》第14卷，记载了伊尹以“至味”说汤的故事。它的本义是说任用贤才，推行仁义之道可得天下成天子，得天下者才能享用人间所有美味佳肴。但在本意之外却不经意间塑造了伊尹这个庖人出身的“鼎鼐之才”的政治家形象，记载了当时的美味佳肴和各地特产，论述了关于刀工、火候、调味的烹饪工艺理论，形成了一份名目繁多的食单，是中国历史上第一部论述烹饪学的经典著作。

文中以伊尹的口气首先发表了一通烹调宏论，大意是：动物作为饮食原料，可分为三大类：生活在水里的有腥味；食肉的有臊味；吃草的有膻味。尽管它们原来的气味都很不好，但都能被烹制成美味可口的菜肴，而关键在于针对不同的原料采取不同的烹制方法。

决定菜肴滋味的诸因素中，水是最基本的因素。要凭酸、甜、苦、辣、咸这五味和水、木、火这三材来进行烹调，鼎中多次沸腾，多次变化，是靠火候控制调节的。有时要用猛火急烧，有时要用微火慢烧。消灭腥味，去掉臊味，除净膻味，烹出美味，全在于掌握火候，千万不能违背火候运用的规律。

调味的学问，在于甘、酸、苦、辛、咸五味的巧妙配合。投放调料的先后次序和用量的多少，都是有讲究的，剂量的差异是很微小的。

鼎中的变化，微妙深奥，用语言难以表达。高明的厨师，虽然自己心中有数，也难以用口头说得那么清楚。这就如同射箭、驾车，如同阴阳变化生万物，以及四时推移变化的规律一样。作为一名厨师，只有精通烹调之道，才能使烹制出来的菜肴，达到久而不败，熟而不烂，甜而不过头，酸而不强烈，咸而不苦涩，辣而不刺激，清淡而不寡味，肥而不腻口。

伊尹这一段议论，简而约，实为烹调中的至理名言。数千年来，为从事烹饪的人们所遵循。

2.《齐民要术》

《齐民要术》是北魏时期的中国杰出农学家贾思勰所著的一部综合性农书，也是世界农学史上最早的专著之一，是中国现存的最完整的农书。书名中的“齐民”，指平民百姓。“要术”指谋生方法。《齐民要术》大约成书于北魏末年（公元533—544年），《齐民要术》系统地总结了6世纪以前黄河中下游地区农牧业生产经验、食品的加工与贮藏、野生植物的利用等，对中国古代汉族农学的发展产生了重大影响。

书中正文分为10卷，92篇，收录1500年前中国农艺、园艺、造林、蚕桑、畜牧、兽医、配种、酿造、烹饪、储备，以及治荒的方法，书中援引古籍近200种，所引《氾胜之书》《四民月令》等现已失传的汉晋重要农书，后人只能从此书了解当时的农业运作。其中八、九两卷保存了大量珍贵的烹饪史料，诸如历经乱世而亡佚的长达130卷的巨著《淮南王食经》等均为《齐民要术》所引而得以部分保存。书中所收菜肴，似乎以黄河下游地区为主，如产于黄河的鲤鱼、鲂鱼在书中被提到的次数特别多，又如所提到的牛、羊肉的吃法也是北方的习惯。记载的饮食原料，不仅品类繁多，而且还详尽地记载了原料的性能、栽培、养殖、增产、保优的各种技法。同时，对前人的一些不正确的记载，也作了订正和补充。书中涉及的烹饪方法多种多样，达三十种之多，收录菜肴丰富多彩，仅荤菜一类品种达百余种。据统计，该书记载了各类饮食有粮食主食品 8类 29种，菜肴 20类 156种，调味品 5类 32种，饧馕（麦芽糖）1类 7种，酒 4类 40种，以上共计五大项38类264种。这些统计数目，尚未包括散述在种植、养殖篇章中的30余种，如果将这些再加上去，全书共载各类饮食有300种。从饮食文化的角度看，该书是资料珍贵、影响巨大的烹饪文献。

3.《山家清供》

作者为宋人林洪，字龙落，号可山，福建泉州人，宋绍兴间进士，林逋七世孙。

《山家清供》是南宋的一部重要烹饪著作。内容以素食为中心，包括当时流传的104个食品，夹叙夹议，丰富多彩。唐代杜甫有诗云："山家蒸栗暖，野饭射麋新。"南宋时的林洪撰著《山家清供》，即杜甫诗中的山家、野饭，意思是山居家庭待客用的清淡饮馔。全书二卷，上卷列举饮馔47种，下卷列举饮馔57种。记述以素食为主，亦有少量的荤菜，如饭、羹、汤、饼、粥、糕、脯、肉、鸡、鱼、蟹等。选料大部分为家蔬、野菜、花果、粮米，也有取料于禽鸟、兽畜、鱼虾的。用料尽管平常，但由于烹饪方法奇妙，同样给人们以丰富的启发和借鉴。许多菜肴别出心裁，独具一格，足可使人窥见当时烹饪技术、烹饪艺术所能达到的水平。书中有不少是用中草药加工制配的食疗饮馔。如：萝菔面这一条下称："王医师承宣常捣萝菔汁搜面使饼，谓能去面毒。"而麦门冬煎，则是纯药物，其标目下称："春秋采根去心，捣汁和蜜，以银器重汤煮熬，如饴为度，贮之瓷器内，温酒化温服，滋益多益。"由此可见是用纯药物加工和蜜制成，并加温酒后服用的一种保健饮料。总之，此书对了解江南饮食风貌和南宋烹饪历史提供了很好的史料。

林洪文笔优美，记叙中多有生动的描述。另外，书中还有不少第一次出现的饮食记载，比如"酱油"一词，就因为见于《山家清供》而被认定起于宋代，当时作为调味品，已广泛地应用于烹调。

4.《饮膳正要》

作者忽思慧，元朝蒙古族人，营养学家，是我国古代药膳学的奠基人。生平不详，仅知道他在元朝政府管理饮食的机构中担任饮膳太医，负责宫廷里的饮食调配工作。我国从周代开始，宫廷内就设有"食医"（相当于现代的营养科医生），以后历代相沿，到元世祖忽必烈时，在皇宫里专设"掌饮膳太医四人"。他们具体的任务就是对食疗本草进行挑选、鉴别，然后将那些"无毒，无相反，可久食、补益"的食物和药品筛选出来，以供宫廷食用。皆因忽思慧对于食物营养甚有研究，他在元仁宗延祐年间（1314—1320年），被选任为宫廷饮膳太医，专门从事研究供给皇帝可以长寿食用的补养药品，饮膳烹调等。任职期间，积累了丰富的营养卫生，饮食保健及烹调技术等多方面的知识，他又兼通蒙、汉医学。几年之后，即利用闲暇时间"将累朝亲侍进用奇珍异馔，汤膏煎造，及诸家本草，名医方术，并日所必用肉谷果菜，取其性味补益者。"结合自己监制饮食经验，编著了《饮膳正要》，于至顺元年（1330年）三月完成，即送朝廷审阅，很快被"刻梓而广传之"。在此书之前，有北魏崔浩的《食经》、南北朝梁代刘休之《食方》，唐代孟诜的《食疗本草》、昝殷的《食医心鉴》等，可惜这些原书都已亡佚。《饮膳正要》传至明代，得到了明代宗皇帝朱祁钰的肯定，并为之作序，所以该书至今完整无缺。

全书共三卷。卷一分"三皇圣纪""养生避忌""妊娠食忌""乳母食忌""饮酒避忌""聚珍异馔"6部分，其中"聚珍异馔"收录回族、蒙古族等民族及印度等国菜点94款；卷二分"诸般汤煎""诸水""神仙服食""四时报宜""五味偏走""食疗诸病""服药食忌""食物利害""食物相反""食物中毒""禽兽变异"11部分，其中"食疗诸病"中收录食疗药方61种；卷三分"米谷品""兽品""禽品""鱼品""果品""菜品""料物性味"7部分，其中"料物性味"收录调味料28种。综观全书，除阐述各种饮馔的烹调方法外，更为注重阐述各种饮馔的性味和补益作用，即注重饮食与营养卫生的关系。另一方面，此书是蒙、汉饮馔兼收并蓄，而以蒙古族饮馔为主体的食谱。所述馔品的用料，兽类以羊、牛居先，次及马、驼、鹿、猪、虎、豹、狐、狼等，而"奇珍异馔"中，以羊肉为主料者达70010种之多。作者从蒙古族的角度研究饮食烹饪，大量吸收汉族人历代宫廷医食同源的经验，结合蒙古人的饮食习惯，来制定肴馔法度，这使此书别出心裁。

《饮膳正要》有三个主要特点：一是民族性。《饮膳正要》是各民族营养知识和养生文化的汇总。作者忽思慧是穆斯林医家，书中自然少不了他最为熟悉的本民族的清真食品原料。比如，回回[①]葱、回回青、回回豆子、回回小油。清真食品原料中，包括来自阿拉伯国家冠以“胡”字的食材。比如，胡葱、胡麻、胡椒、胡荽。拿胡葱来说，《本草纲目》的解释是：“元人《饮膳正要》作回回葱，似言其来自胡地，故曰胡葱耳。”《洛阳伽蓝记·城南》也有记载，有些食物是“波斯国王所献也”。可见，《饮膳正要》中的一些食品原料和营养配方，来自信仰伊斯兰教的民族和国家。二是地方性。《饮膳正要》中的诸家本草、奇珍异馔、汤膏煎造和食疗诸病的食谱，就其风味而言，具有明显的宫廷饮食风味和北方各民族的饮食风味。三是实用性。《饮膳正要》内容丰富，既有饮食禁忌、食物中毒、药膳配方、食疗方法、滋补作用、肴馔性味，又有并不复杂的烹饪技法。这些内容在古为今用中发挥了巨大作用，正所谓“功在当代、利在千秋。”

5.《调鼎集》

《调鼎集》全十卷。清代中期的烹饪书，是厨师实践经验的集大成。该书介绍了正宗的扬州菜的烹调方法。尤其是书中收录了300多种鱼菜，并附有对原料鱼的详细说明。书中不少记述是抄自朱彝尊的《食宪鸿秘》、李渔的《闲情偶寄》和袁枚的《随园食单》。

一般认为，《调鼎集》的作者是《扬州画舫录》卷九中提到的扬州盐商童岳荐，该书原名为《童氏食规》或《北砚食单》（北砚是童岳荐的字）。但也有人认为，该书是后人在乾隆三十年（1765年）之前成书的《北砚食规》基础上，做了大量增补后写成的。由于赵学敏的《本草纲目拾遗》中引用了《北砚食规》的内容，所以如果根据过去的观点，就等于说该书是1765年以前成书的。而且也等于说，袁枚的《随园食单》中的许多内容是从本书中抄袭的。这个问题引起人们很大的争论。为此，也有人主张本书的成书时间是在同治七年（1868年）。

本书是据手抄秘本整理出版的清代菜谱。以扬州菜系为主，从日常小菜腌制到宫廷满汉全席，应有尽有。收荤素菜肴2000种、茶点果品1000类、烹调、制作、摆设方法，分条一一讲析明白。实为我国古代烹饪艺术集大成的巨著。

《调鼎集》的内容相当丰富。第1卷为油盐酱醋与调料类，其中尤其以各种酱、酱油、醋的酿制法以及提清老汁的方法，叙述详备；第2卷较杂，主要为宴席类，尤其以铺设戏席、进馔款式及全猪席等资料比较珍贵；第3卷为特性、杂性类菜谱；第4卷为禽蛋类菜谱；第5卷为水产类菜谱；第6卷与第2卷相似，内容比较杂乱，写法较简，如同随手摘录的零碎资料而尚未成书（其中“西人面食”一节，记载了我国西北地区的种种面食，这对于研究我国西北地区的饮食发展有着重要的史料价值）；第7卷为蔬菜类菜谱；第8卷为茶酒类和饭粥类；第9卷前半卷为面点类，后半卷和第10卷全卷，为糖卤及干鲜果类，写法亦很详细。该书收录菜点的范围很广，除江浙地区扬州、南京、苏州、杭州、绍兴等地菜点外，还收有安徽、广东、河南、陕西、东北等地的菜肴。如扬州的文思豆腐、葵花献肉、焦鸡、籽面，南京的三煨鸭，苏州的熏鱼子，镇江的空心肉圆，安徽的徽州肉圆，杭州的醋搂虾、家乡肉，嘉兴的豆腐，金华的火腿，绍兴的汤，西北的烧剥皮羊肉，河南的烧黄河鲤鱼，东北的关东烧鸡，广东的鱼子饼等。书中还有一些烹饪理论方面的内容，但比较零碎，无甚新意。

---

① 回回：此为旧称，本书引用古书原文。下同。

6.《随园食单》

《随园食单》的作者袁枚，字子才，号简斋，晚号随园老人，浙江钱塘（今杭州）人，生于清康熙五十五年（1716年），12岁即为县学生，旋为进士，改翰林院庶吉士，出知溧水、江浦、沭阳、江宁等县。40岁起就退隐于南京小仓山房随园，论文赋诗，一生著有《小仓山房诗文集》《随园随笔》等30余种，享文章之盛名达50余年。卒于清嘉庆二年（1797年）。

袁枚不仅是我国清代著名的文学家，还是一位有丰富经验的美食家，所著《随园食单》一书，是我国清代一部系统论述烹饪技术、南北菜点茶酒的食物本草类重要文献。经40年的积累，于乾隆五十七年（1792年）才刊刻出版。今国内存世版本有清乾隆五十七年（1792年）小仓山房刻本（藏湖南中医学院图书馆）、清乾隆嘉庆间刻本（藏中国中医研究院图书馆）、清嘉庆元年丙辰（1796年）经纶堂刻本（藏中国中医研究院图书馆）、清光绪十八年壬辰（1892年）著易堂铅印本（藏扬州市图书馆）、随园刻本（藏中国中医研究院图书馆）、民国上海中华图书馆铅印本（藏长春中医学院图书馆）6种。

《随园食单》分须知单、戒单、海鲜单、江鲜单、特性单、杂性单、羽族单、水族有鳞单、水族无鳞单、杂素菜单、小菜单、点心单、饭粥单、茶酒单14个方面。须知单中提出了既全且严的20个操作要求，包括食物的性味，作料的配伍、洗刷、调剂、搭配的方法，以及火候、色香的掌握和补救，乃至盛具的选择等。戒单中提出了14个注意事项，其中不少经验值得借鉴。书中用大量篇幅详细地记述了我国从14世纪至18世纪中流行的南北菜肴饭点，以及当时的美酒名茶。分别列出海鲜单9种，江鲜单6种，特性单43种，杂性单16种，羽族单47种，水族单（又分有鳞、无鳞两类）45种，杂素菜单47种，小菜单41种，点心单55种、饭粥单2种，菜酒单16种，共327种。此外，《随园食单》虽言菜点茶酒，但其中不乏食物疗法内容。如记载食物的药用功能的有："黄芪蒸鸡治瘵"，"马兰头，油腻后食之醒脾"，"酸菜，醉饱之余，醒脾解酒"。另外"煨麻雀"单中，记有"薛生白常劝人勿食人间豢养之物，以野禽味鲜，且易消化"，等等，不胜枚举。记载饮食清淡，有益健康时，说到"富贵之人嗜素，甚于嗜荤"，且介绍"豆芽配燕窝以贱配极贵"，"大头菜入荤菜中，最能发鲜"等食单。

总之，该书是一部记载我国悠久的烹饪文化的杰出著作。1979年，日本东京岩波书店将它译成日文出版，该书极为畅销，一时风靡日本。《随园食单》乍看书名，知是一部介绍饮食文化的作品，细细读来，更咀嚼出不少精神食粮。

第三节 烹饪非物质文化遗产

一、烹饪非物质文化遗产的概念和特征

（一）烹饪非物质文化遗产的概念

烹饪非物质文化遗产是人类非物质文化遗产的重要组成部分，是指通过口传心授，世代相传的、无形的、活态流变的烹饪文化遗产，是各族人民世代相承的、与人类烹饪活动密切相关的一种传统文化表现形式。烹饪非物质文化遗产具有重要的历史传承价值、审美艺术价值、科学认识价值、社会和谐价值和经济开发价值。

烹饪非物质文化遗产是指各种以非物质形态存在的与烹饪密切相关、世代相承的传统文化

表现形式，包括烹饪意识文化、烹饪技艺文化等以及与上述传统文化表现形式相关的文化空间。

烹饪非物质文化遗产主要体现在以下方面：一是传统烹饪思想及知识，如“五味调和”的哲学思想，“五谷为养，五果为助，五畜为益，五菜为充，气味和而服之”的膳食指南，“奇正互变”的创造思维，“物无定味，适口者珍”的质量判别标准和“食不厌精，脍不厌细”的八字主张等。二是烹饪技艺，如我国传统烹饪的刀工、勺工、火候、调味、造型、挂糊上浆等基本功；烤鸭、琵琶肉、药膳、面花、饺子等菜肴、面点的特殊加工技术等。可以说，烹饪技艺文化所涵盖的内容均具有典型烹饪非物质文化特征。三是烹饪文化空间，包含了烹饪民俗活动内容及场景、烹饪过程、场所等空间、环境和气氛。

（二）烹饪非物质文化遗产的特征

非物质文化遗产体现了特定民族、国家或地域内的人民的独特的创造力，或表现为物质的成果，或表现为具体的行为方式、礼仪、习俗，而且它们间接体现出来的思想、情感、意识、价值观也都有其独特性，是难以被模仿和再生的。我国地域广博，民族众多，历史悠久，烹饪非物质文化遗产独树一帜。

1．以师带徒的口传身授

我国学校式的烹饪教育起步很晚，到20世纪五六十年代，才有个别学校开设烹饪专业。在漫长的历史发展中，我国的烹饪技艺得以传承发展，主要依赖于“师傅带徒弟”的口传身授方式。而且这种传承形式，至今仍有深远的影响。它虽然削弱了对严格的技术标准的依赖，客观上却起到了充分发挥个人特长的作用。所以，中国烹饪的口传身授，讲究“悟性”，即理解师傅之意、超越师傅之技的能力。“师带徒”传承的最高要求是超越师傅，追求“随心所欲不逾矩”的境界。

2．烹饪技艺的模糊性

烹饪技艺模糊性是指烹饪技艺要求、水准和菜肴面点质量难以进行准确的定量描述的特性。由于我国厨房生产的手工艺性极强，对机器、标准依赖程度低。加之餐饮生产作为典型的个别定制生产，产品质量往往因顾客的喜好而定。对餐饮产品的判别标准，既包含消费者生理要素也包含心理要素，既有可定量的营养学、卫生学的指标判定，更有个人喜好、宗教法规等社会文化的人文约束。因此，厨师技艺的最高要求是既要满足基本的厨规要求，又不固守刻板的标准化要求。模糊性使中华烹饪强调变化，中华烹饪技艺追求“不变中有变，变中有不变”的文化特质，并形成了中华饮食文化中特有的“奇正互变”的创造思维及其影响下的“物无定味，适口者珍”的宽松的产品判别标准。

3．对传承人的强烈依赖性

烹饪的手工艺性是指社会餐饮的厨房生产主要依赖生产者手工劳动完成，产品质量的高低和厨师个人技术密切相关的特性。因此，烹饪技艺的传承状况，很大程度上取决于饮食文化主要载体人的个人素质。

首先，世界各类厨房的烹饪生产较其他工业生产相比，具有强烈的手工艺性特点。其中，中国烹饪的手工艺性尤为突出。时至今日，即使是我国星级饭店、餐饮店的厨房生产，手工劳动仍然占到全部厨房工作量的90%。究其原因，与我国社会科技水平、人们对菜肴、面点的市场需求、行业地位、专业教育形式等密切相关。

其次，罕见的物质文化遗存。饮食文化的保留与记录难以通过食物保存而得以传承。饮食物质文化主要由食品、饮料、餐饮器具和设备构成，其中食品、饮料作为核心要素，因其原料的自然属性，使得历史遗存难以长久保留。在中外考古发现中，除了能发现大量的金属、漆器等饮食器具，以及少量的炭化稻谷、饮料遗存外，菜肴、面点及其他食品原料的痕迹却极为罕见。因此，饮食文化的传承，尤其是烹饪技艺的传承，主要依靠掌握特殊技艺的传承人。一旦这些烹饪技艺传承人消失，与之相关的菜肴、面点也将面临消亡的风险。这种对文化传承人的高度依赖，正是烹饪非物质文化的典型特征。

4．深厚的社会主义核心价值观体现

中国烹饪非物质文化遗产蕴含着中华民族特有的精神价值、思维方式、想象力，体现着中华民族的生命力和创造力，是各民族智慧的结晶，也是全人类文明的瑰宝。中华文明的悠久，饮食文化的博大，餐饮已远远超出了原始的果腹功能，具有了更厚重的社会功用。我国在漫长的封建社会发展中，生产力的不发达、人口数量巨大对食物的压力、自然动植物资源数量的不足等，使得中华民族对烹饪的认识和重视非常深刻，并衍生出“治大国若烹小鲜”的思想精髓和价值观。中国烹饪在菜品制作中所遵循的“五味调和”“物尽其用”“奇正互变”等基本原则，折射的是儒家中庸哲学中对事物发展状态“和谐”“协调”的思想追求和唯物辩证法的世界观。

二、烹饪非物质文化遗产的价值

烹饪非物质文化遗产是人类文化遗产的重要组成部分，是指通过口传心授，世代相传的、无形的、活态流变的文化遗产，是各族人民世代相承的、与人类活动密切相关的一种传统文化表现形式。非物质文化具有以下价值。

（一）历史传承价值

历史传承价值是非物质文化遗产价值体系的核心价值和价值准则。从根源上来说，非物质文化遗产也是一种集团或个人的创造，面向该集团并世代流传，它反映了这个团体的期望，是代表这个团体文化和社会个性的恰当的表达形式。非物质文化遗产是反映了民众集体生活，并长期得以流传的人类文化活动及其成果，因而具有不容忽视的历史文化价值。尤其重要的是，非物质文化遗产以其民间的、口传的、野史的、活态的历史文化价值，可以弥补官方历史之类正史典籍的不足、遗漏或讳饰，有助于人们更真实、更全面、更接近本原地去认识已逝的历史及文化。

非物质文化遗产中深深蕴藏着所属民族的文化基因、精神特质，这些在长期的生产劳动、生活实践中积淀而成的民族精神，是世代相传沉积下来的民族思想精髓、文化理念，是包括了民族的价值观念、心理结构、气质情感等在内的群体意识、群体精神，是民族的灵魂、民族文化的本质和核心。

（二）科学认识价值

科学认识价值是非物质文化遗产价值体系的价值规范。非物质文化遗产作为历史的产物，是对历史上不同时代发展状况、技术发展程度、人类各方面创造能力和认识水平的原生态的保存和反映。非物质文化遗产反映了当时人们的思想认识水平、生活情感态度、科学发达程度、风俗信仰禁忌等社会历史文化内容，具有一定的科学认识和研究的价值。

此外，非物质文化遗产的科学认识价值还指某些非物质文化遗产本身就具有相当高的科学含量和内容，有较多的科学成分和因素。

（三）审美艺术价值

审美艺术价值决定着非物质文化遗产价值体系的价值取向。非物质文化遗产中有许多天才的艺术创造，无与伦比的艺术技巧，独一无二的艺术形式，能深深打动人类心灵、触动人类情感。通过这些非物质文化遗产中的艺术作品，我们可以形象地看到当时的历史事件、人的生存状态和生活方式、不同人群的生活习俗，以及他们的思想与感情、艺术创作方式、艺术特点和艺术成就。

非物质文化遗产中有大量的文化艺术创作原型和素材，可以为新的文艺创作提供不竭的源泉，当代许多影视、小说、戏剧、舞蹈等优秀文艺作品就是从中孕育而出的，很好地发挥了非物质文化遗产的审美再造功能，充分利用了其审美艺术价值。在非物质文化遗产中，不仅艺术有审美价值，就连其中的民族民间文化、社会习俗、餐饮礼仪等也普遍涉及美的内容，具有重要的审美艺术价值。

（四）社会和谐价值

社会和谐价值是非物质文化遗产价值体系的价值目标。人类是社会化的群居动物，个体都有一个适应集体、融入社会的过程；而社会或族群也要求每一个成员都变成它的合格的个体，标准和方法就是使所有社会成员都掌握这个社会或族群的文化。因此，个体的社会化过程其实也就是个体学习族群独特文化，接受、适应并在这种文化中成长发展的过程。在这一过程中，个体接受了族群的独特文化，也就是对这个社会进行了价值认同，从而有效地融入社会而达到社会和谐。这样，作为鲜活的、多样丰富的文化资源，非物质文化遗产就有重要的社会认同、社会和谐的价值和作用。此外，非物质文化遗产中的某些传统文化内容，反映和表现了民族共同心理结构、思维习惯、生活风俗等内容，规范着民族的群体生活方式、思想价值取向，能产生强大的民族凝聚力，促进民族共识和认同，也具有重要的社会和谐价值。

在当今张扬个性的社会中，人们更多的是追求个体价值的实现、个体利益和欲望的满足，这就在一定程度上导致了某些人唯利是图，只为金钱和利润服务，不讲诚信、不讲道德，极大地败坏了社会风气、破坏了社会的和谐稳定，为此需要我们倡导传统伦理道德，鼓励向善的个人美德，而在非物质文化遗产中就含有大量的传统伦理道德资源。在保护、传承非物质文化遗产的过程中，撷取、展示、宣扬其中的美好向善的伦理道德资源和内容，将会极大地有益于我们当今的和谐社会的建设。

文化的国际交往有助于文化的交融和发展，对非物质文化遗产而言也是同样的。这就要求我们充分发挥非物质文化遗产的国际交往作用，通过保护非物质文化遗产来推动国际交往与合作，促进地区和谐与稳定。因此，非物质文化遗产具有重要的社会和谐价值，可以成为国家间对外文化交流的桥梁，民族间联系沟通的黏合剂。

（五）经济开发价值

只有将非物质文化遗产中有条件的文化资源转化成为文化生产力，带来经济效益，才能有更多的资金反过来用于非物质文化遗产的保护和发展。因此，对非物质文化遗产，既要保护又要发展，以保护带动开发，以开发促进保护。

经济开发价值是市场经济和消费社会条件下非物质文化遗产的一种重要价值形态，是非物质文化遗产价值体系的价值利用。

经济开发可以促进非物质文化遗产拥有地的经济发展，财政收入增加后，这些地区就有条件加大对非物质文化遗产保护资金的投入力度，扩大宣传力度，给非物质文化遗产的传承人提供更好的传承、保护、创新条件，提供更好的生活条件，使之更加安心地从事非物质文化遗产的保护、传承工作。一些发达国家已经认识到“无论是有形文化遗产，还是无形文化遗产，都应该在确保文化遗产不被破坏的前提下，尽可能进入市场，并通过切实可行的市场运作，完成对文化遗产的保护及其潜能的开发”，并实现了文化保护和经济开发的良性循环互动。

三、烹饪非物质文化遗产项目

烹饪非物质文化遗产，根据级别可分为世界级、国家级、省级、市级、县级和未列入各级政府部门保护名录的烹饪非物质文化遗产。世界非物质文化遗产，审批单位为联合国教科文组织；国家非物质文化遗产，审批部门为文化和旅游部；地区非物质文化遗产，审批部门为各省、自治区、直辖市相关部门。

迄今为止，国务院已经公布了五批国家级非物质文化遗产名录和国家级非遗代表性项目传承人，除第一批中没有含烹饪非物质遗产项目和烹饪非遗代表性项目传承人外，第二至第六批均有（表8-2、表8-3、表8-4、表8-5、表8-6）。

表8-2 第二批国家级非物质文化遗产名录中的烹饪项目

序号	项目编号	项目名称	申报地区或单位
943	Ⅷ-160	传统面食制作技艺（龙须拉面和刀削面制作技艺、抿尖面和猫耳朵制作技艺）	山西省全晋会馆、晋韵楼
944	Ⅷ-161	茶点制作技艺（富春茶点制作技艺）	江苏省扬州市
945	Ⅷ-162	周村烧饼制作技艺	山东省淄博市
946	Ⅷ-163	月饼传统制作技艺（郭杜林晋式月饼制作技艺、安琪广式月饼制作技艺）	山西省太原市 广东省安琪食品有限公司
947	Ⅷ-164	素食制作技艺（功德林素食制作技艺）	上海功德林素食有限公司
948	Ⅷ-165	同盛祥牛羊肉泡馍制作技艺	陕西省西安市
949	Ⅷ-166	火腿制作技艺（金华火腿腌制技艺）	浙江省金华市
950	Ⅷ-167	烤鸭技艺（全聚德挂炉烤鸭技艺、便宜坊焖炉烤鸭技艺）	北京市全聚德（集团）股份有限公司 北京便宜坊烤鸭集团有限公司
951	Ⅷ-168	牛羊肉烹制技艺（东来顺涮羊肉制作技艺、鸿宾楼全羊席制作技艺、月盛斋酱烧牛羊肉制作技艺、北京烤肉制作技艺、冠云平遥牛肉传统加工技艺、烤全羊技艺）	北京市东来顺集团有限责任公司 北京市鸿宾楼餐饮有限责任公司 北京月盛斋清真食品有限公司 北京市聚德华天控股有限公司 山西省冠云平遥牛肉集团有限公司 内蒙古自治区阿拉善盟
952	Ⅷ-169	天福号酱肘子制作技艺	北京天福号食品有限公司
953	Ⅷ-170	六味斋酱肉传统制作技艺	山西省太原六味斋实业有限公司
954	Ⅷ-171	都一处烧卖制作技艺	北京便宜坊烤鸭集团有限公司

续表

序号	项目编号	项目名称	申报地区或单位
955	Ⅷ-172	聚春园佛跳墙制作技艺	福建省福州市
956	Ⅷ-173	真不同洛阳水席制作技艺	河南省洛阳市

表8-3　第三批国家级非物质文化遗产名录中的烹饪项目

序号	项目编号	项目名称	申报地区或单位
1184	Ⅷ-204	仿膳（清廷御膳）制作技艺	北京市西城区
1185	Ⅷ-205	直隶官府菜烹饪技艺	河北省保定市
1186	Ⅷ-206	孔府菜烹饪技艺	山东省曲阜市
1187	Ⅷ-207	五芳斋粽子制作技艺	浙江省嘉兴市
		扩展项目	
943	Ⅷ-160	传统面食制作技艺（天津“狗不理”包子制作技艺、稷山传统面点制作技艺）	天津市和平区，山西省稷山县

表8-4　第四批国家级非物质文化遗产代表性项目名录

序号	项目编号	项目名称	申报地区或单位
1340	Ⅷ-226	奶制品制作技艺（察干伊德）	内蒙古自治区正蓝旗
1341	Ⅷ-227	辽菜传统烹饪技艺	辽宁省沈阳市
1342	Ⅷ-228	泡菜制作技艺（朝鲜族泡菜制作技艺）	吉林省延吉市
1343	Ⅷ-229	老汤精配制	黑龙江省哈尔滨市阿城区
1344	Ⅷ-230	上海本帮菜肴传统烹饪技艺	上海市黄浦区
1345	Ⅷ-231	传统制糖技艺（义乌红糖制作技艺）	浙江省义乌市
1346	Ⅷ-232	豆腐传统制作技艺	安徽省淮南市、寿县
1347	Ⅷ-233	德州扒鸡制作技艺	山东省德州市
1348	Ⅷ-234	龙口粉丝传统制作技艺	山东省招远市
1349	Ⅷ-235	蒙自过桥米线制作技艺	云南省蒙自市
		扩展项目	
943	Ⅷ-160	传统面食制作技艺（桂发祥十八街麻花制作技艺、南翔小笼馒头制作技艺）	天津市河西区、上海市嘉定区
952	Ⅷ-169	酱肉制作技艺（亓氏酱香源肉食酱制技艺）	山东省莱芜市莱城区（今山东省济南市莱芜区）

表8-5　第五批国家级非物质文化遗产代表性项目名录

序号	项目编号	项目名称	申报地区或单位
1515	Ⅷ-269	中餐烹饪技艺与食俗	中国烹饪协会
1516	Ⅷ-270	徽菜烹饪技艺	安徽省
1517	Ⅷ 271	潮州菜烹饪技艺	广东省潮州市

续表

<table>
<tr><th>序号</th><th>项目编号</th><th>项目名称</th><th>申报地区或单位</th></tr>
<tr><td>1518</td><td>Ⅷ-272</td><td>川菜烹饪技艺</td><td>四川省</td></tr>
<tr><td rowspan="3">1522</td><td rowspan="3">Ⅷ-276</td><td>小吃制作技艺（沙县小吃制作技艺）</td><td>福建省三明市</td></tr>
<tr><td>小吃制作技艺（逍遥胡辣汤制作技艺）</td><td>河南省周口市西华县</td></tr>
<tr><td>小吃制作技艺（火宫殿臭豆腐制作技艺）</td><td>湖南省长沙市</td></tr>
<tr><td rowspan="3">1523</td><td rowspan="3">Ⅷ-277</td><td>米粉制作技艺（沙河粉传统制作技艺）</td><td>广东省广州市</td></tr>
<tr><td>米粉制作技艺（柳州螺蛳粉制作技艺）</td><td>广西壮族自治区柳州市</td></tr>
<tr><td>米粉制作技艺（桂林米粉制作技艺）</td><td>广西壮族自治区桂林市</td></tr>
<tr><td>1525</td><td>Ⅷ-279</td><td>凯里酸汤鱼制作技艺</td><td>贵州省黔东南苗族侗族自治州凯里市</td></tr>
<tr><td>1526</td><td>Ⅷ-280</td><td>土生葡人美食烹饪技艺</td><td>澳门特别行政区</td></tr>
<tr><td colspan="4">扩展项目</td></tr>
<tr><td rowspan="10">943</td><td rowspan="10">Ⅷ-160</td><td>传统面食制作技艺（太谷饼制作技艺）</td><td>山西省晋中市太谷区</td></tr>
<tr><td>传统面食制作技艺（李连贵熏肉大饼制作技艺）</td><td>吉林省四平市</td></tr>
<tr><td>传统面食制作技艺（邵永丰麻饼制作技艺）</td><td>浙江省衢州市柯城区</td></tr>
<tr><td>传统面食制作技艺（缙云烧饼制作技艺）</td><td>浙江省丽水市缙云县</td></tr>
<tr><td>传统面食制作技艺（老孙家羊肉泡馍制作技艺）</td><td>陕西省</td></tr>
<tr><td>传统面食制作技艺（西安贾三灌汤包子制作技艺）</td><td>陕西省</td></tr>
<tr><td>传统面食制作技艺（兰州牛肉面制作技艺）</td><td>甘肃省兰州市</td></tr>
<tr><td>传统面食制作技艺（中宁蒿子面制作技艺）</td><td>宁夏回族自治区中卫市中宁县</td></tr>
<tr><td>传统面食制作技艺（馕制作技艺）</td><td>新疆维吾尔自治区</td></tr>
<tr><td>传统面食制作技艺（塔塔尔族传统糕点制作技艺）</td><td>新疆维吾尔自治区塔城地区塔城市</td></tr>
<tr><td>947</td><td>Ⅷ-164</td><td>素食制作技艺（绿柳居素食制作技艺）</td><td>江苏省南京市</td></tr>
<tr><td>951</td><td>Ⅷ-168</td><td>牛羊肉烹制技艺（宁夏手抓羊肉制作技艺）</td><td>宁夏回族自治区吴忠市</td></tr>
<tr><td>1346</td><td>Ⅷ-232</td><td>豆腐传统制作技艺</td><td>山东省泰安市泰山区</td></tr>
</table>

表8-6 国家级烹饪非物质文化遗产项目代表性传承人

<table>
<tr><th>批次</th><th>姓名</th><th>性别</th><th>民族</th><th>项目编码</th><th>项目名称</th><th>申报地区或单位</th></tr>
<tr><td>第一批
（2007年6月5日）</td><td>无</td><td></td><td></td><td></td><td></td><td></td></tr>
<tr><td>第二批
（2008年1月26日）</td><td>无</td><td></td><td></td><td></td><td></td><td></td></tr>
<tr><td rowspan="3">第三批
（2009年5月26日）</td><td>徐永珍</td><td>女</td><td>汉</td><td>Ⅷ-161</td><td>茶点制作技艺（富春茶点制作技艺）</td><td>江苏省扬州市</td></tr>
<tr><td>赵友铭</td><td>男</td><td>汉</td><td>Ⅷ-164</td><td>素食制作技艺（功德林素食制作技艺）</td><td>上海功德林素食有限公司</td></tr>
<tr><td>于良坤</td><td>男</td><td>汉</td><td>Ⅷ-166</td><td>火腿制作技艺（金华火腿腌制技艺）</td><td>浙江省金华市</td></tr>
</table>

续表

批次	姓名	性别	民族	项目编码	项目名称	申报地区或单位
第三批（2009年5月26日）	白永明	男	汉	Ⅷ-167	烤鸭技艺（便宜坊焖炉烤鸭技艺）	北京便宜坊烤鸭集团有限公司
	满运来	男	回	Ⅷ-168	牛羊肉烹制技艺（月盛斋酱烧牛羊肉制作技艺）	北京月盛斋清真食品有限公司
	赵铁锁	男	汉		牛羊肉烹制技艺（烤全羊技艺）	内蒙古自治区阿拉善盟
	罗世伟	男	汉	Ⅷ-172	聚春园佛跳墙制作技艺	福建省福州市
	姚炎立	男	汉	Ⅷ-173	真不同洛阳水席制作技艺	河南省洛阳市
第四批（2012年12月20日）	王青艾	女	汉	Ⅷ-160	传统面食制作技艺（稷山传统面点制作技艺）	山西省稷山县
	赵光晋	女	汉	Ⅷ-163	月饼传统制作技艺（郭杜林晋式月饼制作技艺）	山西省太原市
	梁球胜	男	汉	Ⅷ-163	月饼传统制作技艺（安琪广式月饼制作技艺）	广东省安琪食品有限公司
	乌平	男	回	Ⅷ-165	同盛祥牛羊肉泡馍制作技艺	陕西省西安市
第五批（2018年5月8日）	李辉忠	男	汉	Ⅷ-160	传统面食制作技艺（桂发祥十八街麻花制作技艺）	天津市河西区
	李建钢	男	汉	Ⅷ-160	传统面食制作技艺（南翔小笼馒头制作技艺）	上海市嘉定区
	王春花	女	汉	Ⅷ-162	周村烧饼制作技艺	山东省淄博市
	管升阔	男	汉	Ⅷ-166	火腿制作技艺（宣威火腿制作技艺）	云南省宣威市
	陈立新	男	汉	Ⅷ-168	牛羊肉烹制技艺（东来顺涮羊肉制作技艺）	北京市东来顺集团有限责任公司
	万春生	男	汉	Ⅷ-168	牛羊肉烹制技艺（北京烤肉制作技艺）	北京市聚德华天控股有限公司
	王天明	男	汉	Ⅷ-168	牛羊肉烹制技艺（冠云平遥牛肉传统加工技艺）	山西省冠云平遥牛肉集团有限公司
	亓飞	男	汉	Ⅷ-169	酱肉制作技艺（亓氏酱香源肉食酱制技艺）	山东省莱芜市莱城区（今山东省济南市莱芜区）
	梁连起	男	汉	Ⅷ-205	直隶官府菜烹饪技艺	河北省保定市
	彭文瑜	男	汉	Ⅷ-206	孔府菜烹饪技艺	山东省曲阜市
	陶高	女	蒙古	Ⅷ-226	奶制品制作技艺（察干伊德）	内蒙古自治区正蓝旗
	刘敬贤	男	汉	Ⅷ-227	辽菜传统烹饪技艺	辽宁省沈阳市
	王军	男	汉	Ⅷ-229	老汤精配制	黑龙江省哈尔滨市阿城区

续表

批次	姓名	性别	民族	项目编码	项目名称	申报地区或单位
第五批（2018年5月8日）	杨舜天	男	汉	Ⅷ-232	豆腐传统制作技艺	安徽省淮南市
	郭兰堂	男	汉	Ⅷ-234	龙口粉丝传统制作技艺	山东省招远市
	王丽珠	女	汉	Ⅷ-235	蒙自过桥米线制作技艺	云南省蒙自市
第六批（2025年3月12日）	张安秋	男	汉	Ⅷ-155	豆瓣传统制作技艺（郫县豆瓣传统制作技艺）	四川省成都市郫县
	贾志亮	男	回	Ⅷ-160	传统面食制作技艺（西安贾三灌汤包子制作技艺）	陕西省
	热西提·依米提	男	维吾尔	Ⅷ-160	传统面食制作技艺（馕制作技艺）	新疆维吾尔自治区
	哈塔木沙·努尔	女	维吾尔	Ⅷ-160	传统面食制作技艺（馕制作技艺）	新疆维吾尔自治区
	于振玲	女	汉	Ⅷ-160	传统面食制作技艺（中宁蒿子面制作技艺）	宁夏回族自治区中卫市中宁县
	张志军	男	汉	Ⅷ-164	素食制作技艺（绿柳居素食烹制技艺）	江苏省南京市
	陈顺通	男	汉	Ⅷ-166	火腿制作技艺（金华火腿腌制技艺）	浙江省金华市
	马国强	男	回	Ⅷ-168	牛羊肉烹制技艺（宁夏手抓羊肉制作技艺）	宁夏回族自治区吴忠市
	周元昌	男	汉	Ⅷ-230	上海本帮菜肴传统烹饪技艺	上海市黄浦区
	任德峰	男	汉	Ⅷ-230	上海本帮菜肴传统烹饪技艺	上海市黄浦区
	杨腊三	男	德昂	Ⅷ-268	德昂酸茶制作技艺	云南省德宏傣族景颇族自治州芒市
	张根东	男	汉	Ⅷ-270	徽菜烹饪技艺	安徽省
	方树光	男	汉	Ⅷ-271	潮州菜烹饪技艺	广东省潮州市
	卢朝华	男	汉	Ⅷ-272	川菜烹饪技艺	四川省
	徐孝洪	男	汉	Ⅷ-272	川菜烹饪技艺	四川省
	龙付孙	男	汉	Ⅷ-277	米粉制作技艺（桂林米粉制作技艺）	广西壮族自治区桂林市
	区又生	男	汉	Ⅷ-277	米粉制作技艺（沙河粉传统制作技艺）	广东省广州市
	吴笃琴	女	苗	Ⅷ-279	凯里酸汤鱼制作技艺	贵州省黔东南苗族侗族自治州凯里市

第四节

烹饪非物质文化遗产保护

一、烹饪非物质文化遗产保护的意义

非物质文化遗产代表了一个国家的文化，是一个民族文化的灵魂，因此，对于非物质文化遗产的保护则显得非常重要。2003年联合国教科文组织通过了《保护非物质文化遗产公约》，2005年国务院颁布了《国家级非物质文化遗产代表作申报评定暂行办法》，2011年我国又颁布了《中华人民共和国非物质文化遗产法》，这不仅标志着我国对非物质文化遗产的保护更加规范，同时也表明了我国对非物质文化遗产的保护工作空前的繁荣。烹饪非物质文化遗产（以下简称“非遗”）保护在文化、社会、经济、生态等多个领域具有重要意义，其价值不仅关乎传统技艺的存续，更涉及人类文明的多样性和可持续发展。

（一）文化传承与身份认同

保存历史记忆：传统烹饪技艺承载着特定族群、地域的历史记忆和生活方式。例如，中国的“八大菜系”、日本的“和食”或法国的“美食术”（Gastronomic Meal of the French）均体现了独特的文化基因，保护它们即是对人类文明多样性的尊重。

强化文化认同：饮食是民族身份的核心符号之一。通过保护非遗烹饪技艺，可以增强社区凝聚力，维系代际间的文化纽带。例如，端午节包粽子、春节制作年糕等习俗，是华人群体文化认同的重要载体。

抵御文化同质化：全球化背景下，快餐文化冲击传统饮食体系，非遗保护能避免地方特色被标准化饮食取代，维护文化多样性。

（二）技艺传承与创新发展

延续手工智慧：传统烹饪依赖口传心授的技艺，如刀工、火候控制、发酵技术等，这些是工业化生产无法替代的。例如，扬州炒饭的“金裹银”技法、意大利帕尔马火腿的传统风干工艺，均需匠人数十年经验积累。

推动创新融合：非遗技艺并非一成不变，保护与创新相辅相成。例如，分子料理技术对传统烹饪的重新诠释，或地方菜系结合现代营养学改良配方，均能赋予传统饮食新的生命力。

（三）经济价值与可持续发展

助力地方经济：非遗烹饪是旅游产业的核心吸引力之一。例如，土耳其咖啡文化、墨西哥传统饮食带动了当地旅游业发展，创造了就业机会。

促进乡村振兴：地方特色食材与烹饪技艺的结合，可形成“一村一品”经济模式。如云南火腿、西班牙伊比利亚火腿的产业链，既保护传统工艺，又带动农民增收。

推动绿色消费：许多传统烹饪方式（如自然发酵、低能耗加工）和在地食材的使用，符合低碳环保理念，与可持续发展目标相契合。

（四）社会和谐与健康生活

促进社区参与：非遗保护常通过节庆、市集等活动实现，如韩国的泡菜文化（Kimjang）强调集体制作，强化社会协作精神。

传递健康理念：传统饮食中蕴含“医食同源”智慧，如中国药膳、地中海饮食模式，已被现代科学证实具有健康价值。

维护饮食公平：保护小规模、本土化的饮食体系，有助于对抗跨国食品工业垄断，保障粮食主权。

（五）国际交流与文化软实力

文化外交桥梁：饮食是跨文化理解的通用语言。例如，中国茶文化、日本寿司技艺被列入非遗后，成为国家文化形象的重要名片。

增强话语权：非遗保护涉及文化主权，通过申遗可提升国家对自身文化遗产的国际阐释权，避免文化误读与挪用。

（六）科技与数字化保护

永久性记录：利用影像、3D建模等技术保存濒危技艺，如记录老字号厨师的独家手法。

知识系统化：建立非遗烹饪数据库，整理配方、工具、民俗背景等信息，为研究与教育提供资源。

尽管意义重大，烹饪非遗保护仍面临工业化冲击、传承人断层、商业化过度等挑战。未来需通过政策支持（如专项基金）、教育普及（非遗进校园）、多方协作（政府、社区、企业联动）等方式，实现活态传承与动态平衡。

烹饪非遗保护不仅是“保存过去”，更是为未来构建更具韧性、多样性和创造力的文化生态。正如联合国教科文组织所强调：“非遗是人类适应环境的智慧结晶，是应对全球挑战的灵感来源。”

二、烹饪非物质文化遗产保护的方法

（一）通过记录文献资料保护

保护烹饪非物质文化遗产，可通过文字、照片、图片、录像、口述等方式记录。其中，以文字介绍某种菜点、宴席制作技艺的为多，拍照的也多，出书（主要是菜谱、点心谱）的也不少。如山西烹饪协会、北京汉声文化主编出版的一套三本的《山西面食》，用彩色图照（分解图）、通俗准确的文字，将山西数十种面点的用料、和面、发酵、成形、调味、加热过程详细表现出来。制作者有城市饭店的厨师，更多的是乡村住窑洞的农民，全书洋溢着“原生态”的“土气”，却又反映了山西面食制作技艺植根民间，成长于黄土地的“真实”。录像是采用多媒体技术记录非物质文化遗产的一种手段，可以较为全面地将有关信息保存下来，然后进行网上研究（保存、备份、传输、检索、删改、增补均方便）。这方面，北京全聚德集团做得较好。据报道，该店老师傅烤了几千只鸭子，同时由工程师对这一过程中的湿度、时间、温度、颜色、炉温等数据均用现代化手段记录下来，形成一个标准化版本，作为技术档案保存下来，从而成为该企业北京挂炉烤鸭制作技艺的最高技术秘密。口述历史是历史研究的一种方式。饮食界也可以学习采用。请老厨师口述菜点制作技艺、独门绝技或濒临失传的技艺，并由专人忠实记录下来，讲述越细越好，记录越全越佳。然后再进行下一步整理、研究。不能随意增删，要放在口述者所处的历史背景之下去研究，方能得到接近“真实”的东西。

（二）加强对烹饪非物质文化遗产传承人的保护

这种保护，实际上在保护非物质文化遗产中是最重要的。因为是手工技艺，长期靠口传心授，“人在艺在，人亡艺绝。”加强对非遗传承人的保护，使其掌握的技艺得以延续至关重要。在这方面，不少地区进行了有益探索。如扬州富春茶社，就在2010年4月成立了“非物质文化遗产传习所”，给国家级饮食非物质文化遗产传人徐永珍授牌，徐永珍当场带徒，共三个女徒弟，形成梯队。徐永珍的徒弟均是经过长期考察选中的，也都是面点制作高手。传习的主要内容围绕面点制作、馅心制作、肥碱制作进行。上海市非遗项目南翔小笼馒头制作技艺传人选徒弟则是另一种特色：先是店里约50名员工举行比赛，一是考发面和开油面的基本功，二是自选项目，每人制作一笼创新小笼包以及一道创新菜。选前三名再参加上海市级比赛，获奖者方能作为重点人才加以培养。重点人才同时要具有专业等级证书。接着对重点人才安排相应岗位进行多方面综合考察（管理能力、工作态度、企业品牌的热爱程度等），表现突出者方能成为当今南翔小笼第六代传人的徒弟。徒弟不止一人，再经过若干时日的锻炼、考验，徒弟中的佼佼者才有可能成为第七代传人。据称，现今的传人掌握流传一百多年的南翔小笼秘传配方。而店里的师傅只能掌握皮或馅的某一种制法。这样，南翔小笼的制作技艺就不会轻易“流失”了。不过，传人有时找徒弟也不容易。据报道，上海市非遗项目真如羊肉制作技艺唯一传人沈建中已近百岁。真如羊肉菜肴制作要经过选羊、验羊、活杀、剔骨等10多道工序，然后才能烹制出“红烧羊肉”“白切羊肉”两种佳味来。《真如镇志》云：旧时每天凌晨三点半，农民上街泡茶馆。四时半许，进羊肉馆要一碟羊肉，酌一、二两白干，嗣后吃一碗羊肉汤面，即下田头。这是颇具民俗风情的。又据记载，乾隆年间，真如镇上有30多家羊肉馆，1949年有6家，1958年合为一家，叫“真如羊肉馆”。如今虽多了几家，但真正掌握真如羊肉菜制作技艺的只剩沈建中了。数十年来，他曾带过徒弟，但徒弟未学成就走了。也曾想传给儿子，但儿子已病故。现在，硬是难寻合适的徒弟。对真如羊肉制作技艺来说，真是到了“危急存亡之秋”的关头！

（三）通过生产经营保护

中国非物质文化遗产保护始终遵循“保护为主、抢救第一、合理利用、传承发展”的方针，对不同类别、不同存续状况的非物质文化遗产项目采取了不同的保护方式，如立法保护、抢救性保护、整体性保护和生产性保护等。其中，非物质文化遗产生产性保护是指在具有生产性质的实践过程中，以保持非物质文化遗产的真实性、整体性和传承性为核心，将非物质文化遗产及其资源转化为物质形态产品的保护方式。烹饪非物质文化遗产项目基本不存在不能生产经营的问题。相反，现在进入国家级名录的，几乎全都是已经被生产经营的，其物质产品在商业经营中效益均好，大多为名牌产品。这就要求相关集团、企业在商业开发和经营中，一定要认真保护好自己手中非物质文化遗产项目的牌子——传统技艺。即使搞创新，也要在继承传统技艺的基础上搞，选料、刀工、烹饪方法、火候运用、调味手段均要考虑周全，尤其是风味，风味一改，可能就成另一种菜点了。当然，如果改动太大，则要向消费者说明。[①]

（四）通过举办节庆活动保护

政府有关部门利用节庆活动积极宣传，扩大烹饪非物质文化遗产项目的影响，提高其知名度。如成都市政府、四川省文化和旅游厅、中国非物质文化遗产保护中心承办的中国成都国际非物质文化遗产节中的四川省非遗大展，坚持展示、展演、展销相结合，充分展示了川菜类非物质文化遗产项目的魅力。还有每年成都市政府主办的中国成都国际美食旅游节，也很好地展示和宣传了川菜类非物质文化遗产项目，促进其社会效益和经济效益的提高。

此外，各级文化部门、烹饪协会举办的烹饪绝技展示活动，扬州、淮安、杭州、成都等地建立的本地菜博物馆，里面陈列的文献、影像资料、饮食器械、炊餐具也或多或少对这几个菜肴流派中的非物质文化遗产有所反映。

三、中国烹饪申遗

（一）中国烹饪申遗的重要意义

在世界上，中国烹饪技艺卓尔不凡，有目共睹。“民以食为天”，一张餐桌，一道美食，古老的中国文明在漫漫历史长河中，从斑驳泛黄的地图长卷上，孕育出了各色烹饪技艺和美食文化。为了更好地保护和传承中国烹饪技艺，申报世界非物质文化遗产迫在眉睫。

1．中国烹饪申遗是弘扬中国饮食文化的需要

党的二十大报告指出，中华优秀传统文化源远流长、博大精深，是中华文明的智慧结晶。饮食文化是一个国家和民族物质文明和精神文明发展的标尺，是一个民族文化本质特征的集中体现，也是考察一个民族的历史文化与心理特征的社会化石。作为中国饮食文化核心内容之一的中国烹饪文化是中华文明的重要组成部分，是一种创造，一种选择，一种传承，也是一份责任。如果申遗成功，就标志着我国传统烹饪文化正在慢慢地被世界认可，这有助于促进国家和社会对烹饪文化传承和研究保护的重视，进而弘扬中国饮食文化。

2．中国烹饪申遗是增强国家软实力建设的需要

中和之美是中国传统文化的最高审美理想。中国烹饪文化丰富而和谐，多样而统一，精华是“善在调味，重在营养，美在造型”，带有浓郁中国文化的和谐色彩和包容性，对当代世界具有重要借鉴和启示意义。通过中国烹饪申遗，让世界上越来越多的人民认识、接受优秀的中华饮食文明，有利于传播中华文化的核心价值，更好地增强国家软实力。

3．中国烹饪申遗是行业健康发展的需要

烹饪与文化有着天然的不可分割的联系。从产业发展的角度看，文化要素已经全方位地渗透到餐饮业发展的全过程，传统技艺、食俗、节庆等文化资源日益成为餐饮业发展的基础资源，餐饮产业和烹饪文化相互融合，相得益彰，密不可分。中国烹饪申遗的过程就是从非遗保护的角度，按照国际通行规则对中国烹饪文化加以梳理、概括和总结，这是对中国美食的推广，也是对餐饮业健康发展的有力推动。

4．中国烹饪申遗是推进中餐“走出去”的需要

中餐“走出去”是国家“走出去”战略的重要组成部分，也是我国餐饮业发展的必由之

---

① 邱庞同．对中国饮食烹饪非物质文化遗产的几点看法［J］．四川烹饪高等专科学校学报，2012年（5）：12-13.

路。目前中餐在海外的整体宣传和推广较为缺乏，使得外国民众对中国饮食文化缺少全面的了解，加上西方少数媒体别有用心的报道，在一定程度上误导了当地民众，损害了中餐的形象，不仅使海外中餐发展受到很大限制，更使中餐“走出去”步履维艰。为了消除国外民众对中国饮食文化和中餐的隔阂与误解，需要利用中国烹饪申遗的有利时机，大力宣传、介绍中国饮食文化，推广众多的中餐美食，实现中国饮食文化与外国饮食文化的跨文化交流，为中餐在国外发展创造良好的市场环境。

（二）中国烹饪申遗现状

近年来，在商务部、文化和旅游部、中国联合国教科文组织全国委员会的支持下，中国烹饪申遗已经取得了突破进展，中餐申遗已经形成广泛共识。

2006年10月28日，由中国烹饪协会、江苏省经贸委、苏州市人民政府共同主办的“首届中国菜非物质文化遗产保护与发展高层研讨会”在苏州举行，与会专家一起探讨了传统菜点申遗的可能性。

2009年8月，在文化部非物质文化遗产司的支持下，由中国烹饪协会和中国商业联合会中华老字号工作委员会联合主办的全国餐饮业非物质文化遗产与老字号保护工作研讨会在京召开。在研讨会上，专家们探讨了饮食类非物质文化遗产的发掘、保护与推广之道，分析了企业申请非物质文化遗产的重要意义和企业在这方面工作中应尽的社会责任和义务。这次研讨活动通过企业与学术界的对话、交流，使广大餐饮企业对非物质文化遗产的保护意识进一步加强了，有力地指导了餐饮业非物质文化遗产保护的理论研究与实践工作，对于中国烹饪申请世界非物质文化遗产工作具有重要的推动作用。

2011年8月，在杭州召开的亚洲食学论坛上，饮食文化遗产相关主题论文约20篇。如季鸿崑的“谈中国烹饪的申遗问题”、石毛直道的“作为文化史的饮食文化”、何宏的“无中生有：国家级非遗‘直隶官府菜’质疑”、朱多生的“国家级非物质文化遗产郫县豆瓣在川菜史中的真实地位论证”、姚伟钧的“老字号与中国饮食文化遗产的保护与传承”、关剑平的“中国茶的非物质文化遗产特征”、张景明的“中国北方草原饮食非物质文化遗产的界定”等。同年12月，由酱料品牌李锦记、中国烹饪协会和四川省烹饪协会共同举办的“川菜非物质文化遗产传承与发展论坛”在成都举行，论坛发布了《川菜非物质文化遗产研究报告》。这一年，中餐第一次申遗，文化部明确中国烹饪协会为“中餐申遗”的申报主体。但由于种种原因，申遗连国门都没有出就败下阵来。

2012年3月，第十一届全国人大代表、中国烹饪协会第五届副会长、中国烹饪大师许菊云向全国人大提交了“关于弘扬中国饮食文化，加快中国烹饪申遗步伐议案”，引起了较大的社会反响。同年，商务部将“中华烹饪”申遗工作正式列入餐饮业发展规划。

2014年7月2日，“中餐申遗·家乐之夜”活动在京举行，中国八大菜系掌门人及100多位餐饮界权威齐聚北京，力推中餐申遗。中国烹饪协会组织了一个30人的专家团队在全国积极寻找、论证中餐申遗的最佳候选，团队中有烹饪协会的专家，也有大专院校的学者，还有一些文化名人，其中包括著名作家舒乙。2014年进入专家组视线的重点项目包括：北京烤鸭、年夜饭、饺子、月饼、豆腐、兰州拉面、火锅、粽子等。

2015年3月，中国烹饪协会与金龙鱼曾携中国非遗美食走进联合国教科文组织总部，举行了为期4天的中国美食品鉴会，获得联合国教科文组织和非物质文化遗产审核委员会专家的称赞。

2018年，中国烹饪协会成立饮食类非遗产传承与保护课题组，致力于整合相关领域资源、激发中华传统饮食文化创造性转化和创新性发展的当代活力。

近年来，在商务部、文化和旅游部和中国联合国教科文组织全国委员会的支持下，中国烹饪申遗已经取得了显著进展。2021年6月10日，国务院发布通知，由文化和旅游部确定的第五批国家级非物质文化遗产代表性项目名录中，“中餐烹饪技艺与食俗”项目正式入选。这一项目涵盖了多种地方菜系和传统烹饪技艺，展现了中国烹饪文化的多样性和独特性。与其他国家的类似申遗项目相比，中国烹饪不仅注重技艺的传承，还强调饮食文化的深厚内涵和历史价值。

主题讨论

1. 试论述烹饪文化遗产与考古学的关系。
2. 非物质文化遗产的特点和价值是什么？
3. 《吕氏春秋·本味》的本义和实际意义是什么？
4. 如何保护和利用烹饪非物质文化遗产？
5. 中国烹饪申请世界非物质文化遗产的现状和问题分别是什么？

课后推荐阅读文献

1. 王其钧. 中国传统厨房研究［J］. 南方建筑，2011（6）：18-23.
2. 高琼. 从中国古代烹饪器具的演变看烹饪技术的发展［J］. 今日科苑，2010（22）：145-146.
3. 何顺斌. 四川烹饪文化溯源：三星堆文物与古蜀国烹饪饮食保健文化探秘［J］. 品牌，2015（06）：151-153.
4. 刘梦娜. 宋代饮食文化的考古学考察［D］. 郑州大学，2019.
5. 邱庞同. 对中国饮食烹饪非物质文化遗产的几点看法［J］. 四川烹饪高等专科学校学报，2012（05）：11-15.
6. 闫肃. 从非物质文化遗产角度看法国饮食文化［D］. 外交学院，2012.
7. 季鸿崑. 中国饮食分菜系的前因后果——三谈中国烹饪申遗问题［N］. 中国艺术报，2012-01-04（4）.

09

第九章 CHAPTER

烹饪教育

教学目标

◎知识目标

（1）理解烹饪教育的概念和意义，并能够阐述烹饪教育对个人发展、社会进步、文化传承等方面的作用。

（2）掌握我国烹饪教育的发展历程，并能够分析不同历史阶段烹饪教育发展的特点。

（3）理解我国烹饪教育的层次体系，并能够比较不同层次烹饪教育的特点，例如中等职业教育与高等职业教育的区别。

（4）掌握我国烹饪教育的贯通模式，并能够分析不同模式的特点、优势、适用范围等。

◎能力目标

（1）能够利用多种渠道检索国内外烹饪教育信息，并能够对信息进行整理、分析和评价。

（2）能够评估自身兴趣、能力和职业目标，并能够根据自身情况选择适合自己的烹饪教育路径。

（3）能够制定合理的职业发展规划，并能够根据职业目标选择合适的课程和实践活动。

◎思政目标

（1）激发学习兴趣与专业认同：通过了解烹饪教育的发展历程和成功案例，激发学生对烹饪专业的学习兴趣，增强专业认同感和自豪感。

（2）树立远大理想与职业责任感：引导学生树立远大理想，培养积极进取的精神，增强职业责任感，立志在烹饪领域成为高素质的专业人才。

思维导图

- 烹饪教育
  - 中国烹饪教育的产生与发展
    - 烹饪教育的萌芽：原始社会，生产力低，烹饪教育自然进行，以祖辈传授、父子相承为主
    - 烹饪教育的传统形式：封建社会，有祖辈传授、父子相承和“以师带徒”，但发展受限
    - 现代烹饪教育：清末民初受西方影响，烹饪学校教育逐渐成形，20世纪50年代起院校兴起
  - 中国烹饪教育的层次
    - 中小学烹饪教育：20世纪80年代起部分中小学开设，2022年被重视，分学段提升能力
    - 烹饪中等职业教育：起步于20世纪50年代末，专业不断调整，培养多方向人才
    - 烹饪高等职业教育：20世纪50年代末起步，80年代发展，专业设置逐步完善
    - 烹饪本科教育：1989年诞生，专业发展且增多，培养复合型人才
    - 烹饪研究生教育：1993年开始招生，学科方向不断拓展
  - 烹饪中高等教育贯通的基本模式
    - “对口升学”模式：中职毕业后通过考试进入高职或本科，中高职无合作关系
    - “一贯制”模式：如“3+2”“2+3”“3+4”分段制，中高职有合作
    - “直通制”模式：高职院校内实施，“五年一贯制”，教学计划贯通、学籍分段衔接
  - 国外烹饪教育概览
    - 法国烹饪教育：19世纪出现学校，有蓝带等知名院校，注重学生需求
    - 美国烹饪教育：从学徒制到正规教育，以专科和社区学院为核心
    - 瑞士烹饪教育：有知名酒店管理学院和烹饪学校，学历获广泛认可
    - 日本烹饪教育：重视烹饪教育，迁烹饪集团校培养多种人才

案例导学

“烹饪女孩”7项专利，2篇SCI，上岸双一流“博士生”!

青岛新闻网2023年4月17日讯（记者刘艳玲）3年读研，7项专利，2篇SCI，3篇论文发表在核心期刊，成功上岸985、211双一流大学博士生……从一名普通的中职生蜕变成高学历的“科研学霸”，青岛烹饪职业学校2015届毕业生孙璐一路“进阶”，从省重点大学济南大学本硕，到985、211“双一流”大学华南理工大学博士，她不断刷新履历，打破升学的“天花板”。

谈起母校烹饪学校，一名名优秀老师的悉心培养，一项项功底扎实的技能绝活，一件件奋发努力的励志故事，都如影随形地陪伴着孙璐，让她记忆犹新，难以忘怀。本期深造明星，让我们一起走近青岛烹饪职业学校毕业生孙璐，在职教高考中敲开大学门，本硕博“一路开挂”，将寻味美食进行到底，以科研实力成功“出圈”。

舌尖上的科研：3年读研，7项专利，2篇SCI

虽然中考以几分之差，与普高失之交臂，然而孙璐却在青岛烹饪职业学校找到了本硕博一路科研攻关的兴趣所在——“美食专业”。从青岛烹饪学校中西面点专业，到济南大学本科烹饪与营养教育专业，生物工程专业研究生，再到华南理工大学食品科学与工程学院博士，孙璐笑着说，从就读烹饪学校开始，一直将寻味美食进行到底，立志“舌尖上”的科研创新。

“我的硕士生导师就是看中了我会做中西式面点，有了在烹饪学校练就的专业技能，研究生期间就跟着老师做研发。”孙璐对记者说，读研3年，和导师申请了包括“姜茶蛋挞”在内的七项专利，发表了包括《纳米技术在风味物质食品加工中的应用与发展》《生姜中姜辣的功能性及其应用研究进展》《加工过程对生姜主要成分、功效和应用影响的研究进展》等论文，其中2篇SCI，3篇论文发表在核心期刊，正是凭借着过硬的“科研实力”，孙璐在考华南理工大学博士时脱颖而出，成功上岸。

再逆袭的密码：中职生成功考上双一流“博士”

“在本硕博阶段，我一直非常受益于在母校烹饪学校练就的专业技能。”孙璐介绍说，相比从普高考入大学，自己在烹饪学校打下了非常好的专业技能底子，无论是“要想甜，加点盐”的常识，还是八大菜系口味变化的理论，都深深影响着她，也使她不断取得科研创新。

“很多人不喜欢生姜的辛辣，但生姜却有驱寒、暖胃、消炎等功效，在研制姜茶蛋挞时，我们运用原始的食材进行调味，比如用姜粉，萃取白茶的茶香，再结合冷冻干燥的工艺进行创新研发。”孙璐表示，自己擅长做中西式点心，在制作姜茶蛋挞时得心应手，挞心的口感就像巧克力一样，而且保质期可达60天以上。在博士面试时，博士生导师是专攻香辛料研究方向，这和她硕士期间的科研方向也密切相关。

高学历的蜕变：赢在“职教高考”烹饪学子未来可期

“我尤其记得烹饪学校的班主任时丽霞老师，课下经常用一两个小时给我辅导数学功课；还有计算机刘真老师，在我遇到挫折时，总会鼓励肯定我，说‘我一定可以！’”孙璐感慨地说，在职教高考冲刺时，母校老师给予自己很大的支持，无论是语数外文化课，还是专业理论和专业技能课，直到现在，每当遇到困难时，老师的鼓励还回响在耳畔，激励自己勇攀高峰，不断前行。

孙璐很自豪地看到，越来越多的烹饪学子在职教高考中拔得头筹，考入理想的大学，并且不断深造。据了解，2012年，山东在全国率先建立“文化素质+职业技能”职教高考制度，青岛烹饪职业学校的学生在职教高考的新赛道中脱颖而出，连续三年学校职普融通班学生本科达线率达100%，在2022年的职教高考中，青岛烹饪职业学校再创佳绩，57人达本科线，全省前10名学生中，烹饪学校占了6席，烹饪学校的育人模式也得到国内重点高校的认可与肯定。

资料来源：刘艳玲．青岛新闻网，2023-04-21。

孙璐的故事揭示了烹饪教育的双重使命：既是培养传统技艺的摇篮，也是通向现代科学的桥梁。本章以“烹饪教育”为主题，将从历史脉络、层次体系、贯通模式及国际经验四个维度展开，剖析中国烹饪教育如何从“以师带徒”的匠艺传承，发展为涵盖中小学劳动教育、中职高职、本科硕士乃至博士的完整体系。通过孙璐等案例，我们将探讨烹饪教育如何赋能个体成长、推动行业革新，并思考在全球化背景下，如何以教育为纽带，让中国烹饪焕发时代生命力。

第一节 中国烹饪教育的产生与发展

一、烹饪教育的萌芽

中国烹饪教育是随着烹饪技术的产生而产生的。原始社会，生产力水平低下，作为人们劳动生活组成部分的烹饪技术，其水平自然也是比较低的。那时的烹饪教育还处于萌芽时期，烹饪劳动的过程也是烹饪教育进行的过程，所产生的教与学，也没有任何的约束和限制，是人们在劳动实践过程中自然进行的，当然也没有任何系统性、完整性和科学性可言。

祖辈传授、父子相承是早期烹饪教育的一种重要形式。这种教育形式从奴隶社会一直延续到封建社会，在这种形式下产生的家庭教育就具有早期性、经常性和传统性的特点。通过家庭教育，可以使烹饪技术世代相传下去，不仅能减少统治阶级的经济损失，也是社会稳定的因素。

二、烹饪教育的传统形式

封建社会，烹饪教育的形式除了早期的祖辈传授、父子相承外，还产生了“以师带徒”的方式。“以师带徒”是指徒弟在师傅的劳动操作中观察和模仿操作进而掌握技艺的学习方法。它既没有规定具体的培养目标，又缺乏科学方法的指导。在这一漫长的历史时期，由于受到社会生产力和科学文化发展的限制，“以师带徒”形式的烹饪教育在封建社会阶段停滞不前。主要原因：第一，当时社会对专职厨师的需求量较少。祖辈传授、父子相承、“以师带徒”的形式培养出来的烹饪人才足够满足少数统治阶级的需要。第二，处于社会底层的劳动人民是从事饮食行业的主体。在旧社会，他们受教育的权利和机会十分渺茫，对于他们来说，学习烹饪只是一种自发性的行为，因此烹饪教育也只能在个人之间发展。第三，由于社会生产力低下，劳动规模较小，饮食行业发展相对缓慢，因此烹饪技术经验的传授，也只是以师傅所拥有的直接经验和技艺为主，通过直接的烹饪劳动中进行。

20世纪以前，中国烹饪技术的教育形式主要是依靠家庭主妇和职业厨师的言传身教或以师带徒，没有学校教育。饮食摊店的经营者，为了提高被雇用者的技艺水准，或自行传授，或另请高厨传授技艺，其组织形式是分散的自发性的。一般都是时间自定，干到哪儿，学到哪儿，教到哪儿。但是，由于技艺是谋生的资本，所以掌握烹饪技艺的人既不轻易传授，也不相互交流，致使大多数厨师的烹饪技艺和烹饪知识处于片面零散的状态。这种以师带徒的单线传艺形式，无疑阻碍了优秀传统技艺的交流，使烹饪技术的延续和扩散速度很慢，难以适应社会发展对烹饪技术人才的需求，客观上束缚了烹饪事业的进一步发展。

三、现代烹饪教育

清末民初，社会发生了巨大的变革，东西方文化在中国大地上发生了激烈的碰撞。正是在这一过程中，“科学”进入中国社会。从长枪大炮到饮食服装，科学无处不在，渗透到中国社会的方方面面。与社会一门之隔的家庭也毫无例外地经受了科学的洗礼，其中最为典型的当数烹饪技术的变化，它潜移默化地影响着中国人的日常生活模式，并在一定程度上影响着作为烹饪活动实施者的中国女性。

19世纪末，为吸收近代西方科学知识，清政府于1862年在北京创设了同文馆。此后，同文馆又增设了与近代西方营养卫生学有关的化学、生物和医学科。1920年，清政府颁布了《钦定学堂章程》(史称“壬寅学制”)。1905年，清政府又宣布废除科举制度。从此，随着西方饮食文化的传入和我国饮食科学研究的出现，中国烹饪学校教育的形式渐次成型。不少有识之士以“医食自古不分家”的观点，在创设医学专门学校以传授包括近代西方营养卫生知识的同时，也在一些高等学府和师范学校中增设了包括食物化学和烹饪等课程在内的家政或食物化学专业，并编撰出版了有关的教科书，从而使我国的烹饪教育登上了大雅之堂，逐渐走上了学校教育的轨道。

受西方近代家政教育的影响，家事教育作为女子教育的重要内容之一被纳入高等教育范畴，成为民国时期高校女子教育中的一个独立专业，即家政系。

在中国，第一所开办家政系的大学是北京女子高等师范学校。该校于1919年成立家政系，虽属高等教育范畴，但其本质仍与传统女子家事教育无异。而1923年成立的燕京大学家政系则呈现出民国时期家政系独有的风采，无论是教育目标、师资来源、课程设置还是人才培养都蕴含了西方家政教育理念和近代科学文化内涵。此后，岭南大学、河北省立女子师范学院等14所大学相继成立家政系（表9–1）。

表9–1　民国时期中国高校开设家政系情况①

学校名称	存在时间	隶属学院	类别
北京女子高等师范学校	1919—1931（?）	独立成系	国立大学
燕京大学	1923—1951	理学院	私立大学（基督教）
岭南大学	1928—1937（?）	文理学院	私立大学（基督教）
河北省立女子师范学院	1929—1951	独立成系	省立独立学院

① 杨健美．20世纪上半叶中国高校家政系家政教育发展研究［D］．南京：南京师范大学，2014：22.

续表

学校名称	存在时间	隶属学院	类别
华南女子文理学院	1931—1951	文学院	私立独立学院（基督教）
东北大学	1934—1937	教育学院	国立大学
震旦女子文理学院	1937.10—1952	文学院	私立独立学院（天主教）
北京师范大学	1937—1949.6	教育学院	国立大学
西北的师范大学	1937—1951	独立成系	国立大学
辅仁大学	1939.9—1949.6.29	教育学院（1948年转属理学院）	私立大学（天主教）
金陵女子文理学院	1940—1951.2.5	理学院（1946年转属教育学院）	私立独立学院（基督教）
国立（四川）女子师范学院	1940.9—1950.10	独立成系	国立独立学院
华西协和大学	1942—1950年春	理学院	私立大学（基督教）
长白师范学院	1946.12—1949	独立成系	国立独立学院

家政系的培育内容大体可分为衣、食、住、行四方面，其中的“食”是指烹饪的相关技术。由于各高校家政系的教育目标各有侧重，课程设置的重点也因此有所偏差，但总体来看，关于“食”的课程占有很大的比例。以河北省立女子师范学院（现河北师范大学前身之一）为例，该校家政系的教育目标旨在改良家庭、培养师范及中学家政教师，其1931年共设专业课28门74学分：“衣之课目”7门17学分，“食之课目”6门16学分，“住之课目”3门9学分，“卫生体育课目”6门19学分，“经济管理等课目”6门13学分。尽管各类课程分布较为平均，但可以发现烹饪技术课程仍是家政系培养的重点之一。①

20世纪50年代，随着中国经济的恢复和发展，餐饮行业对专业人才的需求逐渐增加。1959年，黑龙江商学院和上海财经学院率先创办了烹饪专业，标志着中国烹饪教育的正式起步。然而，由于当时社会环境和政策的限制，这两个专业的招生规模较小，且仅招收了一届学生。尽管如此，这些早期的尝试为后续烹饪教育的发展奠定了基础。大规模开办高、中、初级烹饪院校，始于改革开放后的20世纪80年代初，江苏、黑龙江、四川、广东、武汉、上海、吉林、北京、天津等地相继创办了专业系、普通烹饪高等院校、烹饪高等职业学校等。更为广泛的是，全国各地兴办了很多烹饪职业中学。

第二节 中国烹饪教育的层次

一、中小学烹饪教育

早在20世纪80年代，我国一些地方的中小学就开设了烹饪课。2017年9月，教育部《中小学综合实践活动课程指导纲要》（教材〔2017〕4号）将营养与烹饪嵌入教育综合实践活动

① 姚瑶，章梅芳，刘兵. 民国时期高校女子家政教育与烹饪技术的科学化改造［J］. 科学教育与博物馆，2016，(3)：191-197.

的劳动与技术中。2022年4月，教育部印发《义务教育课程方案和课程标准（2022年版）》，将劳动从综合实践活动课程中独立出来，并把烹饪和营养摆到突出位置。在公布的《义务教育劳动课程标准（2022年版）》中，烹饪与营养是日常生活劳动的“四个任务群”之一（图9-1），贯穿1～9年级。具体内容包括食材的清理、清洗等粗加工，用凉拌、蒸、煮、煎、炒、炖等方法进行烹饪，了解食物的营养价值和健康膳食的结构，设计家庭菜谱，以及加工、烹饪过程中正确使用工具、炊具等。

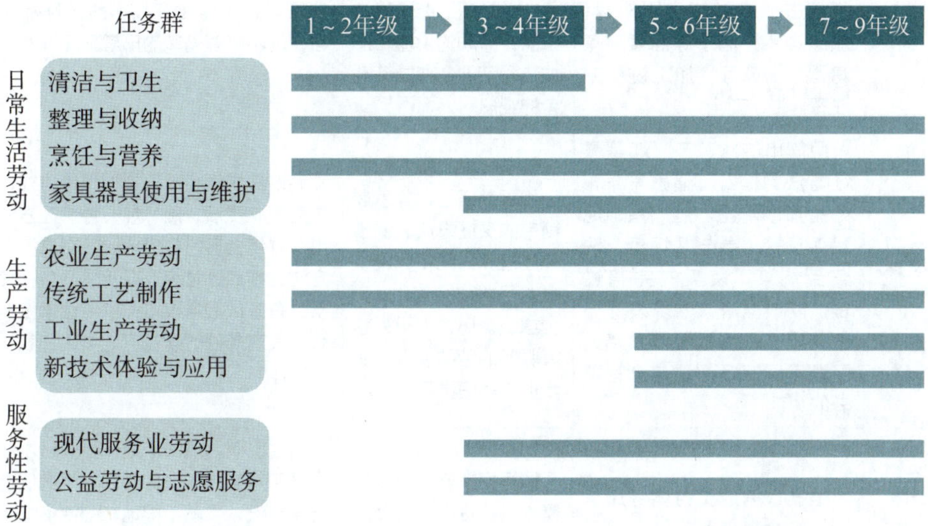

图9-1 《义务教育劳动课程标准（2022年版）》劳动课程内容示意图

本任务内容主要涉及四个方面：一是食材的清理、清洗等初加工；二是用凉拌、蒸、煮、煎、炒、炖等方法进行烹饪；三是了解食物的营养价值和健康膳食的结构，设计家庭菜谱；四是加工、烹饪过程中正确使用工具、炊具。四个方面的内容依据各学段学生的年龄特点、能力大小，根据学段逐步提升学生的烹饪能力（表9-2）。通过烹饪与营养的劳动实践，掌握基本的烹饪方法，学会做饭烧菜，具备基本的生活自理能力。在劳动过程中，感受一日三餐劳动的辛苦，感恩父母家人，尊重餐饮工作者。了解饮食与健康的关系，学会设计营养食谱，培养健康的生活习惯，懂得品质生活也要靠劳动来创造的道理。

表9-2 《义务教育课程方案和课程标准（2022年版）》“烹饪与营养”任务群内容

学段	内容要求	素养表现	活动建议
第一学段：1～2年级	参与简单的家庭烹饪劳动，如择菜、洗菜等食材初加工，根据需要选择合适的工具削水果皮，用合适的器皿冲泡饮品。初步了解蔬菜、水果、饮品等食物的营养价值和科学的食用方法	能在家庭烹饪劳动中进行简单的食材粗加工，掌握日常简单烹饪工具、器皿的使用方法和注意事项。具有安全劳动意识，以及“自己的事情自己做”的生活自理意识。初步具有科学处理果蔬、制作饮品的意识和能力	通过家校结合的方式开展本任务群活动。可以在教室开展削水果皮、泡茶等学习活动，鼓励学生尝试做水果茶，品尝水果、饮品的美味，感受劳动的甜美；在体验的基础上，组织学生互相交流，了解水果、饮品的营养价值，总结器皿等工具的使用方法和注意事项。有条件的学校可利用食堂资源，组织开展剥毛豆、择韭菜等活动。引导家长督促、鼓励学生在家练习烹饪技能，有始有终地开展家务劳动

续表

学段	内容要求	素养表现	活动建议
第二学段：3～4年级	使用简单的烹饪器具对食材进行切配，按照一般流程制作凉拌菜、拼盘，学习用蒸、煮方法加工食材。例如：用油、盐、酱油、醋等调料制作凉拌黄瓜；将几种水果削皮去核并做成水果拼盘；加热馒头、包子等面食；煮鸡蛋、水饺等。加工过程中注意卫生、安全	能用简单的凉拌、蒸、煮等烹饪方法，满足自己基本的饮食需求，形成生活自理能力，初步建立健康饮食的观念，具有初步的食品安全意识。能正确认识烹饪劳动的价值，形成热爱劳动、尊重劳动者的观念	以“我会做早餐”“厨房新人秀”等活动开启本任务群的学习。在真实体验的基础上让学生交流分享经验，总结不同烹饪方法的制作要求、注意事项。有条件的学校可以组织学生在校实践，互相观摩学习，逐步掌握简单的日常烹饪技术
第三学段：5～6年级	用简单的炒、煎、炖等烹饪方法制作2～3道家常菜，如番茄炒鸡蛋、煎鸡蛋、炖骨头汤等，参与从择菜、洗菜到烧菜、装盘的完整过程。能根据家人需求设计一顿午餐或晚餐的营养食谱，了解不同烹饪方法与食物营养的关系	能进行家庭餐食的设计和营养搭配，并掌握简单的烹饪方法。初步养成营养搭配和健康饮食的习惯，具有食品安全意识。树立乐于为家人服务的劳动观念，初步形成家庭责任感	通过现场观察、观看视频等方式，让学生直观感受炒、煎、炖三种烹饪方法的特点，并结合日常生活经验，交流不同烹饪方法的要点、难点，以及烹饪与营养的关系。有条件的学校可在校内让学生实践体验，没有条件的学校可让学生在家长指导下操作
第四学段：7～9年级	根据家庭成员身体健康状况、饮食特点等设计一日三餐的食谱，注意三餐营养的合理搭配。独立制作午餐或晚餐中的3～4道菜。了解科学膳食与身体健康的密切关系，增进对中华饮食文化的了解，尊重从事餐饮工作的普通劳动者	能根据家庭成员实际需求设计食谱、合理搭配饮食，在制作菜肴的过程中进一步掌握日常烹饪技能，形成健康生活的理念和基本能力。理解劳动对于个人生活、家庭幸福的意义，懂得劳动创造美好生活的道理	结合家政领域的职业体验开展本任务群的学习与实践。选择餐饮文化案例进行分析和交流，了解不同地域的饮食文化和特点。开展调查研究，了解个人和家庭的饮食习惯与膳食结构特点。结合调研结果，根据家庭成员需要，设计一日三餐的食谱，并独立完成3～4道菜的制作。在劳动实践的基础上，请家庭成员给予评价，学生记录学习心得，在全班交流分享。设计活动时，不仅要关注单项技能的掌握，更要关注综合思维能力的培养，还应渗透对饮食文化的学习和了解

二、烹饪中等职业教育

（一）发展概况

我国烹饪中等职业教育起步于20世纪50年代末60年代初。20世纪50年代中后期，全国城镇地区的失业问题基本得到解决，国家对城乡私营工商业的改造业已完成，饮食行业中的人际关系起了很大变化，饭店、酒馆的老板和伙计、师傅和徒弟都成了全民和集体企事业单位的职工，他们不仅在政治上一律平等，就是在经济上也没有过去那种依附关系了，师傅和徒弟只不过是年龄或技术档次的一种标志，因而旧的技术传授系统被打破了。随着人口的增长、生产力的发展和大批公共食堂的建立，饮食业迫切需要较多的熟练工人。所以，20世纪50年代末期，在全国各地办起了一些烹饪技术学校，为烹饪技术人才的培养开辟了一条崭新的道路。以后，又办起了一些中专层次的烹饪技术学校，使得这方面的教育体系逐步配套成龙。据初步统计，从1959年至1966年全国共成立烹饪技术学校二十几所，如商业部门的山东饮食服务学校、吉林商业技工学校、上海市饮食服务学校、西安市服务学校、北京市服务学校等。这些学校在创建初期教学条件都极为简陋，是在克服了缺教材、缺教师、缺必要教学设备的情况下上马的，但是，学校教育这种形式适应了社会发展的客观要求，因此，在各地党和人民政府的关怀与重视下，在广大烹饪教育工作者的积极努力下，克服了重重困难，取得了令人欣喜的成绩。一批又一批能文能武的烹饪技术人才充实到餐饮业各个岗位，发挥了重要作用，烹饪技术学校教育的初创阶段，出现了蓬勃发展的大好形势。

1966年至1978年，我国烹饪中职教育经历了一段艰难的低潮阶段。在这一时期，由于社会环境的特殊性，大多数烹饪技术学校被迫停办，仅存的少数学校也大多附设在其他学校中，校舍被侵占，教师被迫改行。例如，国务院机关事务管理局成立的烹饪学校在这一时期也受到了较大冲击。这一时期的政策环境对烹饪教育的发展极为不利，导致烹饪专业的教育受到极大冲击，基础课程和专业理论课程被忽视，教育的系统性和专业性大打折扣，刚刚起步的烹饪教育事业遭受了严重的挫折。

1978年，党的十一届三中全会以后，全党的工作重点转移到以经济建设为中心的轨道上来。随着市场的活跃、饭店业的崛起，以及工厂等企事业单位对厨师的需求猛增，烹饪职业技术教育得到了空前的发展。在这个浪潮中，曾经停办的烹饪技工学校得到恢复和发展，许多新的烹饪（饮食服务）职业中学应运而生，给烹饪技术教育注入了一股新的活力。到20世纪80年代后期，全国已有360多所设有烹饪专业的中等（中级）学校。其中，商业技工学校70多所，劳动技工学校130多所，旅游中专学校10多所，职业中学150多所。这些烹饪技术学校进行了程度不同的各项基本建设，兴建校舍、增添教学设备、制定统一的教学计划、组织编写全国统编教材，举办全国性烹饪师资培训班，多次举行全国或地区性的烹饪教学研讨会。通过采取这些有力的措施，使烹饪技术学校教育逐步走上了正规化教学的道路。

20世纪90年代以来，我国烹饪中等职业教育进一步发展，这从原国家商业部系统1996年的统计资料中可见一斑。截至1995年底，仅商业系统就有4所中专设烹饪专业，41所中专设有餐旅管理专业（其中有4所同时设有以上两个专业），70所技校设有烹饪专业，53所设有餐旅管理专业（其中有45所同时设有以上两个专业）。1995年中专和技校烹饪餐旅管理专业的毕业生为8117名，1996年为12419名。随着第三产业的发展，烹饪专业的毕业生正在逐年呈大幅度递增的趋势。据统计，2015年全国开设中餐烹饪专业的中等职业学校有741所，在校生176638人，西餐烹饪专业118所，在校生20087人[①]。

近年来，我国烹饪中等职业教育规模持续扩大，许多中等职业学校纷纷开设烹饪专业，并加强了与餐饮企业的合作。到2021年，全国开设中餐烹饪专业的中职学校增至800所左右，在校生人数突破20万人（据部分省份职教年报推算）。西餐专业2022年增至200所以上，在校生规模接近3.5万人[②]（部分地区如广东、上海增速超15%）。

（二）专业设置及培养目标

教育部《中等职业学校专业目录》（教职成〔2000〕8号），商贸与旅游类设“烹饪”专业，含中餐、西餐和面点。《中等职业学校专业目录（2010年修订）》（教职成〔2010〕4号）在旅游服务类下设中餐烹饪（专业代码130700）、西餐烹饪（专业代码130800）。2013年，

① 杨铭铎. 我国现代烹饪教育体系的构建［J］. 中国职业技术教育，2017，(33)：65-71.

② 数据基于教育部历年统计公报、中国烹饪协会报告及地方职教年报的趋势推算。

教育部职业教育与成人教育司（教职成司函〔2013〕3号）将中等职业学校“中餐烹饪”专业更名为“中餐烹饪与营养膳食”专业。2019年新增“中西面点”专业。2021年3月12日，教育部颁布的《职业教育专业目录（2021年）》（教职成〔2021〕2号），将中等职业教育“中餐烹饪与营养膳食”专业名称又恢复为“中餐烹饪”（表9–3）。

表9–3 教育部《职业教育专业目录（2021年）》中职餐饮类专业

专业大类	专业类	专业名称	专业代码	专业（技能）方向	对应职业（工种）	职业资格证书举例	基本学制	接续高职	接续本科
74 旅游大类	7402 餐饮类	中餐烹饪	740201	中餐烹调 中式面点制作 营养配餐	中式烹调师 中式面点师 营养配餐员	中式烹调师（中级） 中式面点师（中级） 营养配餐员（中级）	3年	烹饪工艺与营养、餐饮智能管理、营养配餐	烹饪与餐饮管理、烹饪与营养教育、食品科学与工程、酒店管理、旅游管理
		西餐烹饪	740202	西餐烹调 西式面点制作	西式烹调师 西式面点师 营养配餐员	西式烹调师（中级） 西式面点师（中级） 营养配餐员（中级）	3年	西式烹饪工艺、餐饮智能管理、营养配餐	
		中西面点	740203	中式面点制作 西式面点制作	中式面点师 西式面点师	中式面点师（中级） 西式面点师（中级）	3年	中西面点工艺、餐饮智能管理、营养配餐	

1. 中餐烹饪专业

本专业主要面向饭店、餐馆、酒楼等餐饮企业以及企事业单位的餐厅、食堂、中央厨房等部门，从事中式烹调、中式面点操作和营养餐设计以及厨房、餐厅的管理与设备养护等工作的劳动者，和具备餐饮一线基本操作能力的高素质劳动者和技能型人才。

本专业毕业生应具有以下职业素养（职业道德和产业文化素养）、专业知识和技能。

职业素养：具有从事餐饮业工作所必备的职业道德，遵守餐饮业相关法律法规，遵守餐饮业操作规范；具有从事餐饮业工作所需的爱岗敬业、吃苦耐劳、积极进取的工作态度。具有从事餐饮业工作所必备的安全生产意识、节约意识、环保节能意识，服务意识和创新意识；具有从事餐饮业工作所必备的学习新知识、新方法、新技术、新工艺的能力；具有从事餐饮业工作所必备的人际交往能力。

专业知识和技能：了解中国饮食文化、烹饪传承发展、餐饮服务市场变化等相关知识；具备一定的烹饪原料知识和初步加工能力，掌握基础烹饪技法，能独立制作菜点；能应用现代营养学、食品卫生学和饮食保健基础知识进行菜点创新、营养餐设计与制作；了解食品安全相关法律法规与专业知识，能按照相关要求进行实践操作；掌握餐饮企业成本核算、厨房控制与管理、餐厅服务相关知识，对常用器具设备具备正确的操作及维护能力。

2. 西餐烹饪专业

本专业主要面向中高档餐饮企业，以及高星级酒店西餐厅、咖啡厅等部门，从事西式烹调、西式面点、冷菜制作和西式厨房管理等工作的人员掌握本专业知识，培养具备西餐一线基本操作能力的高素质劳动者和技能型人才。

本专业毕业生应具有以下职业素养（职业道德和产业文化素养）、专业知识和技能。

职业素养：具有从事西餐专业工作所必备的职业道德，遵守餐饮业相关法律法规及操作规范；具有从事西餐专业工作所需的爱岗敬业、吃苦耐劳、积极进取的工作态度；具有从事西餐专业工作所需的安全生产意识、勤俭节约意识、环保节能意识，服务意识和创新意识；具有从事西餐专业工作所需的英语读写能力和良好的中、英口语表达能力；具备从事西餐专业工作所需的基本计算机操作能力和信息资料检索、处理能力。

专业知识和技能：了解西餐风味流派及其发展历史、饮食文化、就餐礼节、餐饮服务等基本知识，掌握西餐餐饮服务的基本技能；掌握西餐厨房常用原料、工具、设备、技法和行业术语词汇，具备在英语工作环境中实现交流的能力；掌握常用西餐烹饪原料性状、营养、鉴别、加工、保管等基本知识；掌握膳食营养基础知识和食品安全卫生知识，能进行合理膳食营养搭配；掌握一定的成本核算知识，能进行简单菜点成本核算；了解餐饮企业西餐厨房组织管理、岗位设置及基本工作职责分工；熟悉西餐厨房各岗位流程、标准、衔接配合，具备符合厨房各岗位职责要求的基本工作能力。

3．中西面点专业

培养具有中西式点心制作技术的基本理论和技能，能在食品原辅料及成品生产加工、流通和消费领域从事中西式点心制作、生产管理、产品推广与开发及技术服务的应用型技术人员。

三、烹饪高等专科职业教育

（一）发展概况

烹饪科学进入高等学府最初只是作为一门课程，其作为一个专业或一个系在高等院校中设立是在中华人民共和国成立以后。20世纪50年代末60年代初，为了继承和发扬中国烹饪文化遗产，在商业部门的积极支持下，黑龙江商学院（现哈尔滨商业大学，下同）于1959年创办了中国历史上第一个大专学历层次的公共饮食系（后改为烹饪系），并以调干的形式，在全国饮食技术骨干中招收了“烹饪研究班”“烹饪专修班”共4个班146名学员。同时，上海财经学院也设置过烹饪专业，但均未成气候，各招收过一届学员而已。

中国烹饪正式步入高等教育的殿堂，是在20世纪80年代初期。当时，江苏商业专科学校（现扬州大学旅游烹饪学院，下同）的领导独具慧眼，成为中国烹饪高等职业教育的拓荒者。1983年，经原国家教委批准，江苏商业专科学校建立了中国烹饪系。同年9月，面向全国招收第一批烹饪工艺专科班学生，开创了我国正规烹饪高等职业教育的先河。那时，这一新生事物受到了社会的广泛关注，《光明日报》《人民日报》等新闻单位都曾作了报道，商业部、教育部等有关部门的领导也都给予了积极的关心和重视。

改革开放以来，随着市场的活跃，我国餐饮业得到空前发展，并成为我国现代化经济增长的一个亮点。但就总体来讲，烹饪工作者的自身素质低于其他行业的水平，远远不能适应现代化建设、改革开放的形势发展。在这种情况下，提高烹饪工作者的基本素质，促进行业发展，加强企业建设成为当务之急。另一方面，已经形成的中等烹饪职业教育，其师资水平也处于低层次水平，培养烹饪中等职业教育师资的任务也显然需要高等教育来完成。为此，不少专家学者都呼吁尽快成立高等烹饪院校，培养高级烹饪技术人员和研究人员，以适应对外开放的扩大和餐饮业的现代化发展。商业部作为当时全国饮食行业的主管部门，专门组织了对烹饪高等职业教育的论证，提出了开办烹饪专业的方案，并得到了教育部的批准。这也标志着国家对烹饪高等职业教育的正式肯定。

继1983年江苏商业专科学校组建中国烹饪系之后，全国不少院校也相继创办了烹饪专业。1985年，全国第一所专门培养烹饪技术人才的高等院校——四川烹饪专科学校在成都成立。同时，商业部还按东（江苏商业专科学校，现扬州大学旅游烹饪学院）、南（广东商学院，现“广东财经大学）、西（四川烹饪专科学校，现四川旅游学院）、北（黑龙江商学院，现哈尔滨商业大学旅游烹饪学院，下同）、中（武汉服务学院，现武汉商学院）的地区布局，分别建立了高等烹饪专业，形成了烹饪高等职业教育的一支重要力量。

20世纪80年代末至今，是中国烹饪高等职业教育的发展探索阶段。在这一阶段，我国开设烹饪专业的高等职业院校不断增多，办学主体呈现多元化。目前全国各省、自治区、直辖市都设有开展烹饪高等职业教育的院校，有的省市还有多所院校开办烹饪高等职业教育。

2004年，教育部印发的《普通高等学校高职高专教育指导性专业目录（试行）》中，在旅游大类下的餐饮管理与服务类中设立了烹饪工艺与营养专业。2013年6月开始对高等职业学校专业目录进行修订，教育部于2015年10月26日印发的《普通高等学校高等职业教育（专科）专业目录（2015年）》中烹饪类专业分为烹调工艺与营养、营养配餐、中西面点工艺和西餐工艺4个类别。在2021年3月12日，教育部颁布的《职业教育专业目录》中又将烹调工艺与营养”专业改回为“烹饪工艺与营养”专业，将“西餐工艺”专业改名为“西式烹饪工艺”专业。这些专业旨在培养具备扎实烹饪技能和管理能力的高素质技术技能人才，满足餐饮行业对专业人才的需求。

近年来，随着我国餐饮业的发展，烹饪专业点的设置不断增多。截至2025年6月，全国高等职业教育设置烹调工艺与营养专业点362个，中西面点工艺专业点87个，西餐烹饪工艺专业点69个，营养配餐专业点19个，餐饮智能管理专业点52个。

（二）专业设置及培养目标

2004年教育部《普通高等学校高职高专教育指导性专业目录（试行）》（教高〔2004〕3号）在餐饮管理与服务类中设“烹饪工艺与营养专业”（专业代码：640202）。以后几年中，教育部核定招生的目录外专业还有中西面点工艺、西餐工艺、营养与配餐等。2021年3月，教育部印发的《职业教育专业目录（2021年）》（教职成〔2021〕2号）中，高等职业教育烹饪类专业包括烹饪工艺与营养、中西面点工艺、西式烹饪工艺和营养配餐4个专业（表9-4）。

表9-4 教育部《职业教育专业目录（2021年）》高等职业教育餐饮类专业

专业大类	专业类	专业名称	专业代码	基本修业年限	就业面向	职业资格证书举例	衔接中职专业举例	接续本科专业举例
54 旅游大类	5402 餐饮类	烹饪工艺与营养	540202	3	主要面向大中型餐饮企业、星级饭店，在餐饮、厨房等岗位，从事餐饮一线生产、经营管理、食品加工等工作	中式烹调师（初级、中级）、营养配餐师（初级、中级）	中餐烹饪	烹饪与餐饮管理、烹饪与营养教育、食品科学与工程
		中西面点工艺	540203	3	主要面向大中型餐饮企业、星级饭店的餐饮部门、厨房，及各类企事业单位的后勤餐饮服务等部门，或独立的中式面点企业及烘焙、西点企业，从事中西面点生产、艺术面包师、糕点主厨、菜单设计、中西面点开发、蛋糕设计等工作	中式面点师（初级、中级）、西式面点师（初级、中级）、营养配餐师（初级、中级）	中西面点	

续表

专业大类	专业类	专业名称	专业代码	基本修业年限	就业面向	职业资格证书举例	衔接中职专业举例	接续本科专业举例
54 旅游大类	5402 餐饮类	西式烹饪工艺	540204	3	主要面向大中型餐饮企业、星级酒店等单位的西餐部门，或独立的西餐企业，从事西餐菜品切配、烹调，西式面点制作等工作	西式烹调师（初级、中级）、西式面点师（初级、中级）、营养配餐师（初级、中级）	西餐烹饪	烹饪与餐饮管理、烹饪与营养教育、食品科学与工程
		营养配餐	540205	3	主要面向大中型餐饮企业、星级饭店等单位的餐饮部门、厨房，及各类企事业单位的后勤餐饮服务等部门，从事餐饮企业、食品加工企业开发营养标签、零点菜单，针对客情设计宴会营养菜单、开发特殊人群的营养菜单等工作	营养配餐师（初级、中级）、公共营养师（初级、中级）	中餐烹饪、西餐烹饪、中西面点	

1．烹饪工艺与营养专业

培养目标：本专业培养德、智、体、美、劳全面发展，具有良好的职业道德和人文素养，掌握烹饪工艺与营养专业必需的文化基础和烹饪专业知识，具备餐饮一线生产和经营管理能力，从事现代餐饮、酒店工作的高素质技术技能人才。

主要职业能力：具备对新知识、新技能的学习能力和创新创业能力；具备一定的厨房生产组织和管理、宴会策划及餐饮营销能力；具备烹饪原料选择、鉴别及初加工和刀工处理能力；具备较强的烹饪实践操作能力及营养分析与营养配餐能力；掌握食品营养配餐、食品卫生安全控制、餐饮英语和烹饪基本理论知识。

核心课程：烹饪营养与配餐、餐饮安全与控制、烹饪原料、中式烹调工艺与实训、中式面点工艺与实训、宴会设计与管理、餐饮生产流程管理等。

2．中西面点工艺专业

培养目标：本专业培养德、智、体、美、劳全面发展，具有良好的职业道德和人文素养，掌握中西面点工艺专业所必需的文化知识、现代烹饪专业理论知识，遵守餐饮业操作规范，具备餐饮生产和经营管理能力，从事餐饮业、酒店业中西面点生产、研发、营销、管理工作的高素质技术技能人才。

主要职业能力：具备对新知识、新技能的学习能力和创新创业能力；具备厨房生产组织和管理、宴会策划及餐饮营销能力；具备烹饪原材料营养卫生分析、中西面点设计开发、营养配餐能力；掌握本专业工作所必需的专业英语、中西面点基本理论、餐饮管理等知识，了解食品卫生安全控制方面的知识；熟练掌握中西面点的制作方法。

核心课程：中西烹饪原料、烹饪营养与配餐、餐饮安全与控制、中式面点工艺、西式面点工艺、面点开发与创新、烘焙经营与管理等。

3．西式烹饪工艺专业

培养目标：本专业培养德、智、体、美、劳全面发展，具有良好的职业道德和人文素养，掌握西餐专业理论知识，遵守餐饮业操作规范，具备西餐生产和经营管理能力，从事西餐生产、研发、服务、管理等工作的高素质技术技能人才。

主要职业能力：具备对新知识、新技能的学习能力和创新创业能力；具备西餐烹调、西式面点制作能力；具备原料鉴别与加工、西式菜品创新与研发能力；具备西式宴会的组织与策划能力；掌握本专业工作所必需的专业英语、西式餐饮基本礼仪、西式烹调基本理论及器具规范操作等知识；了解食品卫生安全知识。

核心课程：烹饪营养与安全、营养配餐与设计、西式烹调工艺与实训、西式面点工艺与实训、西式宴会设计与管理、西餐礼仪与文化等。

4. 营养配餐专业

培养目标：本专业培养德、智、体、美、劳全面发展，具有良好的职业道德和人文素养，掌握营养配餐专业必需的专业理论知识，具备餐饮一线生产与经营管理能力，从事餐饮业、酒店业、企事业单位后勤的营养配餐、生产管理等工作的高素质技术技能人才。

主要职业能力：具备对新知识、新技能的学习能力和创新创业能力；具备菜点产品设计开发、宴会策划与餐饮营销、餐饮信息化操作能力；具备现代化设备、工具的应用能力；具备较强的营养分析与配餐、烹饪安全控制能力；具备一般原料加工、烹调操作实践、厨房生产组织和管理能力；掌握食品营养配餐、食品卫生安全控制、基础烹饪英语词汇、烹饪基础理论等知识。

核心课程：烹饪原料、烹饪营养学、营养配餐、饮食保健、餐饮安全与控制、中式面点工艺、中式烹调工艺、餐饮经营与管理等。

四、烹饪本科教育

（一）发展概况

我国烹饪专业本科教育的发展历史是伴随餐饮行业变革、职业教育体系完善以及社会对高素质人才需求升级而逐步演进的。从最初的技能传承到如今的跨学科复合型培养，烹饪专业本科教育经历了从无到有、从单一到多元的分化发展过程。

1. 烹饪本科教育的诞生

1989年，黑龙江商学院旅游烹饪系创办了烹饪营养方向的本科生教育。但由于当时餐饮业营养观念的淡薄和管理体制上的诸多弊病等因素造成的人才市场封闭，使毕业生择业十分困难，再加上“烹饪营养方向”批复时是附于“餐饮企业管理”专业下，后因专业目录取消，“方向”没有依挂，因而一届便止。

后来随着我国烹饪中、高等职业教育的迅速发展，培养具有本科学历的烹饪专业职教师资被提上议事日程。1994年，扬州大学商学院（现扬州大学旅游烹饪学院）中国烹饪专业从专科升格为本科，专业名称为烹饪教育（下设烹饪营养与科学方向，专业代码040431W），学制4年，开启了烹饪高等教育本科专业建设的序幕。但早期的烹饪专业多挂靠于“旅游管理”“食品科学与工程”等学科，反映出烹饪教育在学术体系中的定位模糊。近年来，随着餐饮行业的快速发展，烹饪本科教育得到了进一步发展，全国多所高校开设了烹饪与营养教育、烹饪与餐饮管理等专业，培养具备烹饪技术、营养科学和管理能力的复合型人才。

2. 烹饪与营养教育专业发展

1996年，原国家教育委员会登记备案了河北师范大学的烹饪与营养教育本科专业，并于

1997年开始招生。1998年，在教育部颁布的《普通高等学校本科专业目录》中，烹饪与营养教育专业被列为目录外专业，专业代码040333W。随后，河南科技学院（原河南职业技术师范学院）、黄山学院、济南大学、岭南师范学院（原湛江师范学院）等院校相继开办了烹饪与营养教育专业。2012年9月14日，教育部颁布的《普通高等学校本科专业目录（2012年）》（教高〔2012〕9号）中将烹饪与营养教育作为特设专业（代码082708T）列入本科专业目录，归属“食品科学与工程类”，授予工学学士学位，改变了过去不同学校授予理学、工学、教育学、文学学士学位等混乱状态，为今后烹饪高等教育进一步规范与健康发展奠定了基础。截至2025年6月，全国经教育部备案或审批同意设置烹饪与营养教育专业的院校有30多所。

3．烹饪与餐饮管理专业的起步

2021年3月12日，教育部印发的《职业教育专业目录（2021年）》，新增高等职业教育本科专业“烹饪与餐饮管理”（代码244102），归属“餐饮类”，定位为高等职业教育本科。该专业突破传统技能教育，强调“技术+管理+数字化”能力，覆盖中央厨房运营、智慧餐饮系统、品牌策划等新业态。

《教育部办公厅关于公布2024年本科层次职业教育拟招生专业设置备案结果的通知》（教职成厅函〔2024〕11号），四川旅游学院、四川轻化工大学等院校申报的“烹饪与餐饮管理”本科专业获得批准。

（二）专业培养目标

1．烹饪与营养教育

职业面向：餐饮服务、职业教育、健康管理、食品科技等。典型岗位，烹饪类，如厨师长、行政总厨、菜品研发总监；教育类，如职业院校教师、职业技能培训师；营养类，如公共营养师、临床营养师、健康管理师；管理类，如餐饮企业运营经理、食品安全督导员。

培养目标定位：培养具备“烹饪技术+营养科学+教学能力”的复合型人才，具体包括：掌握现代烹饪工艺与营养配餐的核心技能；具备食品营养分析、膳食设计与健康指导能力；能够胜任烹饪与营养领域的教学、培训及管理工作；适应餐饮行业转型升级需求，具备创新研发与可持续发展意识。

主要专业能力要求：烹饪技术能力（精通中西餐烹饪工艺、面点制作、食品雕刻等）；营养分析能力（熟练运用营养学知识进行膳食设计、疾病营养干预）；教学与培训能力（掌握教育心理学、课程设计及现代教学技术）；研发与管理能力（具备菜品创新、餐饮标准化管理、食品安全控制能力）；数字化应用能力（利用营养分析软件、智能厨房设备提升工作效率）。

主要专业课程：烹饪技术类，如烹调工艺学、面点工艺学、西餐制作、食品雕刻与冷拼；营养科学类，如食品营养学、临床营养学、食疗药膳学、食品卫生与安全；教育与管理类，如教育学原理、烹饪教学法、餐饮企业管理、餐饮市场营销；拓展类，如食品化学、中外饮食文化、餐饮大数据分析、烹饪美学。

2．烹饪与餐饮管理

职业面向：面向中高级烹调师、厨房主管、餐饮门店、中央厨房和团餐管理人员等职业，餐饮产品生产、研发，餐饮经营管理等岗位（群）。

培养目标定位：本专业培养德智体美劳全面发展，掌握扎实的科学文化基础和烹饪科学基本理论，餐饮经营中计划、组织、领导、协调、控制等管理基本理论及相关法律法规等知识，具备熟练的烹饪技术、现代餐饮经营管理等能力，具有工匠精神和信息素养，能够从事餐饮产品生产研发、科学配餐、筵席设计和餐饮经营管理等工作的高层次技术技能人才。

主要专业能力要求：具有菜点等餐饮产品的制作、生产的能力；具有餐饮产品设计、研发的能力；具有饮食美学、科学配餐与高端宴席设计的能力；具有餐饮企业、中央厨房运营管理的能力；具有餐饮信息化系统应用、数字化运营的能力；具有初步的烹饪科学研究、较强的解决复杂技术问题和创新创业的能力；具有一定的外语应用水平和中餐国际化交流的能力；具有绿色生产、安全防护、质量管理及法律法规应用的能力；具有探究学习、终身学习和可持续发展的能力。

主要专业课程：专业基础课程，如烹饪化学、烹饪原料学、饮食营养、食品微生物学、饮食美学、管理学原理、食品产业文化、食疗与药膳。专业核心课程，如餐饮食品安全控制技术、中式烹调工艺与技术、中式面点工艺与技术、烹饪加工原理与应用、餐饮专业英语、餐饮产品创新设计、科学配餐与宴席设计、现代餐饮企业经营与管理、中央厨房运营、餐饮数字化运营。实习实训对接真实职业场景或工作情境，在校内进行餐饮产品生产、研发，科学配餐、宴席设计和餐饮经营管理等实训。在现代餐饮企业、大中型中央厨房等单位进行岗位实习。

五、烹饪研究生教育

1993年，原黑龙江商学院利用学科群优势在食品科学目录下招收了首批烹饪硕士研究生，1996年首批烹饪科学硕士毕业后，1998年又连续培养现代快餐（即传统食品工业化）硕士。2006年，哈尔滨商业大学博士学位授权点中有全国唯一的餐饮食品工业化研究方向。2001年，原黑龙江商学院在食品科学目录下开始培养烹饪职教师资硕士，扬州大学烹饪与营养教育专业挂靠运动人体科学硕士点，增设运动与营养保健研究方向，并接受烹饪与营养教育专业推荐的优秀本科生免试攻读硕士学位。2002年，扬州大学烹饪与营养教育专业和食品科学与工程专业联合申报食品科学硕士点，作为食品科学与工程专业硕士点的特色，下设烹饪科学研究方向，同年，扬州大学获得中等职业院校教师在职攻读硕士学位（课程与教学论专业硕士点烹饪教育研究方向）授予权。2016年，教育部正式批准哈尔滨商业大学设立烹饪科学硕士学位点，2017年开始招收真正意义上的烹饪科学硕士研究生。

关于烹饪学科博士的培养，早在2006年哈尔滨商业大学就在食品科学学科下设有餐饮食品（传统食品）工业化方向，烹饪学科博士培养已在探索中。2019年，扬州大学旅游烹饪学院在食品科学与工程博士点下设置烹饪科学技术与营养方向，首批招录了3名博士生，主要研究淮扬菜烹饪技艺。2024年全国烹饪研究生招生学科与方向目录见表9-5。

表9-5 2024年全国烹饪研究生招生学科与方向目录

层次	硕士研究生		博士研究生	备注（招生院校）
学位类别	学术学位	专业学位	学术学位	
专业代码与名称	077903营养与食品卫生学	086000生物与医药硕士	083200食品科学与工程	扬州大学旅游烹饪学院·食品科学与工程学院
专业方向代码与名称	03（全日制）烹饪营养与卫生	04（全日制）烹饪与营养膳食 08（非全日制）烹饪与营养膳食	05烹饪科学技术与营养	

续表

层次	硕士研究生		博士研究生	备注（招生院校）
学位类别	学术学位	专业学位	学术学位	
专业代码与名称	083200食品科学与工程	095135农业硕士（食品加工与安全）		扬州大学旅游烹饪学院·食品科学与工程学院
专业方向代码与名称	06（全日制）烹饪科学与工程	07（非全日制）烹饪工艺与安全		
专业代码与名称	097200食品科学与工程			
专业方向代码与名称	06（全日制）烹饪科学与工程			
专业代码与名称	100403营养与食品卫生学			
专业方向代码与名称	03（全日制）烹饪营养与卫生			
专业代码与名称	0832Z4烹饪科学			哈尔滨商业大学旅游烹饪学院
专业方向代码与名称	01（全日制）传统烹饪工业化 02（全日制）烹饪营养与科学			

第三节 烹饪中高等教育贯通的基本模式

《国务院关于加快发展现代职业教育的决定》（国发〔2014〕19号）提出加快构建现代职业教育体系，教育部等六部门制订的《现代职业教育体系建设规划（2014—2020年）》（教发〔2014〕6号）按照终身教育的理念，设计了服务需求、开放融合、纵向流动、双向沟通的现代职业教育的体系框架（图9-2）。对于烹饪教育来说，也要系统构建从中职、专科、本科到专业学位研究生的培养体系，满足各层次技术技能人才的教育需求，服务一线劳动者的职业成长。目前，我国烹饪中高等教育贯通的基本模式有以下几种：

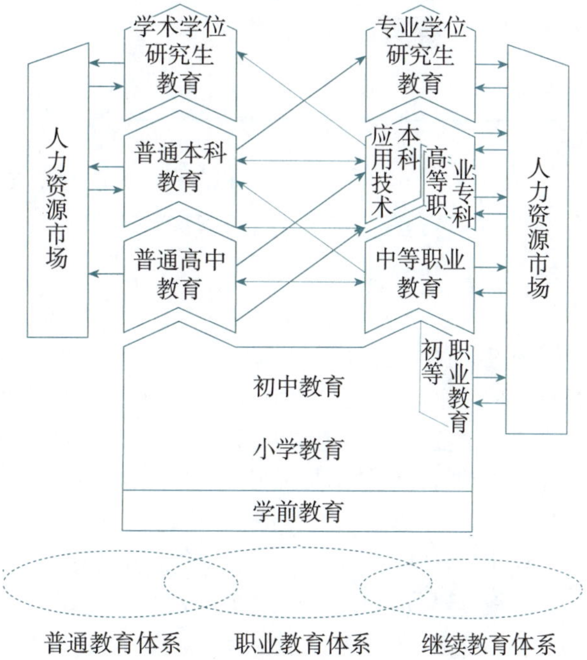

图9-2　现代职业教育体系基本框架示意图

一、“对口升学”模式

中职与高职各自根据自己的学制年限进行教育，部分中职毕业生完成三年中职学习，通过对口升学考试进入专业对口的高职专科或应用型本科院校接受职业教育，这就是“对口升学”模式。在这种模式下，中职毕业生自主选择报考，中高职学校没有合作关系。

二、“一贯制”模式

这种模式是一所高职院校或应用型本科院校与几所中职学校形成的衔接模式，通常叫“3+2”“2+3”“3+4”分段制。“3+2”和“2+3”是指学生在接受完中等职业教育（3年或2年）的基础上再接受高职教育（2年或3年），毕业后发给相应的中职和高职毕业证书。

所谓“3+4”本科是指学生入学后，前三年注册中等职业学校学生学籍；3年期满符合本科录取条件者，升入本科层次学习4年，注册本科院校学生学籍。修业期满、成绩合格者颁发普通高等教育本科毕业证书，符合学位授予条件者由应用型本科院校授予学士学位。

一般情况下，这种模式下的中职和高职学校之间是有合作关系的。

三、“五年一贯制”模式

“五年一贯制”，是指由高职院校直接招收初中毕业生入学，前3年按中专教学计划实施教育，然后按3年的学业成绩和综合表现择优选拔部分学生升入专科。升入专科的学生再学习2年，完成高职专科学业，考试合格颁发专科毕业证书；未升入专科的学生，完成中专学业，毕业时发给中专毕业证书。这种模式的特点是教学计划上整体贯通，学籍管理上分段衔接，缩短了人才培养周期，提高了人才培养效率，适用于那些希望在较短时间内获得高等职业教育学历的学生。

第四节 国外烹饪教育概览

一、法国烹饪教育

烹饪教育在法国可以追溯到19世纪，在1804年就出现了专门教授烹饪技术的学校，而烹饪高等职业教育则是在20世纪80年代形成的。烹饪高等职业教育学制为两年，主要招收高中毕业会考毕业生，培训机构为设在技术高中内的高级技术员班（简称STS），所有学习合格的学生将获得高级技术员证书（简称BTS）。其专业证书的教育层次类似于中国的大专、高职等。

法国的“餐旅”学校和瑞士齐名，多年来一直吸引着世界各国学生和职业人员。法国各地都有餐饮学校，遍布全国的职业高中也设有烹饪基础课，不少法国名厨曾在这类学校学习。很多外国学生通过申请奖学金来法学习，毕业后获得“职业会考文凭”（相当于大专）。

有法国“厨师之王”保罗·博古斯赞助的博古斯学院这类私立学校都向国外学生开放，教授最地道的法国菜做法。法国的职业学校注重学生需求，尤其是烹饪，如果学生想学甜点，学校就以此为主，其他为辅。

（一）法国蓝带厨艺学院

法国蓝带厨艺学院（Le Cordon Bleu Culinary Arts Institute）是世界上第一所西餐与西点人才专业培训学校。该校在厨艺、酒店与名胜管理、会议与节事管理以及饭店经营领域提供最专业的培训，修完全球厨艺餐饮界皆认可的证书等于是取得在全球工作的就业护照。

1895年，世界上第一所厨师学校——法国蓝带学校在巴黎成立。一百年后法国蓝带分校遍布全球15个国家，共开设28所学校，每年有来自70多个不同国家的20000多名学生在此学习。法国蓝带提供的餐饮管理和酒店管理学士、MBA和美食学硕士学位。

（二）法国保罗·博古斯酒店与厨艺学院

保罗·博古斯酒店与厨艺学院（Institute Paul Bocuse）位于素有“法国美食之都”之称的里昂市。该校由法国著名厨师保罗·博古斯建立于1990年，现任主席为雅高（ACCOR）集团的创始人兼合作主席吉拉尔·贝里松。该校建在19世纪庄重的维耶城堡内，每年有来自35个国家和地区的300余名学生到此深造法国的传统酒店与厨艺学。

二、美国烹饪教育

美国的烹饪教育在19世纪前以学徒制为主，厨师技能通过家庭传承或餐厅实践习得，缺乏系统化教育。19世纪末至20世纪初，出现了职业化萌芽。1879年，波士顿烹饪学校（Boston Cooking School）成立，标志着美国首个正规烹饪教育机构诞生。“二战”后，社区学院兴起，烹饪教育被纳入职业教育体系，培养餐饮业技术工人。1946年，美国烹饪学院（CIA）成立，成为首个以高端职业厨师培养为目标的专科学校。20世纪70年代后，受法国烹饪学院（如Le Cordon Bleu）模式影响，私立烹饪学校激增，课程更国际化。21世纪以来，美国烹饪教育体系以专科学校与社区学院为核心，提供副学士和学士学位（如CIA的厨艺。管理学士），课程涵盖技术实操与管理知识。综合性大学更多通过酒店管理、食品科学专业开设相关硕士/博士项目，但聚焦学术研究而非烹饪技艺。

（一）美国厨艺学院

美国最著名培养大厨的学府是纽约州的“美国厨艺学院”（The Culinary Institute of America，缩写为CIA），创立于1946年，有着超过半个世纪之久的历史，同时也是美国所有烹饪烘焙厨艺学院中的佼佼者。最初，CIA是设立于康涅狄格州的New Haven市中心里，当时学生的人数仅有50人。也许因为赶上了时代的潮流，学校发展极为迅速。只在第二年，就在耶鲁大学的外围建起了有40间教室的教学楼，多少有些像模像样了。到1969年，学校已有1000名学生，教师和设备都供不应求，学校决定另选新址。一年后，学校在纽约海德公园用100万美元买下一座有150间屋子的教学楼，用了两年时间，建成了今天CIA的雏形。随后经过几十年的发展，CIA不仅有了一个占地数十英亩的校园，还在加州格雷斯顿建了一个分校。

（二）肯代尔学院（Kendall College）

肯代尔学院位于美国伊利诺伊州的芝加哥市。学院在1934年建立于埃文斯通，最初名为埃文斯通学院。肯代尔学院是一所4年制的私立学院。肯代尔学院为学生们提供完备的设施，学院具备无线教室，专业的厨房设施，功能齐全的酒店套房和专业的教室。学院的目标是通过教授学生们最新的烹饪、商务、酒店管理及教育的创新知识，将学生们打造成为现代职场需要的专业管理人才。肯代尔学院向学生们提供专科学位、本科学位及证书课程。学院的专科课程包括：烹饪艺术、糕点烘焙、私人厨师及专业烹饪等；学院的本科课程包括商业、酒店管理、烹饪艺术及早期儿童教育等。

（三）麦当劳汉堡大学

麦当劳汉堡大学是麦当劳的全球培训发展中心，旨在为员工提供系统的餐厅营运管理及领导力发展培训，确保麦当劳在运营管理、服务管理、产品质量及清洁度等方面坚守统一标准。麦当劳汉堡大学于1961年由麦当劳的前高级董事长弗雷德·特纳创立，现位于美国伊利诺伊州芝加哥橡溪镇（Oak Brook）。位于美国的麦当劳汉堡大学弗雷德·特纳学习中心是一家拥有12000平方米的培训机构，由30位来自世界各地的全职教授传授专业培训课程。麦当劳汉堡大学是麦当劳全球性的训练发展中心，针对全球麦当劳系统内人员提供一系列营运及管理课程。全世界目前共有7所麦当劳汉堡大学，包括美国芝加哥汉堡大学、德国慕尼黑汉堡大学、英国伦敦汉堡大学、巴西圣保罗汉堡大学、澳大利亚悉尼汉堡大学、日本东京汉堡大学以及中国汉堡大学。

三、瑞士烹饪教育

（一）瑞士洛桑酒店管理学院

瑞士洛桑酒店管理学院（Ecole hôtelière de Lausanne，EHL）于1893年创立于日内瓦湖畔的一家旅馆里，是世界上第一所专门培养旅馆业管理人员的学校。1975年，学校从湖畔迁至洛桑城北依山傍湖的哥白镇。洛桑只有酒店管理一个专业，特色鲜明，在全球酒店管理专业大学中排名第一。洛桑目前取得了三项认证，在瑞士国内，1998年，洛桑被瑞士联邦政府列入高等职业院校序列（Switzerland’s University of Applied Sciences，HES-SO or Haute Ecole Spécialisée de Suisse Occidentale），是迄今为止得到联邦政府承认的唯一一所以酒店管理为专业的大学。国际上，洛桑得到了美国新英格兰高校协会（ New England Association of Schools and Colleges NEASC）的认证，其学历在全球60多个国家得到承认。洛桑也是瑞士唯一一所得到中华人民共和国教育部承认学历的四年制本科大学。

（二）瑞士恺撒里兹酒店管理与西餐西点烹饪学校

恺撒里兹CESAR RITZ，成立于1982年，是瑞士名望最高的西餐西点学校，代表瑞士国家形象在奥运会上参展“瑞士屋”，在全球有六所分校。主要教授法国、瑞士、意大利西餐、西点。学制分两种，一种是只读1年零3个月的纯技术（西餐、西点双修），另一种是2年零3个月技术+厨房管理课程，毕业后可以获得副学士学位，相当于国内的大专。

（三）瑞士B. H. M. S. 国际酒店商业管理学院

瑞士工商酒店管理学院（Business & Hotel Management School）始建于1928年，坐落于瑞士著名的旅游城市琉森（也译为：卢塞恩），提供本科及硕士课程，学位由英国或美国的合作院校颁发。校区位于琉森市中心，教学楼、学生公寓分别坐落于琉森市的不同位置，设有旅游及酒店管理专业，颁发文凭、高级文凭、本科学位、研究院文凭和硕士学位证书，学位由英国或美国合作的院校颁发。主要专业有MBA课程、酒店管理本科学士学位、酒店管理高等大专文凭、酒店管理大专文凭、烹饪厨艺大专文凭、酒店管理研究生文凭等。

四、日本烹饪教育

日本重视烹饪教育，日本辻烹饪集团校创立于1960年，创始人辻静雄是日本获得“法国最佳厨师奖（M.O. F. ）”的第一人。辻烹饪集团校设有14所分校，不仅在日本最大的两座城市——东京、大阪各有其分校，而且在法国的里昂也有辻烹饪集团校独立经营、供毕业生们进一步深造的分校，是日本培养餐饮管理及烹饪方面专业人才的摇篮。

（一）大阪阿倍野辻厨师专门学校

辻厨师专门学校不仅限于培养烹调师，而且培养从事各种与饮食相关工作的人才，是厚生省劳动大臣指定的专修学校。

该校设有3个学科。一是烹调技术和经营管理学科，学制2年。在校生可取得大阪府河豚处理资格会员证的考试资格、技术考查考试资格以及餐厅服务技能3级考试资格；毕业时可取得烹调师证（免国家考试）、专门技师资格、厨师培训基地助理、食品技术管理人员资格。二是烹调师本科（烹调班），学制1年。这个班除了培养烹调师之外，还培养医院专用烹饪人才、饮食评论人才、料理研究人才等与饮食相关的各种人才。因此，除了烹调实习之外，还要广泛地学习烹调理论、营养学等课程。烹调班可取得烹调师证（免国家考试）、大阪府河豚处理资格会员证。三是烹调师本科（咖啡班），不仅要学习烹调基础，而且还要综合学习关于咖啡的基础知识和造型创意以及菜品的搭配。咖啡班可取得烹调师证（免国家考试）、大阪府河豚处理资格会员证。

（二）大阪阿倍野辻点心专门学校

辻点心专门学校讲授从传统点心到最新点心品种，重基础，着重培养制作点心的一线人才。它是厚生省劳动大臣指定的专修学校，学制1年。在辻点心专门学校，除了学习法国、德国以及维也纳的西式点心外，还要学习烘焙面包以及凝聚了日本传统文化的和式点心。同时，还要掌握巧克力、拉糖工艺等技术，学习卫生、营养等实用知识。毕业时可取得点心卫生师国家考试资格。

主题讨论

1. 现代学徒制与传统学徒制有哪些差异？
2. 职业技能等级制度与职业资格评价制度有什么不同？
3. 如何成为一名优秀的烹饪工作者？
4. 国外烹饪教育对我国烹饪教育有哪些启示？

课后推荐阅读文献

1. 杨铭铎. 烹饪教育研究新论［M］. 武汉：华中科技大学出版社，2020.
2. 侯兵. 新时代我国烹饪高等教育发展审视：成就、挑战与展望——基于扬州大学烹饪与营养教育专业办学40周年的思考［J］. 美食研究，2023，40（01）：1-10.
3. 姚瑶，章梅芳，刘兵. 民国时期高校女子家政教育与烹饪技术的科学化改造［J］. 科学教育与博物馆，2016，2（03）191-197.

10 第十章 CHAPTER

烹饪节事活动

教学目标

◎知识目标

（1）掌握烹饪节事活动的概念、特点、作用和类型，并能够结合具体案例进行分析。

（2）了解国内外重要烹饪节事活动，并能够比较分析不同节事活动的特点、优势、影响力等。

（3）了解烹饪节事活动的策划与组织，并能够运用相关知识设计一个简单的烹饪节事活动方案。

◎能力目标

（1）能够分析当前烹饪节事活动存在的问题，并提出合理的改进建议。

（2）能够设计一个中小型烹饪节事活动方案，并进行有效的团队合作。

（3）能够运用创新思维，对传统烹饪节事活动进行创新，并提出具有可行性的创新方案。

◎思政目标

（1）培养团队协作精神，并能够阐述团队协作的重要性。

（2）培养责任感，并能够以高度的责任感和敬业精神对待工作。

（3）培养文化自信，并能够积极弘扬中华饮食文化。

思维导图

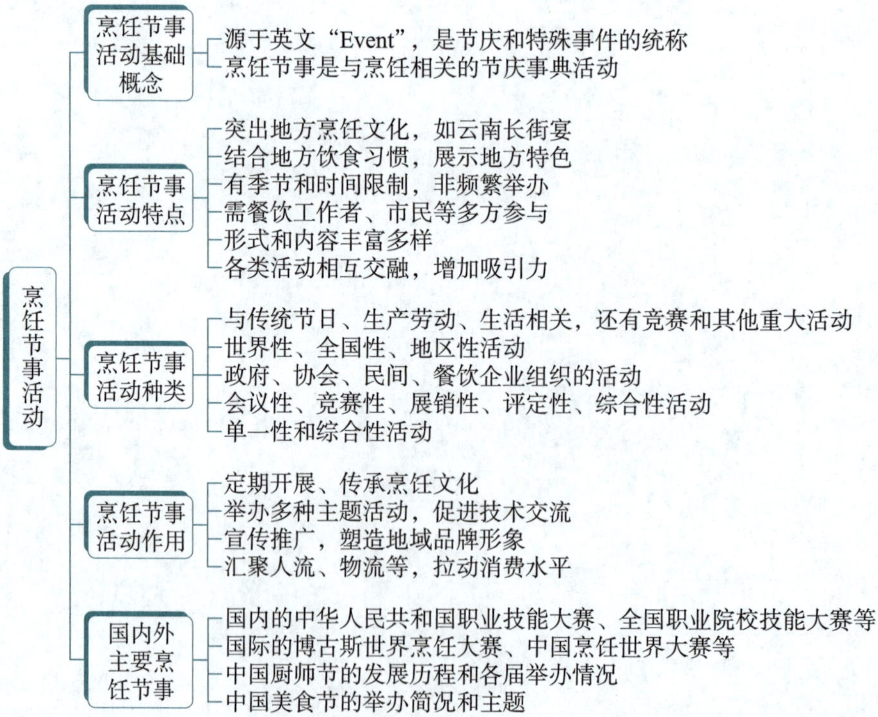

案例导学

第32届中国厨师节在福州举办

2023年10月20日—22日，第32届中国厨师节在福州市举办。本届中国厨师节以“创新技艺、匠心传承、繁荣餐饮、味享世界”为主题，共有四大主题内容，涵盖十余项亮点活动。

一是技艺交流，本届中国厨师节搭建了全国厨师一站式观摩学习各大菜系名菜、厨艺交流的平台——金厨菜肴展。来自全国各地的400余位名厨在现场制作不同菜系、不同风格的特色菜肴和创新菜品。这些精品菜肴，在金厨菜肴展区统一亮相。

二是展览展示，本届中国厨师节博览会展览总面积1.1万平方米，汇聚了来自全国百余家优质企业参展。展品类别包括餐饮食材、餐饮原辅材料、餐饮调味品、餐饮供应链、餐饮设备、餐厅用品、烹饪厨具、非遗及地方美食等8方面的内容。地方特色展区由福州市、泉州市、济南市、重庆市、宜宾市等地的优质食品餐饮相关企业组成展团，带来独具地方特色的饮食文化展示。

三是专业论坛，召开了高规格、高水平的“美食连接世界的美好——2023世界厨师艺术大会暨中华美食文化传承与创新论坛”。论坛邀请国内外名厨大师解读烹饪艺术的真谛，介绍中国和全球不同区域的餐饮发展潮流和饮食文化特色。

四是专业赛事，中国烹饪协会在厨师节期间举办了“首届全国西餐烹饪技能总决赛”。本届比赛为世界厨师联合会认证赛事，非常有利于加强全国各地名厨交流、创新优秀菜肴，激发广大职业厨师勤奋学习和自觉提高烹饪技艺的热情，从而推动行业优化升级和餐饮业高质量健康发展。

本届中国厨师节期间还举办了2023中国烹饪协会名厨专业委员会工作年会、2023餐饮业经销商论坛等活动，从不同视角展现中国餐饮业蓬勃发展和取得的丰硕成果。

资料来源：新华网。

烹饪技艺的改进与提高，离不开烹饪工作者个人的刻苦钻研，当然也离不开同行之间的交流。烹饪节事活动是烹饪技艺交流的绝佳平台。节事是节庆、事件等精心策划的各种活动的简称，其形式包括精心策划和举办的某个特定的仪式、演讲、表演和节庆活动，各种节假日及传统节日以及在新时期创新的各种节日和事件活动。

中国厨师节是我国重要的烹饪节事活动，举办烹饪节事活动不仅能够提升地方和企业文化品位和影响力，带动相关产业发展，还可以提高烹饪工作者的技术水平。那么，什么是节事活动？烹饪节事活动有什么特点？有哪些类型？如何组织和策划呢？

第一节
烹饪节事的概念和特点

一、烹饪节事的概念

“节事”一词来自英文“Event”，含有“事件、节庆、活动”等多方面的含义。国外常常把“节日”“特殊事件”和“盛事”等合在一起作为一个整体，在英文中简称为FSE（FESTIVALS & SPECIAL Events），中文译为“节日和特殊事件”，简称“节事”。

从字面意思来看，“节事”是由“节”和“事”形成的一个组合概念，“节”指春节、中秋节、情人节等传统的、外来的以及创新的各种节日，“事”指奥运会、世界杯、世博会、广交会等具有多种目的性的特殊事件和集会。

1984年，美国学者雷奇（Ritchie）提出了节事活动的定义：“从长远或短期目的出发，一次性或重复举办的、延续时间较短、主要目的在于加强外界对于旅游目的地的认同、增强其吸引力、提高其经济收入的活动”。

但经过多年来的发展，节事活动的内涵已经远远不止于此，吸引旅游仅是其意义的一小部分。节事活动已经成为一个具有策划、设计、组织、运营、管理等多个环节，并能够产生经济和社会效益的新兴产业，它已经渗入各行各业。

烹饪节事活动是为满足特殊要求，用仪式、竞赛、典礼等方式进行的和烹饪有关的各种节庆事典活动。它具有明确的主题性、公众参与性和传承性，可以是一项庆祝狂欢、对特殊事件的纪念、一次产品或技术的展示、行业内的一次庆典聚会。如厨师节、美食节、烹饪竞赛与技能展示等。

二、烹饪节事的特点

（一）文化性

一般的烹饪节事活动安排都要突出展示地方博大精深的文化，都是将当地的烹饪文化与美食促销一体化。以文化特别是民族文化、地域文化、节日文化等为主导的烹饪节事活动，具有文化气息、文化色彩和文化氛围。

（二）地方性

中国地域辽阔，东西南北饮食习惯各不相同，烹饪节事活动一般紧贴地方饮食习惯，以展示地方烹饪技艺、特色美食、文化等为目的。一些节事活动的举办地，为广大公众所熟悉，如面食美食节，这些节事活动以“节事活动品牌代言城市”的形象来定义这些举办地。一些节事活动历史悠久，长久以来满足了地方居民的需要。民族节日更是有其独特的地方性，节事活动的地方色彩更为浓厚。如云南的长街宴，历史悠久，极具地方特色。

（三）短期性

节事活动的一个本质特征就是短期性。烹饪节事活动一般有季节和时间的限制，都是在某一事先计划好的时段内进行的。当然，烹饪节事活动的时间不是随意决定的，往往要根据当地的气候、交通情况、接待能力、主题确定、经费落实、策划组织需要的时间等条件，从实际情况出发来确定的。如果频繁地举办某种节事活动，可能就很难引起和保持第一次举办时的氛围。

（四）参与性

烹饪节事活动必须有餐饮工作者、市民、食客们的参与，餐饮工作者往往带着任务参与活动，市民、食客们往往对节事活动怀有较强的好奇心，他们希望能够大饱口福并感受活动热闹的氛围。

（五）多样性

烹饪节事活动也是一个内涵非常广泛的集合概念，任何与烹饪相关的事物经过开发都可成为节事活动。此外，烹饪节事活动在表现形式上也具有多样性的特点。它可以是展（博）览会及技能竞赛，又可以是烹饪技艺展演活动；它的主题可以是某种原料，也可以是某种烹饪方法；可以是某个鉴定评定，也可以是烹饪论坛。活动的内容可以有宴会、会议、展销、技能竞技、绝技表演等各种形式。

（六）交融性

正是烹饪节事活动的多样性，决定了节事活动必然有强烈的交融性，许多大型的烹饪节事活动，如历届中国厨师节都包含了许多会议、展示活动、宴会等。而在许多会议、活动展示中也包含着许多节事活动。这些活动互相交融，共添光彩，使烹饪节事活动更具吸引力。

第二节 烹饪节事的种类和作用

一、烹饪节事的种类

（一）按节事活动的属性分类

按节事活动的属性，可分为与传统节日相关的活动，如端午节包粽子、中秋节做月饼等；与生产劳动紧密联系的节庆活动，如江苏徐州的伏羊节等；与生活紧密联系的节庆活动，如上海饮食文化节等；竞赛活动，如第七届全国烹饪技能比赛、全国河豚烹饪大赛等；还有其他重大活动，如大型会议、食品博览会等。

（二）按节事活动的影响范围分类

按节事活动的影响范围，可分为世界性节事活动，如博古斯世界烹饪大赛、国际名厨烹饪大赛、世界厨师日等；全国性节事活动，如中国厨师节、中国美食节、全国烹饪技能竞赛、中国美食节等；地区性节事活动，如岭南美食节、“吃在北京”前门美食文化节等。

（三）按节事活动的组织者分类

按节事活动的组织者不同，可分为政府性节事活动，如广东省首届“省长杯”中式烹调师技能大赛、港澳台风土人情文化美食节等；协会性节事活动，如中国烹饪协会举办的百强门店的认定评选和顺德厨师协会举办的"顺德十大名厨评选"等；民间自发性节事活动，如元宵节包汤圆比赛、端午节包粽子比赛等；餐饮企业性节事活动，如丰泽园饭店举办的"第八届海参文化节"、土菜馆举办的傣族美食节等。

（四）按节事活动的主题分类

按节事活动的主题，可分为会议性的，如星级酒店厨师长峰会；竞赛性的，如职工技能大赛；展销性的，如烹饪原料展销会；评定性的，如北京大师名师鉴定；综合性的，如中国厨师节等。

（五）按节事活动涉及的内容分类

按节事活动涉及的内容，可分为单一性节事活动，如广东省蒸菜比赛等；综合性节事活动，如中国厨师节、岭南美食文化节等，通常是节中有节、节节相扣。

另外，还可以按节事活动的性质划分为公益性节事和营利性节事；按照活动的特点可划分为重大节事、标志性节事和一般节事等。总之，烹饪节事的分类方法多种多样。

二、烹饪节事活动的作用

举办节事活动的目的各不相同，总的来说可以带来经济效益、社会效益，具体的作用有以下几点。

（一）传承烹饪文化

烹饪文化需要通过一定的载体来表现，烹饪节事活动周期性的复现为传承饮食文化提供了有力保证。利用烹饪节事活动的定期开展，使人们在有形无形、有意无意地接受民族烹饪文化的熏陶和浸润，从而使烹饪文化在民众生活中得到延续与加强。

（二）促进烹饪技术交流

举办节事活动期间，围绕节事主题会举办多种形式的主题活动，包含公众参与、学术交流、贸易洽谈、主题展览等。对于学术交流来说，这些活动能够引入新思维新理念；对于市民和游客来说，提供了了解烹饪知识的窗口；对于举办企业来说，则有助于提高技术、引进人才；对于地方来说，有助于挖掘当地的烹饪传统文化，提升文化品位。

（三）塑造地域品牌形象

在策划和承办节事活动期间，会进行大量针对本地区特色和优势的宣传推广活动以及广告投放，活动期间还能够吸引大量参与者现场体验和感受，从而提升了本地区的美誉度与辐射力，在国内乃至国际范围内塑造地域的品牌形象。

（四）拉动民众消费

节事活动使大量的人流、物流、交通流、资金流、信息流等在举办地汇聚，建设、游览、购物、住宿等消费活动大量发生，同时烹饪节事带来的宣传效应也促进举办地产业的发展，城市的内需和外需迅速提高，大幅度拉动民众的消费。

第三节 国内外主要烹饪节事

一、国内主要烹饪赛事

（一）中华人民共和国职业技能大赛

为深入贯彻落实习近平总书记对技能人才工作的重要指示精神，经国务院批准，从2020年起，我国每两年将举办一届中华人民共和国职业技能大赛。

2020年12月10日至13日，由人力资源社会保障部主办，广东省人民政府承办，广东省人力资源和社会保障厅、广州市人民政府协办的中华人民共和国第一届职业技能大赛（简称第一届全国技能大赛）在广东省广州市举办。大赛主题为“新时代、新技能、新梦想”，共设86个比赛项目，其中世赛选拔项目63个、国赛精选项目23个。

2023年9月16日至19日，由人力资源和社会保障部主办，天津市政府承办的中华人民共和国第二届职业技能大赛在天津国家会展中心举办。本届大赛以“技能成才、技能报国”为主题，沿用上届做法，设置世赛选拔项目和国赛精选项目。其中，世赛选拔项目设63个竞赛项目，与上届相同，作为第47届世界技能大赛全国选拔赛，国赛精选项目设46个竞赛项目，比上届增加了一倍。世赛选拔项目“社会及个人服务”包含烘焙、糖艺/西点制作、烹饪（西餐）等，国赛精选项目“传统赛项”包含烹饪（中餐）、烘焙等项目。

（二）全国职业院校技能大赛

“普通教育有高考，职业教育有竞赛”。全国职业院校技能大赛，是教育部发起并牵头，联合国务院有关部门以及有关行业、人民团体、学术团体和地方共同举办的一项公益性、全国性职业院校学生综合技能竞赛活动。创办于2008年，每年举办一届，分中职学生组、高职学生组和教师组，宗旨是“大赛点亮人生，技能改变命运”。

经过多年努力，大赛已经发展成为全国各省、自治区、直辖市、新疆生产建设兵团和计划单列市积极参与，专业覆盖面最广、参赛选手最多、社会影响最大、联合主办部门最全的国家级职业院校技能赛事，成为中国职教界的年度盛会。

2008年6月28日，全国职业院校技能大赛烹饪技能大赛在天津青年职业学院开赛，比赛分为中餐热菜、中餐面点、中餐冷拼、果蔬雕4个项目。

2012年，全国高等职业学校烹饪技能大赛被正式列入全国职业院校技能大赛之中。当年6月12日，由教育部等23个部门、单位、行业组织主办，教育部职业教育与成人教育司、中国烹饪协会承办的“2012年全国高等职业学校烹饪技能大赛”在扬州成功举办。来自全国各个省、自治区、直辖市和计划单列市的34支参赛队，共300多名参赛选手展开了激烈的角逐。

（三）全国烹饪技能竞赛全国决赛

全国烹饪技能竞赛全国决赛是以提高厨师技术水准为目的举行的技术交流活动。从1983年开始，每五年举办一次。全国烹饪技能竞赛目前已举办九届，已成为我国餐饮业最具权威性和影响力的一项重大赛事（表10-1）。

表10-1 历届全国烹饪技能竞赛全国决赛简况

届次	举办时间	举办地点	备注
第一届	1983年11月7日—14日	人民大会堂	当时称“全国烹饪名师技术表演鉴定会”
第二届	1988年5月9日—18日	北京国际饭店	商业部、国家旅游局和中国烹饪协会等8个单位联合主办
第三届	1993年10月16日—23日分赛区个人赛，1993年12月2日—10日团体赛	西安、石家庄、武汉、苏州、北京	国内贸易部、国家旅游局、中华全国总工会和中国烹饪协会等九个部门联合主办
第四届	1999年10月18日—1999年12月14日	西安、杭州、石家庄、武汉进行清真赛、个人赛、快餐（套餐）赛，北京进行团体赛和大众筵席赛	国内贸易部、国家旅游局、劳动和社会保障部、中国烹饪协会等部门联合主办
第五届	2003年9月开始，2004年4月13日—16日团体赛和个人赛总决赛	分哈尔滨、昆明、徐州、广州、武汉、西安、杭州、石家庄、南京、拉萨等10个赛区，团体赛和个人赛总决赛在北京民族文化宫举行	中国商业联合会、中央直属机关事务管理局、国务院机关事务管理局、中国人民解放军总后勤部军需部、中国民用航空协会、中国烹饪协会等十二个部门联合主办
第六届	2008年5月26日—2009年4月初分区赛，2009年4月22日—23日总决赛	安徽、江苏、广东、西藏等全国28个分赛区，总决赛在原北京军区华北厨艺楼	由中国商业联合会、中国就业培训技术指导中心、中国烹饪协会等13家单位共同组织主办
第七届	2013年8月12日—2014年5月23日	总决赛在北京人民大会堂举行	中国烹饪协会、中国就业培训技术指导中心、中国财贸轻纺烟草工会全国委员会、共青团中央城市青年工作部和中国商业联合会共同主办
第八届	2018年9月—2019年7月分区赛，2019年9月25日总决赛	总决赛在天津水晶宫饭店举行	中国烹饪协会、中国财贸烟草工会、全国委员会联合主办
第九届	2024年11月17日—11月26日分19个分赛区，11月30日—12月3日总决赛	总决赛在郑州国际会展中心举行	中国烹饪协会、中国财贸轻纺烟草工会、中国就业培训技术指导中心、中国商业联合会、河南省总工会、郑州市人民政府共同主办

二、国际主要烹饪赛事

（一）博古斯世界烹饪大赛

博古斯世界烹饪大赛（Bocuse d'Or）是以世界最著名的法国大厨Paul Bucose的名字命名的烹调大赛，享有“厨艺奥运”之名，是一个面向顶级餐饮行业、美食行业以及豪华酒店行业的高级职业俱乐部式的行业展会。该赛事每两年举办一次，汇聚了全世界最著名的烹饪大师来一展风采，决赛地为法国里昂。

博古斯世界烹饪大赛于1987年由世界厨艺泰斗保罗·博古斯创办。每两年，世界各地才华横溢的厨师于一月底齐聚里昂，在这一世界顶级烹饪大赛上切磋厨艺。经过多年来的发展，这一盛会已被誉为“烹饪界的奥林匹克”。参加博古斯世界烹饪大赛已成为世界顶级厨师的梦想，他们更以参加这样的盛会为自己的最高荣誉。

2023年1月22日至23日，第19届博古斯世界烹饪大赛（Bocuse d’Or 2023）总决赛在法国里昂举行，来自全球的24支国家参赛队，纷纷献上精妙绝伦的厨艺作品，争夺博古斯“小金人”。

本届大赛分为两大主题，第一项是拼盘主题，主食材是安康鱼辅以扇贝，并在拼盘中搭配两道蔬菜配菜。另须制作一道单独盛放的配菜，要求融入选手自己国家的一种蔬菜、贻贝和烤面包丁。第二项是本届首次加入的“Feed the kids（喂饱孩子们）”环节。参赛者需以南瓜为基础，为孩子们制作一套营养与趣味兼备的三道式菜单，包括蔬菜冷盘、含鸡蛋的热菜和盘式甜点。旨在通过烹饪来培养年轻人对食物和味道的认识，并通过这个主题教育他们关于“健康饮食”的知识。

经过为期2天的激烈竞技，最终，丹麦队凭借扎实精湛的烹饪技法，以及出色的应变协调力，击败劲敌挪威队，继2011年、2019年后，第三次问鼎博古斯！挪威队、匈牙利队分获银牌和铜牌。中国队也荣幸获得参赛资格并在角逐中取得了良好成绩，夺得中国自2011年以来的最高排名。

2025年1月26日至27日，第20届博古斯世界烹饪大赛（Bocuse d’Or 2025）总决赛在法国里昂隆重举办。来自全球的24支国家参赛队，挥洒才华，追逐桂冠。历经2天的激烈角逐，24支代表队在5.5小时内完成托盘和餐盘两个主题的作品。最终，法国队凭借对国家本土风味的完美阐释和出色的烹调技艺，在4年之后，再次问鼎博古斯世界烹饪大赛。丹麦和瑞典分获银奖和铜奖。

知识链接

法国“美食教皇”：他让做饭成为艺术

“发现一款新菜，比发现一颗新星对人类幸福的贡献更大。”

一提到法国大厨，你眼前会浮现怎样的画面？是不是一个穿着白色制服，头戴高帽的胖厨师？

这个经典的厨师形象来自一个人，他就是法国餐饮界的泰斗人物，保罗·博古斯（图10-1）。

博古斯是一位连续拥有52年米其林三星荣誉的传奇大厨。他曾经让身穿白色制服、头顶高帽、手持锅铲的厨师形象深入人心。

2018年1月20日，这位“世纪厨神”溘然长逝，享年91岁，只留下美味在人间。法国总统马克龙哀悼他说：“全法各地的厨师都在厨房中为他同声哭泣。”

法国流传着这样一句话，“你可以不知道路易十四是谁，但你必须记得博古斯这个厨子！”

博古斯曾被《时代》周刊评为“60年来影响世界的人物”之一，成为唯二入选这一名单的法国人，另一位是戴高乐。如今，法餐在世界餐饮体系中能有如此顶尖的地位，博古斯功不可没。

图10-1 保罗·博古斯

1926年，保罗·博古斯诞生于法国里昂郊区的一个厨师世家，祖上7代都是大厨。博古斯是在后厨长大的，从9岁起就开始跟着父亲学习烹煮小牛腰子。青年时期，博古斯平静的生活被战争中断。18岁时，博古斯加入了戴高乐将军领导的武装力量“自由法国军队”。直到战争结束，博古斯才终于有机会重返心爱的厨房。20岁时，博古斯开始在知名餐厅——“布瑞兹尔妈妈”工作，后又师从名厨Fernand Point，学习到独一无二的精湛厨艺。

1956年，博古斯回到家乡，开始接手家族餐厅的生意。但那时，家族餐厅“柯隆桥餐厅”早已转手他人。博古斯回来之后，开始掌管餐厅后厨，只用了两年时间就带着餐厅摘下了米其林一星。柯隆桥餐厅在1960年又获得米其林二星，并在1966年最终荣获米其林三星。这一年，博古斯也终于把家族餐厅赎回，收归自己名下。

从接手餐厅到取得米其林最高等级，博古斯用了10年，此时的他在法国餐饮界已经是一个传奇。而后来博古斯声名大噪，还是因为一道特殊的菜肴。

这道菜肴名叫黑松露汤V.G.E.。V.G.E.是当时法国总统瓦勒里·季斯卡·德斯坦的名字缩写，在1975年爱丽舍宫的国宴上，这道菜肴登上了德斯坦总统的餐桌。

在浓郁的鸡汤里，博古斯富有创意地混合了昂贵的松露与鹅肝，还在酒杯状的汤盅上盖了一张烘烤制成的酥皮。用勺子轻轻一敲，酥皮会立即掉入汤中，汤汁的香浓混合着酥皮的松脆的口感，瞬间征服了德斯坦总统，也让博古斯一鸣惊人。

博古斯给法国饮食界带来的影响，更在于烹饪方式的革新。

还记得电影《料理鼠王》中，主人公接待美食评论家时的紧张场景吗？博古斯也曾经历过一位评论家的来访，但他只用一把青刀豆就征服了这个挑剔的食客。当时，著名美食评论家亨利·高尔特抱着怀疑的态度前来博古斯的餐厅试吃。而博古斯在花园里随手摘了一把青刀豆，简单用水煮过之后，只用橄榄油、青葱、食盐稍作调制，就把菜端上了桌。

结果这道简单的菜肴却让评论家颇感意外。在评论家品尝过的众多美食中，青刀豆带来的清新口感独一无二。而后，“新厨艺”的烹饪方法在全法国流行起来。

当时，业界把博古斯视为“新法餐”的创始人，不过博古斯却对这个标签不以为然，他甚至还戏谑地说：“哪有所谓的新法餐，我又没有创造什么新东西，我就是减少了东西而已。这个名字也不是我发明的。”“新厨艺，就是盘子里一无所有，而一切都在账单上。”

博古斯也是第一个走出国门，前往日本、巴西、美国开办餐厅的法国人。除了执掌餐厅，博古斯还创办厨师学校、出版图书，致力于把法国美食文化传递到世界的各个角落。

尽管功成名就，博古斯依然坚持“洗手做羹汤”，“发现一款新菜，比发现一颗新星对人类幸福的贡献更大”。只要一有时间，博古斯就会亲自到里昂中心市场挑选新鲜的食材。这个习惯，多年来从未改变。

资料来源：《东西南北》，2018年第6期第37页。

（二）中国烹饪世界大赛

中国烹饪世界大赛是世界最高水平的中餐比赛，素有“中餐奥林匹克”之称。大赛通常四年一届轮流在各国举行。参加每届中国烹饪世界大赛的参赛团队和厨师由各国中餐烹饪协会选拔。

中国烹饪世界大赛被誉为“中华餐饮奥林匹克”，自1992年至今，已先后在上海、东京、吉隆坡、广州、北京、新加坡、鹿特丹和温哥华举办9届（表10-2）。

中国烹饪世界大赛通过各国间中国烹饪技术表演与比赛，弘扬了中华饮食文化，发扬了中餐技艺，探讨促进了中餐业发展，开拓了中餐饮食市场，扩大了中国烹饪影响，提高了中国烹饪国际竞争力。

表10-2 历届中国烹饪世界大赛

时间	届次	地点
1992	第一届	中国上海
1996	第二届	中国上海
2000	第三届	日本东京
2002	第四届	马来西亚吉隆坡
2004	第五届	中国广州
2008	第六届	中国北京
2012	第七届	新加坡
2016	第八届	荷兰鹿特丹
2024	第九届	加拿大温哥华

（三）世界技能大赛

世界技能大赛（World Skills Competition，英文缩写WSC）由世界技能组织（World-Skills International，英文缩写WSI）举办，目前每两年举行一届，是最高层级的世界性职业技能赛事，被誉为“世界技能奥林匹克”。世界各国或地区在世界技能大赛中所取得的成绩，在一定程度上反映了这个国家或地区的技能与产业发展水平。中国于2010年10月7日正式加入世界技能组织。

世界技能大赛始于西班牙。1946年，为应对技能工人短缺的困境，西班牙举办了第一届全国职业技能大赛，以职业技能竞赛吸引年轻人接受职业教育。1950年，西班牙和葡萄牙携手，成功在西班牙马德里举办了第二届世界技能大赛。1953年，第三届世界技能大赛于西班牙马德里举办，除西班牙、葡萄牙以外，来自德国、英国、法国、摩洛哥、瑞士等国的选手首次参赛，标志着世界技能大赛参赛选手规模开始扩大。1958年，第七届世界技能大赛于比利时布鲁塞尔举办，这是世界技能大赛的赛场走出西班牙一国之界的首次尝试，标志着世界技能大赛的举办地开始向全球范围拓展。1971年，第二十届世界技能大赛在西班牙希洪举办，世界技能大赛举办频率也从之前的每年一届基本稳定为两年一届。

目前，世界技能大赛正式竞赛项目共划分为六大领域，即结构与建筑技术、创意艺术与时尚、信息与通信技术、制造与工程技术、社会及个人服务、运输与后勤。其中，社会与个人服务领域包括烘焙、糖艺/西点制作、烹饪（西餐）、餐厅服务和酒店接待等项目。

烘焙项目是指制作各种烘焙产品并将其投入市场以备商用，制作精致的装饰面包以供展示的竞赛项目。比赛中对选手的技能要求主要包括：制作各种各样的烘焙产品；利用自身技能制作精致的装饰面包；根据原料质量，食品卫生及安全等因素制作产品；调整配方并适应环境变化；工作效率高，用料节俭；艺术创新和创造等。

糖艺/西点制作项目是指运用自身的艺术才能和美食禀赋，在规定的时间和预算内，为不同场合制作精美绝伦、口味出众的高质量糖艺作品、糕点与甜品的竞赛项目。竞赛赛程为4天，共有4个模块。模块一是糖艺展示作品；模块二是庆典蛋糕制作；模块三是巧克力糖果制作；模块四是甜点制作，此模块属于神秘模块，考验选手的临场技能发挥。比赛中对选手的技能要求主要包括：环保节约、有序计划、卫生安全；理解不同原材料的特性并通过正确的生产技能加工原材料；理解食材的色彩搭配、口味组合和质地协调；用不同材料制作糖果、巧克力和糕点，运用巧思对其进行装饰。

烹饪（西餐）项目要求选手在16个小时内准备4道16份高质量菜品，包括汤、主菜、甜点。依据商业厨房规则，考核选手订购、储存、准备、加工食材和展示菜品的能力。赛前最后时刻揭晓主要神秘食材和举办国食材是项目的最大难点和亮点。

餐厅服务项目是指考核选手对客礼仪，推销技巧，桌前菜肴制作，酒水及咖啡制作还有不同种类西餐形式服务的竞赛项目。比赛中对选手的技能要求主要包括：具备广泛的国际餐饮知识；掌握一套完整的服务总规则；沉着、机智，良好的仪容仪表及行为举止，能与客人进行良好互动；灵活服务，根据不同场合提供适宜的服务；遵循职业健康与安全规范，最低浪费及环保操作的有关规范。

酒店接待项目是旅游服务业的一项竞赛项目，是酒店关键的形象窗口，更是一门对客接待服务艺术。经济全球化和人口流动变化以及交通的方便快捷，极大地推动了酒店旅游业的繁荣发展，同时对酒店服务管理的前台接待提出了新的更高要求。比赛中对选手的技能要求主要包括：职业形象、礼仪修养、沟通表达艺术、宾客公共关系、销售技巧、英语书面和口语表达、旅游文化知识、解决突发事件的能力、计算机互联网应用、收银知识、预订程序、接待问询、入住退房等业务知识和技能的熟练应用。这些服务技能决定客人的满意度，影响酒店服务的品质和声誉。因此，酒店接待是一个真正的国际化和全球化的职业，从业人员要具备较高的综合职业素养。

世界技能大赛中国组委会World Skills China标识（LOGO）见图10-2。

图10-2 世界技能大赛中国组委会标识（LOGO）

（四）世界奥林匹克烹饪大赛

世界奥林匹克烹饪大赛是世界厨师联合会认证的国际顶级专业赛事，1900年由德国厨师卡尔马索班兹在法兰克福创办，1956年起每4年举办一届，同期举办国际食品展会。百年间，越来越多的国家和专业厨师选手参与此项比赛并将在比赛中获奖视为从厨生涯的至高荣誉。中国商业部曾在1988年和1996年两次组建中国国家烹饪代表队，委派中国烹饪大师李耀云和葛贤萼等领队参加了第十七、十九届德国奥林匹克烹饪大赛，取得了七枚个人金牌、一枚银牌、一枚铜牌和一枚团体铜牌。由于种种原因，自1996年后，中国就没有组建国家烹饪队参加此项大赛。

近年来，随着中国综合国力的提高，中华美食文化的国际影响逐年提升，中国美食全球共享已成为大势所趋。时隔20年之后，中国烹饪队第三次参赛。2016年10月21日—25日，第二十四届奥林匹克世界烹饪大赛在德国埃尔福特市会展中心举行，来自全球45个国家和地区的代表队参加比赛，分为国家队、青年厨师组、专业组等多个组别，以及冷展台、热厨房、面点艺术等多个项目。中国烹饪国家队参加了22日的冷展台和24日的热厨房两大项目，在烹饪技艺、甜品艺术和热厨房三个项目评定中，分别斩获一枚银牌的佳绩再次让中国味道在世界舞台扬威。

2020年2月14日至19日，由世界厨师联合会主办，德国厨师协会协办的第二十五届世界奥林匹克烹饪大赛在德国斯图加特举行，大赛吸引了来自全球70多个国家、地区的专业厨师团队参赛。由中国烹饪协会组建的中国国家烹饪代表队荣获两项世界冠军、一枚金牌、三枚银牌、三枚铜牌9项大奖的优异成绩。

三、中国厨师节活动

“中国厨师节”活动始于1991年，由杨朝升、叶述先、朱刚发起创办。最初由济南、杭州、上海等全国十二大城市的厨师参加，名为“全国十二城市厨师联谊节”，这个名称一直沿用到1998年在上海举办的厨师节。1999年，从第九届开始更名为“中国厨师节”。2000年，第十届中国厨师节的规模和档次得到了进一步的发展。2003年，中国厨师节被正式列入国务院批准的餐饮行业振兴计划中的重大活动之一。2004年经联合国非政府组织同意，每年10月20日正式定为世界厨师日。截至2024年，中国厨师节已经在不同的城市成功举办了33届（表10–3）。

表10–3　历届中国厨师节简况

届次	时间	地点	组织	备注
第一届	1991年10月20日—26日	济南市	“十二城市联谊厨师节”，济南烹饪协会承办，济南市委、市人民政府、市人大、市政协支持	
第二届	1992年10月20日—26日	南京市	南京烹饪协会饮食集团承办，南京市人民政府支持	
第三、四届	1994年10月20日—26日	长沙市	长沙烹饪协会承办，长沙市人民政府支持	
第五届	1995年10月20日—26日	杭州市	杭州烹饪协会、市饮食公司承办，杭州市人民政府支持	更名为“全国大中城市联谊厨师节”
第六届	1996年10月20日—26日	合肥市	合肥饮食集团、市烹饪协会承办，合肥市人民政府支持	
第七届	1997年10月20日—26日	福州市	由福州市人民政府主办，福州市财政局、市烹饪协会承办	
第八届	1998年10月21日—24日	上海市	上海市黄浦区政府、市烹饪协会主办，上海杏花楼集团承办，上海市人民政府支持	
第九届	1999年10月26日—29日	天津市	国家内贸局、天津市人民政府共同主办	由原来民办公助改为政府主办，“全国大中城市联谊厨师节”更名为“全国厨师节”
第十届	2000年9月26日—29日	广州市	国家内贸局、广州市人民政府主办	

续表

届次	时间	地点	组织	备注
第十一届	2001年5月24日—28日	西安市	中国商业联合会、西安市人民政府主办	
第十二届	2002年10月25日—27日	成都市	中国商业联合会、四川省人民政府和世界中国烹饪联合会支持，中国烹饪协会和成都市人民政府主办	
第十三届	2003年10月15日—18日	南昌市	中国烹饪协会和南昌市人民政府主办，商务部、江西省人民政府、中国商业联合会与世界中国烹饪联合会支持	
第十四届	2004年10月20日—23日	福州市	中国烹饪协会、福州市人民政府主办	“劲霸调味品杯”第十四届中国厨师节暨中国海峡两岸美食节
第十五届	2005年10月18日—20日	武汉市	中国烹饪协会、武汉市人民政府主办，中国商业联合会、世界中国烹饪联合会、湖北省人民政府支持	暨第七届武汉（国际）美食文化节
第十六届	2006年10月20日	佛山市顺德区	中国烹饪协会和广东佛山市人民政府部门联合主办	
第十七届	2007年10月19日—31日	南宁市	中国烹饪协会、广西壮族自治区商务厅、广西壮族自治区旅游局、广西国际博览事务局、南宁市人民政府共同主办	暨2007南宁·东南亚国际旅游美食节
第十八届	2008年10月17日—20日	北京市	中国烹饪协会、北京市商务局、北京市西城区人民政府联合主办	
第十九届	2009年10月18日—20日	扬州市	中国烹饪协会、世界中国烹饪联合会、江苏省扬州市人民政府联合主办	
第二十届	2010年9月11日—13日	乌鲁木齐市	中国烹饪协会、乌鲁木齐市人民政府主办	暨首届中国清真美食节
第二十一届	2011年10月18日—20日	昆明市	中国烹饪协会和昆明市人民政府联合主办	暨首届滇池泛亚国际美食节
第二十二届	2012年10月20日—23日	开封市	中国烹饪协会、河南省人民政府主办，开封市人民政府承办	
第二十三届	2013年10月19日—21日	长沙市	中国烹饪协会和湖南省人民政府主办，由长沙市人民政府、湖南省商务厅承办，长沙市商务局、长沙市会展办、长沙市旅游局执行承办	
第二十四届	2014年5月30日—6月1日	烟台市	由中国烹饪协会、烟台市人民政府主办，市商务局、旅游局承办	
第二十五届	2015年9月10日—12日、13日、15日	广州市、香港和澳门	中国烹饪协会、广东省商务厅主办；广东省餐饮服务行业协会承办	中国厨师首次走进香港、澳门地区举办“中华美食推广日”等活动，首批注册中国烹饪大师授勋

续表

届次	时间	地点	组织	备注
第二十六届	2016年10月20日—23日	渭南市	中国烹饪协会、陕西省商务厅、渭南市人民政府主办	
第二十七届	2017年10月13日—15日	重庆市	中国烹饪协会、重庆市商委共同主办	
第二十八届	2018年10月19日—21日	宜昌市	中国烹饪协会与宜昌市人民政府共同主办	
第二十九届	2019年9月23日—25日	天津市	中国烹饪协会与天津市商务局联合主办，天津烹饪协会承办	
第三十届	2021年7月26日—27日	张家口市	中国烹饪协会与河北省商务厅、河北省第24届冬奥会领导小组办公室、张家口市人民政府共同主办，由河北省饭店烹饪餐饮行业协会承办	
第三十一届	2022年11月17日—20日	潮州市	中国烹饪协会和潮州市人民政府共同主办	
第三十二届	2023年10月20日—22日	福州市	中国烹饪协会主办，福州市商务局支持	
第三十三届	2024年10月25日—27日	宜宾市	中国烹饪协会，宜宾国际会展集团有限公司主办，宜宾市餐饮烹饪行业协会协办	

四、中国美食节

中国美食节始创于2000年，由国内贸易部批准，由中国饭店协会联合有关地方人民政府及商务主管部门共同主办，多次被列为商务部重点支持展会（表10-4）。

表10-4　近年来中国美食节举办简况

届次	日期	地点	主办/协办	主题
第十六届中国美食节	2015年10月30日—11月1日	南宁市	商务部支持，中国饭店协会主办、广西烹饪餐饮行业协会协办	互联网+美食创新
威龙·第十七届中国美食节暨首届中国鲁菜美食文化节	2016年9月2日—4日	济南市	国际饭店与餐馆协会、济南市人民政府支持，中国饭店协会、济南市商务局、济南市旅游局联合举办	行业盛会、百姓节日
第十八届中国美食节暨第二届中国鲁菜美食文化节	2017年9月15日—17日	济南市	中国饭店协会主办	新美食、新鲁菜、新模式
第十九届中国美食节暨2018中国无锡锡菜美食文化节	2018年10月26日—28日	无锡市	中国饭店协会、无锡市商务局、无锡市梁溪区人民政府联合主办	新消费、新零售、新美食
第二十届中国美食节暨第二届赣菜美食文化节	2019年11月1日—3日	南昌市	中国饭店协会、江西省商务厅和南昌市人民政府主办	好食材、大美食、新生活

续表

届次	日期	地点	主办/协办	主题
第二十一届中国美食节和第五届中国鲁菜美食文化节	2020年9月4日—12月3日	济南市	中国饭店协会主办，中国饭店协会餐饮业事业部、中国饭店协会会展部、中国饭店协会名厨专业委员会、阿里巴巴本地生活承办	寻乡味、促消费、迎小康
第二十二届中国美食节暨第七届中国（哈尔滨）国际西餐节、第五届餐饮业供应链博览会	2021年9月25日—29日	哈尔滨市	中国饭店协会、黑龙江省商务厅、哈尔滨市人民政府共同主办，哈尔滨市商务局承办，北大荒农垦集团有限公司冠名支持	助力乡村振兴、促进消费升级，赏美景、品美食
第二十三届中国美食节暨2023中国闽菜美食文化节、第六届中国餐饮业供应链博览会	2023年5月18日—20日	福州市	中国饭店协会主办，中国饭店协会餐饮业事业部、中国饭店协会会展部、福州市餐饮烹饪行业协会等承办	守正创新、闽菜发展
第二十四届中国美食节暨首届中国海洋美食文化节	2023年10月13日—15日	青岛市	中国饭店协会、青岛西海岸新区管委会共同主办	新消费、新场景、新未来
第二十五届中国美食节暨第二届闽菜美食文化节	2024年10月31日—11月2日	福州市	中国饭店协会主办	培育新质生产力、促进新闽菜发展

主题讨论

1. 烹饪节事活动有什么特点和作用？
2. 举办烹饪职业技能竞赛有什么意义？
3. 中国厨师节和中国美食节的现状怎样？

课后推荐阅读文献

1. 邵万宽. 美食节策划与运作［M］. 沈阳：辽宁科学技术出版社，2000.
2. 黎菲，刘嘉龙. 节事与活动策划［M］. 上海：上海交通大学出版社，2021.
3. 蒋昕. 节事活动运营管理［M］. 武汉：华中科技大学出版社，2021.
4. 裴齐容. 节事互动中的认同：文化治理的视角［J］. 旅游学刊，2020，35（11）：9-11.

11 第十一章 CHAPTER

世界烹饪概览

教学目标

◎知识目标

（1）掌握世界主要烹饪文化的分类，并能够分析各国烹饪文化的特点。

（2）了解各国特色美食，并能够比较分析不同国家美食的异同。

（3）分析全球化背景下烹饪文化的发展趋势，并能够阐述其对中餐发展的启示。

◎能力目标

（1）能够理解不同国家烹饪文化的特点，并阐述其形成原因和历史发展。

（2）能够尊重和包容不同国家的饮食文化和饮食习惯，并进行有效的跨文化沟通。

（3）能够介绍中国烹饪文化和特色美食，并能够介绍其他国家烹饪文化。

（4）能够借鉴其他国家烹饪文化的精髓，结合中国烹饪文化的特点，进行创新融合，并提出具有可行性的创新方案。

◎思政目标

（1）通过学习世界各国的烹饪文化，培养开放包容的态度，并尊重和包容不同国家的饮食文化和饮食习惯。

（2）通过分析全球化背景下烹饪文化的发展趋势，培养全球视野，并积极参与全球美食文化的交流与合作。

思维导图

- 世界烹饪概览
  - 欧洲烹饪
    - 法国烹饪：历史悠久，受意大利影响发展，分古典、家常、新派流派，面包、蜗牛等是特色美食
    - 意大利烹饪：是欧洲烹饪鼻祖，烹调简单自然，比萨饼、意大利面等很有名
    - 英国烹饪：受罗马、法国影响，选料简单，哈吉斯、炸蛋等是传统美食
    - 俄罗斯烹饪：受多国影响，口味浓郁，黑面包、红菜汤等是特色
    - 德国烹饪：肉制品丰富，喜欢生鲜，脆皮猪肘、香肠是特色美食
    - 土耳其烹饪：起源于中亚，重视食材新鲜，卡八、萨拉特是特色美食
  - 亚洲烹饪
    - 日本烹饪：融合“华食”“洋食”形成“东洋料理”，分本膳、怀石、会席料理，寿司、刺身是特色
    - 韩国烹饪：受游牧文化和佛教影响，善于用调料，冷面、拌饭是特色美食
    - 泰国烹饪：受多国影响，海鲜、蔬菜多，冬阴功汤、咖喱炒饭是特色
    - 印度烹饪：宗教色彩浓厚，素食文化突出，飞饼、坦杜里鸡是特色美食
    - 越南烹饪：融合中西方精华，以植物性食物为主，春卷、牛河粉是特色
  - 美洲烹饪
    - 美国烹饪：历史短，融合多国烹饪精华，快餐文化突出，肯塔基炸鸡、烤火鸡是特色
    - 墨西哥烹饪：历史悠久，融合印第安与欧洲烹饪，以玉米、辣椒为主，托底拉汤、Taco饼是特色
    - 巴西烹饪：受移民影响，原料多，口味重，豆饭、烤肉是特色美食
  - 大洋洲烹饪
    - 澳大利亚烹饪：食材多样，钟情海鲜，龙虾沙律、青豆啤酒汤是特色美食
    - 新西兰烹饪：食材新鲜独特，点心种类多，生蚝、奶油蛋白酥是特色美食
  - 非洲烹饪
    - 埃及烹饪：食材广泛，烧烤煮拌为主，电烤羊肉、酥嫩全羊是特色美食
    - 南非烹饪：融合多元文化，烤肉流行，烟熏蛇鳕、玉米粥是特色美食

案例导学

“全球化”的美食

吃这件事的意义，对每个人来说都有很大的不同。有人为美食而狂，甚至为了吃到某个地方的地道美食，不惜万里奔波。因为，总有些东西只有在当地品尝，才更新鲜，更地道，更给人以味蕾的奇妙享受。但奇怪的是，有时候在某个地方吃过了某种美食，当时觉得好吃得不得了，便迫不及待地带回去与亲朋分享，但是时异地移，离开了原来的环境，貌似相同的食物，却没有记忆中的味道了。况且，食物也并不仅仅是吃食，更是一种源远流长的传统和文化。

几年前，我带孩子去俄罗斯的索契参加当地的夏令营，吃了两周的俄餐。我们吃的是营地的食堂餐，大家按小组吃桌饭。每桌都会上一篮著名的俄罗斯列巴，配上一碟黄油。每个人都会有一份奶油汤或红菜汤，一块点心。蔬菜相对比较少，有时就是一勺煮豌豆。总的来说，热量很高。俄罗斯的黄油很香，我和同来的翻译姑娘为了黄油也会多吃两片列巴。终于，有一天她坚决地要求我管理好黄油碟，让离她远点，因为每餐多吃两片涂满黄油的列巴，让她的体重眼见地长。俄罗斯人体格健壮，跟这种高热量的饮食习惯有关吧。

全世界许多地方都有代表性的美食，或类似口味的系列食物。如，到新加坡必吃肉骨茶，去日本吃新鲜的海鲜寿司，到了法国要吃刚烤好的牛角面包，去印度得尝尝各种味道浓烈的咖喱美食。许多地方的食物就地取材，比如越南菜，会直接加入新鲜的香茅草或百香果汁调味，清爽可口。

作为一个移民国家，澳大利亚的食物很多元化。不同地方的移民，带来了世界各地不同的美食和饮食习惯，但时间久了，很多美食为了适应四面八方来的人，味道和形式都会慢慢地改变。我在墨尔本买到的寿司个大而且长，看起来有点像个大卷饼，卷着各种东西——炸鸡肉条、煮胡萝卜条、牛油果片，不一而足，感觉店家会把手边所有能卷进去的食材都卷进去了。倒是甜甜圈和小杯子蛋糕，味道和形状似乎哪儿都差不多，只是装饰会随心所欲。

资料来源：姜言薇.“全球化”的美食［M］，中国财经报，2020-04-18（6）.

“全球化”的美食”一文，以其生动的个人体验，为我们揭开了世界烹饪画卷的一角。它真切地描绘了我们在异国他乡品尝“地道”美食的期待与困惑——为何那曾经惊艳味蕾的滋味，离开了故土便似乎不再纯粹？这恰恰触及了美食最核心的魅力：它不仅仅是满足口腹之欲的“吃食”，更是深深植根于一方水土、承载着悠久传统与独特文化的“无形遗产”。

本章将带领我们跨越五大洲，深入探索丰富多彩的烹饪世界。我们将领略欧洲烹饪的精致典雅与多元并存，感受亚洲烹饪的深厚底蕴与独特魅力，体验美洲烹饪的融合与活力，品味大洋洲烹饪的新鲜与多元，并一窥非洲烹饪的质朴风情与独特智慧。

在探索各地烹饪特点、代表性美食及其背后的文化故事时，我们将思考：全球化如何影响着世界美食的交流与发展？不同烹饪文化如何在保持自身特色的同时相互借鉴、创新融合？

第一节 欧洲烹饪

欧洲是世界上经济较发达的大洲，它位于东半球的西北部，北临北冰洋，西濒大西洋，南隔地中海与非洲相望，东以乌拉尔山脉、乌拉尔河、大高加索山脉、博斯普鲁斯海峡、达达尼尔海峡同亚洲分界。主要国家有法国、意大利、德国、英国、俄罗斯、土耳其等。

由于自然条件、历史传统、社会制度和宗教信仰不同，欧洲各国的生活特点和风俗习惯有不少差异。从本质上说，欧洲的饮食文化没有太多人为的附加意义，饮食本身的任务只是满足人最本能的生理需要。欧洲人在烹饪方法上以实效为原则，体现在食品的原汁原味上以嫩、鲜、清、淡为标准。烹调时，对火候和时间把握得相当严格，既要保证食品内的有效营养物质不受破坏，又要保持食品原有的清香和纯正的原味。

欧洲烹饪长期以来诱惑着全球消费者的味蕾，有久负盛名的“西餐之王”美称的法国烹饪，被称为“欧洲烹饪鼻祖”的意大利烹饪，还有“家庭美肴”之称的英国烹饪以及实实在在才是真的德国烹饪等，这些烹饪文化共同诠释了欧洲烹饪的多样性。

一、法国烹饪

作为世界三大烹饪王国之一，法国的烹饪历史悠久，在西方最具影响和特色。但法国烹饪真正的发展始于16世纪亨利二世迎娶了意大利公主凯瑟琳·德·美第奇，随着公主嫁到法国，意大利文艺复兴时期盛行的烹调技艺、烹饪原料，以及华丽的餐桌装饰艺术也被带到了法国宫廷。这一时期使法国饮食在追求豪华、注重排场、烹调技术等方面迅速推进，并开始繁荣起来。

路易十四开始时期，法国烹饪进一步发展，宫廷餐宴排场盛大，菜肴品种繁多，豪华程度成为欧洲各国之冠。路易十四还举办全国性的烹饪大赛，获胜者会被授予“全法国第一食神”的功勋奖，这一奖项至今仍是法国厨师乃至全世界厨师梦寐以求的殊荣。之后的路易十五更是在此之上将法国烹饪进一步发扬光大，法国饮食的品种和品质大幅度提高，并从注重排场转移到注重食物小巧精致，不断创新品种上，法国烹饪逐渐自成体系。厨师们的社会地位也随之大为提高，厨师成为一项既高尚又富于艺术性的职业。

在法国大革命后，宫廷豪华饮食逐渐走向民间，成为大多数法国阶层都能享受到的佳肴。之后，拿破仑率军南征北战，法国烹饪随着拿破仑的大军传至各国，法国厨师也被各国聘请，法国烹饪的影响力传播到了欧洲各个角落，登上了“西餐之王”的宝座。精美的菜品、高超的烹饪技艺以及华丽的就餐风格让人们惊叹于法国饮食的华美，法国饮食以精致、浪漫、豪华、品位征服了世界，从而奠定了法国美食在世界上的地位。

随着时代前进的步伐，法国烹饪也不断地发生着变化。19世纪末，法国烹饪革命的代表人物艾斯科菲，针对传统的大排场法国烹饪提出“高雅的简单”的主张，并且简化菜单，合理调整菜点分量，创制了许多新名菜，提升菜点的装饰艺术，为法国烹饪的发展作出了重大贡献。近年来，法国烹饪不断地精益求精，并将以往的古典菜肴推向所谓的新菜烹调法，并相互运用，调制的方式讲究风味、天然性、技巧性、装饰和颜色的配合。

21世纪以来，法国人开始争取使他们的“烹饪和美食遗产”纳入联合国教科文组织的《人类非物质文化遗产名录》。2006年，在欧洲饮食史及饮食文化研究所、图尔大学的联合倡议下，法国顶尖名厨、知名学者、作家和文化界人士组成了一个法式烹饪“申遗”游说团，向文化部进言。游说团集中了法国当今3位厨神：连续40年荣获米其林美食指南三星级厨师（该项目评比的最高纪录）的保罗·伯库斯，以及另两位三星厨师米谢·格瑞哈和阿莱·杜凯斯，他们提出了“烹饪是文化”的口号。当时，联合国教科文组织刚刚在非物质文化遗产中添加了“无形的非物质文化遗产”。2008年2月23日，在第45届巴黎国际农业展开幕式上，法国总统萨科齐正式宣布法式烹饪的“申遗”决定，决心要让法国成为第一个将烹饪载入世界遗产名录的国家。2010年“法国大餐”申遗成功。

（一）法国烹饪特点

1. 选料广泛、讲究

一般来说，西方烹饪在选料上的局限性较大，而法国烹饪的选料却很广泛，还常选用稀有的名贵原料，如蜗牛、青蛙、鹅肝、黑菌、鱼子酱等，喜欢用各种野味，如鸽子、鹌鹑、斑鸠、鹿、野兔等，在普通原料上较偏好牛肉、小牛肉、羊肉、家禽、海鲜、蔬菜、田螺等，各种动物的肝、心、肠也可入肴；而且在选料上很精细，极重视原料食材的新鲜上等，善于使用新鲜的季节性原料，力求将原料最自然、最美好的味道呈现给食客。

2. 调味喜用酒和香料

法国盛产酒类，所以烹饪中也非常注重酒的使用，喜欢用酒调味。不同的菜点用不同的酒，有严格的规定，而且用量较大，如制作甜菜和点心常用朗姆酒，海鲜用白兰地酒和白葡萄酒，牛排使用红葡萄酒等。除了酒类，法国菜里还要加入各种香料，如百里香、迷迭香、月桂（香叶）、欧芹、龙蒿、肉豆蔻、藏红花、丁香花蕾等。各种香料都有独特的香味，放入不同的菜肴中，就形成了不同的风味。法国菜中胡椒最为常见，几乎每菜必用。

3. 注重火候和调味

法国人崇尚食物新鲜、讲究鲜嫩和原味，比较爱吃半熟或生的食物，烹饪时要求菜肴水分充足，质地鲜嫩，如牛排一般只要求三四成熟，烤牛肉、烤羊腿只需七八成熟，海鲜烹饪时须熟度适当，不可过熟，而牡蛎加上柠檬汁则完全生食。

法国烹饪注重突出食物的原汁原味，而不是烹调出的味道。沙司的使用以不破坏食材原味为前提，好的沙司要提升食物本身的风味、口感，而且什么菜用什么沙司，也很讲究，如做牛肉菜肴用牛骨汤汁，做鱼类菜肴用鱼骨汤汁，做羊肉菜肴要用羊骨汤汁，目的是把主料的原味带出来。有些汤汁要煮8个小时以上，使菜肴具有原汁原味的特点。

法国菜调味汁多达百种以上，既讲究味道的细微差别，还考虑色泽的不同，百汁百味百色，使食用者回味无穷，并给人以美的享受。

4. 三种不同的风味流派并存

法国烹饪有三种不同的风味流派并存：一是古典法国烹饪。它起源于法国大革命前，是皇室贵族中流行的菜肴，对烹饪的要求十分严格，从选料到最后的装盘都要求完美无瑕。二是家常法国烹饪。它源于法国平民的传统烹调方式，选料新鲜，做法简单。三是新派法国烹饪。它起源于20世纪70年代，在烹调上着重原汁原味、食材新鲜，口味比较清淡。

（二）法国特色美食

1. 面包

面包是法国人一日三餐都离不开的基本主食，83%的法国人每天都吃面包，长棍面包是法国最普通、最常见的面包，占面包消费总量的80%，法国每年要消耗长棍面包100亿根。无论是清晨面包店前排起的长队，还是大街上手拿面包大口啃食的行人，以及傍晚时分夹着长棍面包行色匆匆的归家人，都是极富法国特色的图景。法国面包品种达150多种，其中有一类是以牛角面包等为代表的奶油面包卷，法国人称之为维也纳甜面包。

2．蜗牛

提起法国菜，就不能不提法国蜗牛。法国人一直将食用蜗牛视为时髦和富裕的象征，每逢喜庆节日，家宴上的第一道冷菜就是蜗牛。据说法国人每年要吃掉三亿多只蜗牛，由于生产数量有限，蜗牛在法国变得愈发名贵，成为有钱人在隆重场合才能享受的佳肴，并升级成为法国的“国菜”。蜗牛营养丰富，极具药用价值，享有“肉中黄金”之誉。在众多食用蜗牛的国家中，法国蜗牛最有名气。

3．鹅肝

鹅肝被誉为世界三大美味珍馐之一，在法式套餐中往往以头牌的身份出现，在西方有“贵族食品”之称。其质地细嫩、风味鲜美、浓香奇特、入口即化、余味无穷，成为法国一道久负盛名的传统名菜和国宝级的美食。由于鹅肝是比较高贵、正式的法式菜肴，最好是配全麦面包吃，而且面包里还要嵌有核桃仁。法国是世界上最大的鹅肝酱生产国和消耗国，鹅肝酱已经成为法国烹饪的象征。

4．黑菌

黑菌又名“块菌”，是法餐中的又一经典美食代表。天然黑菌在烹饪界中有“黑钻石”之美称。而法国天然黑菌的珍贵程度可与黄金等价，即法国人常说的“一克黑菌一克金”，可见其珍贵和稀有。用黑菌烹调出的佳肴，既味鲜又极富营养，还是较为稀有的珍品。黑菌是法国鹅肝的绝佳搭配。

5．奶酪

法国奶酪闻名于世，法国人的餐桌上绝对少不了它，尤其在晚餐中，奶酪被称为主菜和甜点间的秘密武器，如果没有上奶酪，那么这餐宴席的档次就大打折扣了。法国有句谚语：如果哪天少了奶酪，哪天就没了阳光。现在法国生产的奶酪品种已超过400种，居世界第一，一年里每天都可以吃到不一样的奶酪，法国也是全世界奶酪消费最多的国家，奶酪和葡萄酒是法国烹饪中最为经典的元素。

知识链接

法国美食被列入世界非物质文化遗产

2010年11月，联合国教科文组织保护非物质文化遗产政府间委员会将法国大餐列入人类非物质文化遗产代表性名录，这是这个组织首次将一国的餐饮列入该名录。委员会成员认为，法式大餐已融入日常生活，成为个人或团体庆祝重要时刻的习俗。

法国大餐作为一种生活方式，是法国人日常生活中不可或缺的一部分。法国大餐被认为是世界上最优雅的美食，有专家指出，法餐透出的浓郁文化特色和独特的就餐礼仪是其申遗成功的重要原因。

然而，在快餐文化盛行的今天，“以慢为美”的法国饮食文化及礼仪受到巨大威胁。申遗成功后的3年，也是法国对食文化进行大力保护的3年：加强人才培养，对美食和烹饪的相关组成部分进行普查；加强食品产业和烹饪技艺的开发；鼓励美食旅行，在国际上进一步推广法国大餐……

自2011年起，法国美食节成为一年一度的国家节庆活动。官方数据显示，美食节受到各年龄段民众的欢迎，参与人数及活动场数越来越多。相比2012年，2013年与法国大餐相关的活动增加了一倍，达到7659场，共吸引约23万名法国美食行业专业人士参与。除了法国20余个大区和4个海外省的2000个城市参与举办了相关活动，更有86个活动在阿根廷、比利时、加拿大、美国、芬兰、日本、哈萨克斯坦、黎巴嫩和立陶宛9个国家举行。

目前，法国很多地方推出了美食烹饪基础课或是甜点烘烤课，旨在让法国年轻人放慢脚步，体味法国大餐背后的文化意味。

二、意大利烹饪

意大利地处欧洲南部的亚平宁半岛，居民绝大多数信奉天主教。自公元前753年罗马城兴建以来，罗马帝国在吸取了古希腊文明精华的基础上，发展出先进的古罗马文明，从而成为当时欧洲的政治、经济和文化中心。

在古代，意大利烹饪是西方烹饪中历史最悠久、最杰出的风味流派，也可以说是欧洲烹饪的鼻祖。意大利的烹饪源自古罗马帝国宫廷，并且在15世纪以前就拥有了独特的烹饪风格。在文艺复兴时期，意大利的烹饪艺术家充分展现出自己的才华，不仅制作出品种丰富、样式多变的菜肴，还制作出了以通心粉和比萨为代表的众多面食。这一时期，意大利饮食形成了独有的古朴风格，强调选料新鲜、烹饪方法简洁，注重原汁原味、菜式传统且有浓厚的家庭风味。例如，意大利面食以其多样的形状和丰富的酱料而闻名。意大利烹饪繁荣兴盛的局面，强烈地影响着其他西方国家，随着意大利公主嫁给法国国王亨利二世，作为陪嫁的30名厨师把意大利先进的烹饪方法和新的原料带到法国，极大地影响和促进了法国烹饪的发展。意大利烹饪这种繁荣兴盛的局面保持到16世纪末，以后它在保持自己特色与风格的基础上进入了长时间的平稳发展时期，欧洲烹饪的领导地位也由法国占据了。

（一）意大利烹饪特点

与法国菜相比，意大利饮食烹调简单、自然、质朴。虽然意大利菜比较简单，但是对菜的质量也是很有讲究的，各种菜都具有自己独特的味道。一直以来意大利菜都被认为有“妈妈的味道”，是因为意大利的妇女总是以自己庭院栽种的青菜、养的鸡、捕获的猎物，再加上母亲的爱，来烹煮出人间美食。

1. 讲究火候的运用

意大利烹饪非常喜欢用蒜、葱、番茄酱、奶酪，讲究制作沙司。烹调方法以炒、煎、烤、红烩、红焖等居多。通常将主要食材或裹或腌，或煎或烤，再与配料一起烹煮，从而使菜肴的口味异常出色，有层次分明的多重口感。意大利烹饪对火候极为讲究，很多菜肴要求烹制成六七成熟，而有的则要求鲜嫩带血，如罗马式炸鸡、安格斯嫩牛扒。米饭、面条和通心粉则要求有一定硬度。

2. 突出食材的本味

意大利烹饪注重食材的本质、本色，成品力求保持原汁原味。橄榄油、黑橄榄、干白酪、香料、番茄与玛萨拉酒（Marsala）这6种食材是意大利菜肴调理上的灵魂，也代表了意大利当地所盛产与充分利用的食材。最常用的蔬菜有番茄、白菜、胡萝卜、龙须菜、莴苣、土豆等。配菜广泛使用大米，配以肉、牡蛎、乌贼、田鸡、蘑菇等。

3. 面食品种丰富

意大利人善做面、饭类制品，几乎每餐必做，而且品种多样，风味各异。意大利面食已闻名世界，仅面条的种类就有几百个品种，面条的做法也有多种，在外形、颜色、口味的做法上是多姿多彩的。意大利面分为线状、颗粒状、中空状和空心花式状四个大类，用面粉加鸡蛋、番茄、菠菜或其他辅料经机器加工制成。其中最著名的是通心粉、蚬壳粉、蝴蝶结粉、青豆汤粉和番茄酱粉，有白、红、黄、绿多种颜色。这些粉大都煮熟后有咬劲，佐以各色佐料，馨香可口。意大利人还喜食意式馄饨、意式饺子、意式薄饼和米饭，意大利的米饭品种很丰富，口感硬，别有风味。

4. 区域差异，造就地方美食

意大利烹饪因其地理、历史和文化的多样性而闻名，通常被划分为四大区域类别：北部菜系、中部菜系、南部菜系和岛屿菜系（西西里与撒丁岛）。北部菜系以黄油、乳制品（如帕尔马干酪）、玉米粥、稻米（如烩饭）和肉类（如小牛肉）为主。受阿尔卑斯山和波河平原农业影响，气候寒冷，烹饪风格厚重。代表菜肴有米兰烩饭、炖小牛膝、帕尔马火腿等。中部菜系以橄榄油、面包、豆类、野味和新鲜面食（如手工意面）为主。托斯卡纳的“简约烹饪”和翁布里亚的松露、野猪肉是典型代表。代表菜肴有佛罗伦萨牛排、佩科里诺奶酪等。南部菜系大量使用番茄、辣椒、橄榄油、硬质小麦（如杜兰小麦）和海鲜。受地中海气候影响，菜肴色彩鲜艳、风味浓郁。代表菜肴有那不勒斯比萨、普利亚橄榄油面包、卡拉布里亚辣酱等。岛屿菜系以西西里岛为典型，受阿拉伯饮食文化影响，善用海鲜、茄子和血橙，代表菜肴有西西里卡诺里卷、撒丁岛烤乳猪、金枪鱼排等。

（二）意大利特色美食

1. 比萨饼

比萨饼是一种由特殊的饼底、奶酪、酱汁和馅料做成的具有意大利风味的食品。上等的比萨必须具备四个特质：新鲜饼皮、上等芝士、顶级比萨酱和新鲜的馅料。饼底一定要天天现做，面粉一般用春冬两季的甲级小麦研磨而成，这样做成的饼底才会外层香脆、内层松软。纯正奶酪是比萨的灵魂，正宗的比萨一般都选用富含蛋白质、维生素、矿物质和钙质及低卡路里的莫扎里拉（Mozzarella）奶酪。人们习惯将比萨折起来，拿在手上吃，这便成为现在鉴定比萨手工优劣的依据之一。比萨必须软硬适中，即使将其折叠起来，外层也不会破裂。

2. 意大利面条

在外国游客心目中，象征意大利食品的是意大利面条。意大利面条一般是用优质的专用硬粒小麦面粉和鸡蛋等为原料加工制成的面条，具有高密度、高蛋白质、高筋度等特点，其制成的意大利面通体呈黄色，耐煮、口感好，因此正宗的原料是意大利面条具有上好口感的重要条件。意大利面条形状各异，色彩丰富、品种繁多，数量种类之多据说至少有500种，再配上酱汁的组合变化，可做出上千种意大利面料理。意大利面的酱料基本来说可分为红酱和白酱，红酱是用番茄为底的红色酱汁，白酱则是由面粉、牛奶及奶油为底的白酱汁，此外还有用橄榄油调味的面酱和用香草类调配的香草酱。这些酱汁还能搭配上海鲜、牛肉、蔬菜，或者单纯配上香料，变化成各种不同的口味。

3. 提拉米苏

提拉米苏（Tiramisu）是意大利最著名的甜点，是一种带咖啡酒味儿的多层次蛋糕，地道的意大利马士卡彭（Mascarpone）软质奶酪、松软轻柔的手指蛋糕、浓醇的意式Espresso浓缩咖啡与醇厚的意大利烈酒Marsala，上头再撒一层薄薄的苦香不甜的可可粉。吃到嘴里有芝士与鲜奶油的清爽奶香、蛋与糖的甜润、手指饼干的绵细、咖啡的苦甘、朱古力的馥郁和酒香的醇美，那种清凉、细腻和柔滑可使人错综复杂的口感体验演绎到极致。

三、英国烹饪

英国是在国际上具有重要地位和影响力的一个西欧国家，曾经被罗马帝国占领并控制过，其早期的烹饪文化也受到罗马帝国的影响，但大多数烹饪知识后来都失传了。公元1066年，法国的诺曼底公爵威廉继承了英国王位，带来了灿烂的法国和意大利的烹饪，为英国烹饪后来的发展打下了基础。11～13世纪，由于大量香料传入，使英国烹饪也像意大利、法国一样经常使用香料和其他调味品。14世纪时，英国宫廷的宴会崇尚豪华、气派，其规模和华丽程度已达到相当水平。16～17世纪，英国烹饪已形成了自己的特色，出现两种风格并存的局面：上层社会的烹饪以法国菜极其精美的风格为主；中下层社会尤其是下层社会的烹饪则更多地沿袭和推崇英国古老的传统，讲究简朴和实惠，不是按照名厨的菜谱做菜，而是按照家常菜烹制的习惯，做简单的烤肉、布丁和馅饼，初步形成了简约的烹饪风格，强调简单而有效地使用优质原料，并尽可能地保持其原有的品质和滋味。17世纪随着工业革命的到来，食品加工技术的改进使工业化食品成为英国简约风格的重要体现，也成为英国烹饪的重要组成部分。

（一）英国烹饪特点

由于受地理及自然条件所限，英国的农业不是很发达，粮食每年都要进口，而且英国人也不像法国人那样崇尚美食，因此英国菜相对来说比较简单，英国人也常自嘲不精于烹调，但英国传统早餐却比较丰富，世界闻名，素有“big breakfast”的美称，包括面包、咸猪肉、香肠、煎鸡蛋、麦片、蘑菇菜、烤菜豆、果酱、咖啡、茶、果汁等。英式下午茶也是格外的丰盛和精致，晚餐是一天中最丰富、最讲究的一餐，并对用餐时的服饰、座次、用餐方式等都有严格的规定，而且持续的时间也很长，晚餐对英国人来说也是生活品位的重要组成部分。

1. 选料比较简单

英国虽是岛国、海域广阔，但由于地理自然条件限制，渔场资源并不丰富，因此英国人不特别讲究吃海鲜，而是比较偏爱牛肉、羊肉、禽类和蔬菜等。英国的蔬菜品种繁多，如卷心菜、新鲜豌豆、土豆、胡萝卜等，但大部分蔬菜是从荷兰、比利时、西班牙等国进口的。英国传统美食如英式早餐（Full English Breakfast）和下午茶（Afternoon Tea）都体现了英国烹饪的特色。

2. 菜品口味清淡，原汁原味

简单而有效地使用优质原料，并尽可能保持其原有的质地和风味是英国烹饪的重要特色。英国菜的烹调对原料的取舍不多，一般用单一的原料制作，要求厨师不加配料，要保持菜式的原汁原味。

3. 烹调富有特色

英国烹饪根植于家常菜肴，因此只有原料是家生、家养、家制时，菜肴才能达到满意的效果，因而英国菜有“家庭美肴”“妈妈的味道”之称。英国烹饪相对来说比较简单，配菜也比较简单，香草与酒的使用较少，常用的烹调方法有煮、燃、烤、煎、蒸等。各种调味品如盐、胡椒粉、沙拉酱、芥末、辣酱油、番茄沙司等大都放在餐桌上，人们可以根据自己的口味来进行调味。

（二）英国传统美食

1．苏格兰名菜哈吉斯

苏格兰名菜哈吉斯（Haggis）是一种把羊的内脏如心、肝、肺加上羊板油，与燕麦粉、洋葱和香料混合在一起做成馅，放进羊肚里扎起来，然后煮上几个小时做成的食物。吃的时候通常用刀把馅从羊肚里挖出来，配上威士忌一起食用。

哈吉斯被誉为苏格兰的国菜。在英国著名诗人罗伯特·彭斯的《致哈吉斯》一诗中描写道，“哈吉斯是一种奇妙的味道浓烈的食物，即便最挑剔的孩子也会狼吞虎咽”。但是这种苏格兰食物却让很多外地的访客望而却步，因为单单是看原材料就有可能让人生畏。

2．苏格兰炸蛋

苏格兰炸蛋是一种将煮熟的鸡蛋去皮，裹上猪肉馅，蘸上面包屑，淋上一层蜂蜜，再裹上面包屑，然后放到油锅里炸至金黄的做法。

3．马麦酱

马麦酱（Marmite）是一种传统的英式食品，主要成分是酵母提取物加上一些香料做成，酵母提取物也就是啤酒酝酿过程中剩下的渣滓。马麦酱味道辛烈浓郁，呈膏状，颜色较深，味道和酱油有点相似，一般的吃法是涂在面包上，或与干奶酪搭配。

4．鳗鱼冻

鳗鱼冻（Jelliedeels）是东伦敦的一种传统小吃，做法是把新鲜鳗鱼加上醋和香料水煮之后，放置冷却会自然形成凝胶状，通常和馅饼、土豆泥搭配在一起。

四、俄罗斯烹饪

俄罗斯作为一个地跨欧亚大陆的世界上领土面积最大的国家，虽然在亚洲的领土非常辽阔，但由于其绝大部分居民居住在欧洲部分，因而其烹饪更多地接受了欧洲大陆的影响，呈现出欧洲大陆烹饪文化的基本特征。从历史的发展来看，俄罗斯的烹饪受其他国家影响很大，许多菜肴是从法国、意大利、奥地利和匈牙利等国传入后，与本国菜肴融合而形成的独特的菜肴体系。据资料记载，意大利人16世纪将香肠、通心粉和各种面点带入俄罗斯；德国人17世纪将德式香肠和水果带入俄罗斯；法国人18世纪初期将沙司、奶油汤和法国面点带入俄罗斯。沙皇俄国时代的上层人士非常崇拜法国，不仅以讲法语为荣，而且饮食和烹饪技术也主要学习法国。经过多年的演变，特别是由于特殊的地理环境、人文环境以及独特的发展，俄罗斯逐渐形成了自己的烹饪特色。

（一）俄罗斯烹饪特点

1．口味浓郁，用油较重

由于俄罗斯大部分地区气候比较寒冷，人们需要较高的热能，所以俄罗斯传统的菜品量大、油重，许多菜做完后要浇上少量黄油，部分汤菜上面也有浮油。俄罗斯菜口味浓厚，酸、甜、咸、微辣各味俱全，在烹饪中多用酸奶油、奶渣、柠檬、辣椒、酸黄瓜、洋葱、黄油、小茴香、香叶作调味料。烹调方法多用煎、煮、焗、炸、串烤和红烩。

2．冷菜丰富多样

俄罗斯冷菜包括沙拉、酸黄瓜、酸白菜、各种香肠、火腿、鱼冻、腌青鱼、鱼子酱等，一次家宴往往要上近十个品种的冷菜，其中鱼子酱颇负盛名。冷菜在烹调上要比一般的热菜口味重一些，并富有刺激性，这样便于促进食欲。调味上突出俄罗斯菜的特点，酸、甜、辣、咸、烟熏，有些海鲜是冷食的，以突出其鲜味。

3．汤菜种类繁多

在俄罗斯，人们午餐、晚餐必喝汤，汤的种类繁多，烹饪技巧千变万化。一般俄式汤可分为清汤、菜汤和红菜汤、米面汤、鱼汤、蘑菇汤、奶汤、冷汤、水果汤及其他汤。使用的清汤可制成调味汤、澄清汤和浆状汤。制作调味汤时，各种原料应放入调味汤和原汤内煮制。而制作澄清汤，则需将各种添加原料另煮熟，食前将煮熟原料放入澄清汤内。各种浆状汤是用事先煮好并擦碎过筛的原料制作而成。俄罗斯菜肴中清汤的含义，是指用鱼、肉、蘑菇等原料煮制，然后捞出各种固体原料而剩下的汤。

4．“慢餐”特色

传统的俄式西餐，从选材到制作工艺都应该可以达到“慢餐”的要求。而定期的歌舞伴宴，无论如何都会让人放慢进餐的速度，味觉、视觉、听觉的全方位享受，给“慢吞吞”找个绝好的理由。虽然俄式西餐在口味与菜品上与法餐大相径庭，但在用餐程序上的繁复程度上俄餐绝不比法餐逊色，客人到了这里不自觉地就放慢了速度。

（二）俄罗斯特色美食

1．黑面包

黑面包是俄罗斯人餐桌上的主食，口感有点酸又有点咸，俄罗斯人几乎可以每天三餐顿顿吃黑面包。烤黑面包是件很费事的事情，光和面和发酵就需要两天时间，做好的面包坯子放入俄式烤炉中用文火焖烤，出炉时面包底部能敲得啷啷响，色泽黑光油亮，切开香软可口，而且不掉渣，这才是黑面包中的上品。由于黑面包制作工艺复杂，所以俄罗斯主妇们一般都是到面包房去买。有一种叫“波罗金诺”是黑面包中的极品，烤制这种面包要用一种独特的配方，就是在黑麦面粉中加入天然香料籽，这种面包颜色黑黄，奇香扑鼻，并成为价格不菲的名牌食品。在俄语中，“面包加盐”是最珍贵的食物，具有非常重要的象征意义。面包代表富裕与丰收，盐则有避邪之说（俄罗斯人对盐十分崇拜，并视盐为珍宝和祭祀用的供品）。在每餐开始和结束的时候，大家都会吃上一片蘸着少许食盐的面包，以示吉祥。

2．红菜汤

红菜汤又名罗宋汤。顾名思义，红菜汤是由红菜为主要配料，同时以带骨牛肉熬制而成，最为地道，也很费时，需要两三个小时。材料有带骨牛肉、土豆、红菜头、卷心菜、番茄酱、大豆、胡萝卜、洋葱、黑胡椒、桂树叶、盐。红菜汤是俄餐中最大众化的美食，几乎家家都会做红菜汤，当然每个人的做法中都会融入一些自己的风格。

3．鱼子酱

鱼子酱是俄罗斯人餐桌上的最奢侈的享受。严格来说，只有鲟鱼卵才可称为鱼子酱，其中以产于接壤伊朗和俄罗斯里海的鱼子酱质量最佳。黑黑的鱼子酱在过去是皇室里的佳肴，即使在20世纪50年代，黑鱼子酱产量比现在高出10倍，但对俄罗斯人来说，吃一片抹黑鱼子酱和黄油的面包也是难得的享受。上佳的鱼子酱颗粒饱满圆滑，色泽透明清亮，甚至微微泛着金黄的光泽，因此人们也习惯了将鱼子酱比喻作“黑色的黄金”。吃的时候将鱼子酱放在装着冰的小巧器皿里，使其保持品质鲜美，同时可根据个人口味配上不同的辅料。最经典和大众的辅料是配上黄油和烘烤的白面包。至于在饮料方面，伏特加或是香槟都是能更好品味鱼子酱的上乘之品。

五、德国烹饪

德国位于欧洲中部，其烹饪在西方世界中并不是最出名的，它既没有法国烹饪、意大利烹饪那么有名气，也没有英、美等国烹饪对近现代世界的影响那么大。但每个国家都有其独特的烹饪，德国也有不少享誉世界的独特美食。

与欧洲其他国家一样，在18世纪之前德国普通老百姓的基础粮食是谷类，从18世纪开始则以马铃薯和面包为基础粮食。16世纪西班牙人从美洲将马铃薯引入欧洲。17世纪传入英国，一开始的时候马铃薯是奢侈食品，很快就变成一般民众的基础粮食。18世纪流传到德国，腓特烈大帝大为推崇马铃薯，并将马铃薯引介给德国人民，却遭拒绝。后来因德国农业收成不佳，德国民众开始接受马铃薯作为主食。18世纪时德国开始流行以面包作为主食。19世纪时德国饮食文化受到法国饮食艺术影响，当时贵族和商人之间流行吃法国菜。一般民众食用家中饲养的动物和院中栽种的蔬菜，并以香料植物调味，有钱人则从外国购进珍贵的香料植物。

（一）德国烹饪特点

1．肉制品丰富

德国的肉制品种类繁多，最典型的是拥有丰富的猪肉制品。德国人是食猪肉的民族，世界上没有其他菜系比他们更侧重于猪肉。由于肉类产量丰富，引发出储存的问题，所以德国人对肉类保存颇有研究，运用烟熏、腌制、盐腌、醋腌和硝盐等多种技术，由此而发展成一种独特的饮食文化。德国的火腿、熏肉、香肠等的品种有不下数百种，特别是巴伐利亚省所产的肉制品，其数量及品质均堪称第一。而这些肉类的制品大都是吃冷的，但也有不少香肠或熏肉是以热食为主的，而这类食品在食用时通常会附带酸菜、烤马铃薯及芥末酱。

2．喜欢食用生鲜

一些德国人有吃生牛肉的习惯，著名的鞑靼牛扒就是将嫩牛肉剁碎，拌以生葱头末、酸黄瓜末和生蛋黄食用。

3．口味以酸咸为主

德式烹饪善于利用酸菜烹制菜肴或作配菜，很多菜都带酸味，如具有代表性的酸菜煮猪肉，汤菜俱佳，肥而不腻。在调味品方面大量使用芥末、白酒、牛油等，很喜欢用啤酒来调味，别具特色。

4．区域特色明显

德国烹饪的地区文化特色比较明显，北部食物来自波罗的海，菜式有浓厚的斯堪的纳维亚半岛的风格；中部山川河流资源充沛，菜式较为丰富且分量大；南部受邻邦如土耳其、奥地利、西班牙及意大利的影响，口味较为清淡。

（二）德国特色美食

1．脆皮猪肘

脆皮猪肘是德国巴伐利亚州传统美食之一，它皮脆肉嫩，呈金黄色，脆而不干的外皮最具嚼劲，要和饱满入味的猪肉共同咀嚼。因为脆皮猪肘是很油腻的菜肴，一般要配上酸白菜和扮演主食角色的奶油土豆泥，酸白菜能降低菜肴的油腻感，让每一口都能保持鲜嫩的美味，因此酸白菜与德国猪肘可谓形影不离。吃脆皮猪肘时最重要的是再喝上一杯地道的德国巴伐利亚啤酒，因为酒精有化解脂肪的能力，多喝啤酒可以帮助消化。

2．香肠、火腿

德国食品最有名的是香肠及火腿，香肠种类起码有1500种以上，制作原料除多用猪肉外，还有牛肉、蔬菜、牛奶和洋葱末，甚至于猪和牛的内脏、舌头等，另外再加入盐、胡椒及豆蔻等香料。德国近乎一半的肉类是以香肠的形式消耗的。德国香肠的吃法繁多，不仅可直接水煮、油煎或烧烤，同时也可以做成沙拉、汤、热食，甚至生吃。大多数的香肠是以地区命名，表示添加了该地区特有的调味香料，同时也都有最能显现出香肠的风味，如图林根的烤香肠、纽伦堡香肠和法兰克福香肠。最出名的咖喱香肠来自柏林，香肠被切成细薄片，抹上调味番茄酱，再撒上薄薄一层咖喱粉，又香又鲜。德国的火腿一般分为腌制、煮制、熏制，最有名的“黑森林火腿”可以切得跟纸一样薄，味道奇香无比。

六、土耳其烹饪

土耳其烹饪艺术起源于故乡中亚，后来又吸收了地中海文化。数百年中，经过苏丹宫廷的精加工和丰富，土耳其烹饪口味追求朴素自然的传统一直保留至今。在宫廷烹饪之外，安纳托利亚地区也形成了自己的烹饪特色。作为世界三大菜系之一，土耳其烹饪影响遍及欧洲、亚洲、中东和非洲。

（一）土耳其烹饪特点

1．重视食材新鲜和健康

土耳其人以面为主食，喜欢吃各种形式的大饼和面包。肉类、蔬菜和豆类是土耳其烹饪的主要原料，而肉类以牛、羊、鸡为主。喜用番茄、青椒、酸奶和香料，菜肴味道浓烈鲜香。土耳其国内种植着各种各样的水果、蔬菜，又由于土耳其三面环海，盛产多种鱼类。所以土耳其菜全部使用新鲜的原料制成。

2．讲究菜肴的原汁原味

土耳其菜在烹饪时使用沙司和香料，但绝不会喧宾夺主，影响主料的自然口味。土耳其菜讲究原汁原味并以黄油、橄榄油、盐、洋葱、大蒜、香料和醋等作料加以突出。肉、鱼、菜必须新鲜，体现菜肴的原汁原味。调料爱用橄榄油、玉米油、蒜、糖、胡椒等。

3．制作方法变幻无穷

土耳其主要烹调方法是炖、煮、烤，肉、鱼、菜、面等制作方法变幻无穷。例如，欧洲人不常吃的茄子是土耳其的主菜，制作方式不下40种。

（二）土耳其特色美食

1．卡八

在土耳其，各种烤肉料理都称作“卡八”，最有名的称为“多纳卡八”，就是回旋式烤肉的意思。还有一种俗称土耳其汉堡的“考夫特”肉饼，肉汁也香。土耳其烤肉是利用十余种调料对牛、羊、鸡等清真肉类进行浸泡腌制后，采用旋转式烤肉机电加热烤熟后从烤肉柱上一片片削下，佐以沙拉菜、配料装入特制的面饼中食用。土耳其烤肉最大特点是现场制作，可视性极强，边转边削边吃。

2．萨拉特

土耳其是肉食者的天堂，蔬菜也鲜美，代表性的季节沙拉“萨拉特”，用的都是新鲜的蔬菜，如红薯、小黄瓜等，再淋上土耳其自产的优质橄榄油，清脆爽口；土耳其的番茄特别好吃，多汁又软硬适度，多吃不腻，是土耳其的首选蔬果。

3．派德

“派德”是土耳其人的主食，是一种面饼。有的像山东大饼一样韧劲十足；有切成丁字块、呈深褐色的碎派德；有刚出炉时膨胀得像小山，撕开后就平扁下来的膨派德；还有家庭小吃，犹如小比萨但没有奶酪的“起马勒派德”。派德是土耳其人吃梅泽、卡八的主食。

知识链接

世界非物质文化遗产——土耳其小麦粥

2011年，土耳其小麦粥入选人类非物质文化遗产代表作名录。小麦粥是土耳其婚礼、宗教节日等重要场合不可或缺的一道传统仪式菜。小麦必须提前一天在祈祷中清洗完毕，然后放到大石臼中，随着当地传统音乐的伴奏声进行研磨。

烹饪小麦粥通常在户外进行。婚礼或节日当天，由男女共同合作将铁壳麦、肉骨块、洋葱、香料、水和油添加到锅中煮一天一夜。到第二天中午时分，村寨里最强壮的年轻人用木槌敲打小麦粥，在人群的欢呼声和特殊的音乐声中，小麦粥被分给人们共同享用。这种饮食与表演相结合的方式，通过教授学徒而代代相传，已经成为当地人日常生活不可缺少的一部分。

联合国教科文组织认为，土耳其小麦粥通过代代相传加强了人们对社区的归属感，强调分享的理念，有助于推动文化多样性。

第二节 亚洲烹饪

亚洲位于东半球的东北部，东临太平洋，南濒印度洋，北达北冰洋。亚洲烹饪以其独特深厚的文化底蕴被世人所称道。其中，中国烹饪以其源远流长、内涵丰富的特点著称，强调色香味俱全和烹饪技艺的精湛。日本烹饪以其“东洋料理”的包容性、科学性与严肃性闻名，注重食材的新鲜和季节性。印度烹饪与宗教有着不解之缘，以其丰富的香料和独特的烹饪方法著称。韩国烹饪界近年来大力推动“韩餐世界化战略”，以其多样化的泡菜和烤肉文化受到全球关注。这些国家的烹饪文化共同构筑了底蕴深厚的亚洲烹饪体系，使其在世界烹坛独树一帜。

一、日本烹饪

在古代，日本烹饪文化受中国的影响很深，曾引进众多的“华食”。1868年明治维新以后，资本主义迅速发展，烹饪文化中又充实进欧美的“洋食”的成分。到了20世纪，日本则将“华食”“洋食”与大和民族的“和食”巧妙融合，形成独特的“东洋料理”。

（一）日本料理的种类

日本料理依地域可分为关东、关西料理，关东料理以东京料理为代表，口味较重些，尤以四喜饭闻名。关西料理以京都料理、大阪料理（又称浪花料理）为代表，较关东料理的影响大。原料取自濑户内海，其海产品味道鲜美肥嫩，尤以炸天妇罗著称。根据日本菜点的自身特色、形成过程、历史背景等，又可分为三类料理：本膳料理、怀石料理和会席料理。

1．本膳料理

本膳料理起源于室町时代（约14世纪），以传统的文化、习惯为基础，是正统的日本料理体系，也是其他传统日本饮食形式与做法的范本。本膳料理一般分三菜一汤、五菜二汤、七菜三汤等形式，其中以五菜二汤最为常见。烹调时注重色、香、味的调和，也会做成一定图案以示吉利。在吃本膳料理的时候，每个人面前都要放上小桌，菜和汤鱼贯入场。古时候，本膳料理在日本上层社会中颇为流行，至江户时期，它一方面变得极为奢侈豪华，另一方面也在一般平民中通过办红白喜事而逐渐推广开来，现在本膳料理的形式越来越趋于简化了。

2．怀石料理

在各类日本传统料理中，怀石料理的品质、价格、地位均属最高等级。怀石料理，最早是从日本京都的寺庙中传出来的，有一批修行中的僧人，在戒规下清心少食，吃得十分简单清淡，但却有些饥饿难耐，于是想到将温暖的石头抱在怀中，以抵挡些许饥饿感，因此有了“怀石”的名称。后来发展为少吃一些起到“温石”的效果，演变到后来，怀石料理将最初简单清淡、追求食物原味精髓的精神传承下来，发展出一套精致讲究的用餐规矩，从器皿到摆盘都充满禅意及气氛。怀石料理讲究环境的幽静、料理的简单和雅致，最不可少的菜式为一汤三菜，汤即日本独有的酱汤，三菜即生鱼片、煮炖菜和烧烤菜。

3．会席料理

会席料理是一种不拘泥于形式的丰盛的宴席菜式，也称宴会料理。随着日本普通市民社会活动的发展，产生了料理店，形成了会席料理。它以简化了的本膳、怀石料理为基础，也包括各种乡土料理。现在日本饭店里供应的宴席料理大多属于此类。

（二）日本烹饪的特点

1．食材新鲜、季节性强，以海味和蔬菜为主

日本烹饪强调食材的新鲜度，什么季节要有什么季节的蔬菜和鱼。其中蔬菜以各种芋头、小茄子、萝卜、豆角等为主。鱼类的季节性也很强，人们可以在不同的季节吃到不同种类的鲜鱼，例如春季吃鲷鱼，初夏吃松鱼，盛夏吃鳗鱼，初秋吃鲭花鱼，秋吃刀鱼，深秋吃

鲑鱼，冬天吃鲥鱼和海豚。肉类以牛肉为主，其次是鸡肉和猪肉，但猪肉较少用。另外，使用蘑菇的品种比较多。

2. 注重“五色五味五法”

日本烹调美学以五色（青、赤、黄、白、黑）为基础，强调视觉和谐，如刺身摆盘或怀石料理的季节性色彩；五味以甘、酸、辛、苦、咸为核心，辅以“旨味”（鲜味）形成独特风味平衡。传统宴席如怀石料理，依“一汁三菜”结构规范流程，体现侘寂哲学；烹饪技法则重刀工（切）、烧、煮、蒸、炸五法，尤以刺身刀工为精髓。

3. 菜品讲究拼摆与盛装

日本菜的拼摆独具一格，多喜欢摆成山、川、船、岛等形状，有高有低，层次分明。一份拼摆得法的日餐菜点，犹如一件艺术佳作。日菜的刀法和切出的形状与中餐、西餐不同。日菜的加工多采用带棱角、直线条的刀法，尽量保持食品原有的形状和色泽，同时还要根据不同的季节使用不同的原料。用不同季节的树叶、松枝或鲜花点缀，既丰富了色彩，又加强了季节感。同时，拼摆的数量一般用单数，多采用三种、五种、七种，各种菜点要摆成三角形，颜色注意红、黄、绿、白、黑协调，口味注意酸、甜、咸、辣、苦的搭配。

（三）日本特色美食

1. 寿司

寿司是日本料理中极具代表性的传统食品，日本人常说“有鱼的地方就有寿司”。所谓寿司是指在拌过醋的饭内加进生鱼片及其他材料的食物主要可分为四大工艺流派：将醋饭与生鱼片、海鲜或其他材料一起巧手捏塑而成的“握寿司”、包卷成筒形再切片的“卷寿司”、以木盒层叠压制而成的“押寿司”以及直接将生鱼与其他材料铺于白饭上的“散寿司”。值得一提的是，制乡土寿司是日本冠婚葬祭等活动不可缺少的组成部分，它包括捏制、模具压制和散制等。日本的乡土寿司都要使用当地盛产的海产品，在家庭内制作，由于这种寿司充满乡土气息，所以被誉为“家乡的美味”。

2. 刺身

刺身是日本料理的著名菜式，将新鲜的鱼、贝肉或牛肉等切成薄片，配以酱油和山葵泥（芥末）食用。其特点是造型美观、原料新鲜、口感柔嫩鲜美，带有刺激性调味料。常用材料包括各种海鱼和淡水鱼，如金枪鱼、鲷鱼等，也可使用螺蛤类、虾蟹、海参等。佐料主要有酱油、山葵泥或膏，还有醋、姜末等。刺身器皿多样，造型讲究。有些刺身需稍加热处理，如蒸煮或炭火烘烤。在日本料理中常作为套餐或桌菜的一部分，也可做下酒菜或单点特色菜。

3. 天妇罗

天妇罗是在油炸前先调味、挂糊，然后用油炸熟，并可以直接食用的油炸食品。先用面粉、鸡蛋与水和成浆，将新鲜的鱼虾和时令蔬菜裹上浆放入油锅炸成金黄色，吃时蘸酱油和萝卜泥调成的汁，鲜嫩美味，香而不腻。

二、韩国烹饪

韩国位于朝鲜半岛南部，北部与朝鲜接壤，东部濒临东海，与日本隔海相望。韩国人具有消费家畜肉类的饮食文化。1000多年前，新罗和百济在朝鲜半岛兴起，由于新罗和百济将佛教奉为国教，所以在他们统一的很长一段时间内食肉被禁止，食肉文化也渐渐地销声匿迹。后来到了高丽时期，虽然佛教依旧盛行，但随着游牧民族蒙古的侵入，吃肉的风俗又恢复了，韩国古老的烤肉文化也自然地再次复活。和蒙古的关系建立后，在当时的首都开城，出现了一种称作雪下觅的饮食，也就是今天的烤牛肉片。后来发明了一种即时烤肉的特殊装置，即在饼铛上钻洞，用饼铛下面的火来烤肉。朝鲜时代，奠定了儒家文化的统治地位，以孝为根本侍奉祖先，注重家长制的饮食生活，形成了像现在一样的韩国传统的饮食生活体系。从此可知，韩国的烹饪是自然背景与社会、文化环境相融合发展起来的。

2009年，韩国开始大力推动“韩餐世界化战略”，以推动韩餐跻身世界五大料理（中国料理、法国料理、意大利料理、日本料理和泰国料理）之列。2013年，韩国越冬泡菜文化入选联合国教科文组织人类非物质文化遗产。近年来，韩餐在世界范围内得到了广泛的传播和发展，韩国政府计划到2027年将全球韩餐产业规模扩大至300万亿韩元（约合人民币1.6万亿元），将海外的韩餐厅增至1.5万家。

（一）韩国烹饪特点

1．善于使用各种调料

在药食同源的饮食观念下，韩国人将生姜、桂皮、艾蒿、五味子、枸杞子、沙参、桔梗、木瓜、石榴、柚子、人参等药材广泛用于饮食的烹调上。因此有参鸡汤、艾糕、沙参凉拌菜等各种食物，也有生姜茶、人参茶、木瓜茶、柚子茶、枸杞子茶、决明子茶等多种饮料。调料和香料在韩国也被称为药念。韩国菜中使用的基本调料有盐、酱油、辣椒酱、黄酱、醋和糖等，人们一直认为葱、蒜、生姜、辣椒、香油、芝麻、芥末、胡椒等香料有着药性，所以经常使用。韩国菜与其他国家的饮食菜肴相比，烹制任何一道菜都至少要放五六种作料，因而颇具特色。大蒜、辣椒是不可缺少的调味品，还加入其他香辛佐料。佐料在韩国用汉字记作“药念”，即蕴含着“配上各种佐料的菜肴，就像补药一样有益健康”之意。“辣”是韩国料理的主要口味，韩国菜入口醇香，辣味后劲十足。

2．烹调方法多以烧烤为主

韩国饮食的烹调方法多以烧烤为主，口味比较清淡，少油腻，蔬菜以生食为主，用凉拌的方式做成。韩国料理中各式各样的小菜也很特别，味辣、微酸、不咸，如泡菜、酸黄瓜、麻辣桔梗、酱腌小青椒和紫苏叶……配上以肉为主的烧烤，倒是荤素相济，相得益彰。韩国人还离不开辣酱，泡菜里有，烤肉上有，面条里有，海鲜上有，生菜黄瓜蘸辣酱就是一道菜。煎饼是把蘑菇、角瓜、明太鱼、海蛎子、青椒、腌渍过的肉等，放入面粉和鸡蛋搅拌后，煎制成的类似煎糕的食品，吃时可配酱汁、小菜，既是主食又可下酒。

3．善于制汤

汤是韩国人饮食中的重要组成部分，是就餐时所不可缺少的，种类很多，主要有大酱汤、狗肉汤等。韩国人习惯吃饭时先喝口汤或先将汤匙放汤里蘸一下，称“蘸调匙”，韩食中的汤用蔬菜、山菜、鱼肉、大酱、咸盐、味素等各种材料制作。用酱油调咸淡的称清汤，用大酱调咸淡的称大酱汤；先清炖，然后再调咸淡的称清炖汤。

（二）韩国特色美食

1．冷面

冷面是韩国特有的食物，韩国冷面主要有“带汤冷面”和“干拌冷面”两种。“面”有以荞麦为原料制成的平壤式冷面，也有以马铃薯为原料制成的咸兴式冷面。面上加的配料以肉类、生鱼片、蔬菜或水煮蛋为主。带汤的冷面是将面泡在放凉的牛肉清汤里，放入切得很薄的牛肉和腌制的青菜一起食用；干拌冷面是放一些腌制的青菜和很辣的辣椒酱一起跟面凉拌着吃。

2. 拌饭

韩国拌饭是韩国料理中的又一特色，其中“石锅拌饭”是韩国独有的食谱。“石锅拌饭”是把黄豆芽等蔬菜、肉类、鸡蛋（生鸡蛋）和各种佐料放在白米饭上，然后盛在滚烫的石锅内，再加上韩国辣椒酱，搅拌后食用，其不但味道鲜美，而且形式独特，由于石锅很烫，锅底会留下一层锅巴，因为有多种材料的混合，锅巴更是好吃无比。

3. 米糕

米糕在韩国传统饮食中可称得上是节日食品的台柱子，吃米糕在韩国几乎是和吃谷物的历史一样长。韩国人在生日、回家、孩子的百天和周岁、结婚、祭祀时，制作糕饼祈求平安。春节或中秋节等节日也制作节日糕饼，节日送礼不能缺了米糕，尤其送娘家礼中不能缺，据说米糕里还含有诚心、爱心和孝心的含义。搬家的时候，还有做米糕分给邻居的习俗。

4. 韩国烧烤

韩国烧烤主要以牛肉为主，牛里脊、牛排、牛舌、牛腰，还有海鲜、生鱼片等都是韩国烧烤的美味，尤以烤牛里脊和烤牛排最有名。韩国烧烤分两种烤法：一种是将事先煨好的肉放在铁条钉成的平板上，下面用柴烤；另一种是在厚铁锅里煎。不管何种方式，肉料都会事先抹上油。刷油是为了在烤制时肉与烤盘不会粘连。最后加些葱丝，蘸些麻油和韩国酱料，再用生菜将熟肉包起来吃，味道醇香扑鼻，肉质鲜美爽嫩。

三、泰国烹饪

泰国位于东南亚中南半岛中部，它的西部与北部和缅甸和安达曼海接壤，东北边是老挝，东南是柬埔寨，南边狭长的半岛与马来西亚相连。泰国是临海的热带国家，土地肥沃，不仅栽种出丰富的稻米和蔬菜，更孕育出品种繁多的水果，因三面环海，海鲜产品丰富，为世界第一产虾大国，海味成为泰餐一大特色。

自17世纪以来，烹饪方法一直受到葡萄牙、荷兰、法国的影响。在17世纪后期，葡萄牙传教士在南美洲习惯了红辣椒的味道，于是在泰国菜中引入了红辣椒。但泰国对外来烹饪文化的吸收不是全盘照搬，而是采取“变通”的办法为我所用。例如，用椰浆代替奶，用香茅草、南姜等代替刺激性或味道偏重的调料。

（一）泰国烹饪的特点

1. 食用海鲜、蔬菜较多

泰国是一个临海的热带国家，绿色蔬菜、海鲜、水果极其丰富。因此泰国菜用料主要以海鲜（鱼、虾、蟹）、水果、蔬菜为主。

2. 调料独特

泰国菜的特点是酸辣、开胃，其调料很独特，有很多调料是东南亚甚至是泰国特有的。最常用的调料有泰国朝天椒、泰国柠檬、咖喱酱、柠檬草、虾酱、鱼酱、柠檬叶、香茅草等。泰国朝天椒是一种虽小但极辣的辣椒；泰国柠檬是一种东南亚特有的调味水果，味道和个体都有别于美国柠檬，美国柠檬口味略甜，而泰国柠檬个小、味酸、香味浓郁，往往使闻过它香味的人终生难忘，它主要用来做泰国菜的调料，泰国人几乎在每一道菜都会挤上柠檬汁，使每一道菜都散发出浓郁的水果清香，带有典型的东南亚味道；鱼露是一种典型的泰国南部调料，是像酱油一样的调味品，用一些小鱼、小虾发酵而成；咖喱酱是以椰乳作为基本调味料。泰国文化深受印度和中国文化的影响，有人说泰国文化的父亲是印度，从泰国菜中咖喱酱的影响便可以感受到。

3．烹饪技法丰富多样

泰国的烹饪技法既有传统的东南亚烹饪方式，也融合了中国、印度、西方等多国的烹饪技术。传统烹饪技法有蒸、烘焙、烧烤等，受中国影响的烹饪技法有炒、煎、炸等。独特的泰国烹饪技法有舂和拌等。舂通常用于制作沙拉或酱料。例如青木瓜沙拉，将青木瓜丝、番茄、花生等食材放入石臼中，用木槌舂碎，使其充分混合并释放出食材的香气。泰国的拌菜注重食材的新鲜和口感，通常会用到大量的香草和香料来调味。例如泰式牛肉沙拉，将新鲜的牛肉丝与香菜、薄荷叶、辣椒、鱼露、柠檬汁等调料拌匀，口感清爽，味道层次丰富。

（二）泰国特色美食

1．冬阴功汤（Tom Yum Goong）

这是一道经典的泰国酸辣汤，被称为“国汤”以虾为主要食材，配以香茅、青柠叶、辣椒和鱼露等调料，口感酸辣鲜美。

2．泰式咖喱炒饭（Khao Pad）

这道菜用咖喱粉和各种配料炒制而成，米饭吸收了咖喱的香味，使得每一口都充满了浓郁的咖喱风味。

3．Yum沙拉

Yum在泰语中是“混合物”的意思，指的是一种凉拌沙拉。Yum沙拉在泰国非常普遍，通常使用各种蔬菜、香草，有时还会加入油炸的蔬菜或肉类，口感新鲜、爽口，特别适合搭配米饭食用。Yum沙拉有多种类型，每种都有其独特的风味和制作方法。

四、印度烹饪

印度位于亚洲南部，是个民族、宗教众多、文化各异的国家，印度烹饪在世界上独具特色，也许没有一个国家的烹饪像印度那样，具有如此明显的宗教色彩，如此深刻的文化意蕴。

印度集中了世界上最多的宗教，其中对印度烹饪影响最大的是印度教和伊斯兰教。外来文化带来了不同的烹饪风格。随着时间的推移，当地传统的饮食文化和移民带入的饮食文化，在保持各自特征的情况下，通过相互交融，达到了相得益彰的效果。尽管各个地方都有自己的饮食特色，但由于受印度教的影响，印度大多数人是素食主义者，烹饪素食菜肴是他们的拿手戏。这通过印度人对豆类、蔬菜、腌菜、酸辣调味品花样繁多的烹调技巧以及酸奶的多种制作方法上得到了充分的体现。

印度穆斯林的烹饪传统是在16世纪莫卧儿帝国建立后发展起来的。在以后的200年间，莫卧儿食品日臻完美。现今印度的穆斯林仍保持着吃莫卧儿饭（印度炒饭）的传统。

（一）印度烹饪特点

1. 食材选择比较单一

印度人在食材的选择上，通常只是鸡肉、羊肉、海鲜和各类蔬菜。蔬菜主要有花菜、圆白菜、番茄、黄瓜、豆角、马铃薯、洋葱、冬瓜等。特别爱吃马铃薯，认为它是菜中佳品，不吃菇类、笋类及木耳。

由于宗教的原因，虔诚的印度教徒绝对不吃牛肉，因为他们把牛奉为神牛。穆斯林不吃猪肉，但食牛肉。在印度，由于印度教徒占人口的多数，牛肉成为禁忌。印度教徒和穆斯林都吃羊肉。虔诚的印度教徒和佛教徒是素食主义者，不沾荤腥，耆那教徒更是严格食素，连鸡蛋也不吃，但可以喝牛奶，吃奶酪和黄油。印度的素食者大约占人口的一半，因此可以毫不夸张地说，印度是素食王国，素食文化是印度烹饪中最基本的特色之一。

2. 调料使用多，咖喱是主角

印度菜所放调料之多，恐怕是世界之最，每道菜都不下10种。如咖喱、辣椒、黑胡椒、豆蔻、丁香、生姜、大蒜、茴香、肉桂等，其中用得最普遍、最多的还是咖喱粉。印度烹饪也可以称为咖喱文化，印度人对咖喱粉可谓情有独钟，几乎每道菜都用，每个经营印度饭菜的餐馆都飘着一股咖喱味。印度咖喱可分重味和淡味两种，黄咖喱、红咖喱和玛莎拉咖喱属重味，绿咖喱、白咖喱属淡味。一般来说，白咖喱与羊肉、绿咖喱与豆腐、玛莎拉咖喱与海鲜、黄咖喱与羊骨、红咖喱与鸡是比较好的搭配。

3. 讲究原汁入味，嗜好酸辣

烹调方法以烧、煮、烩、炸、炒为常见，又以烧、烤最为出色。坦杜里烤是用泥炉高温烤制面饼或腌肉，如坦杜里烤鸡。在口味上嗜好酸辣，成菜汤宽，重油重色。

（二）印度特色美食

1. 印度飞饼

“印度飞饼”是享誉印度的一道名小吃，在印度称之为“加巴地”，更应称作是一件绝妙的手工艺品。它是用调和好的面团在空中用“飞”的绝技做成，外层金黄酥脆，内层柔软白嫩，具有美味可口、浓郁香酥的特点。

2. 坦杜里鸡

印度最驰名的一道菜是“坦杜里鸡”，其名声犹如北京烤鸭。做法是把鸡腿、鸡块蘸满香料，放在炉子里用炭火烧烤而成。炉炭火烹调法是印度特有的烹饪方式，烤鸡出炉时味鲜肉嫩，十分可口。

五、越南烹饪

越南位于中南半岛的东部，由于古代受中国文化影响，加上受法国殖民多年，在烹饪上融入了中西方各自的精华，在长期发展、演变和积累的过程中又形成了自己的风格和特色。

（一）越南烹饪特点

1. 以植物性食物为主

越南盛产大米，人们日常的主食是粳米，有的民族以食糯米为主（如傣族）。副食品有各种蔬菜、肉、禽、蛋、鱼等。肉所占的比重很小，猪肉、牛肉、鱼肉和鸡肉是主要肉食原料。对越南人来说，蔬菜和水果是生活中不可缺少，天天都要吃的东西。越南蔬菜和水果极为丰富，多种多样，一年四季不断。

2．喜欢青菜生吃

越南人爱将鲜绿欲滴的各种青菜生吃，这是越南的传统吃法。青菜主要有洗净的空心菜、生菜、绿豆芽，还有各种香菜，如芫荽、薄荷等。生吃的青菜要蘸佐料，主要是鱼露、酸醋和鲜柠檬汁。越南地处热带，气候炎热，青菜生吃有生津降火的作用，且有助于消化和营养吸收。

3．烹调方法简单

越南烹调方法以蒸煮、烧烤、焗焖、凉拌为主，热油锅炒较少。越南盛行以生菜包裹油炸及烧烤的食物，他们认为这样能中和燥热，吃起来也非常清淡爽口。油炸或烧烤菜肴，多会配上新鲜生菜、薄荷菜、罗勒、小黄瓜等可生吃的菜一同食用，以达到“去油下火”的功效。菜肴以酸辣和清淡为特色，重清爽、原味，只放少许香料，鱼露、香花菜和青柠檬等是其中必不可少的佐料。

4．调料特殊

越南菜非常注重色、香、味，鱼露、葱油、炸干葱和花生碎粒是烹调时用于调香的四大金刚。鱼露的鲜香、葱油的浓香、炸干葱的焦香和花生碎粒的清香为越南菜增色不少。而香料的使用更是越南菜的重中之重，与印度香料最大的区别在于，越南的香料都是用新鲜的植物来做的。香茅，是越南菜里最常用到的一种调味的作料，带有一股浓郁的花香；柠檬草、罗勒、薄荷、芹菜给越南菜增色不少；洋葱、青葱、欧芹又为越南菜带来异国情调。

（二）越南特色美食

1．春卷

越南春卷是一款地道的越南民间小食，它是用米纸包裹木耳、粉丝、猪肉、虾米、芋头等各种馅料，用油炸过，色泽金黄，入口极其松脆。上菜时，小碟里是蘸料鱼露，小盘中装炸得金黄酥脆的春卷，小篮子里装的是生菜叶和薄荷叶。吃的时候用生菜加香花菜卷包炸好的春卷再蘸上鱼露，入口后满口的薄荷香气和鱼露的清鲜及酸辣，只一口就可降服味蕾。

2．蒸粉包扎肉

在中式料理中，经常会以薄面皮包裹肉类、蔬菜等。越南是用米做成的皮，来包肉类、海鲜、蔬菜等。扎肉是在法国香肠的启发之下土洋结合的产物，用香蕉叶把调好味道的猪肉碎扎起来蒸熟即可。这道菜是用“米皮”包裹木耳、粉丝、猪肉、虾肉、芋头等，外观微微透明，隐约可见其中丰富的馅料；清爽不油腻，不但色香味兼备，而且手艺细致精巧，颇具文化色彩。

3．牛河粉

越南河粉是越南出了名的庶民料理。牛河粉的做法是，以牛腩、牛骨、花椒、八角、香茅、香叶、白胡椒粒等煲出牛肉清汤。在牛骨汤底里加入生熟牛肉、牛筋丸、牛百叶、河粉等，上桌时还会附上番茜、三七、芽菜、辣椒、青柠、辣椒酱、海鲜酱等配料。吃牛河粉前先喝一口汤，感受一下汤底的原味。再将配料芽菜、金不换及番芫荽掐断放进汤内，挤点青柠檬汁后，味道才得以散发出来。辣椒酱和海鲜酱，是用来蘸牛肉吃的。牛肉嫩滑，河粉细腻，汤清开胃。

4．越式蔗虾

越式蔗虾在越南扬名已久，它的做法是将新鲜的虾肉剁碎后加调料搅成胶状，裹在去了皮的甘蔗外面，然后放在炭火上烤熟。外皮金黄酥脆，虾肉鲜嫩，同时又吸取了甘蔗的清甜，吃起来别有一番滋味。此菜的正宗食法是：上碟后抽出甘蔗，将虾肉连同小黄瓜、番茄包裹在生菜里，蘸自调的鱼露或酸辣酱吃，既香口又不腻，最后将甘蔗咀嚼吮汁以降火。

5．越式酸辣汤

该汤以鲜鱼为汤底，加入虾膏、蟹膏，再配以番茄、菠萝、越南酸梅、辣椒加以清炖，再加入酸菜叶、芫荽叶增香，最后洒上少许法国红酒，味道酸甜醒胃，鲜香无比，除了当汤喝外，也可泡米粉或饭来吃。

第三节 美洲烹饪

美洲位于西半球，西临太平洋，东濒大西洋，西北隔白令海峡与亚洲相望，东北隔丹麦海峡遥望欧洲，南隔德雷克海峡与南极洲相望。从地理上可分为南、北两个大陆。从人文与政治上来区分，习惯上分为包括了美国、加拿大两国的北美洲，以及包含了中美洲与南美洲的拉丁美洲。

美洲烹饪就是一个大熔炉。从阿根廷的潘帕斯大草原到美国平原，本土的配料和菜肴都已经被移民进行了改进。其中，以美国为代表的特色烹饪遍及美洲大陆，尤其是席卷世界的肯德基炸鸡，已在全世界形成了独特的快餐文化，虽然关于其健康的是与非还没有一个最终的定论，但它快捷、便利的美食理念却深入人心。还有菜肴口味很重的墨西哥烹饪，以及以烤肉的芳华征服了全世界胃口的巴西烹饪等。可以说，极具特色的美洲烹饪正在随着世界一体化的进程一道影响着世界烹饪的总格局。

一、美国烹饪

美国烹饪技术，与意大利和法国相比，虽然历史较短，但风格独特，深受其独特的地理气候和多元文化的影响。美国烹饪之所以能在西方饮食中占有一席之地，与美国独特的地理气候和人文风俗有密切关系。

美国位于北美洲南部，东临大西洋，西濒太平洋，北接加拿大，南靠墨西哥及墨西哥湾。土地辽阔，充沛的雨量，肥沃的土壤，众多的河流湖泊，是美国烹饪形成与发展的物质基础。除此之外，美国烹饪的形成与发展，还得益于美国是一个典型的移民国家。自从哥伦布1492年发现美洲大陆后，欧洲的一些国家就开始不断向北美移民，在此开拓殖民地。在开发当地经济的同时，他们也把原居住地的生活习惯、烹调技艺等带到了美国，所以美国菜可称得上是东西交汇、南北合流。但由于其中大部分居民都是英国人，且到了17世纪和18世纪后期，美国受英国统治，所以英式文化在这里占统治地位。现在，大部分的美国人是英国移民的后裔，美国烹饪也主要是在英国烹饪的基础上发展而来的，另外又融合了印第安人及法、意、德等国家的烹饪精华，兼收并蓄，形成了自己的独特风格。

美国烹饪以快餐文化著称，如肯德基炸鸡和汉堡包，这些食品以其快捷、便利的特点在全球范围内广受欢迎。此外，美国烹饪也融合了多种移民文化的烹饪技艺，形成了多样化的饮食风格。例如，南部的烧烤（如得克萨斯牛胸肉）和新英格兰的蛤蜊浓汤（Clam Chowder）都是美国烹饪的代表。

（一）美国烹饪的特点

1. 口味清淡，快餐文化突出

美国菜相对其他一些国家的饮食，口味较为清淡，不追求过于浓烈或刺激的味道。在烹饪过程中，较少使用辣椒、花椒等辛辣调料，而更多地保留食材的原汁原味，注重食材本身的口感和质地。传统的美国烹饪方式比较简单直接，以烤、煎、炸为主，较少使用复杂的烹饪技巧和调味料。例如，烤牛排、煎鸡胸肉、炸薯条等都是常见的菜肴，这些烹饪方式能够快速地制作出美味的食物，符合美国人的生活节奏。

2. 多元文化融合

美国是个开放的国度，其烹饪也呈现多元化态势，有的来源于法国，比如普罗旺斯式鸡沙拉，这道菜吸收了法国普罗旺斯地区善于使用香料的特点，但以美国人最喜爱的生拌形式（即沙拉）表现出来；而秋葵浓汤，是移居于美国路易斯安那州的法国移民所创造，如今，已经成为美国著名汤菜之一了；脆皮奶酪通心粉，主要原料和做法来源于意大利，而奶酪却使用了产于美国的切德奶酪。此外，其他国家移民带来的各种烹调方法，也被移植而最终成为美国菜肴的一员。印度人发明的咖喱粉，在美国烹饪中被制作成咖喱烤鸡；西班牙人最为拿手的米饭做法，也被美国烹饪吸收，制作出了葡萄干米饭、蘑菇烩饭、什锦炒米饭等；还有受到南美影响而创造出了各种辣味菜式，如辣味烤肉饼、辣椒牛肉酱、炖辣味蚕豆等。

在沙拉的烹调和使用上，突破了欧洲烹饪中沙拉多在宴席中做辅助角色的传统，而将沙拉大胆地使用在各种场合，作为开胃菜、甜菜、辅助菜甚至主菜。在这种开放思维的引导下，美国为世界创造出了五彩缤纷的各式沙拉菜肴，其中不乏经典之作。例如由美国著名大饭店华尔道夫酒店（Waldorf Hotel）创造的华尔道夫沙拉以及因美国著名女演员乔治·亚理斯（George Arliss）曾在演出中成功扮演了绿色女神而命名的绿色女神沙拉等。

3. 地域特色鲜明

南部以烧烤（得克萨斯牛胸肉、卡罗来纳猪肉）、炸鸡、玉米面包和粗燕麦粥（grits）闻名。新英格兰的蛤蜊浓汤（Clam Chowder）、龙虾卷、枫糖浆制品具有特色。西南部受墨西哥影响，常见辣椒、玉米饼和仙人掌料理。中西部的肉类加工和奶酪制品（如芝加哥深盘比萨、明尼苏达州“热菜”）不同一般。

（二）美国特色美食

1. 肯塔基炸鸡

一位名叫哈伦·桑德斯的美国人，原在肯塔基州开设了一家“可宾餐馆”。1955年，因一条新建高速公路正好要途经餐馆所在地，餐馆只得被拆除，于是这位已65岁的老板只能暂在近邻公路边的一辆破旧卡车内栖身，并依靠每月105美元的社会保险金过日子。由于桑德斯有一手烧菜的好本领，后来他想出一个主意：到其他许多家餐馆去传授用他独特配料烧炸鸡的技艺。从此时开始，他把这种日后被人誉为“吃了不肯放手”的美味佳肴定名为“肯塔基炸鸡”。

以炸鸡为主配套的快餐一经推出便风靡全国。后来桑德斯则因年事已高，乃决定以200万美元外加优厚年俸为条件将“肯塔基炸鸡”的名称与快餐经营权全部转让给他人，现在该炸鸡已席卷全世界，形成了连锁的肯德基快餐店，迷倒了无数的炸鸡爱好者。

2．布法罗鸡翅

布法罗鸡翅的发源地是纽约布法罗的锚酒吧（Anchor Bar）。这家酒吧于1935年开业，地处商业区的边缘，由弗兰克（Frank）和特蕾莎（Teresa）开创经营。然而，直到1964年10月的一个星期五晚上，特蕾莎第一次将酒吧里的辣点心混在了一起，沮丧中，她抓起一些存储着的鸡翅，把它们剁成更方便拿着吃的两半，然后将它们扔进锅里炸一下，最后再在上面涂上黄油和胡椒汁。这种味道浓郁的调味汁正好可以在午夜唤醒人们的味觉。

3．烤火鸡

在美国，每年11月的最后一个星期四是感恩节。感恩节是美国人民独创的一个古老节日，也是美国人合家欢聚的日子。感恩节的晚宴，是美国人最重视的一餐。上至总统，下至庶民，火鸡是必备的“珍品”。因此，感恩节也被称为“火鸡节”。烤火鸡是感恩节的传统主菜，通常是把火鸡肚子里塞上各种调料和拌好的食品，然后整只烤出，由主人用刀切成薄片分给大家。

4．阿拉斯加鳕鱼柳

阿拉斯加鳕鱼含有丰富的优质蛋白质和多不饱和脂肪酸，是理想的高蛋白、低胆固醇食品。它们以新鲜、味美和高品质而闻名于世，得到世界各国美食家的青睐。将鳕鱼切成块状，然后用调料和其他作料涂抹在鳕鱼块上，放入锅内炸至色泽金黄即可食用。

二、墨西哥烹饪

墨西哥的烹饪源远流长，有着4000年的历史。当1519年西班牙殖民者首次到达墨西哥时，他们发现了一个奇特而灿烂的世界，而最不寻常的是印第安人的食物。阿兹特克的妇女奉献出香喷喷的玉米薄饼，首都特诺奇蒂特兰（今墨西哥城）居民擅长烹制各种野味，常以龟、蛇、野鸡、斑鸠、鹌鹑、蜥蜴、松鼠等入菜。在阿兹特克国王宫廷里可见到当时世界最讲究的烹饪之一。

由于西班牙统治墨西哥长达300多年，所以墨西哥的烹饪技术也受到西班牙、葡萄牙、法国等欧洲国家烹饪的影响。可以说，现代墨西哥烹饪是印第安烹饪与以西班牙为主的欧洲烹饪的融合，但前者的成分大于后者。

（一）墨西哥烹饪特点

1．食材以玉米、辣椒和豆类为主

玉米是墨西哥人的面包，把玉米比作墨西哥文化的精髓一点不过分。玉米是墨西哥人的先民印第安人培育出来的，墨西哥国宴也是一盘盘玉米美食，包括面包、饼干、冰淇淋、糖、酒，一律以玉米为主料制成，令人大开眼界。至今用玉米做成的美食还是墨西哥人领先，人们可以用玉米制作出各种各样的食物。

除了玉米，墨西哥人还每顿饭都离不开辣椒，辣椒成了墨西哥人不可缺少的食品。墨西哥盛产辣椒，出产的辣椒估计有过百款之多，颜色由火红到深褐色，各不相同；至于辛辣度，体形越细，辣度越高，选择时可以此为标准。正宗的墨西哥菜，材料多以辣椒和番茄为主，味道有甜、辣和酸等，而酱汁九成以上是辣椒和番茄调制而成。墨西哥人爱把番茄、香菜、洋葱和辣椒切成碎块，卷在玉米饼里吃，甚至在吃水果时也要撒上辣椒粉。

和玉米一样，豆类食品也是墨西哥饮食中很重要的原料。墨西哥人很喜欢吃豆子，也发明了许多豆类食品的做法，比如辣豆烧牛肉、凉拌青豆等。另外，墨西哥有仙人掌国的美称，当地人喜食仙人掌，他们把它与菠萝、西瓜并列，当作一种水果食用，并用它配制成各种家常菜肴。

2. 有特色的酱料

墨西哥菜式以辣闻名，食物的烹调方法以烤、烧为主，而酱料的搭配更是烹调墨西哥菜中重要的一环。酱料是墨西哥美食里最有特色的，多是用墨西哥特有的热带雨林里的各色蔬果做成的。其中鳄梨酱比较特殊，是由鳄梨加上100多种原料混制而成的。墨西哥人更喜欢把辣椒和各种蔬菜一起制成酱料。墨西哥最著名的酱料，也是当地人最爱吃的有两种——萨尔萨和莫莱酱料。

（二）墨西哥特色美食

1. 墨西哥托底拉汤

托底拉汤是墨西哥很传统地道的汤，喝上一口，极其浓烈的酸味和大蒜味会让人倍感刺激，味道浓香萦绕于舌。食材有洋葱、番茄、大蒜、墨西哥碎薄片、玉米粒、牛油果。其做法是鸡汤加番茄、洋葱、大蒜、墨西哥碎薄片一起煲熟后，出汤底，食用时，先在空碗里放入墨西哥碎薄片和玉米粒，再将汤倒入，最后加入牛油果。

2. Taco饼（墨西哥玉米饼）

数百年来，玉米一直是墨西哥食品中的主角。而以玉米为原料制成的Taco饼也是墨西哥最基本、最有特色的食品。这是一种用玉米煎制的薄饼，煎好后形成荷包状，硬硬的、脆脆的，吃的时候，顾客可根据自己的喜好加入炭烤的鸡肉条或是牛肉酱，然后再加入番茄、生菜丝、玉米饼芝士等配料，看上去颜色格外丰富，就好似一件艺术品一般。包好以后，放入嘴中一咬，外面脆生生的，而里面却有香、辣、酸、甜各味俱全，刚柔相济、多味混杂，让人“爱不释口”。

3. 香辣牛扒

通常在餐馆里吃的牛扒，多数人是不加任何调料的，有时顶多加一点盐。不过墨西哥的牛扒却不一样，它是先用辣椒、盐等调料腌制好的，煎好后，即使不浇汁也非常够味。值得一提的是，人们通常认为新西兰的牛肉是上品，其实墨西哥的牛肉与新西兰的牛肉不相上下，滑嫩清香。

知识链接

传统墨西哥饮食：链条彰显全民共享性

“传统墨西哥饮食是一种文化模式，包含农业、仪式、古老技艺、烹饪技术以及自古传承下来的习俗和礼仪。囊括从种植、丰收到制作、享用的过程，整个链条彰显了传统饮食的全民共享性。”联合国教科文组织如此描述了墨西哥传统饮食。2010年，墨西哥传统饮食与法国大餐一同进入联合国非物质文化遗产代表性名录。

墨西哥以玉米、豆类和辣椒为主要食材的饮食世界闻名，其古老的烹饪方法和与饮食相关的传统习俗同样独具特色。蒙特雷的烤山羊肉、瓦哈卡的特拉尤达、米却肯的碎肉、普埃布拉的莫雷酱、遍布全国的鹰嘴豆汤和特拉尔佩尼奥汤、随处可见的酱汁和玉米饼……丰富多彩的菜品背后，独具特色的烹饪文化更加引人关注。据介绍，在墨西哥，大都是女性掌勺，她们围在一个大烤盘周围，一边交谈，一边准备食物。这是墨西哥传统烹饪的最大特点，在该国不少地区得到了很好的传承。

墨西哥在对传统饮食文化进行传承保护方面的成绩也是其入选的重要原因之一。政府和民间均对食文化非常重视，通过调查、研究和推出培训等一系列活动，推动古老食文化的传承。

三、巴西烹饪

巴西联邦共和国是拉丁美洲最大的国家，因为是欧、亚、非移民汇聚之地，其烹饪方式、饮食习惯深受移民国影响，所以各地习惯不一，极具地方特点。巴西南部土地肥沃，牧场很多，烤肉就成为当地最常用的大菜。东北地区人们的主食是木薯粉和黑豆，其他地区的主食是面、大米和豆类等。蔬菜的消费量，以东南部和南部地区居多。巴西的烹饪就是葡萄牙、非洲和美洲本土配料和烹调技巧的美妙结合。

（一）巴西烹饪特点

1．烹饪原料种类多

巴西人以大米为主食，黑豆也是当地重要食品，用来做黑豆饭。由于巴西畜牧业较发达，所以食品中肉类较多，常食牛羊肉、猪肉、鸡肉和各种水产品，喜欢番茄、白菜、黄瓜、辣椒、马铃薯、洋葱等各种蔬菜。

2．菜肴口味重

巴西菜口味很重，巴伊亚的料理以麻辣出名。大多数巴西人都爱吃红辣椒Pimenta，放多了的话可能辣得令人吃不消，放得适量的话，可能辣得非常过瘾。不过辣椒酱多半另外备置，随客人喜好自行取用。大多数餐厅供应独家调制的辣椒酱，有时还小心翼翼地谨防调制秘方为人所知。

巴西人喜爱麻辣味道，对中国的川菜最为推崇。调料喜用棕榈油、胡椒粉、辣椒粉等，对清蒸、滑炒、炸、烤、烧等烹调方法的菜肴偏爱，大多数人都爱吃红辣椒。

（二）巴西特色美食

1．巴西豆饭

巴西豆饭（Feijoada）堪称巴西的国菜，是将黑豆与各式各样的烟熏干肉，以小火炖煮而成。起初做这道菜时，用的尽是厨房切下不要的材料，因为那是给奴隶吃的，而今猪尾巴、猪耳朵、猪脚等都成了慢熬煨煮的材料。在里约热内卢，周末午餐吃“feijoada”已成了当地人的习惯，全餐包括米饭、切得细碎的甘蓝、奶油树薯粉和切片的柳橙。

2．巴西烤肉

巴西烧烤发源于巴西最南端的南里奥格兰德州（Rio Grande do Sul）,相传当地以放牧为生的高卓人经常聚集在篝火旁，烘烤大块的牛肉分而食之，这种烧烤方法传播开来，成为巴西独特的美食。烤牛肉是巴西上层宴客的一品国菜，也是民间最受欢迎的一道菜。烤牛肉不加调料，只在牛肉表面撒点食盐，以免丧失原汁香味；炭火一烤，表层油脂渗出，外面焦黄，里面鲜嫩，有一种特有的香味。

知识链接

地中海饮食的健康理念

联合国教科文组织于2010年11月将地中海饮食文化列入了西班牙、希腊、意大利和摩洛哥联合拥有的非物质文化遗产名录，肯定了它不仅是这些国家重要的历史和文化产物，也是对世界文明的巨大贡献。而在2013年12月联合国教科文组织保护非物质文化遗产政府间委员会第八次会议上，地中海饮食文化又新加入了葡萄牙、克罗地亚和塞浦路斯。

地中海饮食不仅为人们提供了健康合理的饮食结构，它同时也包含了多姿多彩的饮食文化，其中浓缩了地中海地区从餐桌到种植、收割、渔牧、储存、加工、烹饪直到进食的方方面面的技巧、知识和实践。同时，它也是当地人民习俗和节日庆典中离不开的重要内容。许多歌曲、谚语、神话、传说也都源于此。

地中海饮食深深扎根于当地的特色文化和多种多样的营养健康的食物特产，传承发扬了当地人民的勤劳和智慧。妇女在这个过程中起到了尤其重要的作用。她们精湛的烹饪技巧，勤奋的耕耘劳作，对宗教礼仪的广博知识为这种独特的饮食文化增添了亮丽的色彩。

联合国教科文组织在审核分析地中海美食的时候注意到了以下几点——地中海美食包罗万象，涵盖了烹饪知识、餐桌礼仪、与丰收有关的象征，包含了渔业文化和畜牧文化，还包含了食品的制作、加工及储藏，最为重要的是分享美食的传统。大家都坐在一起共同用餐，这是来自地中海国家的文化传统。餐厅是重要的社交场合，家庭成员聚集起来，其乐融融。

地中海的美食传统一代一代地传承下去，流传至今，成为一种提倡健康饮食的文化形式，这份美食文化的源远流长以及它对健康的益处也是其入选的原因。

第四节 大洋洲烹饪

大洋洲也是一个由各地移民所形成的洲，位于太平洋西南部和南部、赤道南北的广大海域，是世界上面积最小、人口最少（除没有国家固定居民的南极洲）的一个洲。其草原面积辽阔，畜产品供应可观，渔业资源丰富，是沙丁鱼、金枪鱼等的重要产地，这为她美食的开发与发展奠定了重要的物质基础。但大洋洲经济发展差异显著，澳大利亚和新西兰经济发达，其他国家则经济落后，所以大洋洲的烹饪文化基本上是以这两个国家为主体的。澳大利亚的佳肴美酒、传统与现代并存的新西兰烹饪，已将大洋洲的饮食文化日益彰显开来。

一、澳大利亚烹饪

澳大利亚位于南太平洋和印度洋之间，由澳大利亚大陆和塔斯马尼亚等岛屿组成。其四面临海，东南隔塔斯曼海与新西兰为邻，北部隔帝汶海和托雷斯海峡与东帝汶、印度尼西亚和巴布亚新几内亚相望。

澳大利亚是典型的移民国家，被社会学家比喻为“民族的拼盘”。自英国移民踏上这片美丽的土地之日起，已先后有来自全球120个国家、140个民族的移民来到这里谋生和发展。多民族形成的多元文化成为澳大利亚社会的一个显著特征。因此，澳大利亚成为一个荟萃多国烹饪文化于一身的国家。

（一）澳大利亚烹饪特点

1. 食材多样，钟情海鲜

澳大利亚食材丰富多样，肉、蛋、禽、海鲜、蔬菜和四季时令水果应有尽有，几乎全部是自产自销，很少依赖进口，而且品质优良，其中牛肉、海鲜、水果还远销世界各地。澳大利亚是全世界最大的岛屿，邻近的太平洋和印度洋海域，为澳大利亚提供源源不绝新鲜优质的海鲜，种类应有尽有，包括龙虾、生蚝、鲜虾、鲍鱼、带子、吞拿鱼、三文鱼、太阳鱼、鲈鱼、鳕鱼、河鲈和肺鱼等。在澳大利亚，海鲜美食不仅仅是一道道亮丽的菜肴，更成为文化、生活、自然风情的一道亮丽风景线。

2. 善于烹调，口味清淡

澳大利亚人也精于烹饪，只是不像我们中国人那样擅长调和百味来适应各种不同口味的食客。澳大利亚菜相对而言比较清淡，味道一般不会太咸，甜酸的较多，忌用辣椒，但常使用葱、姜、胡椒和番茄酱等。在烹饪中对菜肴的色彩特别讲究，即使是最普通的煎、炒、蒸、炸、熘、炖、煮，也很重视菜肴的色彩，成菜五彩缤纷、香气扑鼻。

（二）澳大利亚特色美食

1. 澳大利亚龙虾沙律

将澳大利亚龙虾治净，以上汤煨熟，放凉切片备用；鲜果用柠檬汁拌好，装在盘中间，撒上龙虾碎肉，浇上沙律酱，盘周围摆放龙虾片即成。上桌食用时视个人口味再淋上鲜果汁。沙律酸中带有鲜果味，爽甜开胃。

2. 澳大利亚青豆啤酒汤

锅中放入牛油，将洋葱丝、腌肉碎粒爆香，随即加入青豆炒香，再加入适量上汤、鲜奶、香叶及薄荷叶共煮15分钟，取出放凉至常温时，放入搅拌机中打成汤状。然后取汤加热，放入适量啤酒，其上再放甜忌廉点缀即成。

3. 澳大利亚芝士焗生蚝

澳大利亚鲜生蚝洗净、去泥肠。净蚝肉用牛油、洋葱块，白酒及适量精盐烩熟备用。土豆泥装在盘中垫底，放上洗净的生蚝壳，把蚝肉酿入壳内，然后淋上用烩生蚝的汁加芝士粉、甜忌廉和荷兰汁调成的味汁，撒上芝士粉，再焗至金黄色即成。此菜蚝甜嫩鲜香，芝士粉香酥脆，口味浓郁雅致。

4. 袋鼠扒

袋鼠是澳大利亚特产，袋鼠扒是澳大利亚菜的“专利”。袋鼠肉的纤维比牛肉粗，所以用袋鼠肉做菜更有“嚼头”。袋鼠扒和牛肉扒的做法没有太大区别，口感也差不多，只是袋鼠扒的肉营养价值更高。

二、新西兰烹饪

新西兰是一个被太平洋包围的岛国，土地肥沃富饶，草原和森林遍布全国。充足的阳光、丰沛的降雨量，造就了这个国家首屈一指的畜牧业、奶品业和种植业，再加上大量的移民，这一切使得新西兰的美食不仅新鲜而丰富，调制也别具风格。

新西兰作为英联邦的属国，饮食方面很长时间被牛排、薯片、卷心菜、鱼和熏肉所占据，千篇一律的烤肉和水煮蔬菜，以及就餐后的布丁，直到现在也仍旧是酒吧和乡村的主要食物。但移民国的特点赋予了新西兰烹饪的新变化，亚洲及各地移民带来的调料和烹饪技术，已使新西兰烹饪融汇了其他国家的烹饪技术，创造出利用当地食材烹饪出的美味佳肴。

（一）新西兰烹饪特点

1. 食材新鲜独特

新西兰的羊和牛总数比当地的人口还多，牛肉和羊肉的质量在世界上也是名列前茅。在英国和欧盟签订合作协议以前，新西兰是牛羊肉和乳制品最大的出口国。新西兰人特别喜爱吃羊肉，且羊肉风味多种多样。一岁左右的小羊味道清淡，十分受当地人欢迎。羜羊肉或羊肉常被用来做烤羊排，几乎没有羊膻味，肉质柔软，因而成为新西兰最普遍的菜肴之一。羊肉还常以香草腌渍，再炭烤或嫩煎，佐以酱汁，搭配芋泥或薯条，风味独特。

新西兰连绵的森林和原野，生存着大量的珍禽异兽。野鹿肉和野猪肉、野鸭全年都有货源。美国餐馆85%的鹿肉来自新西兰。对于其他国家的人来说，鹿肉是难得尝到的野味，可这在新西兰却是很平常的美食。野鹿肉的烹调方式跟羊肉和牛肉相近。新西兰的鹿肉，肉质柔软且味道鲜美，当地人经常做成肉排，味道较山猪肉更为清淡。现在大部分鹿肉都输送到德国，赚取外汇。海岸边的野鸭肥美，也是新西兰的美味食材。

2. 点心种类较多

新西兰的点心种类较多，酥皮肉卷、馅饼、甜点等都是人们喜爱的食品。奶酪及用奶酪做成的糕点品种也多。

（二）新西兰特色美食

1. 新西兰生蚝

新西兰生蚝肉营养丰富，含蛋白质高，且有人体必需的8种氨基酸，又含能促进儿童智力的微量元素锌，故有“益智海味”之称。其蚝肉晶莹透亮，鲜活饱满，既有海水微涩的咸味，还带着草木的清香、岩礁的微腥，口感清脆。新西兰独有的粉红色生蚝，被奉为世界顶级餐厅的极品。

2. 奶油蛋白酥

奶油蛋白酥是新西兰的国粹甜点。把蛋白和鲜奶油放在一起搅打，然后烘焙，吃的时候在顶部配上奶油和奇异果、西番莲或啤梨等水果块，别有风味。

3. 毛利传统杭吉大餐（Hāngi）

新西兰土著居民毛利人的传统烹饪方式，将食物放入地下土窑中烹制。通常包括鸡肉、猪肉、羊肉、南瓜、土豆和红薯等食材，保留了食物的原汁原味。

第五节 非洲烹饪

非洲位于亚洲的西南面，欧洲的南面，北面临大西洋和地中海，为世界第二大洲。现有56个国家和地区，按照地理方位，把非洲分为北非、西非、中非、东非和南非五部分。

非洲有浓密茂盛的热带雨林，有世界上最广袤的撒哈拉沙漠，有古朴粗犷的风俗民情，还有具有浓郁风情的美食。由于历史的因素，非洲的菜式在保留传统的烹制方法外，也吸纳很多法国菜式，另外也接受了来自意大利和中东阿拉伯国家的许多影响。茹毛饮血在今日的非洲已甚少出现，传统色彩浓郁的非洲饮食正在逐步走出非洲，迈向世界。

一、埃及烹饪

埃及是中东人口最多的国家，也是非洲人口第二大国，位于北非东部，领土包括苏伊士运河以东、亚洲西南端的西奈半岛。埃及是古代四大文明古国之一，在经济、科技领域方面长期处于非洲领先态势。

（一）埃及烹饪特点

1．食材特点

埃及烹饪广泛使用大米、黄豆、羊肉、山羊肉、家禽和鸡蛋，大量食用奶酪（山羊奶酪）以及酸制品，也喜欢用蔬菜作菜肴，在沿海区域流行鱼肴。由于埃及的国教为伊斯兰教，所以埃及人禁食猪肉。

2．烹调特点

埃及烹饪以烧烤煮拌为主，多用盐、胡椒、辣椒、咖喱粉、孜然、柠檬汁调味，口感偏重。埃及有两种风格的烹饪：在富贵家庭流行法国烹饪和意大利烹饪，在贫困家庭则以阿拉伯烹饪为主。多种菜肴成分中都加有葱、蒜和辣椒。

（二）埃及特色美食

1．电烤羊肉

在埃及的街头小吃店和大型招待会上，常竖立着一种U形柱状电烤炉，中间有一长金属棍，新鲜的羊肉裹叠在棍上，形成一个厚厚的肉柱。金属棍缓缓地不停转动着，油水不时滴下，“滋滋”作响，厨师站在一旁，用锋利的长刀把外层烤熟的羊肉一片片削下，放入盘内。另一盘内盛放着已切口的小圆饼。厨师将羊肉塞入饼内，再放进一些切细了的洋葱、番茄等，浇上调料，便成为快餐夹肉饼。温热的饼和鲜嫩的瘦羊肉，十分清香可口。据说这种烤法源于古代战场上无锅烤肉，战士们用战刀挑着肉烧烤的传统。

2．酥嫩全羊

烤全羊是埃及的一道大菜，是在婚庆喜宴和款待嘉宾时推出的最名贵的珍馐。制作方法是用香料把宰杀洗净的小羊羔周身涂抹一遍，放入调料中浸渍，将大米、松子、杏仁等塞满羊肚，然后放进制作的大烤箱内烤数小时。熟后，取出整羊，使其趴卧于大盘的中央，再把肚内的米饭和果仁掏出，置于四周。四溢的芳香、脆嫩的羊肉，令人垂涎欲滴。

3．大饼欧希

埃及人称大饼为“欧希”，意为“生活、生命”。它由面粉加盐和水发酵后烘成，呈扁圆形。主食面包呈长条状。埃及制作大饼的历史已有数千年之久，居民一日三餐不可无大饼或主食面包。

4．考谢利

“考谢利”是埃及特有的，从尼罗河三角洲南部到卢克索都有这种小吃。吃的时候，根据个人喜好加入适量由醋和辣酱制成的调料。加入调料之后，“考谢利”就变成辣味的了。一般加一勺调料，但这也因人而异。也可以加上一些炸圆葱和豌豆等。

5．锦葵汤

埃及尼罗河两岸，有时田野长得一片碧绿，它就是锦葵科植物之一种：锦葵。这种花非常美丽，既可供观赏，也是一种很好的食用植物。埃及人对锦葵汤津津乐道，十分喜爱。在阿拉伯语里，锦葵汤被称作“穆鲁黑子”，它的做法是：把它的叶子洗净晒干，然后把叶子粉碎，与羊肉、鸡、大米等一起煮汤。煮好的锦葵汤，浓绿黏糊，味道鲜美。

二、南非烹饪

南非位于非洲大陆的最南端，东、西、南三面濒临印度洋和大西洋，地处两大洋间的航运要冲。南非有浓密茂盛的热带雨林，有古朴粗犷的风俗民情，还有独一无二的非洲美食。

南非的烹饪，源自很多民族，是各种文化和传统的综合，反映了这个“彩虹国家”的文化多元性。

（一）南非烹饪特点

1．多元文化融合

受殖民历史、移民潮及奴隶贸易影响，南非烹饪融合了非洲本土、欧洲（荷兰、英国）、亚洲（印度、马来西亚）等地的烹饪技法与食材，形成了多样融合的烹饪艺术，包括英式、欧陆式、德国、葡萄牙、西班牙、匈牙利、马来西亚、印度和中国等。这种多样性使得南非美食种类繁多，从快餐到高档餐厅的菜肴，应有尽有。

2．烹饪手法多样，口味独特

南非烹饪手法以烤为主打，兼顾烩、炸等方式。烤肉在南非非常流行，被称为“Braai”，几乎成为生活方式的一部分。南非美食口味偏重，使用的香料量大，但与印度和墨西哥的浓烈辛辣不同，南非的辣味更加含蓄细腻。此外，来自亚洲的影响使得南非菜中也常见咖喱等调味料的使用。

（二）南非特色美食

1．南非烟熏蛇鲭（Smoked Snoek）

南非蛇鲭（学名Thyrsites atun）是南半球特有鱼种，肉质紧实呈蒜瓣状，适合烟熏或烧烤。传统做法是将处理好的鱼片用葡萄藤木冷熏，佐以本地柠檬和野生蜂蜜调味。

2．玉米粥（Pap）

Pap是一种用玉米面制成的粥，是整个非洲大陆的主食。本身味道较为清淡，但搭配恰卡拉卡（Chakalaka，一种辛辣的蔬菜酱料，由番茄、豆角和辣椒等蔬菜熬制而成）或肉类一起食用时，味道会变得非常丰富。

3. 布尔香肠（Boerewors）

南非国宝级香肠，名称源自荷兰语“boer”（农民）和“wors”（香肠）。根据《南非农业标准》（SANS 885:2011），正宗Boerewors必须含有90%以上肉类（仅限牛肉/羊肉/山羊肉），混合芫荽籽、肉豆蔻等香料，并以螺旋形盘绕为法定造型。

4. 南非烤肉（Braai）

Braai是南非烤肉的专有名词，类似于烧烤，但更强调户外烹饪和社交活动。南非人非常热爱Braai，几乎每个周末都会在户外生火烤肉。Braai的食材多样，包括鸡肉、羊肉、猪肉、牛排、羊排、海鲜等。通常会搭配玉米粥（Pap）和特殊的洋葱酱。

主题讨论

1. 外国烹饪在中国的发展历史和现状如何？
2. 外国烹饪对中国烹饪有哪些影响？
3. 如何理解“美食全球‘吃’中国，美食中国‘吃’全球”这句话？

课后推荐阅读文献

1. 娄晓琪，季燕京. 展示多彩生活 汇聚多元文化 亚洲与“一带一路”国家的美食文化[J]. 文明，2020（Z1）：12-13.
2. 叶玲. “一带一路”背景下中国饮食文化走出去研究——以《舌尖上的中国》里菜名翻译为例[J]. 东方企业文化，2017（S1）：13.
3. 陆剑希. 世界烹饪流派分类与形成因素的简要分析[J]. 食品安全导刊，2015（36）：72-74.

12

第十二章 CHAPTER

中国烹饪走向世界

教学目标

◎知识目标

（1）理解中国烹饪在世界烹饪体系中的独特地位，剖析其作为中国传统文化重要组成部分的深层内涵，明确中国烹饪走向世界对于传播中华文化的关键意义。

（2）了解中国烹饪走向世界的历史脉络，精准把握不同历史时期的交流特点与发展趋势，全面了解当前中国烹饪在国际上的发展现状。

（3）分析中国烹饪走向世界过程中面临的机遇，如全球化进程加快、中国国际影响力提升等；同时，深入探讨所面临的挑战，包括文化差异、饮食习俗差异、市场竞争等问题。

（4）掌握中国烹饪走向世界的各类主体，如政府部门、非政府组织、餐饮企业等所发挥的不同作用；清晰明确走向世界的多元途径，如政策推动、文化交流、市场拓展等的具体方式和实施要点。

◎能力目标

（1）具备分析中国烹饪在国际市场中的竞争力和不足之处的能力。

（2）能够提出推动中国烹饪走向世界的创新策略和方法。

◎思政目标

（1）坚定文化自信，认识到中国烹饪文化的深厚底蕴和独特魅力。

（2）培养全球视野和跨文化交流能力，促进中外饮食文化的交流与融合。

（3）崇尚工匠精神，鼓励传承和创新中国烹饪技艺，讲好中国故事，传播好中国声音。

思维导图

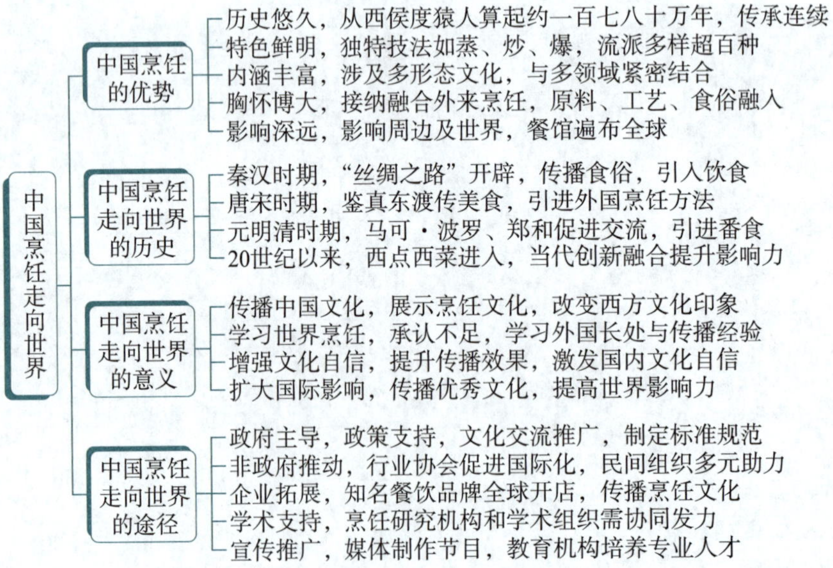

案例导学

中国烹饪技能正在征服世界冠军舞台

这激动人心的一幕，发生在2020IKA世界奥林匹克烹饪大赛上。

伴随着雄壮的国歌，一群身穿职业厨师服装的中国人阔步上台，队员们挥舞着手中的五星红旗。

当地时间2020年2月14日18时，2020IKA世界奥林匹克烹饪大赛暨INTERGASTRA在德国斯图加特展览中心隆重举办，本次大赛共有来自70个国家和地区的代表队、数百名厨师、糕点师参赛，规模盛大。由中国烹饪协会组建的中国国家烹饪队将与来自全球40多个国家的烹饪精英队伍展开激烈角逐。

最终，中国国家烹饪队荣获2项世界冠军、1枚金牌、3枚银牌、3枚铜牌共9项大奖的优异成绩。

这是属于厨师人的骄傲，是属于厨师行业的骄傲，更是属于整个中国的骄傲！

本次世界奥林匹克烹饪大赛是开赛以来参赛国家、选手最多、比赛项目最多的一届比赛。而中国青年厨师队是奥林匹克大赛百年历史上第一支来自烹饪大国——中国的青年厨师队伍。

近几年来，中国的青年厨师屡屡收获世界各项国际大奖：

中国青年厨师队在由世界厨师联合会认证的“艾伦·佟金咖啡壶杯世界青年厨师挑战赛”上获得银牌；

青年厨师汪志诚斩获圣培露S.Pellegrino世界青年厨师大赛——大中华区决赛区域半决赛冠军；

2020世界奥林匹克大赛中国青年厨师队摘得FHC国际青年厨师挑战赛金牌；

中国选手王胜荣获第四届亚洲西点师竞技大赛冠军；

……

每一份荣誉的获得，是汗水挥洒的结晶，是高尚品德的升华。

每一个沉甸甸的奖杯背后，是无数心血和精力打磨而成的责任。

世界荣誉的桂冠，都是用荆棘编织而成。

厨师人，正在用自己的努力和实力向世人彰显：中国烹饪技能，正在征服世界。

资料来源：搜狐网，2020-04-08.

党的二十大报告提出：“增强中华文明传播力影响力。坚守中华文化立场，提炼展示中华文明的精神标识和文化精髓，加快构建中国话语和中国叙事体系，讲好中国故事、传播好中国声音，展现可信、可爱、可敬的中国形象。加强国际传播能力建设，全面提升国际传播效能，形成同我国综合国力和国际地位相匹配的国际话语权。深化文明交流互鉴，推动中华文化更好走向世界。”中国烹饪历史悠久，博大精深。它经历了几千年的发展，已经成为中国传统文化的一个重要组成部分和世界烹饪文化宝库中的一颗璀璨的明珠。中国烹饪要不要走向世界？当然要走向世界。但是，为什么要走向世界，走向世界的历史是怎样的，在新时代又怎么样才能更好地走向世界呢？

第一节 中国烹饪的优势

当代中国烹饪的发展，已进入一个新的历史时期，世界范围内科学技术的进步，经济文化交流的日益频繁，尤其是中国自身的伟大变革，给中国烹饪的发展提供了前所未有的条件和契机。中国烹饪有它独特的民族文化特征，与世界各国、各民族的饮食烹饪相比较，更有自己的优势。

一、悠久的历史

中国不仅是世界上的文明古国之一，而且是世界上唯一文明传统未曾中断的国家。中国烹饪文化源远流长。研究表明，早在山西芮城西侯度猿人和云南元谋猿人时期，可能已经出现用火熟食的行为。如果从确切用火熟食的北京猿人算起，中国烹饪的历史至少已有五六十万年。这一漫长的历史为中华烹饪文化的形成和发展奠定了坚实基础。中国烹饪文化从产生之后，虽然经历了数十个王朝的兴亡更替，却一脉相承地传播下来。这一先后衔接相续的烹饪史之悠久漫长，在世界上还没有哪个民族能与之相比。更为难能可贵的是，经古人类学家认定，北京猿人直到山顶洞人以及在这一历史长河中，在中国地面上发现的古人类，都属于蒙古人种，都是现代中华民族的先祖，在数十万年的延续中至今没有中断过。故而其烹饪的历史与世界上其他民族，即使是四大文明古国中其他三个后来中断的文明古国相比，是唯一具有连续继承性的。这种历史的悠久性和继承的连续性是中国烹饪其他特点赖以产生、形成并不断发展积聚的基础，也是中国烹饪优势、生命力之所在。没有这一历史，就没有今天的中国烹饪。

二、鲜明的特色

中国烹饪之所以不同于其他烹饪，就在于它本身具有鲜明的民族性。比如，中华民族的博食，非其他民族可比。烹调技法中的蒸、炒、爆，是中华民族独有的烹调工艺之花，蒸之法产生距今6000多年前，炒爆至少也有2000多年，至今仍为我国独用。其他的如熘、煸、焗、烹、汆、拔丝等技法亦富有特色。即使方法相同或相近，中华民族也有自己一系列与之相应的调味、火候、操作工艺，生产出的美食与其他民族风味也迥然相异，一尝甚至一望而知。还有中华民族烹饪中的造型工艺，被公认为是独有的烹饪工艺奇葩，它把食用性与艺术性结合起来，在世界烹坛中一枝独秀。正是由于中华民族所独有的世界上数量最多、工艺最复杂的烹调方法，才生产出世界上无与伦比的数量最多、最为精美、最为丰富多彩的各种菜肴、面点、小吃等食品。中国烹饪风味流派的众多，在世界各民族烹饪中首屈一指。从不同角度看，大大小小的风味流派超过百种。地域性中大、中型的在二三十种以上，其中又包含数十种小的地区风味流派；56个民族有56个风味流派；因消费群体、生产主体不同又有宫廷、官府、市肆、民间等风味流派；因适应性、原料相异还有食疗、养生、荤食、素食等风味流派。各类风味流派又互相交叉，形成诸如地方性市肆、民间、养生、素食等风味流派。这些风味流派交相辉映，构成中华民族风味流派的洋洋大观。

三、丰富的内涵

中国烹饪文化内涵丰富，涵盖多个层面：从物质层面的烹饪原料、工具和产品，到行为层面的烹调工艺、饮食活动和风俗习惯，再到制度和思想层面的食制、食礼以及与饮食相关的观念文化，形成了一个多层次、全方位的文化体系。其涉及层次也非常丰富，如历史上各阶级、阶层、社会集团、群体各具有的食品文化、食俗文化、观念文化等，帝王不同于士大夫，农工商不同于僧侣道人。各有其雅，也各有其俗；各有其风尚，各有其审美观。中国烹饪文化的内涵也十分精深，从原料、工具、工艺、产品到饮食活动，无不体现出中国独有的、深邃的观念、思想等意识形态烙印。中国烹饪重食、重味、重养、重理、重雅、重美，深深渗透着对天人关系、伦理道德、社会人际关系、人生观、世界观的认识，总体显示出积极向上、开拓进取、经世济用的趋向。把烹饪和饮食活动与社会政治、经济、文化、艺术、思想、观念等结合得如此紧密并如此深广，在世界烹饪文化中是仅有的。同时，中国汗牛充栋的烹饪著作及资料积累之丰厚，也是其他烹饪文化难以望其项背的。

四、博大的胸怀

中国烹饪有着博大的胸怀，对一切外来烹饪在任何时候都采取兼收并蓄的态度。中国历史上，从来没有停止过民族之间以及和外国烹饪之间的往来。中国烹饪显示了来者不拒，为我所用的风范，凡“胡风”“胡食”“番食”“虏食”，只要传入中原大地，均受到热烈欢迎。汉灵帝“好胡食”，“京都贵戚皆竞为之”；唐代“贵人御膳，尽供胡食”，民间“胡姬酒肆”生意大盛；元代蒙古族、回族、畏兀尔、女真饮食，高丽、天竺茶饭，历代引进多不胜计的烹饪原料和外来烹调方法等等，都是极好的实例。即使清代闭关锁国、列强穷凶极恶掠夺中国之际，中国也不排斥西方的烹饪，相反西餐在此时大踏步进入中国，并在一些口岸城市站稳了脚跟。中国烹饪博大的兼容性来自中华民族本身历史上一直就是一个民族大融合的共同体，它使中国烹饪具有敢于开放、兼收并蓄的魄力。

中国烹饪对外来烹饪的兼收并蓄表现为先接纳再融合，许多烹饪原料、工艺和食俗经过演变后融入中国烹饪，成为中国烹饪的有机组成部分。如菠菜、马铃薯、玉米、甘薯、芫荽，等等，已成为中国最普遍的烹饪原料；饼的烤制、菜肴的茄汁制法、铁板烧等等，已是常用的方法；佛教的浴佛食俗、伊斯兰教的食俗等，也成为中国民间或中国穆斯林的食俗。由于这种“拿来主义”式的兼收并蓄，千百年来不知多少外来烹饪被“汉化”或“中国化”，融入了中国烹饪。也正由于中国烹饪在不断发展中能够博采广纳地借鉴吸收，才显现出所具有的强大力量，从而形成了一条波澜壮阔的烹饪大河。

五、深远的影响

历史上的中国烹饪，随着奴隶社会，尤其是封建社会的高度发展繁荣，极大地影响了周边国家和民族的烹饪。同时，随着直接或中介传播，中国烹饪还影响至中亚、西亚、欧洲、美洲各地。据史载在春秋战国时代，越南、泰国就受到中国烹饪的影响。秦汉至明清2000多年间，日本、朝鲜、越南、泰国以及西域一些国家一直或阶段性地为中国烹饪原料、工艺、食品、食风所影响。如日本的“料理”一词实为唐语；日本的食法、食谱、食典、食俗方面，均可见中国饮食的痕迹。名满世界的意大利面条是元代在马可·波罗引进中国面条制法的基础上发展而成的。大约在19世纪中叶中国菜传入美洲和欧洲，旧金山、渥太华、波士顿、伦敦均有中国餐馆。至于现在，中国餐馆已遍布世界各地。

随着中国改革开放的进一步深入、对外交流的更广泛发展，中国烹饪将在世界烹饪中占有越来越重要的地位。

第二节 中国烹饪走向世界的历史

从古至今，中外烹饪的交流从来没有停止过。中国烹饪“拿来主义”的兼收并蓄，使外来烹饪如道道流水，潺潺流进中国，成为中国烹饪的有机组成部分，汇成中国烹饪的汪洋大海。同时，中国烹饪“送去主义”的外向开放，使它如“润物细无声”的春雨洒遍世界，使世界不断认识和欣赏中国烹饪。正是这种精神，展示出中国烹饪无穷的魅力。

一、秦汉时期

先秦时期，我国与域外各国的交往是有的，但史料记载较少，往往都带有“天方夜谭”式的神话色彩。秦统一中国以后，特别是到西汉文、景、武帝时期，大汉帝国国力强盛，与外国的文化交流活动逐渐多了起来。从此我国中原地区与西北地区乃至南亚、西亚有了频繁的交往，这也促进了经济文化的交流和发展。后来班超出使西域30年，还有江都王刘建之女细君远嫁乌孙国王等友好活动，在中国与中亚、西亚各国之间，开辟了一条“丝绸之路”，中国文化迅速向外传播，西域文化也流向中原。

东汉建武年间，汉光武帝刘秀派伏波将军马援南征，到达交趾（今越南）一带。当时，大批的汉朝官兵在交趾等地筑城居住，将中国农历五月初五端午节吃粽子等食俗带到了交趾等地。所以，至今越南和东南亚各国仍然保留着吃粽子的习俗。汉明帝时佛教传入中国，到齐梁时期，南朝四百八十寺，寺院遍布全国，西南亚饮食进一步传入我国，华夏始有香积之厨。汉和帝与匈奴和亲，魏武帝与匈奴友好，南汉文明北传，北胡烹饪饮食习惯也进一步传入中国。

二、唐宋时期

隋唐时期，特别是在唐代，我国国力强盛，曾多方汲取各国优秀文化，外事活动空前频繁。先有法显、玄奘“西天取经”，后有鉴真东渡传教，外国王孙来朝受聘人员众多，波斯胡商云集长安、扬州、广州等地。仅日本一国就先后派出九批“遣唐使”，大批留学生来到中国，其中就有专门学习制造食物的（包括造酱）味僧。鉴真东渡时，携带了多种中国食品，其中有干胡饼、干薄饼、干蒸饼、落脂红绿米、甘蔗、蔗糖、石蜜（冰糖）等，豆腐也约在此时传入日本。至今日本人还奉鉴真为豆食始祖。唐代时，在中国的日本留学生还几乎把中国的全套岁时食俗带回了本国，如元旦饮屠苏酒，正月初七吃七种菜，三月上巳摆曲水宴，五月初五饮菖蒲酒，九月初九饮菊花酒，等等。其中，端午节的粽子在引入日本后，日本人又根据自己的饮食习惯作了一些改进，并发展出若干品种，如道喜粽、饴粽、葛粽、朝比奈粽，等等。唐代时，日本还从中国传入了面条、馒头、饺子、馄饨和制酱法，等等。

唐宋时，也有一些外国的烹饪方法传入中国。例如石蜜制法，源自西域。《唐会要》载："西蕃诸国出石蜜，中国贵之。太宗遣使玉摩伽佗国取其法，令扬州煎蔗之汁，于中厨自造焉，色味愈于西域所出者。"南宋杭州有味名菜叫冻波斯姜豉，即传自伊朗。被苏东坡赞之为"霜叶露芽寒更茁"的菠菜，也是唐太宗时从尼泊尔传入的。

三、元明清时期

元代，成吉思汗的大帝国横征欧亚两洲，元世祖忽必烈"用夏蛮夷"，大大推动了中外文化包括饮食文化的大交流。意大利著名学者马可·波罗旅居中国17年，足迹遍及长城内外、大江南北的重要城市，为两国经济文化交流贡献了毕生精力。他把中国面条带到意大利，经勤劳聪明的意大利人民发展创造，演变为今天举世闻名的意大利面条；与此同时，马可·波罗也给成吉思汗的子孙带来了意大利人民的佳肴美馔。

明代，三保太监郑和在1405年至1433年的28年间，率众7次下西洋，游历了37个国家，无疑促进了中外文化交流包括饮食文化的交流。明代明天启二年（1622年）来华的德国传教士汤若望在京居住期间，曾用"以蜜面和以鸡"制作的"西洋饼"款待中国人，使食者皆"诧为殊味"，于是效仿流传开来。明代中国食品又引进了番食，如番瓜（南瓜）、番茄（洋柿子，南美传入）、番薯（山芋的良种，从吕宋传入），等等。印度的笼蒸"婆罗门轻高面"，枣子和面做成的狮子形的"木蜜金毛面"等，也在元明时期传入。

清代康熙至乾隆年间（史称康乾盛世）我国对外文化交流范围更广。北疆的俄罗斯，大洋彼岸的非洲等，都与大清帝国有交往。到了晚清，不仅欧、亚、非、美四大洲，而且大洋洲也有了中国移民，中外饮食文化交流遍及全球。

四、20世纪以来

20世纪初，随着西方教会、使团、银行、商行的不断涌入，洋蛋卷、洋饮料、奶油、面包、牛排等西点西菜也进入了中国，并产生较大的影响。如面包、蛋糕不仅成为许多中国人的早餐食品之一，而且面包还常常作为炸制类菜肴的一种辅助原料。

20世纪80年代以来，随着改革开放的深入，西方先进的厨房设施、烹饪技术和管理营销模式不断引入中国，为中国烹饪的现代化发展提供了重要借鉴。通过引进和吸收，中国烹饪在设备更新、工艺改进、服务提升等方面取得了显著进步，同时也促进了中西烹饪文化的交流与融合。

进入21世纪，随着全球化的加速和中国经济实力的增强，中华美食在国际上的影响力显著提升。据相关统计，近年来海外中餐馆的数量以每年约10%的速度增长，越来越多的外国游客来到中国旅游，亲身体验中华美食的魅力。例如，2023年，全球中餐馆数量已突破100万家，其中在欧美主要城市的中餐馆数量占比超过30%。

中国政府和企业开始更加重视中华美食的文化输出和品牌建设。通过举办美食文化节、烹饪比赛、美食纪录片等形式，向世界展示中华美食的多样性和独特性。同时，一些知名的中餐品牌也开始走向国际市场，如全聚德、海底捞等，它们通过标准化管理和优质服务赢得了海外消费者的信赖。

在保持传统风味的基础上，中国厨师也开始尝试将中华美食与当地食材和文化相结合，进行创新和融合。这种跨文化的烹饪实践不仅丰富了中华美食的内涵，也使其更加符合现代人的口味需求。例如，分子料理技术的应用让中华美食呈现出新颖的形态和口感；而中西合璧的创意菜品则让中华美食在全球市场上更具竞争力。

随着互联网和社交媒体的发展，中华美食的传播方式也发生了革命性的变化。通过网络平台，人们可以随时随地了解到最新的中餐资讯和烹饪技巧；通过社交媒体分享自己的美食体验和心得，让更多人感受到中华美食的魅力。这种线上与线下相结合的传播方式极大地拓展了中华美食的影响力范围。

第三节 中国烹饪走向世界的意义

当前，国际上综合国力竞争日趋激烈，文化在综合国力竞争中扮演着越来越重要的角色。我国要在激烈的国际竞争中立于不败之地，实现中华民族伟大复兴，必须把提升对外文化交流能力作为一项重要战略任务。中国烹饪作为中国传统文化的重要组成部分，对创造良好的国际环境有着积极的现实意义。

一、让世界了解中国烹饪，理解中国文化

跨文化交流理论表明，双向交流、互动借鉴是世界各不同文化之间融合共生的有效途径。中国欲走向世界，首先得让文化走向世界，让世界更好地理解中华文化，积极参与国际文化交流，利用国际舞台传播中国文化。特别是在国外大肆传播“中国威胁论”情况下，加强对外文化交流，推动中华文化传向世界，让国外民众了解中国文化的核心价值观念，向国外解释、说明中国，已显得更有必要和有意义。

作为中国人，我们都自然而然地认为，中国是烹饪王国，烹饪文化历史悠久、丰富灿烂、博大精深，中国菜是世界上最好吃的美食，毋庸置疑，没有之一。不管去国外旅行或者生活一段时间，对中国人来说，最难受的就是吃不到中国菜。因此，我们也就理所应当地认为，全世界人民都喜欢中国菜，毕竟越来越多中国餐厅开满世界各地，享用中国美食的外国人也越来越多，从我们所知道的渠道了解到，每一个外国人似乎都非常喜欢中国菜，吃完纷纷竖起大拇指，好像中国最成功的文化输出就是美食了，也让我们颇感自豪。但实际情况是，好多外国人对中国烹饪存在很多我们不可思议的误解、片面和偏见，甚至“嫌弃”。[①]因此，中国烹饪走向世界的重要目标之一，是通过展示中国烹饪文化的博大精深和独特魅力，增进国际社会对中国文化的了解与认同，促进不同文化之间的相互理解和尊重，推动构建多元包容的文化交流格局。

① 刘小顺. 外国人对中国菜的“误解”到底有多深？你永远都想象不到！

二、更好地向世界学习

中国烹饪走向世界的另一个目的，是要学习世界烹饪文化。复旦大学葛剑雄教授说，承认自己的不足，是走向世界的第一步。[①]今天讲文化自信，也应当包括有魄力承认自己的不足，这才是真正的自信，而不是盲目的自信。我们中国烹饪也有不足的地方，还有一些问题在探索。中国烹饪走向世界，就是学习世界，看到不足，找出差距，努力学习外国烹饪的长处，博采众长，以丰富和发展自己。在对外传播上，也要借鉴其他国家经验，与时俱进，积极探索烹饪文化对外传播的专业化、市场化道路。

近几十年来，许多国外的烹饪涌入我国餐饮市场。外国文化与中国传统文化的碰撞，吸引了更多年轻人开始关注、喜欢西餐、韩餐、日餐等外国餐饮。年轻活力的消费群体是外国餐饮在全国各大城市遍地开花的坚实基础，外国文化的渗透为外国烹饪进入中国市场提供了有力的后备力量。引进的电影、电视剧中，外国烹饪的身影无处不在。虽然外国烹饪及其产品在亲情友情和文化传统、风土人情、饮食习惯等方面与中国烹饪无法比拟，但其有着资金、人才、技术、设备、管理、营销等方面的优势。国外许多快餐食品如炸鸡、汉堡包、比萨饼等原来都是地方传统烹饪成品，他们后来采用统一配方，大批量生产，品质稳定、经济实惠，在餐馆的经营管理上不断改进，所以在餐饮市场上很有竞争力。随着社会的发展，人们的工作、生活节奏进一步加快以及人际交往的需要，国外烹饪将越来越多地走进老百姓的日常生活中，对中国的传统烹饪形成了挑战。

三、有助于增强文化自信

文化是一个民族的精神和灵魂，是国家发展和民族振兴的强大力量。大力弘扬中华文化，推动中华文化走向世界，让博大精深的中华文化再现辉煌，对增强民族凝聚力、自信心和自豪感，构建社会主义和谐社会具有不可或缺的重要作用。

今天，当我们在考虑中国烹饪如何能够走向世界时，必须加强对中国烹饪文化的自信，也只有当我们对自己的文化有充分的自信了，才能够理性、稳步、踏实地走向世界。

首先，在中国烹饪在走向世界的过程中，不同层次的主体都有广泛学习和深入研究中国烹饪的需要。因为，在国际层面要增强我国烹饪文化的传播效果，对外烹饪文化交流工作者必须深入地认识与理解中华烹饪文化，选择符合传播对象的内容和形式，也就是中国文化，世界表达。同时，中国烹饪对外传播效果的提升，会促使中华烹饪文化在国际上的影响力大大提高。国际上的“中国烹饪热”必将带动国内民众对本民族烹饪文化的自信心和自豪感，这种动力会激发国民内心深处的对本民族烹饪文化的热爱，赞美中国烹饪文化、宣传中国烹饪文化，将成为国内民众的自发行为，其在烹饪文化传播上的意义和价值是不言而喻的。

其次，随着经济全球化的不断蔓延，美食已成为全球化的一种文化表现形式。几乎每个人都知道可口可乐、KFC、星巴克、必胜客等品牌使快餐成为美国的代言词。在世界各地，人们一提到寿司，就会想到日本料理，一提到甜点就会想到法国。国外饮食文化的挑战和侵蚀，对增强国民对中华烹饪文化的忧患意识起到重要的警醒作用，从而自发转换为弘扬中华烹饪文化的社会责任感，推动中华烹饪文化走向世界的发展。

---

① 葛剑雄. 承认自己的不足，是走向世界的第一步，守望新教育，2023-08-21.

四、有助于扩大中国烹饪的国际影响力

跨文化交流学的研究认为，客观评价产生的前提是获取充分信息。世界文化多元化背景下，不同国家和民族文化只有在交流中增进了解，在合作中不断融合，才能实现创新发展。实质上，一国的对外文化交流就是让其他国家人民加深对本国认知的过程，并使他国人民对本国做出客观、合理，进而对本国有利的心理评价。中国烹饪走向世界，可以将我国优秀烹饪文化信息及时、形象地传向世界，从而在时间和空间上拉近我国和其他国家的文化距离，有助于其他国家民众熟知和接受中华烹饪文化，提高中华烹饪文化的世界影响力。

第四节 中国烹饪走向世界的途径

中国烹饪走向世界是一个系统性工程，需要政府、企业、社会组织和民间个人等多主体的共同参与。通过政策支持、市场拓展、文化交流等多方面的努力，形成政府引导、企业主导、社会协同、公众参与的良好格局。

一、政府部门的主导作用

政策支持与引导：政府部门通过制定相关政策，为中国烹饪走向世界提供支持。例如，商务部等九部门联合发布指导意见，明确提出要加快中餐“走出去”，支持餐饮经营主体开拓海外市场，推动中餐厨师赴境外从业，支持餐饮原辅料进入国际市场。

文化交流与推广：文化主管部门将中餐文化列入国家文化软实力推广内容之一，通过多层级文化交流机制和多双边交流活动，深化中餐文化民间交流。例如，在国际文化交流活动中，中餐文化作为中国传统文化的重要组成部分，得到了广泛展示和推广。

标准制定与规范：政府部门还通过制定相关标准来规范中餐国际化发展。例如，加快制定完善预制菜相关标准，严格食品安全监管，引导相关机构建立预制菜技术联合开发平台，提升中餐品质。

二、非政府组织的积极推动

行业协会的桥梁纽带作用。这些组织通过举办国际美食交流活动、发布中餐标准、推广中餐文化等方式，促进了中餐的国际化和标准化。例如，世界中国烹饪联合会、中国烹饪协会等组织，经常组织国际中餐交流活动，推动中餐在全球的传播。

民间文化交流组织的多元助力。众多民间文化交流组织也在中国烹饪走向世界的舞台上发挥着独特作用。例如，各地的美食文化研究会、烹饪爱好者俱乐部等组织，积极开展地方特色美食文化的整理与研究工作，挖掘传统烹饪技艺与文化内涵，并通过举办文化节、美食展等活动进行推广传播。一些国际文化交流机构则通过组织中外文化交流项目，邀请国外友人参与中国烹饪体验活动，增进了国际社会对中国烹饪文化的了解与喜爱。此外，还有不少

志愿者组织开展的公益活动，如在海外社区教授中式烹饪课程等，以生动有趣的方式让更多人近距离感受中国烹饪的魅力，促进了中国烹饪文化在不同国家和地区的传播与融合。

三、餐饮企业的市场拓展与创新实践

餐饮企业是推动中国烹饪走向世界的中坚力量，由于餐饮企业的专业性，所以在实施对外烹饪文化传播过程中，其传播效益和效果往往高于其他实施主体。推动中国烹饪走向世界，政府是主导，餐饮企业是主体。餐饮企业承担着中国烹饪对外传播的重要任务，尤其是在提高中国烹饪的国际影响力方面有着不可替代的重要作用。例如，海底捞、全聚德、大董等知名餐饮品牌已经在全球多个国家和地区开设了分店。

四、烹饪研究机构和学术组织需协同发力

中国烹饪走向世界需依托研究机构与学术组织的协同发力，通过构建科学化理论体系（如解码文化基因、制定技术标准）、推动跨学科创新（融合食品科学与营养学），以学术话语破除文化误读；同时强化国际化赋能，包括参与全球饮食议题、开发适配海外市场的轻量化产品，并借助数字技术与IP化策略扩大传播；此外，需深化人才培养（培养兼具传统技艺与国际视野的复合型人才）、完善产业链（预制菜研发与可持续实践），最终形成“理论-文化-产业”三位一体的全球化路径，实现从中餐技艺输出到中华饮食文明深度对话的跃升。

五、媒体与教育机构的宣传推广

媒体在传播中国烹饪文化方面发挥了重要作用。电视媒体通过制作美食纪录片、烹饪节目等，如《舌尖上的中国》系列纪录片，以精美的画面、详细的解说和生动的故事，向全球观众展示了中国各地的美食文化与风土人情，引发了强烈反响。网络媒体则利用短视频平台、社交媒体等新兴渠道，快速传播中国烹饪的相关信息与视频内容，吸引了大量粉丝关注。教育机构也积极参与其中，部分高校开设了中华饮食文化课程或烹饪专业国际班，培养了一批具有国际视野的烹饪专业人才，同时也吸引了众多国际学生学习中国烹饪技艺与文化知识，进一步扩大了中国烹饪在国际上的影响力。

主题讨论

1. 中国烹饪的优势主要体现在哪些方面？
2. 中国烹饪走向世界面临的机遇和挑战是什么？
3. 除了教材上所讲，中国烹饪走向世界的主体和途径还有哪些？
4. 如何打造中国烹饪软实力？

课后推荐阅读文献

1. 刘征宇．中国菜走向世界：一个永久进行时态的问题——专访著名饮食文化学者赵荣光教授［J］．南宁职业技术学院学报，2011，16（01）：3-6.
2. 黄力之．在文明交流互鉴中推动中华文化走向世界［J］．华东师范大学学报（哲学社会科学版），2022，54（06）：30-36，176.
3. 孙宝国．让中国人民品味世界美食让中国美食走向世界［J］．中国食品工业，2023（07）：22-23.
4. ［马来西亚］陈志明．东南亚的华人饮食与全球化［M］．厦门：厦门大学出版社，2017.

主要参考文献

［1］ 刘广伟．食学［M］．2版．北京：线装书局，2020.
［2］ 薛伟．烹饪学概论［M］．上海：上海交通大学出版社，2022.
［3］ 潘英俊．粤厨宝典 厨园篇［M］．广州：广东科技出版社，2019.
［4］ 周爱东，嵇娟娟．烹饪学概论［M］．北京：中国纺织出版社，2020.
［5］ 白玮．中国美食哲学［M］．北京：商务印书馆，2018.
［6］ 邢永革．明代前期白话语料词汇研究［M］．南京：江苏凤凰出版传媒集团有限公司，2017.
［7］ 蒋国华．烹饪科学与科学烹饪［N］．科学时报，2008-3-13（7）.
［8］ 季鸿崑．烹饪学基本原理［M］．北京：中国轻工业出版社，2016.
［9］ 杨铭铎．烹饪学的界定［J］．四川旅游学院学报，2021（2）：94-97.
［10］杨铭铎．烹饪教育研究新论［M］．武汉：华中科技大学出版社，2020.
［11］季鸿崑，等．烹饪化学基础［M］．上海：上海科学技术出版社，1993.
［12］屈守芳，素菜烹饪学［M］．北京：中国财政经济出版社，1992.
［13］赵建民，梁慧．中国烹饪概论［M］．北京：中国轻工业出版社，2014.
［14］王仁兴．国菜精华［M］．北京：生活·读书·新知三联书店，2018.
［15］陈杰勇，林力红．家庭烹饪［M］．北京：兵器工业出版社，1993.
［16］张映琪，吴志军，辛林岭．中国传统厨房形态的演变历程［J］．家具，2017，38（6）：1-5+21.
［17］马中．保护生态食材不能盲目多产［J］．环境与生活，2016（11）：60.
［18］李维冰，华干林．中国饮食文化概论［M］．北京：中国商业出版社，2006.
［19］格利高里．羹汤之辨［J］中华遗产．2017（1）：158-159.
［20］杜莉．试论美食鉴赏的运行机制与基本方法［J］．扬州大学烹饪学报，2010（03）：7-11.
［21］邱庞同．对中国饮食烹饪非物质文化遗产的几点看法［J］．四川烹饪高等专科学校学报，2012（5）：12-13.
［22］刘小顺．外国人对中国菜的“误解”到底有多深？你永远都想象不到！［EB/OL］．（2017-10-29）［2023-10-08］.
［23］葛剑雄．承认自己的不足，是走向世界的第一步［EB/OL］．（2023-08-21）［2023-10-08］.